G. Burger   M. Oberholzer   W. Gössner   (Hrsg.)

Morphometrie in der Zyto- und Histopathologie

Mit 133 zum Teil farbigen Abbildungen und 42 Tabellen

Springer-Verlag Berlin Heidelberg New York
London Paris Tokyo

Priv.-Doz. Dr. rer. nat. Dr. med. habil. GEORG. BURGER
Gesellschaft für Strahlen- und Umweltforschung mbH
Institut für Strahlenschutz
Ingolstädter Landstraße 1, D-8042 Neuherberg

Priv.-Doz. Dr. med. MARTIN OBERHOLZER
Institut für Pathologie der Universität Basel
Schönbeinstrasse 40, CH-4003 Basel

Professor Dr. med. WOLFGANG GÖSSNER
Institut für Allgemeine Pathologie
und Pathologische Anatomie
der Technischen Universität München
Ismaninger Straße 22, D-8000 München 80, und
Gesellschaft für Strahlen- und Umweltforschung mbH
Ingolstädter Landstraße 1, D-8042 Neuherberg

ISBN-13: 978-3-642-73765-7   e-ISBN-13: 978-3-642-73764-0
DOI: 10.1007/978-3-642-73764-0

CIP-Titelaufnahme der Deutschen Bibliothek
Morphometrie in der Zyto- und Histopathologie / G. Burger ... (Hrsg.). – Berlin ; Heidelberg ;
New York ; London ; Paris ; Tokyo : Springer, 1988
ISBN-13: 978-3-642-73765-7

NE: Burger, Georg [Hrsg.]

2123/3145-543210 – Gedruckt auf säuerefreiem Papier

Vorwort

Der vorliegende Band stellt eine Sammlung von Forschungsberichten dar, die aus einem Workshop über „Morphometrie und Stereologie in der Pathologie" hervorgegangen sind. Das Ziel der Tagung war, die Möglichkeiten einer Quantifizierung morphologischer Befunde in der Histopathologie aufzuzeigen und die damit zusammenhängenden Probleme so darzustellen, daß nicht nur die Fachleute mathematischer Disziplinen der Morphometrie und Stereologie oder der maschinen- und rechnerorientierten Bildanalyse, sondern auch die klinischen Pathologen praktische Hinweise über Probleme und Vorgehensweisen in der Histometrie finden.

Histometrie befaßt sich mit der mikroskopischen Vermessung von histologischen Objekten und deren Anordnung in geeignet angefärbten Schnittpräparaten. Die Verfahren reichen von der direkten Erfassung von Meßwerten im mikroskopischen Gesichtsfeld bis hin zur voll- oder teilautomatisierten hochauflösenden digitalen Bildanalyse. Im ersteren Fall projiziert man in der Regel das Mikroskopbild auf einen Meßtisch und verwendet stereologische Meßmethoden, im zweiten Fall wird das Bild durch geeignete Sensoren (z. B. Fernsehkamera) erfaßt, digitalisiert und in einem Rechner verarbeitet.

Dabei sind die kleinsten interessierenden Objekte die Zellen oder deren Bestandteile, und damit die Meßaufgaben in der Regel gleichzeitig auch zytometrischer Natur. Es liegt damit auf der Hand, daß eine Demonstration zytometrischer Erfahrungen und Erfolge lehrreich für die Histometrie sein kann, wenn auch der Bedarf an quantitativen Methoden und die diagnostischen Anforderungen in Zytologie und Histologie verschieden sind. In der klinischen Zytologie werden zunehmend Methoden der rechnergestützten Mikroskopie eingesetzt. Es reicht dabei in den seltensten Fällen aus, einfache metrische Parameter, wie Zellgrößen, und schon gar nicht nur Mittelwerte dieser Größe über eine Stichprobe zu bestimmen. Die erforderliche Methode ist die Methode der hochauflösenden Bildanalyse, die es erlaubt, photometrische Merkmale (Anfärbung), globale morphometrische Merkmale (Größe, Form), aber auch strukturelle bzw. texturelle Merkmale (Chromatinverteilung im Kern) in vielen Einzelheiten zu ermitteln und für die Diagnose zu verwenden (Kapitel 2.4).

In der Histometrie unterscheiden wir Bildinhalte gemäß einer Objekt- und Strukturhierarchie, beginnend von den Einzelzellen bis zu Gewebsbestandteilen, wie Gefäße, Bindegewebe, Drüsen, Drüsenstrukturen usw. Hier gibt es eine Reihe von Aufgaben, die mittels quantitativer Meßtechnik gelöst werden können (Kapitel 2.3). Die entscheidende Frage ist dabei die Frage nach der Rechtfertigung einer immer mehr oder minder aufwendigen Meßtechnik. Wo kann sie sinnvoll eingesetzt werden? Gibt es Anwendungen, bei denen das Problem ohne Messung überhaupt nicht gelöst werden kann, und kann sie grundsätzlich auch nur annähernd das leisten, was der sehende und erkennende, erfahrene zytologisch oder histologisch diagnostizierende Pathologe vermag?

Das Problem beinhaltet vereinfacht drei Aspekte, wie sie im folgenden Schema für die visuelle qualitative und die quantitative Vorgehensweise einander gegenübergestellt sind. Es sind dies die Aspekte der Informationsaufnahme (sensational level), des Erkennens (perceptual level) und des Verstehens (semantic level).

Erkennungsaspekte	
Visuell	Quantitativ
Sinneswahrnehmung	Bilderfassung
Objekt- und Strukturerkennung	Merkmalsgewinnung, Objektklassifikation
Bedeutungsanalyse (Falldiagnose)	Präparateklassifikation oder -gradierung

Dieses Schema erlaubt, an einigen zytologischen und histologischen Beispielen die Rechtfertigung der quantitativen Vorgehensweise zu demonstrieren. Auf der Ebene der Sinneswahrnehmung ist es der Ersatz der individuellen Sinnesschärfe durch die immer gleichbleibenden und überprüfbaren physikalischen Eigenschaften der Meßapparatur z.B. des Bildanalysegeräts. Wenn auch die „Auflösung" der Maschine, d.h. die räumliche Trennbarkeit zweier Nachbarbildpunkte, bzw. deren Unterscheidbarkeit anhand des Grauwertes, in vielen Geräten nicht mit der des menschlichen Auges konkurrieren kann, ist sie doch konstant und garantiert eine hohe Reproduzierbarkeit der Bilderfassung.

Bezüglich des zweiten Aspektes der Objekterkennung anhand objektspezifischer Merkmale kann man unmittelbar einsehen, daß die visuelle Erkennung eine im hohen Maße vergleichende ist unter Verwendung verfügbarer Erfahrung, die um so größer ist, je kürzer der zeitliche oder räumliche Abstand der Sinneswahrnehmung ist. Das visuelle Merkmal „kleinzellig" ist z.B. nur anwendbar, wenn der Eindruck der normalen Zellgröße gegenwärtig ist und die Größenunterschiede ausreichend deutlich sind. Wie aber ist es bei fließenden Übergängen der Zellgröße? Kann der Mensch die möglichen Größenunterschiede absolut speichern und jedes neue Präparat richtig einordnen? Er kann es nicht. Dazu kommt, daß Unterschiede von Häufigkeitsverteilungen selbst bei vergleichender Beobachtung nur sehr schwer erkennbar sind. Dazu gehören schon so einfache statistische Merkmale wie die höheren Momente einfacher eingipfliger Verteilungen, wie z.B. deren Streuung oder gar deren Schiefe. Es kann leicht demonstriert werden, daß Bilder mit einer endlichen Anzahl verschieden großer Objekte, die nach Maßgabe statistischer Testverfahren deutlich unterschiedlichen Grundgesamtheiten zugeordnet sein müssen, visuell nicht unterschieden werden können. Dasselbe gilt für Gewebeschnitte mit stark streuenden aber statistisch signifikant unterschiedlichen Zellabständen. Es ist damit klar, daß es Erkennungsaufgaben gibt, die überhaupt nur durch Messungen zu lösen sind.

Dabei können die zu beurteilenden Merkmale, wie im obigen Beispiel die Zell- oder Kernflächen, sehr gut erkennbar und anschaulich, die in Frage kommenden Unterschiede aber visuell nicht erfaßbar sein. Es können aber auch Merkmale zur Beschreibung von Bildinhalten Verwendung finden, die sich der unmittelbaren Anschauung überhaupt entziehen. Ein einfaches Beispiel dafür ist die in der Zytometrie sehr bedeutende Größe der totalen Kernextinktion. Sie ist direkt ein Maß für die Menge an Farbstoff im Kern und kann gemessen werden als Produkt aus der mittleren Kernextinktion und der Fläche. Es ist praktisch unmöglich, beim Erkennungsprozeß diese beiden Parameter zu kombinieren und etwa kleine dunkle und große helle Objekte, noch dazu dann, wenn sie in Verteilungen vorliegen, als gleich oder ungleich zu beurteilen. Je komplizierter die Merkmale aus mehreren einfachen Merkmalen zusammengesetzt sind, um so weniger sind sie in der Regel anschaulich und damit erkennbar. Sie sind aber doch immer meß- und berechenbar.

Die eigentliche Leistung des Beobachters tritt damit erst in der dritten Ebene auf, der semantischen. Hier kommt es darauf an, die Gesamtheit der erkannten Einzelheiten im Bild mit sämtlichen, nicht im Bild vorhandenen Informationen unter Zuhilfenahme von Wissen und Erfahrung zu einer diagnostischen Aussage zu verknüpfen. Diese Leistung wird in der Zyto- und Histopathologie auch bei Vorhandensein von Diagnose-stützenden Meßwerten in Zukunft sicher noch lange vom menschlichen Experten zu erbringen sein. Inwieweit auch sie einmal unter Zuhilfenahme von Expertensystemen durch Maschinenentscheidungen erleichtert oder sogar ersetzt werden kann, ist heute noch weitgehend ungeklärt. Der völlige Verzicht auf die visuelle Beurteilung ist für einige Aufgabengebiete der Zytologie denkbar, dagegen wegen der großen Vielfalt und unterschiedlichen Ausbildung von Gewebsstrukturen in der Histologie nur sehr schwer vorstellbar.

Grundsätzliche Unterschiede zur Zytologie betreffen auch die Wechselwirkung zwischen Mensch und Maschine. Während einige zytologische Probleme bei geeigneter Probenaufbereitung z. B. bei monodispersen Präparaten (Kapitel 2.1.2) sicher vollautomatisch gelöst werden können, wird die Histometrie immer die interaktive Auswahl für die Befunderhebung relevanter und für die quantitative Bearbeitung geeigneter Bereiche erforderlich machen. Die Histometrie ist daher in ganz anderem Maße benutzerorientiert als die Zytometrie und darauf angewiesen, mit relativ einfachen Methoden und nicht mit zu aufwendigen Maschinen und Rechenanlagen ihre Probleme zu lösen. Dies ist sicher einer der Gründe dafür, daß die einfachen Methoden der statistischen Morphometrie und Stereologie zuerst in der Histopathologie Anwendung gefunden haben (Kapitel 2.2). Es war eine der Absichten der Herausgeber des vorliegenden Tagungsbandes, die methodische Kluft zwischen der manuellen statistischen, morphometrischen und stereologischen Vorgehensweise und den Methoden der automatischen Bildanalyse zu überbrücken.

Die Beiträge reichen daher von den Grundlagen der Morphometrie und Stereologie (Kapitel 1.1–1.3) und der digitalen Bildverarbeitung (Kapitel 1.4) bis zu einer breiten Palette von Anwendungen. Diese sind beeinflußt von Präparier- und Färbetechniken (Kapitel 2.1) und sie betreffen neben speziellen stereologischen Auswertungen unter anderem an photographischen Vorlagen (Kapitel 2.2) besonders die bildanalytische Histometrie (Kapitel 2.3) und die Zytometrie (Kapitel 2.4). Ein Schlußkapitel befaßt sich mit statistischen Analyseverfahren und technischen Hilfsmitteln (Kapitel 3).

Das Buch gibt somit einen Überblick über die wichtigsten quantitativen und analytischen Ansatzpunkte zur weiteren Entwicklung und den Einsatz der noch jungen Disziplin der Histometrie. Es beschreibt dabei auch den Stand der bildanalytischen Zytometrie, insofern sie für die Histometrie von Bedeutung ist.

Wir hoffen, damit zu größerem Verständnis für die mögliche Anwendung quantitativer und analytischer morphologischer Methoden in der Zyto- und Histopathologie beizutragen und die weithin beobachtete Kluft zwischen Entwicklung und Anwendung der Verfahren etwas zu verringern.

Unser Dank gilt den Autoren und dem Verlag für Ihre Geduld bei der Fertigstellung des Buches. Besonders bedanken möchten wir uns bei den Mitarbeitern des Labors für Biomedizinische Bildanalyse der GSF, allen voran Frau dipl. math. U. Jütting für Ihren unermüdlichen Einsatz bei der redaktionellen Bearbeitung der Manuskripte. Frau E. Reinhard hat sich aufopfernd um die Reinschrift und graphische Gestaltung der Tabellen bemüht.

München und Basel, im Sommer 1988

G. BURGER
M. OBERHOLZER
W. GÖSSNER

Inhaltsverzeichnis

Adressen der Erstautoren

BARTELS, PETER, H.
Department of Microbiology and Optical Science Center, University of Arizona,
Tucson, AZ 85721, USA

BURGER, GEORG
Gesellschaft für Strahlen- und Umweltforschung mbH, Institut für Strahlenschutz,
Ingolstädter Landstraße 1, 8042 Neuherberg, Federal Republic of Germany

EINS, SIEGFRIED
Abteilung für Klinische und Entwicklungsneurobiologie, Zentrum Anatomie der
Universität Göttingen, Kreuzbergring 36, 3400 Göttingen, Federal Republic of Germany

GAIS, PETER
Gesellschaft für Strahlen- und Umweltforschung mbH, Institut für Strahlenschutz,
Ingolstädter Landstraße 1, 8042 Neuherberg, Federal Republic of Germany

GÖSSNER, WOLFGANG
Institut für Allgemeine Pathologie und Pathologische Anatomie der Technischen
Universität München, Ismaninger Straße 22, 8000 München 80,
Federal Republic of Germany

HARMS, HERBERT
Institut für Virologie und Immunbiologie der Universität Würzburg, Versbacher Straße 7,
8700 Würzburg, Federal Republic of Germany

JÜTTING, UTA
Gesellschaft für Strahlen- und Umweltforschung mbH, Institut für Strahlenschutz,
Ingolstädter Landstraße 1, 8042 Neuherberg, Federal Republic of Germany

KAYSER, KLAUS
Krankenhaus Rohrbach, Klinik für Thoraxerkrankungen, Amalienstraße 5,,
6900 Heidelberg, Federal Republic of Germany

OBERHOLZER, MARTIN
Institut für Pathologie der Universität Basel, Schönbeinstraße 40, 4003 Basel, Switzerland

XII

REITAN, JON B.
Staatliches Strahleninstitut, Box 55, 1345 Østerås, Norway

REITH, ALBRECHT
Labor für Elektronenmikroskopie und Morphometrie, Abteilung für Pathologie,
Det Norske Radium Hospital, Montebello, 0310 Oslo 3, Norway

RODENACKER, KARSTEN
Gesellschaft für Strahlen- und Umweltforschung mbH, Institut für Strahlenschutz,
Ingolstädter Landstraße 1, 8042 Neuherberg, Federal Republic of Germany

SCHWARZ, GERD
Hettich-Zentrifugen, Abteilung für Forschung und Entwicklung, 7200 Tuttlingen,
Federal Republic of Germany

VOSS, KLAUS
Friedrich Schiller Universität Jena, Sektion Technologie f. d. WGB, WB Digitale Bildverarbeitung, Ernst-Thälmann-Ring 32, 6900 Jena, German Democratic Republic

Adressen der Autoren

Aus, Hans M.
Institut für Virologie und Immunbiologie der Universität Würzburg, Versbacher Straße 7,
8700 Würzburg, Federal Republic of Germany

Bartels, Peter H.
Department of Microbiology and Optical Science Center, University of Arizona,
Tucson, AZ 85721, USA

Burger, Georg
Gesellschaft für Strahlen- und Umwelforschung mbH, Institut für Strahlenschutz,
Ingolstädter Landstraße 1, 8042 Neuherberg, Federal Republic of Germany

Buser, Mauro
Hoffmann-La Roche & Co., Ltd., Diagnostika/Forschung und Entwicklung,
Grenzacherstrasse 124, 4002 Basel, Switzerland

Chaudhuri, Bidyut B.
Electronics and Communication Sciences Unit, Indian Statistical Institute, Calcutta, India

Christen, Heinz
Rechenzentrum und Institut für Informatik der Universität Basel, Klingelbergstrasse 70,
4056 Basel, Switzerland

Dalquen, Peter
Institut für Pathologie der Universität Basel, Schönbeinstraße 40, 4003 Basel, Switzerland

Eins, Siegfried
Abteilung für Klinische und Entwicklungsneurobiologie, Zentrum Anatomie der
Universität Göttingen, Kreuzbergring 36, 3400 Göttingen, Federal Republic of Germany

Gais, Peter
Gesellschaft für Strahlen- und Umweltforschung mbH, Institut für Strahlenschutz,
Ingolstädter Landstraße 1, 8042 Neuherberg, Federal Republic of Germany

Gössner, Wolfgang
Institut für Allgemeine Pathologie und Pathologische Anatomie der Technischen
Universität München, Ismaninger Straße 22, 8000 München 80,
Federal Republic of Germany

GRAHAM, ANNA R.
Department of Pathology, University of Arizona, Tucson, AZ 85721, USA

GUNZER, ULRICH
Institut für Virologie und Immunbiologie der Universität Würzburg, Versbacher Straße 7,
8700 Würzburg, Federal Republic of Germany

HARMS, HERBERT
Institut für Virologie und Immunbiologie der Universität Würzburg, Versbacher Straße 7,
8700 Würzburg, Federal Republic of Germany

HEITZ, PHILLIP U.
Institut für Pathologie der Universität Zürich, Schmelzbergstrasse 12, 8091 Zürich,
Switzerland

JÜTTING, UTA
Gesellschaft für Strahlen- und Umweltforschung mbH, Institut für Strahlenschutz,
Ingolstädter Landstraße 1, 8042 Neuherberg, Federal Republic of Germany

KAYSER, KLAUS
Krankenhaus Rohrbach, Klinik für Thoraxerkrankungen, Amalienstraße 5,
6900 Heidelberg, Federal Republic of Germany

KUHN, HANS
Hoffmann-La Roche & Co., Ltd., Pharma Research, 4000 Basel, Switzerland

LAYTON, JACK M.
Department of Microbiology and Optical Science Center, University of Arizona,
Tucson, AZ 85721, USA

MEYER, HEINZ
Institut für Pathologie der Universität Basel, Schönbeinstraße 40, 4003 Basel, Switzerland

OBERHOLZER, MARTIN
Institut für Pathologie der Universität Basel, Schönbeinstraße 40, 4003 Basel, Switzerland

PAPLANUS, SAMUEL
Department of Pathology, University of Arizona, Tucson, AZ 85721, USA

PETERLI, RALPH
Institut für Pathologie der Universität Basel, Schönbeinstraße 40, 4003 Basel, Switzerland

REITAN, JON B.
Staatliches Strahleninstitut, Box 55, 1345 Østerås, Norway

REITH, ALBRECHT
Labor für Elektronenmikroskopie und Morphometrie, Abteilung für Pathologie,
Det Norske Radium Hospital, Montebello, 0310 Oslo 3, Norway

RODENACKER, KARSTEN
Gesellschaft für Strahlen- und Umweltforschung mbH, Institut für Strahlenschutz,
Ingolstädter Landstraße 1, 8042 Neuherberg, Federal Republic of Germany

SCHENCK, ULRICH
Institut für Klinische Zytologie der Technischen Universität München, Prinzregenten-
platz 14, 8000 München 80, Federal Republic of Germany

SCHWARZ, GERD
Hettich-Zentrifugen, Abteilung für Forschung und Entwicklung, 7200 Tuttlingen,
Federal Republic of Germany

VOSS, KLAUS
Friedrich Schiller Universität Jena, Sektion Technologie f. d. WGB, WB Digitale Bildverarbeitung, Ernst-Thälmann-Ring 32, 6900 Jena, German Democratic Republic

Einführung: Gestaltwahrnehmung in der Histopathologie

Wolfgang Gössner, Martin Oberholzer

Phänomenologie ist die Lehre von den Erscheinungen: Phänomenologische Pathologie ist die Lehre von den vielgestaltigen krankhaften morphologischen Erscheinungen; sie kann auch als Pathomorphologie bezeichnet werden. Der diesem Buch zugrunde liegende Workshop hatte hauptsächlich Probleme der Quantifizierung zytologischer und histologischer Befunde, so wie sie jeden Tag unter dem Mikroskop des Pathologen liegen, und an denen Diagnosen gestellt werden, zum Ziel.

In der Diagnostik ist sich der Pathologe meist nicht bewußt, wie stark das ursprüngliche Gewebsmaterial durch Fixierung, Dehydrierung, Einbettung, Schnittherstellung und Färbung artifiziell verändert worden ist. Das im histologischen Präparat vorliegende Fixations-Färbebild wird denn auch seit Nissl als "Äquivalentbild" bezeichnet. Dieser Begriff meint, daß es den ursprünglichen lebenden Zustand des Organs, aus dem die Gewebeprobe stammt, widerspiegelt. Eine solche Äquivalenz setzt allerdings eine konstante und kontrollierte Präparationstechnik voraus. Damit ist ein sehr wichtiges Problem der Gewebs- und Zellpräparation angesprochen, das auch in der Morphometrie von Gewebestrukturen von großer Bedeutung ist und erste methodische Grenzen markiert. Diese Grenzen werden aber nicht nur durch das Objekt der Betrachtung gesetzt und damit durch die Technik der Präparateherstellung beeinflußt, sondern häufig auch durch den Betrachter selbst. Große Schwierigkeiten können bei der Beurteilung eines Präparates mit einer ungewohnten Färbung eines Gefrierschnittes oder eines Schnittes nach Kunststoffeinbettung auftreten.

Bei der Betrachtung eines Präparates im Mikroskop erhalten wir aus dem histologischen Bild Informationen, die wir aufgrund unseres Wissens, unserer Erfahrung und unserer Urteilskraft zu Befunden und Diagnosen verarbeiten. Pathologisch - anatomische Diagnosen sollten - wenn möglich - zusätzlich in die gängigen Klassifikationssysteme passen und die vereinbarten Nomenklaturen berücksichtigen. Es ist selbstverständlich, daß im Hinblick auf die genannten Voraussetzungen - Wissen, Erfahrung, Urteilskraft - individuelle Grenzen bestehen.

Man kann davon ausgehen, daß in der diagnostischen Pathologie ein gut ausgebildeter Pathologe etwa 95 % aller Biopsien mit den normalerweise zur Verfügung stehenden Untersuchungsverfahren eindeutig begutachten und diagnostizieren kann, für die restlichen 5 % werden Spezialuntersuchungen oder die Hilfe spezialisierter Referenzzentren benötigt.

Karl Lennert hat 1983 in seiner Eröffnungsrede bei der Jahrestagung der Deutschen Pathologen in Luzern als erste Voraussetzung für erfolgreiches Arbeiten und Forschen in der Pathologie auf die Freude an der Morphologie und die Bedeutung der morphologischen Begabung hingewiesen. Morphologische

Begabung ist an ein hohes visuelles Unterscheidungsvermögen und Gedächtnis gebunden. Visuelles Unterscheidungsvermögen basiert auf einer hochentwikkelten Fähigkeit zur Gestaltwahrnehmung. Gestalt im Sinne Goethes bedeutet mehr als nur Form oder Struktur. Gestalt umfaßt das Ganze, das mehr ist als die Summe seiner Teile. Dieser Gestaltbegriff wurde erst auf dem Boden der Gestalttheorie von Ehrenfels (5) durch die Verhaltensforschung in seinem eigentlichen tieferen Sinn erfaßt.

Mit der Gestalttheorie und ihrer Beziehung zur morphologischen Krankheitsforschung hat sich Doerr (3) in einem Editorial in Virchows Archiv ausführlich auseinandergesetzt. Lennert (8) geht in der bereits erwähnten Eröffnungsrede dabei unter anderem auch auf die Gestaltphänomene in der Musik ein. Dabei verdeutlicht er anschaulich das Prinzip "Gestalt" in der Kompositionsform "Thema mit Variationen". Darin wird die gleiche Grundgestalt - z.B. die Melodie, die das Thema bestimmt - vielfach abgewandelt, bildlich gesprochen in verschiedene Gewänder gehüllt. In der Verhüllung das Thema wiederzuerkennen, ist Gestaltwahrnehmung im eigentlichen Sinn.

Lorenz (9) bezeichnet Gestaltwahrnehmung als einen "ratio-morphen" Vorgang, der vom abstrakten rationalen Vorgang eines, z.B. auf Meßdaten basierenden Denkens abzugrenzen sei. Dem "ratio-morphen" Vorgang der Gestaltwahrnehmung soll ein eigener Mechanismus der Informationsspeicherung und Verarbeitung im Hirn zugrundeliegen, der es z.B. dem Pathologen ermöglicht, Zellen, Gewebsstrukturen und pathologische Strukturveränderungen, nachdem sie bereits früher schon beobachtet wurden, sofort wiederzuerkennen.

Ratio-morphe Begabung und zusätzliche ratio-morphe Schulung sind für die diagnostische Pathologie von unschätzbarem Wert. In der Forschung ermöglicht die Fähigkeit zu ratio-morphem Denken aus einer Vielzahl ähnlicher Phänomene das morphologisch Besondere zu erkennen, also etwas Neues zu entdecken. Der ratio-morphen Betrachtung sind jedoch durch ihre stark subjektive Prägung Grenzen gesetzt. Sie bedarf daher der rationalen Kontrolle durch objektivierende Methoden.

Für den Begriff "Gestalt" in der deutschen Sprache gibt es in der englischen Sprache kein adäquates Wort; er kann deshalb nicht direkt übersetzt, sondern muß umschrieben werden. Mit dem Begriff "Gestaltwahrnehmung" am nächsten verwandt ist der englische Begriff "pattern recognition und analysis". Mit der Bedeutung der Gestaltwahrnehmung bei der Interpretation histologischer Bilder haben sich Dudley (4), Ackermann (1) und vor allem Underwood (10) auseinandergesetzt. Bei diesen Autoren wird der Begriff "Gestalt" aber meist mit dem stark vereinfachenden Begriff "Muster" ersetzt. Verschiedene Tumoren sind durch solche Muster charakterisiert: z.B. ein cribriformes Muster bei intraduktalen Mammakarzinomen und Prostatakarzinomen, eine Palisadenstellung der Kerne in einem Neurinom, ein "Fischgrät"-Muster in einem Fibrosarkom.

Bei der Interpretation histopathologischer Präparate wird oft unbewußt sowohl die ratio-morphe Betrachtung, also Gestaltwahrnehmung, als auch "pattern recognition" sowie die rationale oder heuristische Methode angewandt. Das Muster wird zur Gestalt, wenn zusätzliche Informationen über die Bedeutung des Musters einfließen.

Moderne naturwissenschaftlich gut fundierte Methoden ermöglichen es uns heute, aus histologischen Präparaten über die morphologischen Befunde hinaus weitere zusätzliche Informationen zu gewinnen, die für die Diagnose von

Bedeutung sein können. Wichtigste dieser ergänzenden Methoden ist die Histochemie, darunter besonders die Immunhistochemie und die Enzymhistochemie. Marker für spezifische Zellstoffe (Sekretionsprodukte, Zellinhaltsstoffe) oder Zell- und Gewebestrukturen helfen uns bei der Identifikation lichtmikroskopisch nicht und nur schwer unterscheidbarer oder identifizierbarer Zellen weiter und ermöglichen oft die Klassierung, die Bestimmung der Histogenese und die Beurteilung der Dignität von Tumoren, die mit den üblichen Färbemethoden als unklar bezeichnet werden müßten. Die immunhistochemischen Techniken gewinnen durch die Anwendung monoklonaler Antikörper zusehends an Bedeutung, da sie eine hohe Spezifität und Sensitivität aufweisen.

Die histochemischen Methoden stellen chromogene Reaktionen dar. Dadurch wird eine Zuordnung der optisch dargestellten Zellen zur umgebenden histologischen Struktur möglich. Auf diese Art und Weise können zusätzlich zu bekannten morphologischen Phänomenen funktionelle, bisher verborgene Phänomene entdeckt werden, die nicht selten auch noch die Augen für zuvor nicht erfaßte morphologische Unterscheidungsmerkmale öffnen. Die Grenzen der histochemischen Methoden liegen oft in der Empfindlichkeit der nachzuweisenden Stoffe oder Strukturen gegenüber den Eingriffen, die am Gewebe zur Schnittherstellung notwendig sind.

In der klinischen Pathologie wird heute eine sehr differenzierte Diagnostik gefordert. Der zytologisch-histologische Tumortyp und sein Reifungsgrad bestimmen nicht nur die Prognose, sondern auch die einzuschlagende Therapie. Vom Kliniker werden daher möglichst objektive, reproduzierbare und - wenn möglich - quantitative morphologische Daten gefordert. Solche Daten sind besonders zur besseren Charakterisierung von Tumorvorstadien (Präcancerosen) erwünscht. Sie können zur Beurteilung präneoplastischer Dysplasien, Borderline-Läsionen und des Tumor-Grading wichtig sein. Objektive Daten alleine genügen aber noch nicht; sie müssen auch interpretiert werden. Das Problem der Interpretation kann also auch bei Messungen nicht eliminiert werden.

Von den Klinikern, die eine möglichst eindeutige und an eine zur Zeit gültige Nomenklatur angepaßte Diagnose fordern, wird oft übersehen, daß in der klinischen Pathologie eine Reihe von Fakten existieren, die eine Reproduzierbarkeit morphologischer Daten erschwert, wenn nicht sogar unmöglich macht. Als Beispiel sei auf die Heterogenität von Tumoren verwiesen. Sie betrifft oft nicht nur die morphologischen, sondern auch die funktionellen Eigenschaften des Tumors und erschwert die histogenetische und nomenklatorische Einordnung des Tumors ganz erheblich. Heterogenität ist bei vielen Tumoren die Regel. Sie sollte deshalb auch in der Tumordiagnostik berücksichtigt werden. Bei heterogenen Tumoren wird die Tumorbiopsie oder ein Gewebsblock aus dem Operationspräparat oft nicht repräsentativ für den ganzen Tumor sein. Am Operationspräparat stehen daher der makroskopische Befund und die Entnahme repräsentativer Gewebsstücke am Anfang der Diagnostik und sind für die endgültige Diagnose mindestens ebenso wichtig wie die darauffolgende mikroskopische Untersuchung.

In der klinischen Pathologie gehört zur Begutachtung und Diagnose nicht nur der makro- und mikroskopische Befund, sondern auch die Kenntnis der Vorgeschichte, der klinischen Symptomatik, anderer bildgebender Untersuchungsverfahren und der Topographie der Veränderungen.

Schon 1912 hat Heidenhain (6) über vergleichende Messungen an tierischen Geweben berichtet. Sie wurden an den Geschmacksknospen der Papilla foliata des

4

Kaninchens durchgeführt. Diese Arbeiten sollten einen Beitrag zu der Heidenhain'schen Teilkörper- und Protomerentheorie liefern. Diese Theorie hatte seinerzeit weitgehend Anklang gefunden, ebenso wie die von Heidenhain geschaffenen Begriffe der "Protomerensysteme" und "Histosysteme" (Hepaton, Nephron, Neuron, Alveolen, Histion) als spezifisch konstruierte und funktionierende Bauelemente der Organe. Wenn man heute diese Arbeiten wieder liest, ergeben sich gedankliche Assoziationen zur Molekularbiologie und den Vielteilchensystemen der modernen Physik. Heidenhains Schüler Jacobj (7) publizierte 1925 seine Untersuchungen über Zellkerngrößen unter Anwendung stereologischer Verfahren und beschrieb das rhythmische Kernwachstum. Der Titel einer von ihm 1942 veröffentlichten Publikation (7) könnte durchaus in einem heutigen Konzept zur Umweltbiologie stehen. Er lautet: "Die verschiedenen Arten des gesetzmäßigen Zellwachstums und ihre Beziehung zur Zellfunktion, Umwelt, Krankheit, malignen Geschwulstbildung und zum inneren Bauplan".

Ein Zitat von Dahl (2) umschreibt die Situation, in der die klinischen Pathologen sich befinden, wenn sie mit der Fülle pathologischer Phänomene konfrontiert werden. "Ein Phänomen ist etwas, das man erklären kann, oder das man, wenn man mehr wüßte, erklären könnte, oder wenigstens den Wunsch erweckt, man könnte es erklären."

Literatur

1. Ackermann AB (1978) Histologic diagnosis of inflammatory skin diseases. A method by pattern analysis. Lea & Febiger, Philadelphia
2. Dahl J (1969) Mitteilungen eines Überlebenden. Langewiesche-Brandt Verlag, Ebenhausen bei München, 110
3. Doerr W (1984) Gestalt theory and morbid anatomy. Virchows Arch (Pathol Anat) 403:103
4. Dudley HAF (1968) Pay-off, heuristics, and pattern recognition in the diganostic process. Lancet II:723
5. von Ehrenfels C (1980) Über "Gestaltsqualitäten". Vierteljahresschr wiss Philosophie XIV-3. In: Weinhandl F (Hrsg) Gestalthaftes Sehen. Wissenschdaftliche Buchgesellschaft, Darmstadt, 11
6. Heidenhain M (1912) Anat Anz 40:102
7. Jacobj W (1942) Die verschiedenen Arten des gesetzmäßigen Zellwachstums und ihre Beziehungen zur Zellfunktion, Umwelt, Krankheit, maligner Geschwulstbildung und innerer Bauplan. Arch Entw med 141:581
8. Lennert K (1983) Eröffnungsrede des Vorsitzenden. Verh Dtsch Ges Path 67 XXIII-XXXI
9. Lorenz K (1973) Die Rückseite des Spiegels. Versuch einer Naturgeschichte menschlichen Erkennens. Piper, München Zürich
10. Underwood JCE (1981) Introduction to biopsy interpretation and surgical pathology. Springer Verlag, Berlin Heidelberg New York

1 Grundlagen der Morphometrie

1.1 Morphometrische Parameter

Martin Oberholzer, Mauro Buser, Ralph Peterli

A. Einleitung

Messungen zur Objektivierung morphologischer Befunde wurden während der letzten 30 Jahre in den morphologisch orientierten medizinischen und biologischen Fachgebieten immer häufiger durchgeführt und haben auch in Pathologie und Anatomie große Bedeutung erhalten. Techniken, die Messungen an Strukturen ermöglichen, können unter dem Begriff "Morphometrie" zusammengefaßt werden. Die wichtigsten Techniken sind: Stereologie, geometrische Morphometrie, Analyse von Objektverteilungen, digitale Bildanalyse (pattern recognition) und syntaktische Strukturanalyse, die auf der "Nächster Nachbar-Methode" basiert (10) (siehe Kapitel 1.2).

Stereologie ist eine mathematische Methode, mit der über Axiome der geometrischen Wahrscheinlichkeit von einfachen Meßgrößen einer Struktur, die in einer Anschnittsfläche erfaßt werden, auf räumliche (dreidimensionale) oder andere zwei- und eindimensionale Parameter dieser Struktur geschlossen werden kann. Die stereologischen Meßverfahren sind die ältesten morphometrischen Verfahren; sie können ohne Hilfe von Computern durchgeführt werden.

Die *geometrische oder planimetrische Morphometrie* hat an Bedeutung zugenommen, seitdem semiautomatische Bildanalysesysteme zur Verfügung stehen. Sie erlauben eine schnelle, genaue und einfache Messung von Strecken, Flächen, Umfängen oder Koordinaten. Zur Bestimmung spezieller Formfaktoren müssen die Konturen der Objektprofile (z.B. Zellkerne) in Einzelmeßpunkte mit je einem x- und y-Koordinatenpaar aufgelöst und die Koordinatenpaare erfaßt werden (24). Die geometrische Morphometrie wird häufig in der Zytomorphometrie eingesetzt mit dem Ziel, geometrische Kern- und Zellveränderungen zur Diagnostik und Ermittlung der Prognose zu verwenden (z.B. 5, 7).

Neben der Bestimmung stereologischer und geometrischer Parameter dürfte in Zukunft in der Morphometrie auch der *quantitativen Erfassung von Objektverteilungen* in einem Testfeld eine steigende Bedeutung zukommen. Einer der Gründe dafür ist die Möglichkeit, mit Hilfe moderner immunzytochemischer und anderer Techniken sowohl Moleküle als auch Zellen spezifisch darstellen zu können.

Die *digitale Bildanalyse* auf der Grundlage von Verfahren der Mustererkennung ermöglicht die Extraktion weiterer Informationen aus Bildern morphologischer Strukturen wie z.B. Zellen und Zellkernen (siehe Kapitel 2.3, 2.4, 3.4). Bislang konnte die Methode nur mit größeren Computersystemen angewandt werden (6). In den letzten Jahren zeichnet sich aber eine technische Entwicklung ab, welche die digitale Bildanalyse auch an finanziell günstigeren Microcomputersystemen ermöglichen dürfte. Bei der digitalen Bildanalyse werden Bilder (Muster) in Rasterpunkte oder homogene Bildelemente aufgelöst. Dadurch werden die Bilder in eine computergerechte Form gebracht. Die Raster- oder Bildpunkte werden als Pixels (picture elements) bezeichnet. Die Auflösungsqualität der Bilder hängt von der Hardware ab und kann zwischen 128 x 128 und 1024 x 1024 Pixels pro Bildschirm schwanken. Die einzelnen Pixels weisen unterschiedliche "Grautöne" oder Grautonwerte auf, die ebenfalls in Abhängigkeit von der Hardware zwischen 16 und 256 liegen können.

Die *syntaktische Strukturanalyse* beruht auf der "Nächster Nachbar-Methode" (siehe Kapitel 2.3.2 und 2.3.3)

B. Nomenklatur

Bei der Bezeichnung der verschiedenen morphometrischen und vor allem der stereologischen Parameter ist es wichtig, daß

1. die Terminologie der Internationalen Gesellschaft für Stereologie berücksichtigt (27) und
2. bei stereologischen Parametern das Referenzkompartiment angegeben wird.

Nur wenn diese Bedingungen beachtet werden, können Mißverständnisse bei der Wahl der geeigneten und zur Beantwortung einer Frage notwendigen Parameter und bei der Interpretation der Meßresultate vermieden sowie die Befunde verschiedener Arbeitsgruppen miteinander verglichen werden.

Beispiel (Abb. 1): Der stereologische Parameter "Oberflächendichte der Alveolarsepten bezogen auf ein Einheitsvolumen Lungengewebe" sollte als $S_{V(ALS/LUNGE)}$ abgekürzt werden. Die Bezeichnung S bedeutet Oberfläche (Surface) und bezieht sich auf das Kompartiment "Alveolarsepten" (erster Begriff in der Klammer), die Bezeichnung V bedeutet Volumen und bezieht sich auf das Referenzkompartiment (zweiter Begriff in der Klammer). Analog wird die Volumendichte der Alveolarsepten in der Lunge mit $V_{V(ALS/LUNGE)}$ abgekürzt.

Tabelle 1 gibt einen Überblick über die teils eigenwilligen, nicht standardisierten Abkürzungen, die in der Knochenmorphometrie anzutreffen sind und die, wegen fehlender Einheitlichkeit, Vergleiche und Interpretationen der Meßresultate stark erschweren.

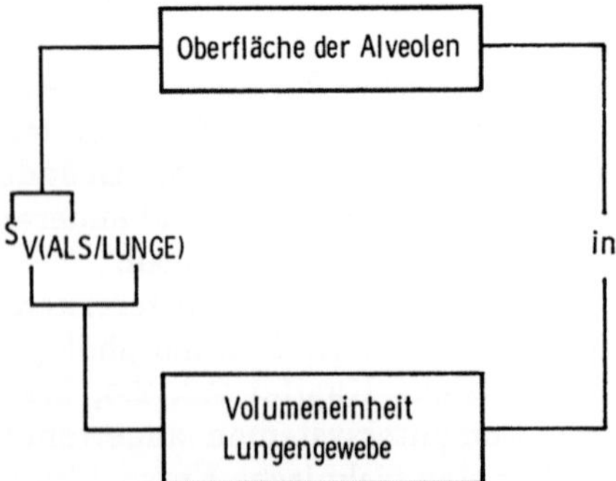

Abb. 1. Eine verständliche, klare und vollständige Nomenklatur für stereologische Parameter ist wichtiger Bestandteil morphometrischer Arbeiten und hat die untersuchten Strukturelemente und die Bezugskompartimente zu umfassen.

Tabelle 1. In der Knochenmorphometrie verwendete Nomenklatur verglichen mit der eigenen Nomenklatur.

Kompartiment	Referenz-Kompartiment	Merz und Schenk 1970 (35)	Delling 1975 (18)	Melsen und Mosekilde 1977 (34)	Krempien et al. 1978 (31)	Vernejoul et al. 1981 (50)	Eigene Nomenklatur (36)
Trabeculae	Knochen	--	V_V	AVTB	V_V	TBV	$V_{V(TRAB/BONE)}$
	--	--	S_V	--	S_V	--	$S_{V(TRAB/BONE)}$
Osteoid	Knochen	V_{VO}	V_{VO}	OV	VVOS	ROV	$V_{V(OID/BONE)}$
	--	--	S_{VOS}	--	--	--	$S_{V(OID/BONE)}$
Osteoid	Trabeculae	OS(%)	OS	OS	S_{VOS}	CF	$S_{S(OID/BONE)}$

C. Stereologische Parameter

Die detaillierten Formeln zur Berechnung der einzelnen stereologischen Parameter sind bei Weibel (51), Aherne und Dunhill (2) sowie Oberholzer (36) und die theoretischen Grundlagen dazu bei Weibel (52) festgehalten. Die stereologischen Parameter können grundsätzlich als Quotienten oder Funktionen dargestellt werden:

Als Quotienten:

$$X_{Y(x/R)} = \frac{\Sigma U_{(x)}}{\Sigma P_{(R)}} \cdot K \tag{1}$$

X : Fläche (A), Volumen (V), Umfang (B), Anzahl (N), Oberfläche (S), Länge (L) oder Kurvatur (K) von Anschnitten der gemessenen Kompartimente x

Y : Fläche (A), Volumen (V), Oberfläche (S) oder Länge (L) von Anschnitten des Referenzkompartimentes R

$U_{(x)}$: Anzahl Trefferpunkte des Testrasters über Anschnitten des analysierten Kompartimentes x, Anzahl Durchstoßpunkte zwischen den Linien des Rasters und der äußeren Begrenzung der Anschnitte von x oder Anzahl Anschnitte von x

$P_{(R)}$: Anzahl Trefferpunkte des Testrasters über Anschnitten des Referenz-Kompartimentes R

K : Faktor, abhängig von Art und Qualität des verwendeten Testrasters, Vergrößerung, Form- und Verteilungskonstanten, Korrekturkonstanten und Konstanten aus Axiomen der geometrischen Wahrscheinlichkeit

Als Funktionen:

$$X_{Y(x/R)} = f[X_{(x)}, Y_{(R)}] \cdot K \tag{2}$$

Gleichung (1) wird verwendet für die Berechnung stereologischer Parameter aus Trefferpunkten, Durchstoßpunkten oder Anzahl Strukturanschnitten; Gleichung (2) für die Berechnung stereologischer Parameter aus - meistens mit semiautomatischen oder automatischen Bildanalysegeräten gemessenen - Längen, Umfängen, Flächen oder der Anzahl von Strukturelementen.

Für die praktische Anwendung hat sich eine Unterteilung der stereologischen Parameter in "einfache" und "kombinierte" als sinnvoll erwiesen. In Tabelle 2 sind die gebräuchlichsten einfachen, in Tabelle 3 die wichtigsten kombinierten stereologischen Parameter zusammengestellt. Als kombiniert werden stereologische Parameter bezeichnet, die aus zwei oder mehreren einfachen abgeleitet und berechnet werden können. Die volumenbezogene numerische Dichte kann nach drei Methoden berechnet werden (Tabelle 3): Bei der Methode nach Weibel und Gomez (1962) (53) ist $k' = K/\beta$ (K: Verteilungskonstante (siehe Weibel (51), β: Formkonstante), bei der Methode nach Flodèrus (21) ist $k'' = t + 2r - 2h$ (t: Schnittdicke; r: Radius der angenähert kugelförmigen Partikel; h: Höhe der kleinsten, noch im histologischen Schnitt zur Darstellung kommenden Partikel-

Tabelle 2. Einfache stereologische Parameter

Parameter	Dimension	Abkürzung	Referenzgröße	Autoren	
Flächendichte	--	$A_{A(x/R)}$	Fläche	Delesse (1847)	(17)
Volumendichte	--	$V_{V(x/R)}$	Volumen	Thomson (1930)	(46)
				Glagoleff (1933)	(23)
Umfangdichte	$l^{-1\,a)}$	$B_{A(x/R)}$	Fläche	Weibel (1979)	(51)
Numerische Dichte	l^{-1}	$N_{L(x/R)}$	Länge		
	l^{-2}	$N_{A(x/R)}$	Fläche		
Oberflächendichte	l^{-1}	$S_{V(x/R)}$	Volumen	Tomkeiff (1945)	(47)
				Saltykov (1974)	(41)
Kurvaturdichte	l^{-2}	$K_{V(x/R)}$	Volumen	De Hoff (1967)	(15)
Formfaktor	--	rho	--	Takahashi und	(45)
				Matsumoto (1980)	

[a] l : Längeneinheit

kalotte), und bei der Methode nach Ebbeson und Tang (19) entspricht $k''' = t_1 - t_2$ (t_1: Dicke des Schnittes 1; t_2: Dicke des Schnittes 2; wobei $t_1 > t_2$). $N_{A(x/R)1}$ entspricht der flächenbezogenen numerischen Dichte des Strukturelementes x im Schnitt der Dicke t_1, $N_{A(x/R)2}$ derjenigen im Schnitt der Dicke t_2. (Zur Bestimmung der Dicke eines Schnittes siehe (51) und (36)). Die Bestimmung der stereologischen Parameter, die keine Dimension aufweisen [z.B. $V_{V(x/R)}$], ist unabhängig von einer etwaigen Orientierung der analysierten Strukturen. Bei der Berechnung der übrigen Parameter muß eine allfällige Orientierung der Strukturen oder Objekte in Betracht gezogen werden (14, 32, 52) (siehe Kapitel 1.3).

Tabelle 3. Kombinierte stereologische Parameter

Parameter	Dimension	Abkürzung	Referenzgröße	Berechnungsformel	A	B	Autoren
Längendichte	$1\text{-}2^{e)}$	$L_{V(x/R)}$	Volumen	$2A$	$N_{A(x/R)}$		Smith und Guttman (1959) (43) Henning (1963) (29)
Numerische Dichte	$1\text{-}3$	$N_{V(x/R)}$	Volumen	$k^{a)}\,[A^3/B]^{0.5}$	$N_{A(x/R)}$	$V_{V(x/R)}$	Weibel und Gomez (1962) (53)
				$A/k^{b)}$	$N_{A(x/R)}$		Floderus (1944) (21) Abercrombie (1946) (1)
				$(A-B)/k^{"c)}$	$N_{A(x/R)_1}^{\;c)}$	$N_{A(x/R)_2}^{\;c)}$	Ebbenson und Tang (1965) (19)
Oberflächendichte	$1\text{-}2$	$N_{S(x/R)}$	Oberfläche	A/B	$N_{V(x/T)}^{\;d)}$	$S_{V(R/T)}$	Mayhew (1979) (33)
	--	$S_{S(x/R)}$	Oberfläche	A/B	$S_{V(x/T)}$	$S_{V(R/T)}$	
Mittlere Dicke	1	$\tau_{(x)}$	--	$2(A/B)$	$V_{V(x/R)}$	$S_{V(x/R)}$	Weibel und Knight (1964) (54)
	1	$d_{(x)}$	--	$2(A/B)$	$A_{A(x/B)}$	$B_{A(x/R)}$	Schenk und Olah (1980) (42)
Mittlere Dicke angenäherter Kugeln	1	$D_{(x)}$	--	A/B	$N_{A(x/R)}$	$N_{V(x/R)}$	De Hoff und Rhines (1961) (16)
Mittlere Distanz	1	$\lambda_{(x)}$	--	$4[(1-A)/B]$	$V_{V(x/R)}$	$S_{V(x/R)}$	Fullman (1953) (22)
Mittleres Volumen	1^3	$V_{(x)}$	--	A/B	$V_{V(x/R)}$	$N_{V(x/R)}$	
Mittlere Oberfläche	1^2	$S_{(x)}$	--	A/B	$S_{V(x/R)}$	$N_{V(x/R)}$	
Mittlere Länge	1	$L_{(x)}$	--	A/B	$L_{V(x/R)}$	$N_{V(x/R)}$	
Mittlere Anschnittsfläche	1^2	$A_{(x)}$	--	A/B	$A_{A(x/R)}$	$N_{A(x/R)}$	

a-d) siehe Text

e) 1: Längeneinheit

D. Planimetrische oder geometrische morphometrische Parameter

Die bedeutendsten planimetrischen morphometrischen Parameter sind: Länge, Umfang und Fläche von Strukturanschnitten, Formfaktoren, mittlerer Radius, mittlere Wandbreite, mittlerer Durchmesser sowie mittlere Dicke (Sehnenlängen) von Strukturelementen.

Der üblicherweise benutzte kreisbezogene Formfaktor ist definiert als:

$$F_{(x)} = 4\pi \, \frac{A_{(x)}}{C_{(x)}^2} \qquad \text{(Saltykov, 1974) (41)} \tag{3}$$

$A_{(x)}$: Fläche des Anschnittes des Strukturelementes x
$C_{(x)}$: Umfang des Anschnittes des Strukturelementes x

$A_{(x)}$ und $C_{(x)}$ können mit semiautomatischen Geräten einfach und direkt bestimmt werden. Die Berechnung des kreisbezogenen Formfaktors ist aber auch mit Hilfe zweier einfacher stereologischer Parameter [$A_{A(x/R)}$ und $B_{A(x/R)}$] (Tabelle 2) und eines kombinierten stereologischen Parameters [$A_{(R)}$] (Tabelle 3) möglich:

$$F_{(x)} = 4\pi \, \frac{A_{A(x/R)}}{[B_{A(x/R)}]^2 \cdot A_{(R)}} \tag{4}$$

$A_{(R)}$: Fläche des Anschnittes des Referenzkompartimentes

In Anbetracht der zunehmenden Verbreitung semiautomatischer und automatischer Bildanalysegeräte dürfte Gleichung (4) kaum noch verwendet werden. Dennoch ist aus ihr ersichtlich, daß viele morphometrische Parameter grundsätzlich auch mit dem einfachen Punktezählverfahren ermittelt werden können.

Ein Überblick über weitere Formfaktoren ist bei Oberholzer (36) gegeben. Umbricht (48) untersuchte die Zusammenhänge verschiedener Formfaktoren von Kernanschnitten bei Mammakarzinomen untereinander. Dabei stellte sich eine enge Beziehung zwischen dem kreisbezogenen Formfaktor F und dem über eine Fourier-Analyse ermittelten Formfaktor $F_{(FOUR)}$ (Abb. 2) heraus. In weiteren Untersuchungen stellten wir an Mammakarzinomen fest, daß der Formfaktor F eine hohe Sensitivität, aber eine niedrige Spezifität für Formveränderungen aufweist (24). Die Spezifität der Kernpolymorphie wird am besten (in absteigender Rangfolge) mit den Konkavitätsfaktoren, der "Bending Energy" und den Elliptizitätsfaktoren erfaßt (24). Østerby und Gundersen (38) verwenden die "Formfaktoren"

$$f_{(x)} = S_{(x)}^{3/2} / V_{(x)} \tag{5a}$$

und

$$f_{(x)}' = l_{(x)}^3 / V_{(y)} \qquad \text{wobei} \tag{5b}$$

$S_{(x)}$: Oberfläche des Strukturelementes x

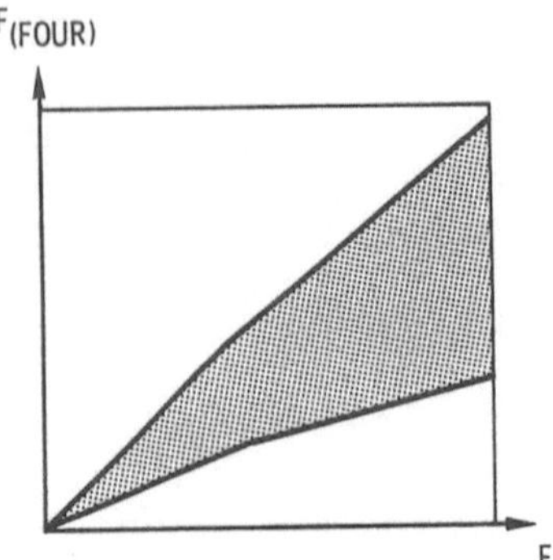

Abb. 2. Zusammenhang zwischen kreisbezogenem Formfaktor (F) und dem über eine Fourier-Analyse ermittelten Formfaktor (F(FOUR)) von Kernanschnitten bei Mammakarzinomen (Korrelationskoeffizient R = 0.90).

$V_{(x)}$: Volumen des Strukturelementes x
$l_{(x)}$: Länge des Strukturelementes x
$V_{(y)}$: Volumen des Strukturelementes y

Betrachtet man die Dimensionen von $f_{(x)}$ und $f_{(x)}'$, so ist ersichtlich, daß beide Formfaktoren dem von Saltykov (41) definierten entsprechen und dimensionslos sind.

$$(l^2)^{3/2}/l^3 \ \text{bzw.} \ l^3/l^3 \ \text{mit l einer Längeneinheit} \tag{6}$$

Der mittlere Radius r und die mittlere Wandbreite T von Arterien können nach Gleichungen (7) und (8) berechnet werden (44):

$$r = \frac{A_{(W)}}{[L_{(MEI)}^2 + 4\pi A_{(W)}]^{0.5} - L_{(MEI)}} \tag{7}$$

$A_{(W)}$: Anschnittsfläche der Arterienwand
$L_{(MEI)}$: Länge der Membrana elastica interna

$$T = \frac{[L_{(MEI)}^2 + 4\pi A_{(W)}]^{0.5} - L_{(MEI)}}{2\pi} \tag{8}$$

Cook und Yates (11) schlagen für die Morphometrie von Arterien folgende Hauptparameter vor: R, T (MED), Q (MED) und T(W):

$$R = \frac{L_{(MEI)}}{2\pi} \tag{9}$$

R : Radius

$$T_{(MED)} = [R^2 + A_{(MED)}/\pi]^{0.5} - R$$

$$Q_{(MED)} = \frac{T_{(MED)}}{R} \tag{10}$$

$$T_{(W)} = \frac{DKL_{(W)} - DKL_{(LUM)}}{2} \tag{11}$$

$T_{(MED)}$: Dicke der Tunica medica
$A_{(MED)}$: Anschnittsfläche der Tunica medica
$T_{(W)}$: Dicke der Arterienwand
$DKL_{(W)}$: Kleiner Durchmesser der Wand
$DKL_{(LUM)}$: Kleiner Durchmesser des Lumens

Eigene Untersuchungen (39) zeigten, daß die beiden Parameter r (Gleichung 7) und T (Gleichung 8) sowie das Verhältnis der Dicke der Intima zur Dicke der gesamten Arterienwand:

$$T_{(INT/W)} = \frac{T_{(INT)}}{T_{(W)}} \tag{12}$$

die zuverläßigsten Gefäß-Morphometrie-Parameter sind.

Für die Berechnung der mittleren Durchmesser von Partikeln existieren verschiedene Methoden, die bei Oberholzer (S. 102) (36) zusammengestellt sind. Aherne und Dunnill (4) empfehlen als morphometrische Parameter von Muskelfaserquerschnitten den Durchmesser oder die Anschnittsfläche der Muskelfaserquerschnitte. Für die Berechnung des Durchmessers sind folgende Formeln am besten geeignet:

$$D_{(MUSC)} = [A_{(MUSC)} \cdot 4\pi]^{0.5} \tag{13}$$

$A_{(MUSC)}$: Muskelanschnittsfläche

$$D_{(MUSC)} = [D_{GR(MUSC)} \cdot D_{KL(MUSC)}]^{0.5} \tag{14}$$

$D_{GR(MUSC)}$: Größter Muskelfaserdurchmesser
$D_{KL(MUSC)}$: Kleinster senkrecht zu $D_{GR(MUSC)}$ stehender Durchmesser

$$D_{(MUSC)} = \frac{D_{GR(MUSC)} + D_{KL(MUSC)}}{2} \tag{15}$$

(Eine Methode zur Berechnung des mittleren Durchmessers von Kapillaren wird im Abschnitt D angeführt.)

Gundersen et al. (26) haben Methoden zur direkten Schätzung mittlerer Dicken oder Sehnenlängen von Strukturelementen vorgeschlagen. Für die Messung der mittleren Dicke von Glomerulum-Basalmembranen hat sich das Verfahren von Gundersen und Østerby (25) bewährt. Dabei wird an zufälligen Stellen die Basalmembrandicke (l_i) gemessen.

Aus diesen Meßdaten wird das harmonische Mittel $l_{(h)}$ berechnet:

$$l_{(h)} = \frac{n}{\sum\limits_{i=1}^{n} \dfrac{1}{l_i}} \tag{16a}$$

n : Anzahl Messungen

Für die mittlere harmonische Basalmembrandicke gilt dann

$$t_{(h)} = 0.849 \cdot l_{(h)} \, . \tag{16b}$$

E. Spezielle morphometrische Parameter

In der Morphometrie werden für die Berechnung der einzelnen Parameter neben den klassischen stereologischen Axiomen weitere Axiome der geometrischen Wahrscheinlichkeitstheorie und Mathematik verwendet. Auf solchen Axiomen beruhen Verfahren zur Schätzung längenbezogener numerischer Dichten, die "Nächster Nachbar-Methode", Verfahren zur Berechnung von mittleren Längen, Oberflächen und Durchmessern von Kapillaren sowie Verfahren zur Quantifizierung von Verteilungen. Die mit diesen Verfahren ermittelten Parameter können nicht ohne weiteres einer der beiden oben genannten Gruppen zugeordnet werden. Sie werden deshalb von uns als "spezielle morphometrische Parameter" bezeichnet.

Aherne publizierte 1975 (2) - basierend auf dem "Nadel-Experiment" von Buffon (1707 - 1788) (8) - eine Methode zur Berechnung einer *längenbezogenen numerischen Dichte* von Purkinje-Zellen des Kleinhirns. Ziel der Methode ist die Berechnung der Anzahl Purkinje-Zellen pro Längeneinheit der Linie, entlang der sie liegen. Die Länge dieser Strecke ($l_{(R)}$) kann entsprechend der Formel von Buffon geschätzt werden:

$$l_{(R)} = \frac{\pi}{2} \cdot \Sigma I_{(R)} \cdot \frac{d}{m} \tag{17}$$

$I_{(R)}$: Durchstoßpunkte zwischen den parallelen Testlinien des Rasters und einer Linie
d : Abstand zwischen den Testlinien des Rasters
m : Vergrößerung

Die gesuchte längenbezogene numerische Dichte basierend auf Gleichung (17) beträgt:

$$N_{L(x/R)} = \frac{N_{(x)}}{\Sigma I_{(R)}} \cdot \frac{2}{\pi} \cdot \frac{m}{d} \tag{18}$$

$N_{(x)}$: Anzahl Anschnitte des Partikels x (z.B. Purkinje-Zellen)

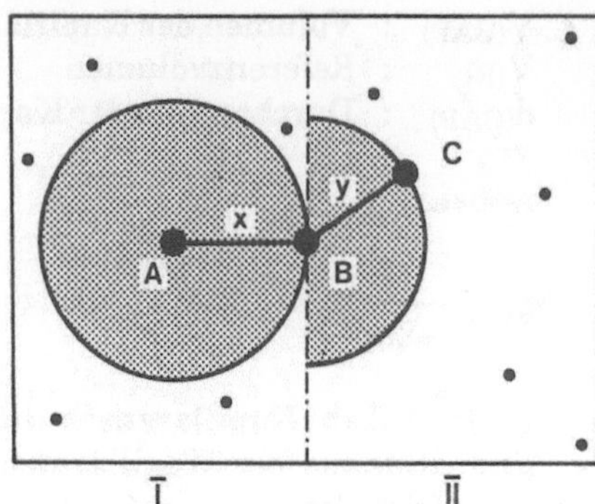

Abb. 3. "Nächster Nachbar-Methode" (siehe Text).

Eine weitere Methode zur Bestimmung einer Art numerischen Dichte ist die *"Nächster Nachbar-Methode"* (nearest neighbour procedure) (10). Dabei wird nicht die Anzahl Struktur- oder Partikelanschnitte bezogen auf eine Referenzfläche, sondern die Fläche einer Referenzfläche, die pro Struktur- oder Partikelanschnitte noch frei ist, geschätzt. Voraussetzung zur Anwendung des Verfahrens ist eine zufällige Verteilung der Strukturanschnitte. Aherne und Diggle (3) entwickelten die Methode weiter, um sie von dieser Bedingung einer zufälligen Verteilung unabhängig zu machen, und fanden für die mittlere Fläche pro Struktur- oder Partikelanschnitte $A_{(ST)}$:

$$A_{(ST)} = \frac{\pi}{2n} \cdot \sum_{i=1}^{n} (x_i^2 + 0.5\, y_i^2) \tag{19}$$

n : Anzahl Bestimmungen von "nearest neighbours"
x_i : Abstand zwischen dem Strukturanschnitt A und B
(A wird zufällig ausgewählt) (Abb. 3)
y_i : Abstand zwischen dem Strukturanschnitt B und C (Abb. 3)

Die Messung von x_i und y_i erfolgt in 4 Schritten (Abb. 3):

1. Der Strukturanschnitt A wird zufällig ausgewählt und der am nächsten gelegene Strukturanschnitt B festgestellt.
2. Zur Strecke AB wird durch B eine Senkrechte gelegt. Dadurch entstehen 2 Teilflächen I und II.
3. Der B am nächsten gelegene Strukturanschnitt C in der Fläche II wird bestimmt.
4. Die Strecken x (AB) und y (BC) werden gemessen.

Nach Abschluß der Messung wird ein neuer Strukturanschnitt A zufällig gesucht. Dieses Vorgehen wird n mal wiederholt.

Haynes (28) publizierte ein Verfahren zur *Schätzung der Länge von Kapillaren* [$L_{(CAP)}$]:

$$L_{(CAP)} = \frac{4}{\pi} \cdot \frac{V_{(CAP)}}{\Sigma q_i \cdot d_{(CAP)}^2} \tag{20}$$

$V_{(CAP)}$: Volumen der Kapillaren: $V_{(CAP)} = V_{V(CAP/R)} \cdot V_{(R)}$
$V_{(R)}$: Referenzvolumen
$d_{(CAP)}$: Durchmesser der Kapillaren

wobei

$$q_i = \frac{n_i}{\Sigma n_i} \tag{21}$$

n_i : Anzahl Kapillaranschnitte im histologischen Schnitt$_i$
Σn_i : Summe der Kapillaranschnitte in allen ausgewerteten histologischen Schnitten

Hunziker et al. (30) berechnen den *Durchmesser von Kapillaren* nach Gleichung (22):

$$d_{(CAP)} = \frac{\Sigma P_{(x)} \cdot d}{n_{(x)}} \tag{22}$$

$P_{(x)}$: Trefferpunkte eines quadratischen Testrasters über den Anschnitten der Struktur x (Abb. 4)
$n_{(x)}$: Anzahl Sehnen der horizontalen Testlinien über den Anschnitten der Struktur x (in Abb. 4 mit einem Pfeil am linken Testfeldrand markiert)
d : Testpunktabstand des quadratischen Rasters

Die gleichen Autoren entwickelten ebenfalls eine Methode zur Berechnung der mittleren Länge von Kapillaren.
Die *Oberfläche von Kapillaren* ($S_{(CAP)}$) läßt sich nach Haynes (28) mit Gleichung (23) ermitteln:

$$S_{(CAP)} = 4 \cdot \frac{V_{(CAP)}}{\Sigma q_i / q_i \cdot d_{(CAP)}} \tag{23}$$

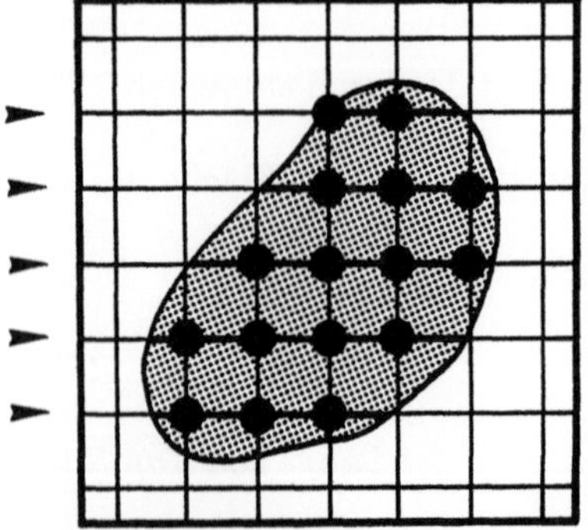

Abb. 4. Bestimmung des mittleren Durchmessers von Kapillaren nach der Methode von Hunziker et al (1974) (30) . Die seitlichen Pfeile markieren die horizontalen Testlinien, die auf dem Kapillaranschnitt liegen ($\Sigma P_{(x)} = 16$; $n_{(x)} = 5$).

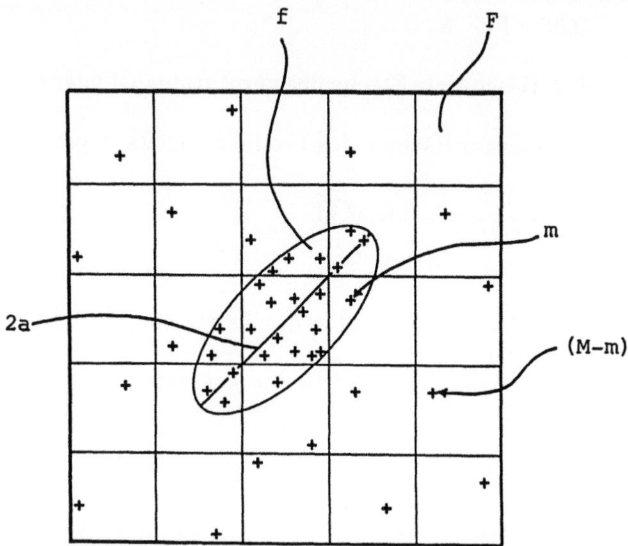

Abb. 5. Verwendung eines quadratischen Testrasters für die Analyse von Partikelverteilungen (siehe Text).

Für verschiedene Fragestellungen ist die Verwendung von Orientierungsparametern notwendig (20, 36, 40, 49).

Verteilungen von Partikeln (Abb. 5) können mit Hilfe des Dispersionskoeffizienten (CD) quantitativ erfaßt werden. Dieser Parameter erlaubt eine Unterscheidung zwischen einer zufälligen oder regelmäßigen Anordnung von Partikeln oder Objekten oder einer Anordnung in Haufen (Clusters): Beträgt CD = 1, sind die Partikel in der Testfläche zufällig verteilt; ist CD < 1, sind die Partikel regelmässig angeordnet; ist CD > 1, liegen sie in Haufen vor. Der Dispersionskoeffizient (CD) ist wie folgt definiert (9):

$$CD = \frac{\sum\limits_{k=1}^{K} (m_k - \frac{m}{K})^2}{K - 1} \cdot \frac{K}{M} \tag{24}$$

Die Bestimmung des Dispersionskoeffizienten ist einfach. Dafür wird ein quadratischer Testraster mit der Gesamtläche F und K Boxen (= quadratische Teilflächen) verwendet; gezählt wird die Anzahl Partikel (M) in der gesamten Testfläche und in den einzelnen Teilflächen (m_k). Diese Meßresultate werden durch zwei methodische Elemente beeinflußt:

1. Die Größe der quadratischen Teilflächen (Boxen) in Bezug auf die geschätzte Fläche der vermuteten Haufen und
2. Die Größe der Gesamtfläche F.

Die Größe der quadratischen Teilfläche (a = F/K) sollte in Abhängigkeit der geschätzten Fläche des vermuteten Clusters folgende Bedingungen erfüllen (9):

$$0.33 \cdot f \leqq a < f \tag{25}$$

f : Geschätzte Fläche des vermuteten Clusters

Die Gesamtfläche F des Testfeldes ist dann genügend groß, wenn

$$f \leqq F \cdot \left[\frac{m' - 0.8 \sqrt{M}}{5.9 \sqrt{M}} \right]^2 \quad (9) \tag{26}$$

m' : Anzahl Partikel in der Testfläche, die außerhalb des vermuteten Clusters liegen.

M : Anzahl Partikel in der gesamten Testfläche (inklusive die Partikel des Clusters)

Die nach diesem Verfahren ermittelten Dispersionskoeffizienten können entweder mit der Chi²-Approximation oder mit dem von Buser et al. (9) entwickelten CD-Test auf Unterschiede von 1 hin statistisch untersucht werden. Die einfache Chi²-Approximation:

$$Chi^2 = CD \cdot (K - 1) \tag{27}$$

kann nach Buser et al. (9) dann verwendet werden, wenn folgende Beziehung erfüllt ist:

$$M / K \geqq 3.2 \cdot e^{-0.071K} + e^{-0.0052K} \quad (Abb.\ 6) \tag{28}$$

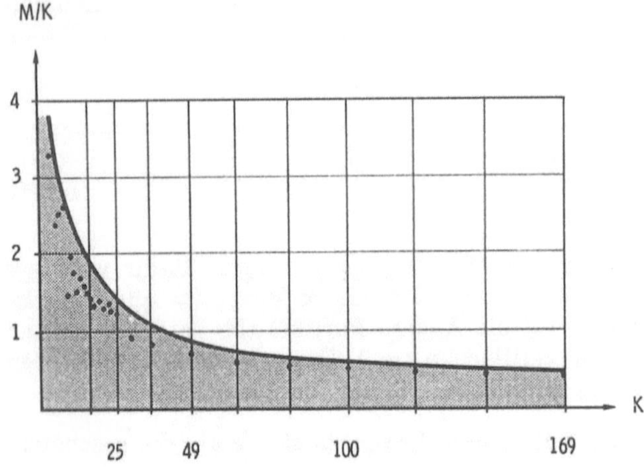

Abb. 6. Verwendungsbereich der Chi²-Approximation zur Prüfung des Dispersionskoeffizienten (CD) auf Unterschiede von 1: Wenn bei einer vorgegebenen Anzahl Boxen K der Mittelwert der Anzahl Partikelanschnitte pro Boxe (M/K) den schraffierten Bereich überschreitet, kann die Chi²-Approximation verwendet werden (siehe Text).

F. Korrekturen morphometrischer Parameter

Korrekturen von Meßresultaten können dann notwendig werden, wenn Bedingungen der stereologischen Axiome (z.B. zufällige Stichprobenauswahl, unendlich dünne Schnitte, keine Orientierung (Isotropie)) nicht erfüllt sind, oder wenn morphometrische Parameter verschiedener Individuen oder Spezies miteinander verglichen werden sollen.

Korrekturen stereologischer Parameter sind zum Vergleich der Resultate verschiedener Arbeitsgruppen beim "Nucleus biased sampling" (12, 13), bei endlichen Schnittdicken (52) und bei Orientierung der ausgewerteten Strukturen (32) notwendig.

Bei der Berechnung morphometrischer Parameter ist unterschiedlichen Organgrößen oder dem unterschiedlichen Alter untersuchter Individuen Rechnung zu tragen. Aherne (2) verwendet z.B. als Korrekturfaktor für die längenbezogene numerische Dichte der Purkinje-Zellen verschiedener Individuen die dritte Wurzel des Kleinhirngewichtes W.

In der Lungenmorphometrie setzen wir zur Standardisierung von Lungenvolumen und Inflationsgrad folgende Korrekturfaktoren (36) ein:

$$p^{3/3} = \frac{b \cdot V_{postfix}^2}{0.47 \cdot TLC \cdot V} \tag{29}$$

und

$$q^{3/3} = \frac{1}{p^{3/3}} \tag{30}$$

b : Konstante in Abhängigkeit der Größe des effektiven Luftraumes der Lunge

$V_{postfix}$: Lungenvolumen nach Fixation (nach der Methode von Archimedes gemessen)

TLC : Intravital gemessene totale Lungenkapazität

V : Standardisiertes Lungenvolumen: z.B. 2500 cm^3

Der Exponent 3/3 in Gleichung (29) und (30) ist der Dimension des zu korrigierenden stereologischen Parameters anzupassen, z.B. sind volumenbezogene Oberflächendichten (Dimension: l^{-1}) mit $p^{1/3}$, Flächen (Dimension: l^2) mit $q^{2/3}$ zu multiplizieren.

Volumenbezogene Volumen- (V), Oberflächen- (S), numerische (N) und Längendichten (L) werden für Vergleiche zwischen verschiedenen Spezies mit unterschiedlicher Organgröße folgendermaßen korrigiert (37):

$$Z_{V(x/R)} = Z_{V(x/R)'} \cdot V_{V(R/O)} \cdot \frac{V_{(O)}}{OG} \cdot 100 \tag{31}$$

$Z_{V(x/R)}$: Korrigierter stereologischer Parameter (Z: V, S, N oder L)

$Z_{V(x/R)'}$: Unkorrigierter stereologischer Parameter

$V_{V(R/O)}$: Volumenanteil des Referenzkompartimentes R am Organ O

$V_{(O)}$: Volumen des Organes O

OG : Standardisiertes Organgewicht (z.B. 100 g)

Bei morphometrischen Untersuchungen sollte die Wahl der morphometrischen Parameter nach einer sorgfältigen Analyse der Fragestellung an erster Stelle erfolgen. Für die anschließenden Messungen ist ein schrittweises Vorgehen angezeigt:

1. Schätzung der Werte und Überprüfung der Tauglichkeit der vorgesehenen Parameter in einer Pilotstudie;
2. Festlegung der notwendigen Größe der Stichprobe in Abhängigkeit der Resultate der Pilotuntersuchung und
3. Bestimmung der erforderlichen Korrekturverfahren und Festlegung des Stichprobenauswahlverfahrens.

Nur ein solches schrittweises Vorgehen führt zur richtigen Parameterwahl, zu einer erfolgreichen morphometrischen Untersuchung und verhindert, daß Morphometrie zur "l'art pour l'art" wird.

Literatur

1. Abercrombie M (1964) Estimation of nuclear population from microtome sections. Anat Rec 94:239
2. Aherne WA (1975) Some morphometric methods for the central nervous system. J Neurol Sci 24:221
3. Aherne WA, Diggle PJ (1978) The estimation of neuronal population density by a robust distance method. J Micros 114:285
4. Aherne WA, Dunnill MS (1982) Morphometry. Edward Arnold, London
5. Baak JPA, Van Dop H, Kurver PHJ, Hermans J (1985) The value of morphometry to classic prognosticators in breast cancer. Cancer 56:374
6. Bartels PH, Layton J, Shoemaker RL (1984) Digital microscopy. In: Greenberg SD (ed) Computer-assisted image analysis cytology. S Karger, Basel München Paris London New York Tokyo Sydney
7. Boon ME, Trott PA, Van Kaam H, Kurver PJH, Leach A, Baak JPA (1982) Morphometry and cytodiagnosis of breast lesions. Virchows Arch Pathol Anat 396: 9
8. Buffon GLL (1777) Essai d'arithmétique morale. Suppl à l'Histoire Naturelle, Vol 4, Paris
9. Buser M, Oberholzer M, Heitz PhU (1987) Analysis of object clustering. Analyt Quant Cytol 9:303
10. Clark PJ, Evans FC (1954) Distance to nearest neighbour as a measure of spatial relationship in populations. Ecology 35:445
11. Cook TA, Yates PO, (1972) A critical survey of techniques for arterial mensuration. J Pathol 108: 119
12. Cruz-Orive LM (1976) Correction of stereological parameters from biased samples on nucleated particle phases. I. Nuclear volume fraction. J Microsc 106:1
13. Cruz-Orive LM (1976) Correction of stereological parameters from biased samples on nucleated particle phases. II. Specific surface area. J Microsc 106:19
14. Cruz-Orive LM, Hoppeler H, Mathieu O, Weibel ER (1984) Stereological analysis of anisotropic structures using directional statistics. Appl Statist 33
15. DeHoff RT (1967) The quantitative estimation of mean surface curvature. Trans AIME 239:617
16. DeHoff RT, Rhines FN (1961) Determination of the number of particles per unit volume from measurements made on random plane sections. The general cylinder and the ellipsoid. Trans AIME 221:975
17. Delesse MA, (1847) Procède Mécanique pour déterminer la composition des roches. CR Acad Sci, Paris 25:544

18. Delling G (1975) Endocrine Bone Diseases. Gustav Fischer Verlag, Stuttgart
19. Ebbeson SOE, Tang D (1965) A method for estimating the number of cells in histological sections. J Microsc 84:449
20. Erzen I, Klisnik M (1985) Stereological analysis of skeletal muscle tune. Acta Stereol 4:3
21. Floderus S (1944) Untersuchungen über den Bau der menschlichen Hypophyse mit besonderer Berücksichtigung der quantitativen mikromorphologischen Verhältnisse. Acta Pathol Microbiol Scand (A) 53 (Suppl):1
22. Fullman R L (1953) Measurement of particle sizes in opaque bodies. Trans AIME 197:447
23. Glagoleff A A (1933) On the geometrical method of quantitative analysis of rocks. Trans Inst Econ Min (Moskow) 59:1
24. Gschwind R, Umbricht CB, Torhorst J, Oberholzer M (1986) Evaluation of shape descriptors for the morphometric analysis of cell nuclei. Path Res Pract 181:213
25. Gundersen HJG, Østerby R (1981) Optimizing sampling efficiency of stereological studies in biology or "Do more less well". J Microsc 121:65
26. Gundersen HJG, Jensen T B, Østerby R (1978) Distribution of membrane thickness determined by lineal analysis. J Microsc 113:27
27. Haug H (Hrsg) (1963) Proceedings of the First International Congress for Stereology. Vienna. Congressprint, Wien
28. Haynes JD (1964) Estimation of blood vessel surface area and length in tissue. Nature (London) 201:425
29. Hennig A (1963) Länge eines räumlichen Linienzuges. Z Wiss Mikrosk 65:193
30. Hunziker O, Frey H, Schulz U (1974) Morphometric investigations of capillaries in the brain cortex of the cat. Brain Res 65:1
31. Krempien B, Lemminger FM, Ritz E, Weber E (1978) The reaction of different skeletal sites to metabolic bone disease. Klin Wschr 56:755
32. Mathieu O, Cruz-Orive L M, Hoppeler H, Weibel ER (1983) Estimating length density and quantifying anisotropy in skeletal muscle capillaries. J Microsc 131:131
33. Mayhew TM (1979) Basic stereological relationships for quantitative microscopical anatomy - a simple systematic approach. J Anat 129:95
34. Melsen F, Mosekilde L (1977) Morphometric and dynamic studies of bone changes in hyperparathyroidism. Acta Pathol Microbiol Scand (A) 85:141
35. Merz WA, Schenk RK (1970) A quantitative study on bone formation in human cancellous bone. Acta Anat 76:1
36. Oberholzer M (1983) Morphometrie in der klinischen Pathologie. Springer, Berlin Heidelberg New York Tokyo
37. Oberholzer M, Durrer H, Rohr HP, Küng H, Heitz PhU (1985) Evolutive morphologische Anpassungen der Hepatozyten verschiedener Tierspezies der Vertebraten an Grundumsatz und Körpergewicht. Acta Histochem Suppl 31:73
38. Østerby R, Gundersen HJG (1980) Fast accumulation of basement membrane material and the rate of morphological changes in acute experimental diabetic glomerular hypertrophy. Diabetologia 18:493
39. Peterli R (1987) Veränderungen an Koronararterien bei Patientinnen mit praeklinischer Hypothyreose. Inaugural-Dissertation. Med Fakultät, Universität Basel
40. Rüfenacht HJ (1984) Cholerese bei der Ratte: Morphometrie an Tight Junctions. Inaugural-Dissertation, Med. Fakultät, Universität Basel
41. Saltykov SA (1974) Stereometric metallography. Stereometrische Metallographie. VEB Deutscher Verlag für Grundstoffindustrie, Leipzig
42. Schenk RK, Olah AJ (1980) Histomorphometrie. In: Kuhlencordt F, Barthelheimer H (Hrsg.) Klinische Osteologie (A). Springer Verlag, Berlin Heidelberg New York
43. Smith CS, Guttman L (1953) Measurement of internal bounderies in threedimensional structures by random sectioning. Trans AIME 197:81
44. Suwa N, Takahashi T (1971) Morphological and morphometrical analysis of circulation in hypertension and ischemic kidney. Urban & Schwarzenberg, München Berlin Wien

45. Takahashi T, Matsumoto J (1980) Pattern analysis of chronic liver diseases from the viewpoint of structural connectivity. Tohoku J Exp Med 131:313
46. Thomson E (1980) Quantitative microscopic analysis. J Geol 38:193
47. Tomkeieff SI (1945) Linear intercepts, areas and volumes. Nature 155:24
48. Umbricht ChB (1984) Prognostische Bedeutung der morphometrischen Kernformanalyse beim invasiven Mammakarzinom ohne Lymphknotenmetastasen. Inaugural-Dissertation, Med. Fakultät, Universität Basel
49. Underwood EE (1970) Quantitative Stereology. Addison-Wesley, Reading (Mass.)
50. Vernejoul MC, Kuntz D, Miravet L, Goutallier B, Ryckewaert A (1981) Bone histomorphometric reproducibility in normal patients. Calcif Tissue Int 33: 369
51. Weibel ER (1979) Stereological methods. Vol 1: Practical methods for biological morphometry. Academic Press, London New York Toronto Sydney San Francisco
52. Weibel ER (1980) Stereological methods. Vol 2: Theoretical foundations. Academic Press, London New York Toronto Sydney San Francisco
53. Weibel ER, Gomez DM (1962) A principle for counting tissue structures on random sections. J Appl Physiol 17:343
54. Weibel ER, Knight BW (1964) A morphometric study on the thickness of pulmonary air-blood barrier. J Cell Biol 21:367

1.2 Vom Punktezählen zur Bildanalyse –
Vorgehensweise und technische Möglichkeiten

Karsten Rodenacker

A. Einleitung

Bei Messungen an Schnitten stehen oft nicht ins Auge fallende Eigenschaften im
Vordergrund. Zu nennen seien hier beispielsweise leichte Veränderungen in
Bezug auf die Auftrittswahrscheinlichkeit und Größe interessierender Objekte,
aber auch Veränderungen in der Anordnung der Objekte, die zwar auffallen
mögen, aber nicht leicht quantifizierbar sind.

Morphometrie und Stereologie (zu den Begriffen siehe Kapitel 1.1) mit oder
ohne digitale Bildverarbeitung und -analyse bieten hier eine große Vielfalt an
Methoden, die aber jede für sich ganz unterschiedliche Anwendungsbereiche
eröffnen. Im folgenden sei nun eine gewisse Hierarchie der Quantifizierungs-
weisen aufgebaut, die im wesentlichen die Unterschiede und Probleme heraus-
stellt, welche sich durch die verschiedenen Methoden ergeben. Außerdem wird
eine Entscheidungshilfe zur Versuchsplanung geboten, um dem ungeübten
Anwender einen Zugang in die Methoden der Quantifizierung zu bieten. Nicht
behandelt werden die speziellen Verfahren, für die auf die entsprechende
Fachliteratur verwiesen wird. Ein Literaturverzeichnis, keinesfalls vollständig,
ist beigefügt.

Die oben erwähnte Hierarchie folgt im wesentlichen dem Grad der Auflösung,
der bei der *Bildvermessung* angewendet wird. Dies ist nicht zu verwechseln mit der
Vergrößerung und damit der lokalen Auflösung, die für die *Bilderfassung* bzw.
Bildcodierung angewendet wird. Der Grad der Auflösung bei der *Messung* hängt in
hohem Maß vom gerätetechnisch betriebenen Aufwand und der damit verbundenen Methode ab, wobei vier Hierarchiestufen unterschieden werden können:

- *Punktezählen*, als terminus technicus der "klassischen" Stereologie,
- *Interaktive Erfassung* für die Digitalisierung von Wegen in Bildfeldern,
- *Automatische Erfassung mit interaktivem Eingriff* sowie
- *Vollautomatische Erfassung* für die Digitalisierung von ganzen Bildfeldern.

Eingegangen wird im wesentlichen auf die quantitativen Meßparameter
(Merkmale), die durch die unterschiedlichen Methoden erfaßt werden können.
Beim Übergang von der visuellen, qualitativen Beurteilung zur Messung tritt
dabei die entscheidende Schwierigkeit auf, daß die zur Verfügung stehenden
Merkmale selten genau die visuellen Eigenschaften widerspiegeln und im Hinblick auf die Fragestellung immer wieder kritisch interpretiert werden müssen.
Nicht eingegangen wird auf die statistische Auswertung mit dem Ziel einer Klassifikation, (siehe Kapitel 3.2), außer im Zusammenhang mit der Qualitäts-
beurteilung der Merkmale.

B. Punktezählverfahren

Das Punktezählverfahren, auch Treffermethode genannt, ist *die* Methode der "klassischen" Stereologie zur Bestimmung von sogenannten Dichten oder anderer Parameter (siehe Kapitel 1.1 und 1.3). Eine Dichte bezeichnet die Wahrscheinlichkeit für das Auftreten einer gewissen interessierenden Struktur bezogen auf eine Referenzstruktur, wobei die Referenzstruktur die interessierende umfassen muß. Die am häufigsten verwendete Dichte ist die Volumendichte V_V, also die Wahrscheinlichkeit für das Auftreten eines interessierenden Objektvolumens a innerhalb des Referenzvolumens. Eine Vielzahl anderer Parameter wird verwendet, die unterschiedliche Referenzstrukturen haben können, so daß auch hier Hierarchien entstehen.

Das Punktezählverfahren basiert auf einem wiederholten Zufallsexperiment. Ein Punkt wird zufällig in das auszumessende Bildfeld geworfen (Abb. 1). Das Verhältnis der Punkte P_a, die die interessierende Struktur a treffen, zur Anzahl der Punkte P die insgesamt über die Referenzstruktur geworfen wurden, liefert einen Schätzwert für die Volumendichte

$$P_a / P = V_a / V = V_V \tag{1}$$

oder

$$P_{(x)}/P_{(R)} = V_{(x)}/V_{(R)} = V_{V(x/R)} \tag{2}$$

x : Objekt
R : Referenzstruktur

Die Notation wurde verkürzt gewählt, wie sie in Underwood (1970) (2) und Weibel (1979) (3) verwendet wird. Die Qualität dieses Schätzwertes, seine Nähe zur wirk-

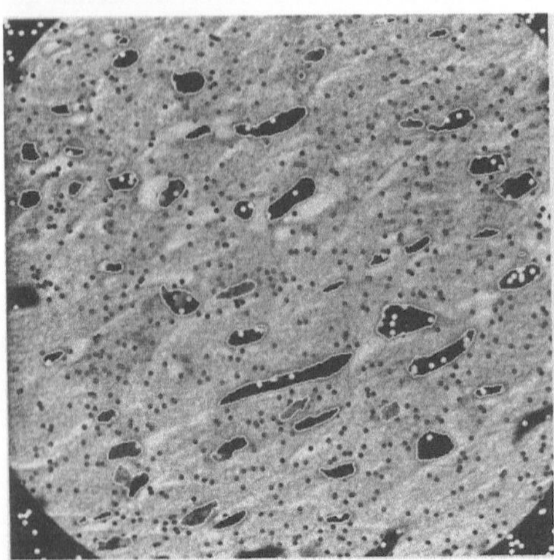

Abb. 1. Schnitt eines Rattenherzen, tuscheperfundierte Kapillaren, mit eingezeichneten Kapillargrenzen und Zufallstreffern (P_P = 149 / 1937 = 0.077) (Frau Lauk, GSF, Abteilung für Strahlenbiologie).

Abb. 2. Beispiel wie in Abb. 1 mit eingeblendetem Zählgitter für Referenz (grob) und Objekte (fein) (P_P = 97 / (64 x 16) = 0.095).

lichen Volumendichte allein innerhalb des ausgewählten Bildfeldes, hängt von der Anzahl der über die Referenzstruktur geworfenen Punkte sowie von deren Zufallsauswahl ab. Diese Zufallsmethode wird praktisch nicht angewendet, da das Zählen der so verteilten Punkte beschwerlich ist. Sind die Objekte in ihrer Lage zufällig verteilt, dann kann man auch ein regelmäßiges Punktegitter über das Bildfeld legen, wobei leicht auch unterschiedliche Gitterabstände für die Referenzfläche (groß) und die interessierende Objekte (klein) verwendet werden können (Abb. 2). Für die Bestimmung von Oberflächendichten wird ein Linienraster verwendet und die Anzahl der Schnittpunkte von Linien I_a (Intersections) mit Objekträndern gezählt. Die Oberflächendichte S_V ergibt sich dann mit der Länge L der Linien des Rasters zu

$$S_V = 2 \cdot I_L = 2 \cdot I_a / L = 2 \, L_{(x)} / L_{(R)} \,, \tag{3}$$

sofern die Objekte isotrop angeordnet sind. Für die Ableitung dieser und anderer Formeln siehe Weibel (1979) (3).

Das Punktezählverfahren stellt eine integrale Messung dar. Man erhält keine Verteilungen, sondern nur relative Mittelwerte. Man bezeichnet die der Messung zugrunde liegenden Merkmale deshalb auch als *statistische Merkmale*. Die Validierung der Schätzwerte ist oft nicht einfach, da die Voraussetzungen an die Randomisierung der Messung bei der Auswahl der Bildfelder nicht immer leicht zu erfüllen sind. Die stereologische Literatur bietet eine Vielzahl von Verfahren zur Varianzanalyse unter Anwendung von Beziehungen, die mit Hilfe der Wahrscheinlichkeitsgeometrie und Integralstatistik aufgestellt wurden (siehe auch Kapitel 3.1).

Die Messung ist außerordentlich einfach. Zusätzlich zur normalen Ausrüstung erfordert sie nur die Zählraster, für die in der stereologischen Literatur viele Beispiele gegeben werden, ebenso wie Erläuterungen zur eigenen Herstellung solcher Raster. Günstig hat sich auch ein Mikrorechner (Taschenrechner, Microcomputer) erwiesen, der die statistischen Grundfunktionen Mittelwert, Streuung und Korrelation beherrscht. Der Aufwand liegt im wesentlichen in der Experimentvorbereitung, die aber bei jeder Methode notwendig ist, sowie beim Auszählen der Bildfelder. Zusätzlich ergibt sich ein nicht vernachlässigbarer Aufwand, wenn nicht an Hand der Originalbilddarstellung, dem Mikroskop oder Elektronenmikroskop direkt gezählt werden kann. In diesem Fall sind geeignete apparative Projektionsmöglichkeiten zu schaffen, oder es müssen die Bildfelder photographiert und photographische Abzüge angefertigt werden, was Arbeit macht und Fehlerquellen in sich birgt. Hier kann es sich zeigen, daß bei genügend hohen Anforderungen an die Menge der auszuwertenden Bildfelder längerfristig eine Anschaffung eines Bildverarbeitungssystems sinnvoll wird, welches es erlaubt, die Punktezählung mittels eingeblendeter Zählraster an einem TV-Bildschirm durchzuführen (siehe Kapitel 3.3). Es soll hiermit angedeutet werden, daß die für andere und/oder kompliziertere Messungen sinnvollen automatischen Einrichtungen ebenfalls für das Punktezählen verwendet werden können. Dies bietet sich insbesondere an, wenn beispielsweise für Pilotstudien der hohe Aufwand zur Entwicklung von Meßprozeduren beziehungsweise für den interaktiven Eingriff gescheut oder noch nicht notwendig wird. Generell läßt sich sagen, daß in der gewählten Hierarchie vom Punktezählen bis zur vollautomatischen Erfassung alle Verfahren der jeweils niedrigeren Verfahrensebenen in den höheren ebenfalls angewendet werden können.

Die Probleme der Methode lassen sich unter den drei Stichpunkten:

- Entwurf des Experimentes,
- Validierung des gewählten Modelles und
- Qualitätsanalyse der Ergebnisse zusammenfassen.

Sie bilden den "Körper" der klassischen Stereologie. Durch Anwendung grundlegender statistischer Verfahren, wie bereits erwähnt z.B. der Varianzanalyse von Schätzwerten für Verhältnisse, sowie möglichst guter Kenntnis und Kontrolle des Materials, lassen sich jedoch diese Probleme beherrschen.

C. Die interaktive Erfassung

Die interaktive Erfassung erfordert zusätzlich zur normalen Ausstattung zumindest ein Digitalisiertablett, gekoppelt mit einem Microrechner (siehe Kapitel 3.4). Das Prinzip der interaktiven Erfassung ist die möglichst genaue Messung einzelner Objekte, d.h. die Verringerung der Meßvarianz von einzelnen Objekten im Vergleich zum Punktezählen. Jedes auszumessende Objekt wird dabei möglichst genau mit einer Markervorrichtung (Fadenkreuz oder Griffel) auf dem Digitalisiertablett umfahren. Hierbei wird der gefahrene Weg in eine Folge von Koordinaten zerlegt, die den Weg approximiert. Diese Koordinatenfolge kann nun, abhängig von der im Mikrorechner vorhandenen Software, ausgewertet werden.

Die Meßparameter sind jeweils bezogen auf einzelne Objekte, unter anderem Randlänge (Weglänge), eingeschlossene Fläche, Krümmung, Feretdurchmesser, Kaliber, Chordlänge, wobei die Genauigkeit von der Anzahl der Kooordinaten, also des Digitalisiertaktes sowie von den in der Software angewendeten Verfahren zur Approximation des Weges zwischen den Koordinatenpunkten abhängt. Abb. 3 soll andeutungsweise das Vorgehen und einige ausgewählte Parameter illustrieren. Die Meßwerte gehören zu *geometrischen Merkmalen*, die den einzelnen

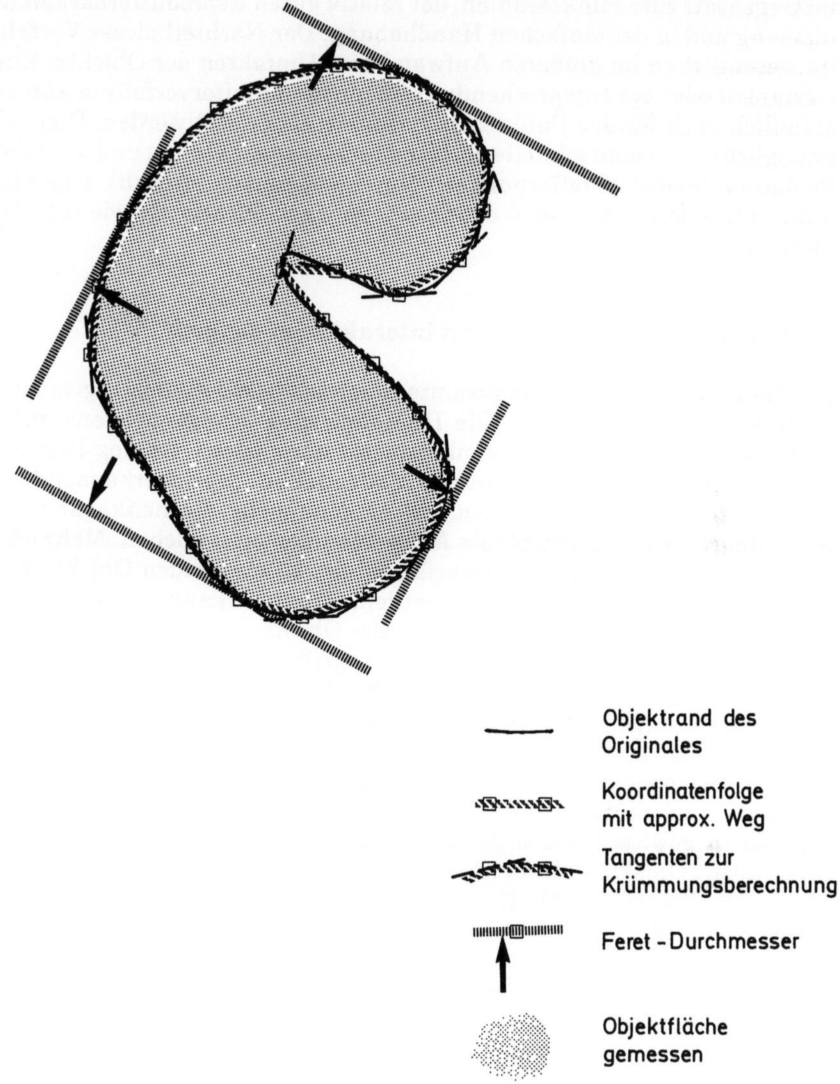

Abb. 3. Beispiel für eine interaktive Erfassung eines Objektes. (Legende auf der Abbildung).

Objekten oder Strukturen zugeordnet sind. Sie spannen im allgemeinen eine Häufigkeitsverteilung auf, aus der statistische Merkmale ableitbar sind. Dies stellt eine deutliche Erweiterung zum Punktezählen dar, die mit erheblichem manuellem Aufwand erkauft werden muß.

Da jedes Objekt im Bildfeld umfahren werden muß, ist die interaktive Erfassung aus Aufwandsgründen nicht für die einfachen stereologischen Messungen geeignet. Hier hat sich die Punktezählmethode als effizienter erwiesen (4 - 7).

Die Vorteile der Methode liegen neben dem Erzielen von Merkmalsverteilungen in der höheren Anzahl der Meßparameter, in ihrer geringeren Meßvarianz im Gegensatz zum Punktezählen, der relativ guten Reproduzierbarkeit der Einzelmessung und in der einfachen Handhabung. Der Nachteil dieses Verfahrens liegt im wesentlichen im größeren Aufwand zum Umfahren der Objekte. Ein Digitalisiertablett oder ein entsprechendes Lichtgriffel-Monitorverfahren kann selbstverständlich auch für das Punktezählverfahren eingesetzt werden. Dieses Vorgehen ermöglicht dann eine schnelle on-line-Markierung, Zählung und Verarbeitung der Primärparameter (Trefferpunkte, Durchstoßpunkte, Anzahl Objektanschnitte usw.), die jedoch - wie oben erwähnt - weniger effektiv ist wie die Hand-Auge-Methode.

D. Automatische Erfassung mit interaktivem Eingriff

Bei dieser Methode wird das gesamte zu messende Bildfeld in digitalisierter Form in einem Speicher abgelegt. Die Digitalisierung erfolgt meistens mit einer TV-Kamera oder einem Scanningphotometer über einen Analog-Digital-Wandler. Dies erfordert einen recht hohen Aufwand an Speicherkapazität sowie zur Auswertung des digitalisierten Bildes eine hohe Rechenkapazität oder viel Spezialhardware, um akzeptable Auswertezeiten zu erreichen. Mehr oder weniger anspruchsvolle Segmentationsverfahren der zu messenden Objekte können oder müssen interaktiv unterstützt werden. Hierbei kann die Segmentation zu messender Objekte verbessert und die Objekte selbst können gelöscht oder ausgewählt werden. Diese interaktive Eingriffsmöglichkeit ist der Unterschied zu der später besprochenen vollautomatischen Erfassungsmethode.

Basierend auf dem digitalisierten Bild können zusätzlich zu den vorher besprochenen statistischen und geometrischen Merkmalen noch *topologische und optische bzw. photometrische Merkmale* gemessen werden. Topologische Merkmale sind unter anderen: Zusammenhangsmaße, Abstandsmaße und Umgebungsmaße, die alle in gewisser Weise die Form, Orientierung, Lage und Ordnung der zu messenden Objekte beschreiben. An einigen Beispielen seien topologische Merkmale illustriert (Abb. 4).

Optische oder photometrische Merkmale sind meistens Mittelwerte oder höhere statistische Maßzahlen der Verteilungen von Bildpunktwerten (Pixel) innerhalb von Objekten, die die optische Absorption oder den Grad der Anfärbung bemessen. Auch hier können lokale Transformationen angewendet werden, so daß z.B. die Gradienten innerhalb von Objekten oder an ausgezeichneten Punkten im Bild bestimmt werden können (Abb. 5). Dies sind nur einige Beispiele, da prinzipiell keine Grenzen für die angewandten Verfahren existieren außer dem hierfür nötigen Aufwand an Programmier- und Rechenleistung (12 - 14).

Der folgerichtige nächste Schritt stellt die Einbindung eines automatischen Erfassungssystems in sogenannte Expertensysteme dar, deren wesentlicher Bestandteil eine rechneradäquate Repräsentation des a-priori Wissens ist und die unter Verwendung der Wissensbasis aufgrund der Meßwerte Vergleiche vornehmen und Entscheidungen treffen können.

Mit der halbautomatischen Vorgehensweise wächst der Hard- und Softwareaufwand. Die bildanalytischen Probleme steigen, aber unterscheiden sich qualitativ nicht von denen der vollautomatischen Bildanalyse. Das entscheidende Problem ist die Gewährleistung einer schnellen und bequemen Eingriffsmöglichkeit in das Bild. Der Zeitaufwand hierfür wird in aller Regel überschätzt.

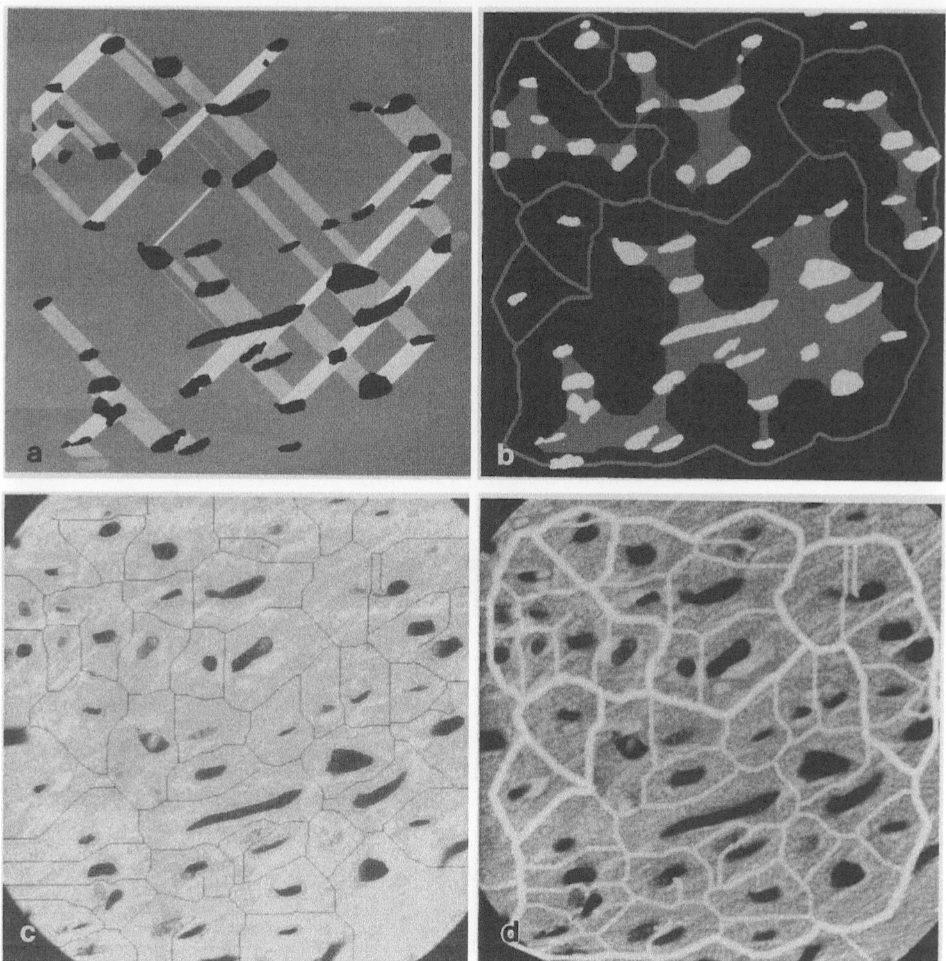

Abb. 4. Beispiele für topologische Merkmale:

$$\frac{a \mid b}{c \mid d}$$

a) Richtungsabhängige Nachbarschaftsbestimmung. Abstände kleiner x in zwei Richtungen sind weiß und hellgrau markiert.

b) Richtungsunabhängige Nachbarschaftsbestimmung. Abstände kleiner y sind grau markiert.

c)Exoskelett der Objekte, stellt eine Zerlegung in "Zellen" bzw. Kapillarenumgebungen dar.

d) Zerlegung in Gebiete mit benachbarten Objekten (Abb. 4b) sowie Zerlegung der Gebiete in Einflußzonen der jeweiligen Objekte, dargestellt am Graubild.

Es gibt nach unserer Erfahrung bis jetzt wenig Routineanwendungen der mikroskopisch biomedizinischen Bildanalyse, die eine vollautomatische Vorgehensweise erfordern (siehe Kapitel 2.4.1). Echte Probleme können entstehen in der Meßgenauigkeit, da menschliche Eingriffe den üblichen individuellen Schwankungen unterliegen, und in der Beschränkung auf heuristische Meßaufgaben, die der visuellen Wahrnehmung entsprechen. Aus diesen Gründen sollte sich der

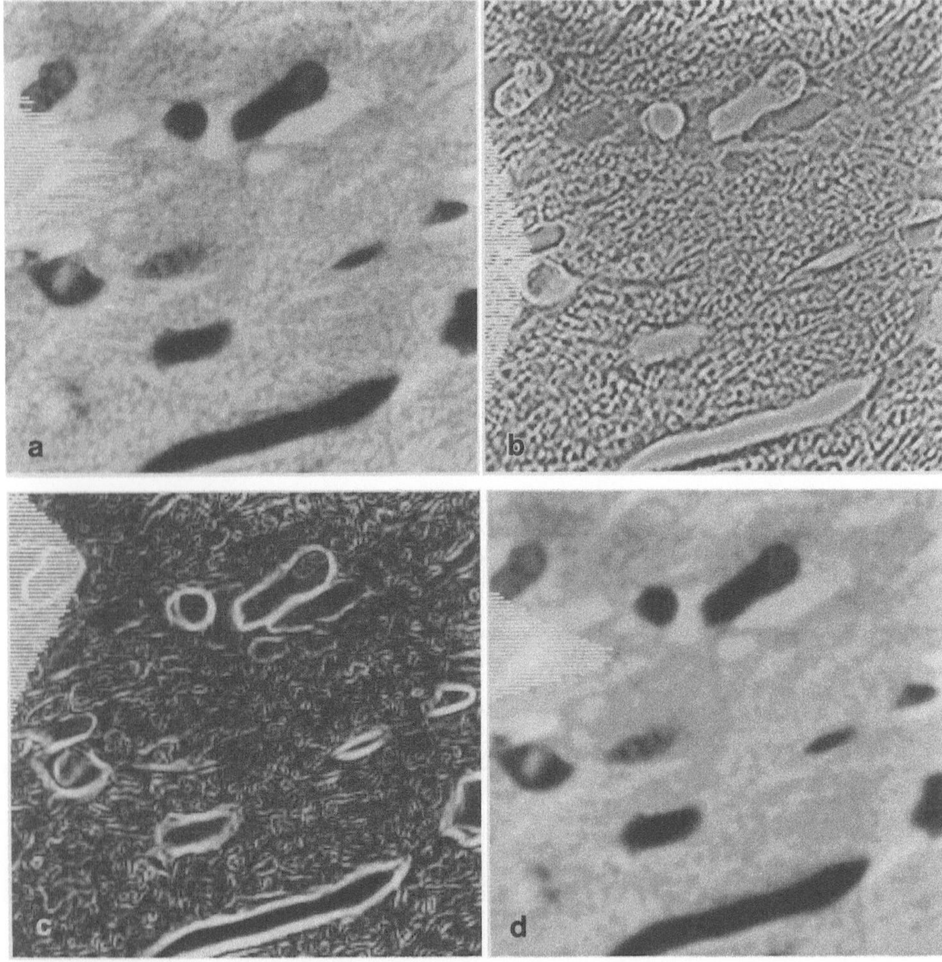

Abb. 5. Beispiele für photometrische Merkmale anhand von arithmetischen Bildtransformationen jeweils mit eingeblendeten Histogrammen:

$$\frac{a \mid b}{c \mid d}$$

a) Originalgraubild.
b) Laplacetransformation (3 x 3 approximiert).
c) Gradientengraubild (3 x 3 Robertsgradient).
d) Geglättetes Originalbild (4 x 4 rekursiv).

interaktive Eingriff des Beobachters immer auf bildrestaurierende oder objektkennzeichnende Maßnahmen beschränken und so wenig wie möglich messenden Charakter haben. Die eigentliche Messung sollte mit Strategien durchgeführt, wie sie im folgenden für die vollautomatische Vorgehensweise beschrieben werden.

Nicht unerwähnt bleiben dürfen die Probleme der Interpretation von Meßgrößen durch den Anwender, da sich nahezu alle quantitativen Merkmale, insbesondere die topologischen Merkmale, nur schwer mit der Anschauung in Ein-

klang bringen bzw. erklären lassen. Eine weitere Erschwerung der Ergebnis-
interpretation bilden dann Verschiebungen bzw. Unterschiede in Mittelwerten
von Merkmalen, die wenig anschaulich sind, bzw. visuell gar nicht erkannt
werden (siehe Kapitel 2.4.1).

E. Vollautomatische Erfassung

Eine Einrichtung zur vollautomatischen Meßdatenerfassung unterscheidet sich
gerätemäßig kaum von den vorher besprochenen automatischen Einrichtungen
mit interaktivem Eingriff. Der Unterschied liegt im weitaus größeren Aufwand
zur Einbringung von algorithmischen Objektbeschreibungen, die dazu dienen, das
a-priori Wissen des Anwenders in Bezug auf den oben besprochenen interaktiven
Eingriff vollautomatisch anzuwenden. Anders ausgedrückt: Bei den vorher
beschriebenen Vorgehensweisen lag die Auswahl der zu messenden Objekte sowie
die Bestimmung der Objektgrenzen (Segmentation) zum Teil oder überwiegend
beim Anwender. Bei der vollautomatischen Erfassung muß das Bildverarbeitungssystem aufgrund von Objektbeschreibungen (Modellen), die in Form von Algorithmen und Relationen vorliegen, die Entscheidung über zu akzeptierende und zu
messende Objekte sowie deren Begrenzungen (Segmentation) selbst treffen.

Am Beispiel eines Meßprogrammes soll die Vorgehensweise erläutert werden
(Abb. 6) (siehe 15 - 17). An zytologischen Ausstrichen von Schilddrüsen Feinnadelpunktaten soll die Flächen-, Umfang- und Dichteverteilung von Thyreozyten
bestimmt werden. Hierbei sollen die Thyreozyten gruppiert werden in isoliert
liegende Kerne (I..) und nicht isoliert liegende Kerne (N..), Kerne, die Teil einer
mikrofollikulären Struktur sind (.M.) oder nicht (.N.) und Kerne, die für eine
globale Messung verwendet werden dürfen (..F) oder nicht (..N). (Man beachte die
Punkte zur Zeichenmarkierung.)

Es ergibt sich dann folgende Vorgehensweise:

1. Positionierung des Sensors (Auswahl des zu messenden Bildfeldes) und Digitalisierung des Bildfeldes (Abb. 6a)
2. Segmentation der Thyreozyten einschließlich Grobauswahl (Abb. 6b)
3. Zerlegung zusammenhängender Thyreozyten (Markierung I.. oder N..)
   (Abb. 6c)
4. Erkennung von mikrofollikulären Strukturen (Markierung .M. oder .N.)
   (Abb. 6d)
5. Objekte, die für eine globale Messung nicht gezählt werden dürfen, liefern die
   Markierung ..N oder ..F (Abb. 6e).
6. Messung von Fläche, Umfang und mittlerer Dichte aller gefundenen Thyreozyten mit Markierungen entsprechend den Verfahrensschritten 3, 4 und 5
7. Speicherung der Meßdaten einschließlich der Markierungen sowie Erzeugung
   von Verteilungen (Abb. 6f)

Die gespeicherten Meßdaten können nun abhängig von verschiedenen Fragestellungen ausgewertet und miteinander verglichen werden. Zum Beispiel:

- Vergleich aller Thyreozyten, die Teil einer mikrofollikulären Struktur sind,
  mit denen, die nicht aus einer solchen stammen:

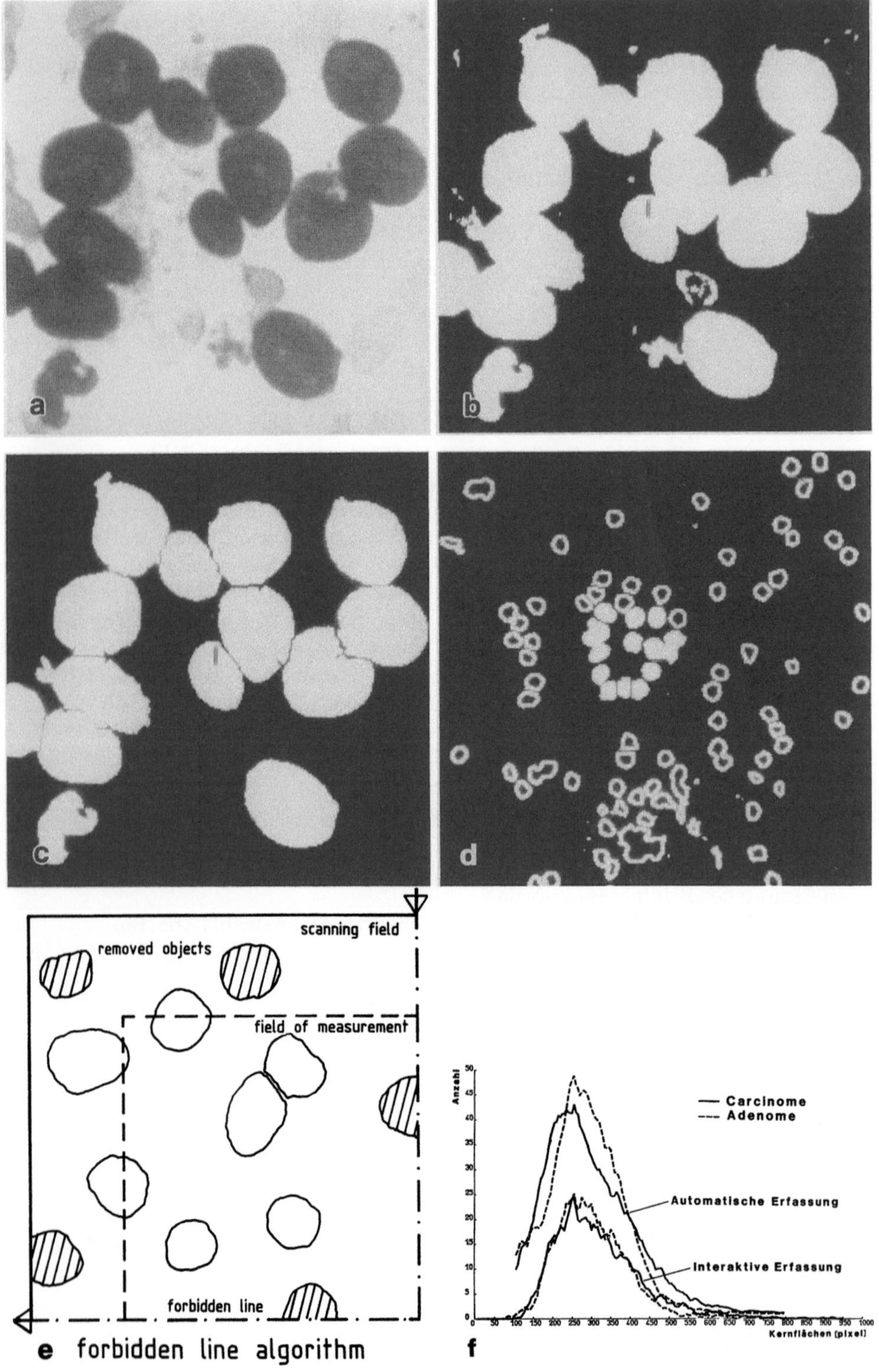
a
b
c
d
removed objects
scanning field
field of measurement
forbidden line
e forbidden line algorithm
Anzahl
Carcinome
Adenome
Automatische Erfassung
Interaktive Erfassung
Kernflächen (pixel)
f

$$T._M. \ = \ ? \ = \ T._N.$$

- Vergleich aller isoliert liegenden Thyreozyten mit allen zusammenhängenden:

$$T_I.. \ = \ ? \ = \ T_N..$$

- Vergleich aller isoliert liegenden, nicht aus einer mikrofollikulären Struktur stammenden, mit allen solchen aus mikrofollikulären Strukturen:

$$T_{IN}. \ = \ ? \ = \ T._M.$$

- Mittlere Fläche aller Thyreozyten ($\Sigma T.._N$ / Anzahl)

- Flächendichte aller Thyreozyten ($\Sigma T._N$ / Meßfläche oder Referenzfläche) (nur gültig für Schnitte)

Aus diesem Beispiel ist bereits zu sehen, wieviele Freiheitsgrade in Bezug auf die Auswertung der Meßdaten auftreten, die bei Beginn vielleicht noch gar nicht bedacht oder erst später hinzugenommen wurden. Hieran zeigt sich bereits auch eine wesentliche Eigenschaft der vollautomatischen Erfassung: Jederzeit kann eine Meßreihe mit mehr oder weniger veränderten Meßprogrammteilen wiederholt werden, ohne daß der Aufwand des Anwenders besonders steigt. Dies hat sich als besonders günstig erwiesen, wenn das a-priori Wissen gering ist, also wenn der Anwender visuell noch nicht gelernt hat, gewisse Objekteigenschaften zu erkennen. Hier können die Meßergebnisse verwendet werden, um Objekte mit besonderen Eigenschaften aufzufinden und gehäuft dem Betrachter (Anwender) vorzuführen. Ein Trainingssystem kann aufgebaut werden. Dies führt dann zu den bereits oben erwähnten Expertensystemen, die einerseits lernend aufgebaut sind, aber andererseits auch Anwender trainieren können. Es ist hierbei zweitrangig, ob das Bildmaterial in digitaler Form gespeichert ist oder über gespeicherte Präparatkoordinaten am Mikroskop repositioniert werden kann (siehe auch Kapitel 1.4). Abschließend seien zur vollautomatischen Erfassung noch die empfehlenswerten Anwendungsbereiche, die Vorteile und die entstehenden Probleme aufgeführt.

Die Anwendungsbereiche entsprechen denen bei automatischen Einrichtungen mit interaktivem Eingriff, wobei das Schwergewicht auf großen langandauernden Meßreihen liegt. Die Vorteile bestehen in der Entlastung des Anwenders von der Routine, der einfachen Wiederholbarkeit ganzer Meßreihen und in der hohen Anzahl möglicher Meßparameter, wobei bereits während der Messung Auswahlentscheidungen getroffen werden können.

◄ Abb. 6. Beispiel für eine vollautomatische Meßprozedur (siehe Text):

a	b	c
d	e	f

a) Original Thyreozytenbild.
b) Objektsegmentation.
c) Zerlegung zusammenhängender Objekte.
d) Bestimmung follikulärer Strukturen.
e) Bestimmung der Objekte für eine Dichteschätzung.
f) Darstellung einiger Flächenverteilungen.

Die Probleme entsprechen denen bei automatischen Einrichtungen mit interaktivem Eingriff. Zusätzlich ist die Modellierung (Beschreibung) der zu messenden Objekte quantitativ bzw. algorithmisch zu geben. Als Zukunftsausblick sind Einrichtungen denkbar auf der Basis eines vorher erwähnten Expertensystems, die verbale Eingabe der Objektbeschreibungen gestatten. Die Qualität der gesamten Messung hängt von diesen Beschreibungen ab. Es gilt der Grundsatz: Die Formulierung der Frage (Beschreibung) an das Material beinhaltet die mögliche Antwort. Für alle Objekte, deren visuelle Beschreibung nicht oder nur kaum existiert, erweist sich die Modellierung als sehr schwierig. Dieser Fall, der nicht sehr selten ist, erfordert einen recht hohen Aufwand des Anwenders in Zusammenarbeit mit dem Bildanalytiker bei der Implementierung und Entwicklung der Meßprozedur. Nicht zu vergessen sei der hohe Aufwand zur Standardisierung der Präparate, da der Einfluß der Präparation bei automatischen Messungen besonders hoch ist (siehe Kapitel 2.1).

Der Aufwand verlagert sich in zunehmendem Maße weg von der Datenerfassung und -messung auf die Entwicklung der Meßprozeduren, wobei im wesentlichen der Bildanalytiker gefordert ist.

F. Zusammenfassung

Die gewählte Gliederung vom Punktezählen zur Bildanalyse entspricht in etwa der natürlichen Vorgehensweise zur Quantifizierung von Bildern. Ausgehend von der Bestimmung relativ einfacher Parameter (statistische Merkmale z.B. Volumendichte) werden immer verfeinertere Meßmethoden angewandt (geometrische, photometrische, topologische Merkmale), die mit immer größerem Meßaufwand (lokale Auflösung) und Aufwand an methodischem Wissen (Bildanalyse) verbunden sind. Hierbei muß mehr und mehr das Wissen des Anwenders (z.B. Pathologen) in quantitative Beschreibungen übertragen werden. Diese Hierarchie in Bezug auf Anwender-, Bildanalytiker- und Kostenaufwand ist in Abb. 7 schematisch dargestellt.

Insgesamt wurde versucht, eine Entscheidungs- und Einstiegshilfe zur Quantifizierung qualitativ vorliegender Beurteilungskriterien in der Zyto- und Histopathologie zu geben. Außerdem sollte eine mögliche Vorgehensweise skizziert werden, die den Anwender (z.B. Zytologen und Pathologen) wie auch den Bildanalytiker so in gemeinsame Lösungsstrategien einbezieht, daß für beide Seiten Fortschritte möglich werden, ohne überzogene Forderungen an eine Seite zu stellen. Gerade im Bereich der bildhaft vorliegenden Informationen ist diese enge Zusammenarbeit unumgänglich. Die immer exaktere verbale Beschreibung der zu untersuchenden Bilddaten erleichtert einerseits die Konzeption und Programmierung von automatischen Auswerteroutinen, andererseits erlaubt sie eine verständliche Interpretation und Beurteilung von Messungen. Eine exakte Beschreibung von normalen und pathologischen Bildern zusammen mit möglichst kompletten anamnestischen Daten und solchen von Folgeuntersuchungen von Patienten sowie die Implementierung möglichst vieler Meßmethoden und Ergebnisanalysen führen dann zur Konzeption von Expertensystemen, wie sie bereits in einigen Bereichen der diagnostischen Medizin unter dem Stichwort von Wissensdatenbasen in Rechnern erstellt und erprobt wurden.

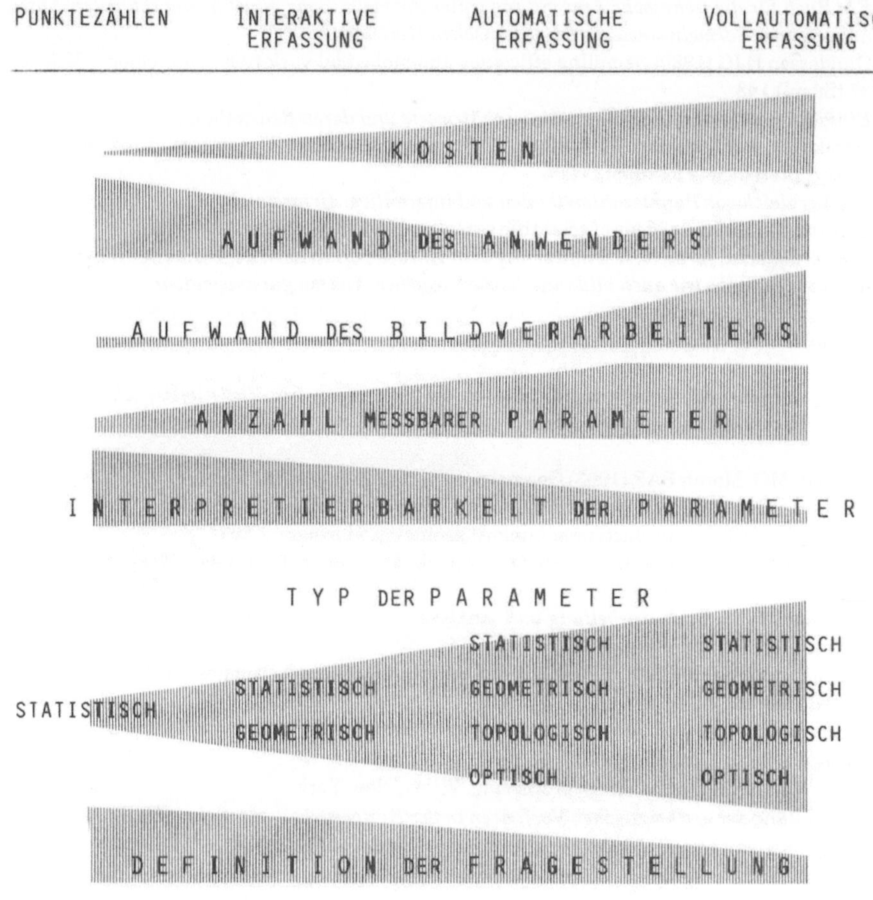

Abb. 7. Qualitative Darstellung der Veränderungen "...vom Punktezählen zur Bildanalyse".

Literatur

Einführungen in die Stereologie:

1. Gundersen HJG (1980) Stereology or how figures for spatial shape and content are obtained by observation of structure in sections. Microscopica Acta 83:409
   Kurze übersichtliche Einführung.
2. Underwood EE (1970) Quantitative Stereology. Addison-Wesley, Reading (Mass.)
   Empfehlenwerte Einstiegsliteratur für stereologische Anfänger, gewisse Orientierung zu "Material-Science".
3. Weibel ER (1979) Stereological methods. Vol 1/2 Academic Press, London New York Toronto Sydney San Francisco.
   Breiter gefaßte Einstiegsliteratur mit Orientierung zur "Life-Science".

Experimententwurf:

4. Cochran WG (1977) Sampling techniques. Wiley, New York
    Ein Buch für die technische Anwendung voller Formeln. Sehr günstig zum schnellen Aufsuchen notwendiger Formeln sowie deren statistischen Umfeldes.
5. Gundersen HJG (1980) Sampling efficiency and biological variation in stereology. Mikroskopie 37 (Suppl):143
    Einfache Beschreibung für Verhältnisschätzwerte und deren Beurteilung.
6. Gundersen HJG, Boysen M, Reith A (1981) Digitiser-tablet or point counting in biomorphometry? Stereol acta 3 (Suppl 1):205
    Ein Vergleich von Punktezählmethoden und interaktiver Erfassung.
7. Stuart A (1976) Basic ideas of scientific sampling. Griffin, London.
    Eine praktische, formellose Einführung zum Entwurf statistisch abgesicherter Experimente, für die stereologische wie auch bildanalytische Vorgehensweisen gut anwendbar.

Theorie in der Stereologie:

> *Für weitergehend Interessierte seien hier einige Titel angegeben, die teilweise sehr mathematisch die Methoden der Stereologie herleiten.*

8. Kendall MG, Moran PAP (1963) Geometrical probability. Griffin, London
9. Matheron G (1975) Random sets and integral geometry. Wiley, New York
10. Santalo LA (1953) Introduction to integral geometry. Hermann, Paris
11. Santalo LA (1976) Integral geometry and geometric probability. Addison-Wesley, London

Einführungen in die Bildverarbeitung und -analyse:

12. Kazmierczak H (ed) (1980) Erfassung und maschinelle Verarbeitung von Bilddaten. Akademie-Verlag, Berlin
    Einfache und übersichtliche Behandlung der Methoden der Bildverarbeitung und der Gerätetechnik.
13. Pratt WK (1978) Digital image processing. Wiley, New York
    Behandlung der arithmetischen Verfahren in der Bildverarbeitung. Sehr günstig zum Verständnis der in kommerziell angebotenen Geräten verwendeten Verfahren.
14. Serra J (1982) Image analysis and mathematical morphology. Academic Press, London.
    Erschöpfende Behandlung morphologischer und topologischer Verfahren in der Bildanalyse unter Beachtung stereologischer Fragestellungen. Die durchgängig verwendete mengentheoretische Nomenklatur erschwert etwas die Lektüre.

Beispiele vollautomatischer Erfassung

15. Gais P, Rodenacker K, Jütting U, Abmayr W, Burger G (1981) Modelle zur automatischen Befundung medizinischer Präparate. In: Radig B (Hrsg) Modelle und Strukturen. Informatik Fachbericht, 49. Berlin:204
16. Jütting U, Gais P, Rodenacker K, Schenck U, Burger G (1983) Analyse von Objektagglomeraten in Bildern. In: Kazmierczak H (Hrsg) Mustererkennung 1983. VDE-Fachberichte, Berlin:137
17. Rodenacker K, Jütting U, Gais P, Burger G (1983) Automatical image analysis in cytopathology. Acta Stereol 1983 2/suppl I:125

1.3 Quantitative Verfahren der histologischen Strukturanalyse unter Berücksichtigung verschiedener Ordnungsprinzipien

Siegfried Eins

A. Einleitung

In den anorganischen ("exakten") Wissenschaften hat die zahlenmäßige Beschreibung von Beobachtungen eine lange und erfolgreiche Geschichte. In den Arbeiten der Schule des Pythagoras sehen wir bereits einen Höhepunkt dieses Ansatzes. In den Biowissenschaften herrschte dagegen lange Zeit eine qualifizierende Beschreibung vor, ganz besonders auf dem Gebiet der morphologischen Disziplinen. Diese Zurückhaltung wird verständlich, wenn man bedenkt, daß die zunächst zugänglichen makroskopischen Parameter breiten Schwankungen unterliegen, die vor allem durch die Abhängigkeit genetischer Informationsexpression von äußeren Faktoren bedingt sind. Erst die neuere biologische Forschung, insbesondere auf dem zellulären und subzellulären Niveau, gab einen neuen Anstoß, Beobachtungen quantitativ zu korrelieren.

Auf dem morphologischen Sektor schloß dieser Prozeß die Entwicklung neuer Verfahren sowohl für die Darstellung der Struktur (z.B. spezielle histologische und immunozytochemische Techniken zur selektiven Erfassung von Gewebskomponenten, Elektronenmikroskopie), als auch für die Datengewinnung und -analyse (Morphometrie, Stereologie) (siehe Kapitel 1.1) ein. Wer diese Verfahren heute in Medizin und Biologie anwenden will, muß sich die Grundlagen nicht mehr in Zeitschriften anderer Disziplinen suchen, sondern kann auf einen Fundus moderner Lehrbücher zurückgreifen (1, 15, 32, 35, 38, 40). Der vorliegende Beitrag soll eine Orientierungshilfe bei der Auswahl eines geeigneten Meßansatzes für eine spezielle Fragestellung geben und auf Situationen aufmerksam machen, in denen eine schematische Anwendung morphometrischer Regeln zu Fehlinterpretationen führt. Es wird deshalb darauf verzichtet, bei jeder Darstellung eines Sachverhalts die Originalliteratur zu zitieren. In diesen Fällen wird wegen Details auf die erwähnten Monographien verwiesen.

B. Quantitative Analyse biologischer Objekte

Ziel einer quantitativen Untersuchung ist nicht die Datensammlung. Vielmehr sollte eine wissenschaftliche Fragestellung durch Interpretation der Daten einer Lösung nähergebracht werden. In Abhängigkeit von der jeweiligen Zielstellung ist also als erster Schritt ein geeignetes Analyse-Verfahren auszuwählen. Tabelle 1 zeigt eine erste grobe Einteilung nach den zu untersuchenden Objekten und dem Bezugsraum, in dem sie vorkommen. Den folgenden Ausführungen liegt in dieser Skala nur die Organ/Gewebeblock/Schnitt-Ebene zugrunde, wir beschränken uns also auf das Gebiet der Histologie.

Tabelle 1. Quantitative Analyse biologischer Objekte

Objektraum	Objekt	Dimension	Methode	Aussage betrifft
Biokosmos	Individuen	km/m	Ökometrie Soziometrie	Populationseigenschaft
Organismus	Körperteile Organe	m/mm	Topometrie	Ontogenese Phylogenese
			Tomographie	Pathologie
Block	Gewebe	cm/μm	Rekonstruktion	Modell
Organ	Zellen Organellen	cm/μm	Stereologie	Struktur/Funktion
Schnitt	Zellen Organellen	mm/μm	Morphometrie	Differenzierung
Isolierte Zellen	Organellen	μm	Texturanalyse Formanalyse	Pathologie
Zellfragmente	Moleküle	μm	Diffraktometrie	Molekülstruktur

C. Messungen am histologischen Schnitt

Dem ausgewählten Gebiet ist gemeinsam, daß das Objekt nach Abschluß aller
Präparationsschritte in einem Schnitt oder sogar in einem Anschnitt zur Verfügung steht, d.h. der direkte Verbund zur Nachbarschaft senkrecht zur Schnittebene aufgegeben worden ist. Dieser topologische Informationsverlust muß in
Kauf genommen werden, um das Objekt einer optischen Untersuchung zugänglich
zu machen, denn die dazu notwendige Transparenz wird im allgemeinen durch die
Schneidetechnik hergestellt. Durch kontrastgebende Verfahren wird die Transparenz selbst in Schnitten wieder gesenkt, so daß selektive Kontrastierungsverfahren zu bevorzugen sind, um die Umwandlung feiner Struktur- und Funktions-
unterschiede in ein optisches Signal zu erreichen.

Die drei hier betrachteten Ebenen der Tabelle 1 unterscheiden sich in der Art
der Gewinnung und Auswertung der Schnitte. Ein Block kann mit dem Ziel
aufgeschnitten werden, eine *vollständige Serie* paralleler Schnitte zu gewinnen,
um relevante Strukturen wieder zu einem räumlichen Bild zusammenzufügen.
Der stereologische Ansatz verwendet im allgemeinen *Zufallsschnitte* (zufällig
gewonnene oder aus Serien entnommene Schnitte) und ist in der Lage, Aussagen
der im Einzelschnitt nicht enthaltenen räumlichen Struktur über geometrische
Wahrscheinlichkeiten zurückzugewinnen. *Serienschnitte* sind dann erforderlich,
wenn nicht mittelnde Aussagen über den gesamten Bezugsraum gefragt sind,
sondern die Information als Regularität im Objektaufbau zum Ausdruck kommt
(z.B. Orientierung, Polarität, Lamination). Je nach Fragestellung (Größenbestimmung, Zellzählung, Verteilungsmuster) stehen auch kombinierte Verfahren zur
Verfügung, wobei Schnitt/Schnitt-korrelierte Paare oder Stapel, bzw. Schnitt/

Objekt-korrelierte Schnittebenen definierter Position und Richtung zur Messung herangezogen werden (2, 8, 23, 36).

Messungen an Schnitten geschehen im allgemeinen durch Überlagerung des Bildes mit einem Meßraster definierter Größe und Struktur (transparente Folie, gravierter Okulareinsatz) (siehe Kapitel 1.1). Das Raster liefert den Maßstab für die Messung teilchenspezifischer Daten bzw. das Referenzsystem für das Auftreten kollektiver Struktureigenschaften. Als Referenzsystem dienen Rasterflächen, die Gesamtlänge der Rasterlinien oder die in die Rastergröße eingeschlossene Punktzahl. Am einfachsten ist das Zählen von Ereignissen, Treffern und Schnittpunkten, die sich bei Überlagerung des Bildes mit einem Raster ergeben. Stehen halb- oder vollautomatische Geräte für die Bildanalyse zur Verfügung, so läßt sich deren Meßprinzip im allgemeinen auf eine Längenmessung von Rasterlinien zurückführen, obwohl primär die Laufzeiten elektrischer, magnetischer oder akustischer Signale gemessen werden. Elektronische Verfahren eröffnen völlig neue Möglichkeiten der Bildverarbeitung und -analyse, es muß aber bedacht werden, daß hohe Anforderungen an Reinheit und Kontrast des Objektes zu stellen sind, und daß Bildverarbeitungsschritte auch die zu messenden Größen und deren Relationen verändert werden können.

Methodische Einflüsse auf das Ergebnis

Sowohl die Zerlegung des Objektes in dünne Schnitte als auch die Messung an dieser dimensional reduzierten Probe führen zu Schwierigkeiten bei der Interpretation der Daten. Sollen die gewonnenen Daten nur zu Vergleichen herangezogen werden, so muß das Verfahren, soweit es auf die Daten Einfluß hat, standardisiert werden. Auf diese Weise können Abweichungen von einer Norm deskriptiv eingeschätzt werden, etwa die Graduierung von Therapieeffekten oder andere als Prozeß ablaufende Veränderungen des Gewebes. Als Daten kommen hierzu auch abstrakte Strukturdeskriptoren (Parameterkombinationen zur optimalen Trennung oder Segmentierung von Subpopulationen) in Betracht (siehe Kapitel 1.2 und 3.2).

Handelt es sich aber um Daten, die eine reale geometrische Strukturinterpretation zulassen oder auf dieser Grundlage mit Ergebnissen anderer Untersuchungen korreliert werden sollen, so sind die genannten Einflüsse möglichst vollständig zu korrigieren.

Präparationsartefakte

Bevor ein Schnitt für die Messung zur Verfügung steht, muß das Objekt eine Reihe von Präparationsstufen durchlaufen. Fixierung und Einbettung dienen der mechanischen Stabilisierung des Objekts, die Einlagerung von Farbstoffen oder anderen Markern der Kontrastierung. Wechselwirkungen mit Gewebsbestandteilen (Extraktion, Denaturierung) können auch zur Änderung morphologischer Eigenschaften (Schwellung, Schrumpfung) und damit zu falschen quantitativen Daten führen. Solche Fehler betreffen alle Parameter mit Dimensionscharakter, und die meisten Strukturdaten sind dimensionsbehaftet. Aber selbst dimensionslose Größen (z.B. Zählungen, Volumenfraktion) können beeinflußt werden, wenn die präparationsbedingten Änderungen in den betrachteten Organen oder Regionen nicht gleichmäßig ablaufen (siehe "Grenzen methodischer Adaption" in diesem Kapitel).

Zur Vermeidung solcher Fehler stehen zwei Methoden zur Verfügung: entweder man akzeptiert ihr Auftreten und korrigiert die Daten mit einem entsprechenden Faktor (12), oder man legt eine Präparationsprozedur so an, daß Schrumpfungen und Schwellungen gar nicht erst auftreten (10). Das erste Verfahren ist flexibler und damit sinnvoller, wenn Objekt und Präparationsverfahren wechseln, also das Ausmaß des Fehlers nicht vorhersagbar ist. Im zweiten Fall kann man eine sehr schonende Präparation erreichen, solange Quellungs- und Schrumpfungsfreiheit nicht nur für den Gesamtprozeß, sondern auch für die Teilschritte realisiert sind.

Es muß aber in beiden Fällen beachtet werden, ob sich einzelne Komponenten nicht unterschiedlich verhalten. Die Korrektur oder Vermeidung von Präparationsartefakten für Blöcke oder Schnitte ist also keine Garantie für eine maßstabsgetreue Quantifizierung in kleineren Struktureinheiten. Wolff (43) diskutiert deshalb die Notwendigkeit der Standardisierung von Räumen, also der separaten Betrachtung von Teilgebieten, die auf Grund ihrer Ontogenese, Einbindung in eine Gesamtstruktur oder funktionellen Spezialisierung als homogener anzusehen sind als der gesamte Gewebsraum.

Die Frage der Präparationsartefakte hat in jüngster Zeit durch die Einführung einer quasi räumlichen Sonde (Disector-Methode nach Sterio (36), vgl. auch "Gestaltsvariabilität" in diesem Kapitel) an Bedeutung verloren. Mit diesem Verfahren sind Objektzählungen möglich, die frei von Fehlern durch präparative Veränderungen sind, solange diese homogen auftreten. Bei einem von Gundersen (23) vorgeschlagenen Verfahren zur Schätzung der absoluten Partikelzahl (Fractionator-Methode) entfällt auch diese zuletzt genannte Einschränkung.

Schnittdickeneinfluß

Für die Wahl der Schnittdicke spielen die mechanischen Eigenschaften des Gewebeblockes, die Größe und Dichte der zu untersuchenden Struktur und die notwendige Transparenz eine Rolle. Dicke Schnitte bieten den Vorteil, daß ein großer Prozentsatz der Zellen oder Teilchen im Schnitt eingebettet ist und in der Projektion in seiner tatsächlichen Größe zu sehen ist. Dünne Schnitte hingegen führen mit größerer Wahrscheinlichkeit zu Teilchenanschnitten, die keine direkte Aussage über die Größenverhältnisse zulassen (Tomatensalat-Problem). Durch das Fehlen der komplexen Überlagerungen und Projektionen (Holmes-Effekt) können aber relativ einfache quantitative Beziehungen für die Berechnung der stereologischen Schätzwerte abgeleitet werden. Damit ergeben sich z.B. die auf das Gewebsvolumen bezogenen (Index V) Dichtewerte für Teilchenvolumen (V) und Teilchenoberfläche (S) aus den auf die Schnittfläche bezogenen (Index A) Meßwerten für die Profilfläche (A) und -umfangslänge (B) nach

$$V_{V(x/R)} = A_{A(x/R)} = V_V \tag{1}$$

x: Objekt
R: Referenzkompartiment

$$S_{V(x/R)} = 4/\pi \cdot B_{A(x/R)}$$

Für tubuläre Strukturen tritt deren Längendichte L_V hinzu, die aus der Zahl der Profilanschnitte (N) in einer Referenzfläche A geschätzt werden kann:

$$L_{V\,(x/R)} = 2\,N_{A(x/R)} \tag{2}$$

Die Tatsache, daß reale histologische Präparate eine Schnittdicke ($t > 0$) haben, bedeutet eine Abweichung von den Annahmen, die bei der Ableitung der stereologischen Basisgleichungen (Axiome) gemacht wurden. Der Schnitt wurde dabei nämlich als zweidimensionale Sonde aufgefaßt, die es gestattet, Informationen aus dem Inneren des Objektes zu erhalten. Korrigierte Versionen der stereologischen Gleichungen berücksichtigen die Schnittdicke t und enthalten die ursprünglichen Gleichungen als Grenzfall für $t = 0$ (30, 38, 39, 40). Projektionsbilder dickerer Schnitte verfälschen nicht nur die Spurlänge gekrümmter Oberflächen (Holmes-Effekt), Teilchen können sich auch gegenseitig abschatten (Überlappung) und nach innen gewölbte Oberflächenteile können völlig unerkannt bleiben. Deshalb basieren Korrekturen entweder auf Annahmen über die Teilchenverteilung (30) (siehe "Strukturdichte (Intensität)" in diesem Kapitel) oder über die Teilchengeometrie. Für den letzten Fall sind Korrekturfaktoren für drei einfache Gestaltsklassen verfügbar: Kugel, Scheibe und Röhre (41).

Bei der Vermessung von individuellen Strukturparametern ist der Einfluß von Objekttyp und -größe in Relation zur Schnittdicke noch offensichtlicher, wenn man an die breite Variationsmöglichkeit der Anschnittprofile denkt. Bereits ohne Berücksichtigung der Schnittdickenproblematik ist es nur für einfach gestaltete Körper (Kugeln, Rotationsellipsoide) möglich, Aussagen über die Teilchengeometrie zu machen. Der Schnittdickeneffekt überlagert sich dieser Schwierigkeit. Auch das Tomatensalat-Problem, d.h. die Umrechnung einer ermittelten Profilgrößenverteilung in die zugrundeliegende Teilchengrößenverteilung, läßt sich für dünne Schnitte einfacher lösen (siehe "Variation der Teilchengröße (Polydispersität)" in diesem Kapitel). Bei den in jüngster Zeit entwickelten methodischen Ansätzen ist deren Unempfindlichkeit gegenüber Schnittdickeneffekten besonders hervorzuheben (8, 23, 36 und "Gestaltsvariabilität (Polymorphie)" in diesem Kapitel).

Auswahl der Bildvorlagen

Die endgültige Auswahl der zu messenden Schnitte erfolgt unter statistischen, ökonomischen und meßtechnischen Gesichtspunkten. Dazu sollen hier nur einige Stichworte genannt werden, die auf besondere Aspekte stereologischer Analysen hinweisen.

Entsprechend der Begründung der integralen stereologischen Parameter (Gleichungen 1 und 2) über geometrische Wahrscheinlichkeiten ergibt sich, daß erst durch Kumulieren ("Poolen") über einen hinreichend großen Objektausschnitt repräsentative Meßwerte gewonnen werden können. Diese repräsentative Messung ergibt sich aus Entscheidungen darüber, ob ein Rasterpunkt auf der zu messenden Objektstruktur liegt oder nicht. Bei Vorgabe einer angestrebten Genauigkeit und einer akzeptablen Irrtumswahrscheinlichkeit läßt sich die dafür erforderliche Zahl der Rasterpunkte abschätzen. Für die Volumendichte findet Weibel (40) als Faustregel für eine Genauigkeit von 10% und eine Irrtumswahrscheinlichkeit von 5%

den 400-fachen Wert des Verhältnisses $(1-V_V) / V_V$, wozu eine grobe Näherung für V_V durch eine Voruntersuchung gewonnen werden muß. Hinsichtlich der statistischen Absicherung des Gesamtergebnisses reduziert sich diese Mindestzahl von Testpunkten entsprechend der Zahl solcher repräsentativer Stichproben.

Schließlich ist die Sicherheit des Ergebnisses einer stereologischen Analyse durch eine Varianz beschreibbar, die sich aus mehreren Komponenten zusammensetzt, wobei sich die interindividuellen Schwankungen (z.B. zwischen den Versuchstieren) am stärksten auswirken. Detailliertere Angaben zu jedem dieser Punkte finden sich in einigen Monographien über Stereologie (15, 32, 40) sowie bei Gundersen (20), und in anderen Kapiteln dieses Buches (Kapitel 1.1, 2.2.2, 3.1).

Die Wahl der Bildvergrößerung hat nicht nur einen ökonomischen Aspekt. Mit der Vergrößerung ergibt sich eine steigende Überschätzung solcher Parameter, die aus einer Längenmessung abgeleitet werden. Andererseits gibt es eine untere Grenze, da die zu messenden Strukturen eindeutig erkennbar und von anderen abgrenzbar sein müssen. Vergrößerung und Meßraster sollten also dem Objekt angepaßt und gegebenenfalls für unterschiedliche Komponenten desselben Gewebes variiert werden.

Beruht die Quantifizierung auf Erhebung teilchenspezifischer Daten oder Zählungen, so muß über die Verwendung eines Meßrahmens hinaus eine Regel über die Wertung auf dem Rande liegender Teilchen eingeführt werden. Ziel ist die gegenseitige Kompensation solcher Randfehler (19, 40), was bei rechteckigen Rasterbegrenzungen durch Einführung verbotener Linien einfach zu verwirklichen ist. Nichtreguläre und variable Rasterbegrenzungen können bei automatischen Meßverfahren (Fernsehbildanalyse) für den interaktiven Ausschluß artifizieller Bildteile interessant sein. Dann ist darauf zu achten, daß entsprechende Konventionen zur Vermeidung von Randfehlern in Hardware oder Software realisiert sind.

Grenzen methodischer Adaptation

Bei den bisher behandelten methodischen Effekten und den Wegen zu ihrer Vermeidung und Korrektur wurde teilweise von idealisierten Bedingungen ausgegangen. Bei der Korrektur der Präparationsartefakte wurde darauf hingewiesen, daß verschiedene Verfahren unterschiedlich auf dimensionale Präparationsveränderungen ansprechen. Auch die Frage des homogenen oder differenzierten Auftretens solcher Effekte muß dabei beachtet werden (23). Im Mikrobereich können ganz andere Strukturveränderungen ablaufen als die global meßbaren Schrumpfungen oder Schwellungen. Pathologisch veränderte Gewebsanteile können sich anders verhalten als gesundes Gewebe. Die theoretische Behandlung des Schnittdickeneinflusses muß davon ausgehen, daß die damit verbundenen Effekte kalkulierbar sind. Im realen Objekt muß das nicht zutreffen. Abhängig vom Kontrast können Strukturen unterhalb einer Grenzdicke nicht mehr wahrgenommen werden, oder es entstehen Unsicherheiten bei der Abgrenzung zur Nachbarstruktur. Es gibt zwar Möglichkeiten, den Fehler durch mechanisch verlorene oder optisch unsichtbare Kappen zu korrigieren, aber diese Verfahren gehen davon aus, daß dieser Effekt einheitlich auftritt. Die für einige Verfahren abgeschwächte Forderung, daß keine kompletten Teilchen verlorengehen, gilt nur für die Strukturzählung.

Auch in der zufälligen oder strukturadaptierten (siehe "Topik (Inhomogenität)" in diesem Kapitel) Auswahl der Schnittebenen stößt man an praktische Grenzen, sei es ökonomischer Art oder weil man die für die Auswahl wesentlichen Vorzugsrichtungen nur in Annäherung kennt. Diese Bedenken sollen vor einem unkritischen Gebrauch von Meß- und Rechenvorschriften warnen, nicht jedoch vor der Anwendung quantitativer Verfahren. Eine approximative quantitative Analyse ist in jedem Fall einer rein qualitativen Untersuchung vorzuziehen, zumal die bei richtiger Anwendung der Verfahren erreichbare Zuverlässigkeit der Aussage in Relation zur biologischen Schwankung gesehen werden muß.

Strukturklassen und Meßstrategien

Bei Betrachtung von Schnitten sehen wir nur ein kodiertes Bild der räumlichen Objektstruktur. Das Entziffern dieses Codes, also die Übersetzung der Strukturcharakteristik in räumliche Kategorien ist anhand zufällig ausgewählter Schnittebenen umso leichter möglich, je einfacher (ungeordneter) die Struktur ist.

Die Stereologie stellt Basisformeln für die Berechnung von Volumen, Oberfläche, Länge usw. zur Verfügung. Diese Größen werden durch Messungen erhalten, die an zweidimensionalen Schnitten durchgeführt werden. Allerdings gelangt man primär nicht zu absoluten Werten über die genannten Strukturparameter, sondern zu Dichteangaben, z.B. zu einem Maß pro Volumeneinheit eines Referenzgewebes. Wenn diese Daten Ergebnisse einer zufälligen Stichprobenerhebung sind, stellen sie unverfälschte Mittelwerte für das untersuchte Gewebe dar. Dieser mathematische Apparat ist in Lehrbüchern der Stereologie ausführlich dargestellt (1, 15, 32, 35, 38, 40). Die Nützlichkeit dieses Verfahrens wurde auf vielen Gebieten gezeigt, und sie ist besonders dort hervorgetreten, wo die Ergebnisse mit anderen Bruttoaussagen korreliert wurden (Volumendichte mit Stoffproduktion, Oberflächendichte mit Stoffaustausch usw.).

Betrachten wir deshalb zunächst ein einfaches *Modellobjekt*, welches aus *isolierten* Teilchen (Zellen, Organellen) von gleicher *Größe* und einheitlicher und einfacher *Gestalt* (Kugeln) besteht, die ohne Bevorzugung bestimmter *Orientierungen*, *zufällig* und voneinander unabhängig im Raum verteilt sind. Unter diesen Umständen läßt eine einfache Analyse bereits einige Schlüsse zu: Der Schnitt von Kugeln erzeugt nur kreisförmige Profile, der größte Profildurchmesser entspricht dem Kugeldurchmesser, und die auszuwertenden Schnitte können aus einer Serie von parallelen Schnitten ausgewählt werden. Bei den folgenden Betrachtungen sollen die modellhaften Annahmen über den Aufbau des Gewebes schrittweise aufgegeben und den Realitäten angepaßt werden (Abb. 1). In anderen Worten, die folgenden Abschnitte befassen sich mit Zellen, die unterschiedlich groß sind, von der Kugel abweichende Gestalt zeigen und in ihrer Ausrichtung Vorzugsrichtungen haben. Ferner wurden Akkumulationen der untersuchten Teilchen in bestimmten Gewebspartien und Kompartimenten zugelassen. In jeder dieser Strukturveränderungen könnte sich der meßbare Effekt unter experimentellen, pathologischen und Entwicklungsbedingungen am empfindlichsten und stabilsten abzeichnen, so daß seine quantitative Erfassung kausale Interpretationen zuläßt. Unter diesen Umständen können an das Präparat zwei ganz verschiedene Fragen gestellt werden:

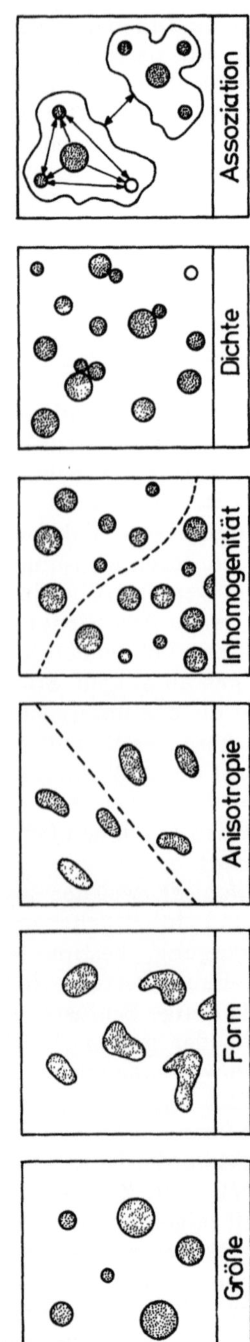

Abb. 1. Strukturelle Ordnungsfaktoren.

1. "Was ist bei der Auswahl der Schnitte und der Messung zu beachten, damit man trotz der gewachsenen Komplexität der Struktur zu repräsentativen Daten über die Gesamtstruktur kommt?" (stereologischer Ansatz).
2. "Welches sind die Maße oder Charakteristika der neu hinzugetretenen Struktureigenschaften?" Es ist eine Frage der Definition, ob man auch diese Parameter als "stereologisch" bezeichnet werden sollen, worauf in diesem Rahmen nicht eingegangen wird (1, 4, 15, 32, 38, 40) (siehe Kapitel 1.1).

Die folgenden Abschnitte behandeln diese beiden Aspekte für die genannten Struktureigenschaften. Am Beginn stehen die *zellspezifischen* Charakteristika, also der Übergang von Zellen gleicher (Monodispersität) zu solchen mit einer Größenverteilung (Polydispersität) und von Zellen einfacher und einheitlicher Gestalt (Isomorphie) zu solchen komplexer Geometrie (Polymorphie). Im weiteren Verlauf werden solche Effekte untersucht, die erst im *Gewebsverband* auftreten können. Dabei wird zunächst die Invarianz gegen die Rotation aufgegeben, d.h. Vorzugsrichtungen in der Zellanordnung (Anisotropie) zugelassen. Entsprechend äußert sich die Akkumulation von Zellen in Gewebsregionen (Inhomogenität) in einer translationsabhängigen Messung. Den Abschluß bilden Untersuchungen zur gegenseitigen Beeinflussung von Zellen im Gewebsverband, sei es durch physische (hohe Zelldichte) oder selektive Prozesse (Affinitäten und Phobien) von Gewebskomponenten. Aus Gründen der Vereinfachung wird der stereologische Schätzwert für die numerische Teilchendichte bzw. die Teilchenzahl erst im Zusammenhang mit dichten Strukturen eingeführt. Betrachtungen über das gleichzeitige Auftreten mehrerer dieser "Störungen" finden sich im Schlußkapitel.

Variation der Teilchengröße (Polydispersität)

Bei singulärem Auftreten dieser Strukturausprägung behalten die an Zufallsschnitten gewonnenen stereologischen Schätzwerte ihre Gültigkeit. Aus ökonomischen Gründen ist bei stark differierenden Teilchengrößen die Verwendung entsprechend angepaßter Raster (siehe "Auswahl der Bildvorlagen" in diesem Kapitel) zu empfehlen, bzw. für verschiedene Zellklassen mit unterschiedlicher Vergrößerung zu arbeiten ("Kaskadensampling" (40)). Durch Kombination der Ausdrücke für die Volumen- bzw. Oberflächendichten (1) mit dem für die Zelldichte (5) (siehe "Strukturdichte (Intensität)" in diesem Kapitel) gelangt man zu Aussagen über mittlere Zellvolumen bzw.-oberflächen und bei der hier betrachteten Kugelform der Zellen auch zu deren mittlerem Durchmesser. Ein neues Verfahren von Gundersen und Jensen (21, 22, 28) für die Bestimmung des mittleren Zellvolumens kommt ohne diese einschränkenden Annahmen über die Zellgestalt aus (siehe "Gestaltsvariabilität (Polymorphie)" in diesem Kapitel).

Fragt man hingegen nach einem Maß für die Größenvariation oder danach, wie die Strukturdaten auf die zum Kollektiv gehörenden Individuen verteilt sind, so muß ein anderes Vorgehen gewählt werden, das auf teilchenspezifischen Messungen beruht. Eine Entscheidung für diesen Ansatz kann z.B. dann erforderlich sein, wenn Prozesse erkannt werden müssen, für die das vereinzelte Auftreten von Außenseitern ein erstes Signal ist. Als ein anderes Beispiel wäre die Entwicklung einer bimodalen Größenverteilung aus einer zunächst normal verteilten Zellpopulation zu nennen. Die beiden Betrachtungsweisen sind mit der

Beurteilung einer Viehherde einmal durch einen Fleischer und zum anderen durch einen Züchter zu vergleichen: während der eine die Menge verkäuflichen Fleisches im Auge hat, denkt der andere an die Selektion seltener Merkmale.

Ein geeignetes Verfahren, das Ausmaß der Größenvariation in einer Population zu beschreiben, ist die Bestimmung einer Größenverteilung. Das Problem besteht darin, daß jede Kugel einer bestimmten Durchmesserklasse Beiträge zu dieser und allen kleineren Profildurchmesserklassen liefert, was mathematisch relativ einfach zu behandeln ist. Praktisch ist man mit der umgekehrten Situation konfrontiert: die meßbaren Profile sind der sie erzeugenden, aber unbekannten Kugelgrößenverteilung zuzuordnen. Mit der Größenverteilung im Raum gewinnt man natürlich auch eine Aussage über die Zellzahl. In der Zeit zwischen der Formulierung dieses "Tomatensalat-Problems" und den heutigen mathematischen Lösungsansätzen unter verschiedenen Randbedingungen ist eine stürmische Entwicklung auf diesem Gebiet abgelaufen. Das wird beim Vergleich zweier Übersichtsarbeiten zu diesem Thema von Exner (16) aus dem Jahr 1972 und von Cruz-Orive (6) aus dem Jahr 1983 besonders deutlich. Dieses umfangreiche Gebiet kann hier nicht im einzelnen dargestellt werden. Eine Orientierungshilfe bietet die Zusammenstellung in Tabelle 2. Von praktischer Bedeutung sind die besonders in jüngster Zeit beachteten Einflüsse realer Schnittdicken (t > 0) und verlorener Kappenanschnitte (siehe "Grenzen methodischer Adaption" in diesem Kapitel). Beiden Einflüssen gemeinsam ist ein Defizit bei den kleinen Profildurchmesserklassen. In Tabelle 2 ist für die jeweiligen Verfahren vermerkt, ob diese Effekte in der Umrechnung berücksichtigt werden. Ein weiterer in jüngster Zeit besonders beachteter Punkt betrifft die einfache computergerechte Formulierung der Rechenvorschriften (6) und deren Austauschbarkeit zwischen verschiedenen Anwendern (27).

In jüngster Zeit sind Zweifel am Wert dieser Verfahren geäußert worden, soweit sie zur Zellzählung und Schätzung der mittleren Größe herangezogen werden (8, 23). Diesen indirekten Verfahren, die einen hohen Meß- und Rechenaufwand erfordern, an oft unrealistische Modellannahmen geknüpft sind und bei Nichtzutreffen dieser Voraussetzungen zu obskuren Ergebnissen führen, steht mit der Einführung der Disector-Methode durch Sterio (36) ein direktes, einfaches und präzises Verfahren gegenüber. Der eigentliche Fortschritt dieses Verfahrens besteht in seiner Unabhängigkeit von Annahmen über die Zellgestalt (siehe "Gestaltsvariabilität (Polymorphie)" in diesem Kapitel). Wegen seiner Einfachheit kann es aber auch für Kugeln und kugelähnliche Rotationskörper empfohlen werden.

Gestaltsvariabilität (Polymorphie)

Geringe Abweichungen von der Kugelform sind in der Biologie als Folge des mechanischen Umgebungseinflusses zu beobachten. Aber hier ist auch an funktional bedingte Formvariationen zu denken, die von plattenähnlichen Zellen bis zu tubulären Strukturen reichen.

Fragt man zunächst wieder nach den stereologischen Schätzwerten, so gibt es auch hier, wie für Kugeln unterschiedlicher Größe, keine Einschränkung der Gültigkeit der stereologischen Axiome. Es ergeben sich allerdings Probleme bei der Korrektur von Fehlereinflüssen, z.B. des Schnittdickeneffekts. Die Berech-

Tabelle 2. Zusammenstellung der Verfahren zur Analyse von Größenverteilungen (nach Exner (11) und Cruz-Orive (4))

		Beschreibung	Vorteile / Nachteile	Literatur (vgl. Cruz-Orive (4))
Verteilungsfreie Verfahren	Analytischer Ansatz	Aus der gegebenen Funktion für die Größenverteilung (GV) der *Profile F(y)* wird die GV der *Körper G(x)* berechnet. (Volterra-Integralgleichung 2. Art).	Exakter analytischer Ausdruck für $F(y)$ erforderlich exakte Verteilung für $G(x)$.	Wicksell (1925) Coleman (1980, 1982): $t \geq 0$, Anschnitte, und andere.
	Numerischer Ansatz	Geht nicht von Funktion, sondern vom Histogramm aus. *1.* Methode der finiten Differenzen: Algorithmus für schrittweise Subtraktion.	Instabile Histogramme bei kleiner Klassenbreite, geringe Auflösung bei großer Klassenbreite. Einfache Programmierung.	Wicksell (1925) Scheil (1931) Schwartz (1934) Saltykov (1949) Bach (1964, 1967): $t \geq 0$ Goldsmith (1967): $t \geq 0$ Nicholson (1970): Anschnitte Piefke (1975, 1976): $t \geq 0$, Anschnitte Cruz-Orive (1983): $t \geq 0$, Anschnitte
		2. Produktintegration F(y) kumulativ: Glättung (linear oder höheren Grades). Dann Anwendung der Integralgleichung.	Rechtfertigung der Glättung. Komplexe Mathematik und aufwendige Programmierung, besonders unter realen Bedingungen. Anschnittproblematik. Etwas umständlich.	Anderssen and Jakeman (1975) Jakeman and Anderssen (1975) Anderssen and Jakeman (1976): $t \geq 0$ Schubert and Voss (1975)
		3. Optimierungsmethode: Approximierte Häufigkeiten g_i werden durch Zufallsprozesse aus den beobachteten Verteilungen erzeugt und daraus die zu erwartenden f_i aus der Integralgleichung berechnet. Wiederholung mit nächster Approximation, bis eine hinreichende Übereinstimmung mit experimentellen Daten erreicht ist. Graphische Verfahren.	Einfach, liefert aber nur Kurven, keine Parameter. Vorherige Korrektur von Schnittdicken- und Kappeneffekten nötig. Skalierung wichtig.	Hennig and Elias (1970)

Tabelle 2 (Fortsetzung). Zusammenstellung der Verfahren zur Analyse von Größenverteilungen (nach Exner (11) und Cruz-Orive (4))

	Beschreibung	Vorteile / Nachteile	Literatur (vgl. Cruz-Orive (4))
Verteilungsunabhängige Verfahren	$G(x)$ explizit bekannt (z.B. normalverteilte Kugeldurchmesser). Gesucht werden Parameter dieser Verteilung (z.B. Varianz). *1. Momentan-Methode:* Es gibt mathematische Beziehungen zwischen den Momenten für Profile und Partikel. Daraus sind charakteristische Parameter der Partikel-GV ableitbar. *2. Giger-Riedwyl-Methode:* Mittelwert und Varianz werden aus der relativen Fläche unter dem Histogramm der großen Profilanschnitte geschätzt. *3. Maximum-Likelihood-Methode:* $F(y)$ wird direkt (Integralgleichung) aus $G(x)$ bekannten Typs berechnet. Dann ist die Likelihood-Funktion aller individuellen Profildurchmesser zu maximieren, um die Parameter fur $G(x)$ zu erhalten.	Großer Fehler bei geschätzten Momenten höherer Ordnung. Verteilungstyp muß bekannt sein. Anschnittproblematik. Selten echte Normalverteilungen in der Biologie. Überlappung nicht korrigiert. Anschnittproblematik. Numerischer Aufwand, besonders bei Betrachtung unterschiedlicher Verteilungstypen (Programmierung).	Likes (1963): log-normal, Maxwell, Gamma DeHoff (1965): log-normal Suwa et al. (1976): log-normal, Weibull, Gamma Giger and Riedwyl (1970) Kaiding et al. (1972): $t \geq 0$, Anschnitte

nung der Korrekturfaktoren setzt Modelle voraus, und sie stehen nur für einfache geometrische Körper zur Verfügung (40) (siehe "Schnittdickeneinfluß" in diesem Kapitel). Geringe Abweichungen von der Kugelform (etwa bis zu einem Achsenverhältnis von 2:1) lassen sich bei mäßigem Fehler wie Kugeln behandeln. Andere für die Berechnung von Korrekturfaktoren geeignete Modelle sind abgeflachte und gestreckte Rotationsellipsoide oder als extreme Verformungen der Kugel die scheibenförmige und tubuläre Struktur.

Da viele stereologische Beziehungen für Modellstrukturen mit kugelförmigen Elementen abgeleitet wurden, ist die Prüfung dieser Voraussetzung wichtig. In einfachen Fällen ist eine Formerkennung plausibel aus den angetroffenen Anschnittprofilen möglich. Dabei ist jedoch Vorsicht geboten, da Mischungen verschiedener Gestalten zu schwer interpretierbaren Profilgestalten führen können.

Theoretische Überlegungen haben in jüngster Zeit zu neuen Meßmethoden geführt, deren Ergebnisse frei von Fehlern durch den Einfluß der Zellgestalt sind. Dafür müssen Restriktionen hinsichtlich des Sampling (Schnittauswahl) in Kauf genommen werden. Die Schnitte sollen eine bestimmte Richtung haben und die Anschnittprofile müssen gegebenenfalls mit solchen in Kontrollschnitten korreliert werden.

Im einzelnen hat Baddeley et al. (2) ein Verfahren beschrieben, was auf der ausschließlichen Verwendung "vertikaler" Schnitte beruht, d.h. alle Schnittebenen müssen senkrecht zu einer gemeinsamen, ansonsten aber beliebig festzulegenden "horizontalen" Ebene stehen. Eine lineare Sonde kann in dieser Schar von Vertikalebenen jede Richtung im Raum einnehmen. Für eine gegebene Neigung der Testlinien zur Vorzugsrichtung müssen die Messungen entsprechend diesem Winkel gewichtet werden, um zu einer fehlerfreien Schätzung zu kommen, bzw. es muß mit einem speziellen Testraster gearbeitet werden, was diesen Richtungseffekt kompensiert (zykloides Testraster).

Für die Schätzung der numerischen Dichte wurde von Sterio (36) ein neuer Weg beschritten: Statt wie üblich die Profile auf jedem zufälligen Einzelschnitt zu zählen, muß zusätzlich auf einem dazu parallelen Schnitt in bekanntem Abstand eine Identifikation dieser Profile vorgenommen werden (Disector-Methode). Angaben über die Partikelzahl bzw. numerische Dichte sind erforderlich, um mit dem Quotienten aus Volumendichte bzw. Oberflächendichte (Gleichung 1) und der numerischen Dichte eine Aussage über die mittleren Teilchenvolumen und -oberflächen zu gewinnen. Die Anwendbarkeit dieses Verfahrens geht über die eingangs genannte Ausdehnung der Verfahren zur Bestimmung der Größenverteilung für nicht-kugelförmige Teilchen hinaus, da es keine Annahmen über die Gestalt erfordert. Die mit dieser Methode gewonnenen Schätzwerte für die Teilchenzahl sind auch weitgehend frei von Schnittdickeneffekten und durch die im vorausgegangenen Abschnitt genannten Verfälschungen durch Kappenverlust.

Für die Charakterisierung der Teilchengestalt stehen Formfaktoren zur Verfügung. Dazu werden zwei oder mehr geometrische Parameter derart verknüpft, daß sich ein dimensionsloser, also von der Größe unabhängiger Ausdruck ergibt. Gebräuchliche Definitionen sind unter anderen das Verhältnis der längsten zur kürzesten Achse des Profils oder das Verhältnis zwischen Fläche und Quadrat des Umfangs (18). Natürlich gewinnt man primär Formparameter der Anschnittprofile, nicht die der geschnittenen Körper. Dazu bedarf es wieder - wie bei den Kugelgrößen in Abschnitt "Variation der Teilchengröße (Polydispersität)" - einer

Umrechnung, die nur bei bekannter und einfacher Geometrie der Körper möglich ist, so daß das Spektrum der durch Zufallschnitte erzeugten Profilformen nicht zu komplex ist. Andererseits kann bei bekannter Geometrie, z.B. zylinderförmigen Blutgefäßen, aus der Verteilung der Formfaktoren auf die Zufälligkeit der Gefäßorientierung relativ zur gewählten Schnittrichtung geschlossen werden (11).

Der Anschaulichkeit der Formfaktoren steht ihre geringe Aussagekraft über die Art der Abweichung einer Gestalt vom zugrundeliegenden Modell (z.B. Kreis) gegenüber. Aber auch die Verwendung anderer Deskriptoren, wie die Beschreibung des Teilchenprofils durch eine periodische Funktion (Fouriertransformation) oder die Berechnung der Fractal-Dimension nach Mandelbrot, führt nicht generell zu befriedigenden Ergebnissen (17). Die Eignung des Deskriptors ist problemabhängig.

Hinsichtlich der Körperform wird oft der Aufwand nicht gescheut, diese Erkenntnis durch eine komplizierte Rekonstruktion zu gewinnen. Diese Methode ermöglicht nicht nur die Erkennung komplexer Gestalten mit Verzweigungen, Durchdringungen und Anastomosen, von Nachbarschaftsbeziehungen oder deren Veränderungen im Verlauf von orthologischen oder pathologischen Prozessen (Wachstum, Degeneration) (15). Sie hat sich besonders im Unterricht zur Schulung des räumlichen Vorstellungsvermögens, für die Herstellung von Modellen sowie für die Entwicklung klinischer Operationstechniken bewährt. Die Größe des rekonstruierten Bereiches liegt im allgemeinen oberhalb der Zelldimension.

Die Computertechnik hat zu wesentlichen Verbesserungen dieser Methode geführt. Nach der eventuell ebenfalls automatisch durchgeführten Digitalisierung der Umrisse von angeschnittenen Objekten (Profile) wird der räumliche Aufbau im Computer berechnet. Eine graphische Darstellung zeigt das Objekt aus beliebigen Blickrichtungen, wobei die jeweils unsichtbaren (verdeckten) Anteile berechnet und nicht dargestellt werden (27). Ein herkömmlicher PC (personal computer) ist völlig ausreichend, nicht zu komplexe Strukturen in Sekunden- bis Minutendauer zu rekonstruieren. Die Erzeugung von Stereopaaren und die Darstellung des Objektes in künstlichen Schnittebenen (elektronisches Messer) sind weitere Möglichkeiten dieser Methode (siehe Kapitel 3.3). Ein Problem, das von Fall zu Fall gelöst werden muß, betrifft die Gewinnung von Referenzpunkten im einzelnen Schnitt, die eine dem ursprünglichen Aufbau entsprechende Überlagerung durch Translation und Rotation in der Schnittebene zuläßt (18). Dazu können objekteigene Strukturen herangezogen werden, die möglichst senkrecht zur Schnittebene orientiert sein sollten, oder es werden am intakten Block künstliche Marken angebracht, die später an jedem einzelnen Schnitt sichtbar sind.

Orientierte Strukturen (Anisotropie)

Von Orientierung oder Anisotropie spricht man, wenn das integrale Meßergebnis richtungsabhängig ist. Strukturanisotropie ist also gegeben, wenn die Elemente einer Struktur eine Ausrichtung zeigen. In einem dreidimensionalen Objekt können nur linearen und flächenhaften Elementen Richtungen zugesprochen werden (Vektoren), die sich im anisotropen Fall um eine Vorzugsrichtung gruppieren. Nicht die Position dieser Elemente, sondern ihre Ausrichtung führt zu einer orientierten Struktur. Die Zulassung von Orientierung als Strukturmerkmal führt zu einem höheren Grad von Ordnung, was einen höheren Aufwand erfordert, um in Schnitten repräsentative Daten zu erheben. Im isotropen Material wurde die Realisierung aller Anschnittmöglichkeiten durch relativ wenige voneinander unabhängige Schnitte erreicht. Bei orientierten Strukturen hingegen können wenige Schnittebenen in besonderen Lagen zur Vorzugsrichtung zu einem fehlerhaften Ergebnis führen. Dieser Einfluß muß entweder vermieden oder durch einen neuen Satz von Korrekturen berücksichtigt werden, der durch diese Abweichung von der ursprünglich angenommenen Isotropie erforderlich wird.

Bei der Vermeidung orientierungsbedingter Fehler kommt es darauf an, die Zufälligkeit der Interaktion von Struktur und Testraster zu bewahren. Zur Analyse einer in der Bildfläche ausgeprägten oder dort als Projektion erscheinenden Anisotropie genügt es also, die Richtung der Rasterlinien isotrop zu gestalten, wie es Merz (40) mit einem aus Kreisbögen zusammengesetzten Raster vorgeschlagen hat (siehe zu diesem Problem auch Baddeley et al. (2)). Eine entsprechende Möglichkeit ist auch für Schnittflächen durch räumliche Objekte denkbar. Dazu müßte die Kante der Messerschneide eine gewellte Form haben, denkbar ähnlich dem in der Küche verwendeten Buntmesser zur Anrichtung von Beilagen. Der so hergestellte Schnitt wäre vor der Vermessung wieder zu plätten, was auf technische Schwierigkeiten stößt.

Sieht man davon ab, daß besonders bei kleinen Proben die demnach nötige konsequente Verwirklichung zufälliger Schnittebenen nicht immer möglich ist, so gewinnt die Frage der Korrigierbarkeit von Orientierungseinflüssen an Bedeutung. Im zweidimensionalen Fall bringt auch die Drehung eines üblichen orthogonalen Testsystems zur Vorzugsrichtung eine beträchtliche Senkung der Variation bei Punktezählverfahren (3).

Die Ableitung korrigierter stereologischer Basisformeln für anisotrope Strukturen ist mit einem erheblichen mathematischen Aufwand verbunden und führt nur unter einschränkenden, häufig von der Realität abweichenden Annahmen über den Typ der Orientierungsverteilung und den Grad ihrer Ausprägung zu praktikablen Ergebnissen (8, 23, 41). Unter diesen Umständen reduziert sich die Messung auf eine oder wenige Ebenen, die zur Vorzugsrichtung in bestimmter Lagebeziehung stehen. In Tabelle 3 sind die Formeln für den isotropen Fall und die abgewandelten Formeln für die wichtigsten stereologischen Dichteparameter zusammengestellt. Die zunächst für schwache Orientierung angegebenen Korrekturverfahren enthalten neben dem Winkel a, den die Vorzugsrichtung mit der *Normalen* zur Testlinie bzw. Schnittebene bildet, einen Konzentrationsfaktor K, der den Grad der Orientierung ausdrückt und für isotrope Proben den Wert K = 0 annimmt. Die Vorzugsrichtung ist bei orientierten Linienelementen die mittlere Verlaufsrichtung der Linien. Bei ausgerichteten Oberflächenelementen ergeben sich Vorzugsrichtungen dadurch, daß die Normalen aller Flächenelemente in eine Richtung tendieren (lamellarer Typ) oder, daß sie die Mantelfläche eines Zylinders bilden (tubulärer Typ). $a = 0$, wenn die Vorzugsrichtung parallel zur Schnittebenen-(Rasterlinien)- Normale verläuft, und $a = \pi/2$, wenn diese Richtungen senkrecht aufeinander stehen (Symbole $\parallel$ und $\perp$ in Tabelle 3). Ist K und die Lage der Testgröße (Rasterlinie bzw. Schnittebene) bekannt, so können die stereologischen Berechnungen auch für mäßige Anisotropie (vgl. Fußnote Tabelle 3) durchgeführt werden. Die Bestimmung von a und K bereitet erhebliche Schwierigkeiten für den Winkel, weil es sich um eine mäßige Ausprägung der Orientierung handeln muß, während für den Konzentrations-

Tabelle 3. Berücksichtigung der Anisotropie bei stereologischen Analysen

(Orientierungs-) Dimension	Stereologischer Dichteparameter[1]		Meßgröße[2] (isotrop)	Schwache Orientierung[3]		
				Meßgröße (orientierungsabhängig)[5]	Konzentrationsfaktor K[4]	Messung senkrecht ($\perp$) und parallel ($\parallel$) zur Vorzugsrichtung a
2	Profillänge	B_A	$\pi/2\, I_L$	$\pi/2 \cdot 1/(1+K/3\cos^2 a)I_L$	$3\,(I^\parallel_L\text{-}I^\perp_L)/(I^\parallel_L+I^\perp_L)$	$\pi/2\,(I^\perp_L+I^\parallel_L)/2$
3	Strukturlänge	J_V	$2Q_A$	$2\,(1\text{-}K/3)/(1\text{-}K/2\sin^2 a)\,Q_A$	$2\,(Q^\parallel_A - Q^\perp_A)/Q^\parallel_A$	$2\,(Q^\parallel_A+2Q^\perp_A)/3$
3	Oberfläche	S_V	$2/\pi\, B_A$	$4/\pi\,(1\text{-}K/3)/(1\text{-}K/4\,(1+\cos^2 a))\,B_A$	$4\,(B^\perp_A\text{-}B^\parallel_A)/(2\,B^\perp_A\text{-}B^\parallel_A)$	$4/\pi\,(B^\parallel_A+2\,B^\perp_A)/3$
			$2I_L$	$2\,(1\text{-}K/3)/(1\text{-}K/2\sin^2 a)\,I_L$	$4\,(B^\perp_A\text{-}B^\parallel_A)/(2\,B^\perp_A\text{-}B^\parallel_A)$	$2\,(I^\parallel_L+2\,I^\perp_L)/3$
(3)	Volumen	V_V	$A_A=L_L=P_P$	-	-	-

[1] Die Indizes A und V geben die Testgröße an; in dieser Nomenklatur bedeutet B_A die mittlere Profillänge pro Testfläche usw. (vgl. auch Formeln (1) und (2)).

[2] Zur Nomenklatur: I (Schnittpunkte), Q (Anzahl der Strukturanschnitte), B (Profillänge), L (Linienlänge), P (Rasterpunkte) bezogen auf die gesamte Testgröße (Index): L (Länge der Rasterlinien), A (Rasterfläche), P (Rasterpunkte).

[3] Die mathematische Ableitung dieser Formeln gilt nur unter dieser Einschränkung und der Annahme einer bestimmten Verteilungsfunktion für die Abweichung der Orientierung der einzelnen Strukturelemente von der Vorzugsrichtung (MARRIOTT-Verteilung).

[4] Der Konzentrationsfaktor K beschreibt die Breite dieser Verteilung, wobei $K = 0$ für Isotropie gilt. Für schwache Orientierung soll $-1 \leq K \leq 1$ gelten.

[5] Zur Definition von a siehe "Orientierte Strukturen (Anisotropie)" in diesem Kapitel.

Tabelle 3 (Fortsetzung). Berücksichtigung der Anisotropie bei stereologischen Analysen

(Orientierungs) Dimension	Stereologischer Dichteparameter		Meßgröße (isotrop)	Starke Orientierung			
				Messung senkrecht ($\perp$) oder parallel ($\parallel$) zur Vorzugsrichtung a			
				gestreckte Struktur		gestauchte Struktur	
				$a=0$	$a=\pi/2$	$a=0$	$a=\pi/2$
2	Profillänge	B_A	$\pi/2\,I_L$	$I^{\perp}_L$	∞	-	-
3	Strukturlänge	J_V	$2Q_A$	$Q^{\perp}_A$ (fascikulär)	∞ (fascikulär)	$\pi/2\,Q^{\parallel}_A$ (radiär)	∞
3	Oberfläche	S_V	$4/\pi\,B_A$	$B^{\perp}_A$ (tubulär)	$\pi/2\,B^{\parallel}_A$	∞ (lamellar)	$B^{\perp}_A$
			$2I_L$	$\pi/2\,I^{\perp}_L$ (tubulär)	∞	∞ (lamellar)	$I^{\perp}_L$
(3)	Volumen	V_V	$A_A = L_L = P_P$	-	-	-	-

parameter K zunächst keine Angaben vorliegen. Da das Ergebnis von der Interaktion zwischen Testsystem und orientierter Struktur abhängt, kann man es auch benutzen, um K zu bestimmen. Für transversale ($a = 0$) und longitudinale Schnitte ($a = \pi/2$) läßt sich aus den Meßergebnissen der Wert von K abschätzen (Tabelle 3). Diese Ausdrücke enthalten jeweils die größten und kleinsten Meßwerte, die natürlich bei transversalen und longitudinalen Schnitten auftreten. Dieser Schritt ist wichtig, um entscheiden zu können, ob es sich um schwache ($-1 \leq K \leq 1$) oder starke ($|K| \gg 1$) Anisotropie handelt. Dann kann man sich für einen von drei Wegen entscheiden:

1. Schwache Orientierung und bekannte Winkel a: Formeln der Spalte 4 in Tabelle 3;
2. Schwache Orientierung, a nicht bekannt: Man legt das Testsystem ungefähr parallel ($a = 0$) und senkrecht ($a = \pi/2$) zur Vorzugsrichtung und verwendet dann die Formeln in Spalte 6 der Tabelle 3;
3. Starke Orientierung: je nach Strukturtyp (Modell) genügt eine Messung mit $a = 0$ bzw. $a = \pi/2$, um die Formeln in den Spalten 7 bis 10 der Tabelle 3 verwenden zu können. Der Ausdruck ∞ steht in diesen Spalten dafür, daß bei der entsprechenden Lage des Testsystems die jeweilige Meßgröße nicht definiert ist (z.B. keine Durchstoßungspunkte von Linienelementen, die in der Schnittebene verlaufen). Hier wird deutlich, daß sich die Schnittdicke bei verschiedenen Schnittorientierungen unterschiedlich auswirkt. Auch die Gültigkeit der isotropen Formeln für die Volumendichte für orientierte Strukturen ist an diese Einschränkung geknüpft (Tabelle 3).

Da die Volumendichte ein wichtiger stereologischer Parameter ist, wurde sie in Tabelle 3 aufgenommen, obwohl die Verfahren zu ihrer Schätzung nicht durch das Vorliegen von Anisotropie beeinflußt sind. In diesem Fall ändern sich die Meßwerte für Phase und Referenz proportional.

In diesem Abschnitt über gerichtete Strukturen wurde deutlich, daß zunächst das Phänomen Anisotropie näher beschrieben werden mußte, um eine Entscheidung über die stereologische Behandlung des Problems treffen zu können. Erste Hinweise können andere Informationsquellen oder die Untersuchung von Dickschnitten geben. Für Details über die Richtung und Stärke der Anisotropie sind Messungen kritischer Parameter (Tabelle 3) unerläßlich. Die winkelabhängigen Daten werden dann als "Orientierungsrose" in Polarkoordinaten aufgetragen. Für die meisten der in Tabelle 3 genannten Parameter wäre dazu eine räumliche Variation der Schnittebene erforderlich, was praktisch undurchführbar ist. Tatsächlich genügt es, nur solche Schnittebenen zu untersuchen, die zur Vorzugsrichtung unterschiedlich geneigt sind (d.h. die Schnittlinie aller dieser Ebenen sollte senkrecht zur Vorzugsrichtung liegen). Diese muß - wie schon besprochen - annähernd durch Voruntersuchungen bestimmt werden. Die "Orientierungsrose" ergibt neben der Vorzugsrichtung auch die für die Abschätzung des Konzentrationsparameters K (Tabelle 3) erforderlichen Minimal- und Maximalwerte des jeweiligen Meßparameters.

Die vorliegende Übersicht orientierte sich an der von Weibel (41) vorgenommenen Darstellung, da sie die in sich geschlossenste Behandlung dieses schwierigen Kapitels der Stereologie darstellt. In jüngster Zeit haben auch andere Autoren Teilaspekte dieser Problematik behandelt (8). Einen neuen Impuls hat die

Untersuchung anisotroper Strukturen durch die bereits in "Gestaltsvariabilität (Polymorphie)" in diesem Kapitel erwähnte Methode der vertikalen Schnitte von Baddeley et al. (2) erhalten. Da sie einen unverfälschten Schätzwert für jede Art von Oberflächen liefert, ist sie auch für solche mit Vorzugsrichtung anwendbar. Die Bedeutung des Verfahrens liegt unter anderem darin, daß für den gegenüber Vorzugsrichtungen sehr empfindlichen Oberflächenparameter eine im Vergleich zu den skizzierten älteren Ansätzen einfache Meßmethode zur Verfügung steht. Ein entsprechendes Verfahren für den Längenparameter (Lv) ist nicht bekannt.

Natürlich kann man Orientierungsmaße auch anders definieren, so daß sie als Orientierungsindex (38) Werte zwischen 0 (völlig isotrop) und 1 (völlig anisotrop) annehmen. Ein anderes Verfahren zerlegt die Struktur in elementare Einheiten, deren Richtungsverteilung selbst gemessen wird (14). Hierbei konnten Möglichkeiten der Bildverarbeitung eingesetzt werden, um aus einer komplexen Struktur (Neuropil) ein einfaches abstraktes Bild (Skelett) zu generieren, das die genannten Messungen erlaubte. Schließlich wurden Verfahren zur stereologischen Analyse beliebig genormter Teilchen entwickelt (21, 22, 28, 31). Diese Methoden liefern z.B. das mittlere Teilchenvolumen aus einer Interceptmessung an Zufallsschnitten ohne Modellannahmen über die Teilchengestalt.

Diese neuen Verfahren haben sich sowohl im Vergleich zu den bisherigen Möglichkeiten als auch in der praktischen Anwendung bewährt, und ihre Kombination eröffnet weitere Möglichkeiten zur Ermittlung von Strukturparametern (z.B. der Zellzahl mit dem "Selektor" nach Cruz-Orive) (8, 23).

Topik (Inhomogenität)

Im letzen Abschnitt war gegenüber dem ursprünglichen isotropen Modell die Invarianz gegenüber der Rotation des Bezugssystems nicht mehr gegeben, d.h. hinreichend große Proben konstanter Schnittrichtung führten schnittrichtungsabhängig zu abweichenden Ergebnissen. In diesem Abschnitt ist die Situation ähnlich, nur ist jetzt die Invarianz gegen eine Verschiebung des Bezugssystems verloren gegangen. Proben, jeweils aus verschiedenen Zonen eines Gebietes entnommen, führen zu systematisch unterschiedlichen Ergebnissen. Lamination, Bündelung und Cluster in zwei oder drei Dimensionen sind als beispielhafte Strukturen zu nennen (43). Auch Organe mit polarem Aufbau und periodische Strukturen gehören hierher.

Um zunächst mittlere stereologische Schätzwerte für das gesamte Gebiet zu bekommen, ist ähnlich zu verfahren wie im anisotropen Fall, wenn man die unkorrigierten Formeln verwenden will: Man muß die Probenentnahme so systematisieren, daß alle Zonen entsprechend ihrer Repräsentanz im Gebiet berücksichtigt werden. Dazu bieten sich systematische lückenhafte oder flächendeckende Verfahren mit einem zufälligen Startpunkt an. Bei Periodizitäten ist darauf zu achten, daß die Auswahl der Gesichtsfelder (bei lückenhaftem Sampling) nicht mit der Periode korreliert. Generell kann bei zu großem Abstand eine Über- oder Unterrepräsentation bestimmter Teile der Struktur auftreten.

Für den Fall, daß die Inhomogenität in ihren Abgrenzungen bekannt ist und den Strukturunterschieden eine funktionelle Relevanz zukommt, wird man sich dafür entscheiden, die Analyse für die in sich homogenen Untereinheiten durchzuführen, um aus den Ergebnissen Korrelationen zwischen Struktur und Funktion abzuleiten, z.B. im Zusammenhang mit Gewebsdifferenzierung, Entartung oder unter dem Einfluß experimenteller Bedingungen.

In der stereologischen Literatur liegt bisher noch kein theoretischer Ansatz (ähnlich dem bei Anisotropie) vor, um Topik zu objektivieren und ihren Einfluß in Form von Korrekturfaktoren bei der Gewinnung stereologischer Parameter zu berücksichtigen. Allerdings wird die Paarkorrelationsfunktion (sie ist vereinfacht gesagt ein Maß für die Wahrscheinlichkeit des Auftretens bestimmter Zellabstände) herangezogen, um Abweichungen von Zufallskonstellationen zu erkennen, wie das Auftreten besonders häufiger beziehungsweise seltener Abstände. Über die Möglichkeit, die räumliche Paarkorrelationsfunktion für Kugeln aus Messungen im histologischen Schnitt abzuschätzen, berichteten Hanisch und König (25, 29).

Das Vorliegen von Topik sollte sich - ähnlich wie bei der Anisotropie - in unterschiedlichen Meßwerten repräsentativer Stichproben aus unterschiedlichen Zonen eines Gebietes äußern. Die Analyse ihrer Varianzen und deren Vergleich mit Erwartungswerten für homogene Strukturen ermöglicht die Bestimmung eines Dispersionsindex oder eines Inhomogenitätsgrades (32).

Bei der Untersuchung von Korrelationen zwischen Struktur und Funktion liegt im allgemeinen eine Hypothese oder ein Modell vor, so daß schneidetechnisch die Möglichkeit besteht, die Regularität der Struktur in die Schnittebene(n) zu legen. Nach Wahl einer geeigneten Meßrichtung (z.B. senkrecht zur Lamination, konzentrisch um den Mittelpunkt einer zirkulären Architektur (Herd)) ist es möglich, ein positionsabhängiges Profil zu schneiden. Als Meßwerte kommen dafür sowohl teilchenbezogene als auch kollektivbezogene stereologische Parameter in Betracht, je nachdem, worin sich die Topik am empfindlichsten ausdrückt. Solche Profile können zu 2- und 3-dimensionalen Karten zusammengesetzt werden. Sie entsprechen den Orientierungsrosen im Falle der Anisotropie (siehe "Orientierte Strukturen (Anisotropie)" in diesem Kapitel). Die Verwendung eines rechnergesteuerten Mikroskop-Tisches kann bei solchen Samplingverfahren sehr hilfreich sein. Neben den klassischen Stichproben (Zufalls- und systematisches Sampling) kann der Tisch auf einer geraden Linie zwischen zwei vorher festgelegten Punkten laufen, auf Kreisen definierter Radien um einen Punkt, auf einer vorher mit der manuellen Tischsteuerung digitalisierten Linie usw. (13). Aus statistischen Gründen sind vergleichbare Profile oder Karten zu mitteln. Somit besteht ein weiterer Vorteil dieser Automatisierung darin, daß die wechselnden Randbedingungen (z.B. Ausdehnung eines laminierten Bereiches unter verschiedenen experimentellen Bedingungen durch Schräglage im Schnitt u.a.) in angepaßten Gesichtsfeldgrößen oder Schrittweiten des Tischvorschubs problemlos berücksichtigt werden können.

Strukturdichte (Intensität)

Es gibt verschiedene Möglichkeiten, stereologische Aussagen zur Strukturdichte zu machen. Die Volumendichte V_V drückt den Anteil des Volumens der zu messenden Phase am Gesamtvolumen aus. Für die Quantifizierung diskreter Strukturelemente (z.B. deutlich voneinander abgegrenzter Zellen) ist die numerische Teilchendichte N_V geeignet, zu deren Bestimmung aus den Anschnittprofilen im Schnitt N_A folgende Beziehung besteht:

$$N_V = N_{V(x/R)} = \frac{N_{A(x/R)}}{\overline{H}} = \frac{N_A}{\overline{H}} \tag{3}$$

$\overline{H}$: mittlerer Tangentendurchmesser der Teilchen.

Die N_A-Bestimmung (Zahl der Teilchenprofile pro Meßfläche) ist problemlos, es darf allerdings jedes Teilchen zu nur einem Profil pro Anschnitt führen, was für konvexe Körper zutrifft. Der Parameter $\overline{H}$ ist bereits in einfachen Fällen problematisch: abweichend von den bisherigen Basisformeln ist neben der üblichen Messung in der Testebene (Bestimmung von N_A) eine weitere Information ($\overline{H}$) erforderlich, die nur für geometrisch einfache Körper mit bekannter Größenverteilung zur Verfügung steht. Schließlich kommen Korrekturen für den Einfluß der Schnittdicke t und die Berücksichtigung kleiner verlorener oder unsichtbarer Kappenanschnitte (Dicke h senkrecht zur Schnittebene) hinzu, was zu der bekannten Form dieser Beziehung führt (Floderus-Abercrombie-Formel):

$$N_V = \frac{N_A}{\overline{H}+t\text{-}2h} \tag{4}$$

Die Schwierigkeiten mit dem Tangentendurchmesser sind vermeidbar, wenn entweder Modellannahmen über die Teilchengeometrie gemacht werden können oder für die Messungen Schnitte unterschiedlicher, aber bekannter Dicke vorliegen (40).

Unter realen Meßbedingungen (t > 0) kommt es durch Strukturüberlagerung (Abdeckung) im Projektionsbild zu einer weiteren Schwierigkeit, deren Auftreten mit wachsender Stukturdichte immer wahrscheinlicher wird. Es ist klar, daß zur Korrektur dieses Effektes vor allem Kenntnisse über die Verteilung der Objekte vorliegen müssen. Unter entsprechenden Annahmen (Poisson - Verteilung) hat Miles (30) den bereits erwähnten Satz stereologischer Grundformeln abgeleitet (siehe "Schnittdickeneinfluß" in diesem Kapitel). Überlagerungen sind dabei prinzipiell erlaubt, aber zur Realisierung der unterstellten Poisson - Verteilung sollen die Teilchen interpenetrieren können, was für biologische Objekte nicht realistisch ist. Wiederum tritt diese Störung umso stärker in Erscheinung, je dichter die Struktur ist, und Verdrängungsphänomene die Positionierung nach einem Poissonprozeß behindern.

Gerade auf dem Gebiet der Zellzählung haben neue methodische Ansätze zu einer prinzipiell verbesserten Situation geführt. Alle zuvor genannten Unwägbarkeiten (Gestaltsannahmen, Kappenverlust, Überlagerung) und andere dazu (Schnittdicke, Präparationsartefakte) sind in ihrer Bedeutung als Fehlerquelle stark reduziert, wenn man mit der Disector-Methode (36) die Teilchen direkt zählt (8, 23).

Die Charakterisierung des einer Struktur zugrundeliegenden Verteilungstyps hat bei biologisch-medizinischen Anwendungen der Morphometrie bisher nur eine untergeordnete Rolle gespielt (25, 29, 35). Allerdings kann die Aussage über eine zufällige oder nicht-zufällige Anordnung von Elementen in begrenzten Struktureinheiten (z.B. Kerne, Nukleoli in Zellen) ein wichtiger zytologischer Deskriptor für Zellzustände und -differenzierungen sein. Ein geeignetes Meßverfahren, das die Verteilung bezüglich eines festen Referenzpunktes aus der

Bestimmung eines Flächenverhältnisses ableitet, ist von Hemon et al. (26) angegeben worden.

Kopplungsphänomene (Assoziationen)

Als letztes strukturelles Ordnungsprinzip soll der Fall selektiver Zusammenhänge und Wechselwirkungen von Strukturelementen betrachtet werden, also der Aspekt der Kooperation von Elementen, ein für lebende Systeme typisches Ordnungsprinzip, wobei aus einer Vielzahl denkbarer struktureller und funktioneller Beziehungen die sogenannten topologischen Parameter, Kompartimentierungen und die Nachbarschaftsanalyse herausgegriffen werden, also die Betrachtung von mindestens zwei voneinander abhängigen Phasen.

Topologie

Neben Größe und Form und völlig unabhängig von diesen gibt es ein weiteres Strukturmerkmal, welches eine Art Konnektivität oder Vernetzungsgrad beschreibt - die topologischen Parameter. Würfel, Kugel, Stab, Scheibe und andere Strukturen sind topologisch identisch, weil sie durch Deformation, ohne Fusion und Abriß ineinander überführt werden können. Quantitativ lassen sich Strukturen nach ihrem Genus klassifizieren. Anschaulich hängt diese Größe mit der Zahl der umschreibbaren Löcher, der Knoten und Abschnitte linearer Strukturen oder der Zahl möglicher Durchschnitte, die eine zusammenhängende Struktur nicht teilen, zusammen. Alle oben genannten Strukturen sind z.B. vom Genus 0. Aber Scheibe und Ring gleichen Durchmessers haben verschiedene Genus-Werte.

Die bisherige Plausibilität weicht einer schwierigen Aufgabenstellung, sobald es sich um kompliziertere Strukturen handelt. Eine handhabbare stereologische Methode, die besonders von Rhines (34) sowie DeHoff et al. (9) entwickelt wurde, liefert eine Genusdichte G_V nach

$$G_V = N_V - 1/2\,T_V \qquad \text{oder}$$

$$G_{V(x/R)} = N_{V(x/R)} - 1/2\,T_{V(x/R)} \tag{5}$$

N_V : Teilchendichte;
T_V : Tangentendichte, die sich mit einer durch das Testvolumen wandernden Testfläche unter Beachtung von Vorzeichenregeln ergibt.

Aus prinzipiellen geometrischen Gründen ist eine dimensionslose Größe wie G nur durch Interaktion mit einem Testvolumen bestimmbar (siehe "Strukturdichte (Intensität)" in diesem Kapitel), was praktisch die Verwendung von Serienschnitten bedeutet.

Eine Aussage, die über den Mittelwert G_V hinausgeht und etwa die topologischen Kennzeichen eines Körpers neben Größe, Form und Färbung als Klassifizierungsmerkmal verwendet, ist nur in der maschinellen Bildverarbeitung vorstellbar. Aber auch mittelnde Aussagen über größere Struktureinheiten könnten einen interessanten Ansatz zur Beschreibung von Wachstum, Verdrängungsprozessen und anderen auf Deformation beruhenden morphogenetischen Prozessen darstellen (37).

Kompartimentierung

In den bisherigen Betrachtungen wurde angenommen, daß die Ausdehnung des Objektes groß gegen die des Testsystems (Raster, Schnitt) ist. Besonders bei elektronenmikroskopischen Untersuchungen ist es häufig interessant, nach den Strukturverhältnissen in einem begrenzten Kompartiment zu fragen, welches das Bild bzw. Raster nicht ausfüllt. Es ist klar - aber eine häufige Fehlerquelle - , daß in diesem Fall nur der auf das Kompartiment fallende Teil des Referenzsystems als Bezugsgröße zu werten ist. Die daraus ermittelten Meßwerte für die Flächendichten können innerhalb einer Stichprobe erheblich schwanken und auch Nullwerte annehmen, wenn im zufällig ausgewählten Schnitt das Kompartiment, aber nicht die Phase getroffen wurde. Der als Mittelwert zu berechnende stereologische Parameter ist der Quotient der Mittelwerte für die Größen der angeschnittenen Strukturen und Referenzsysteme, nicht der Mittelwert der Quotienten der Einzelmessungen (32, 40). Am Beispiel der Volumendichte V_V, die durch die Flächendichte geschätzt wird, erhält man also

$$V_{V(x/R)} \ = \ A_{A(x/R)} \ = \ \frac{A_{(x)}}{A_{(R)}} \tag{6}$$

$A_{(x)}$: Profilanschnittfläche der interessierenden Struktur x;
$A_{(R)}$: Testfläche, hier Anschnittfläche des die Komponente x enthaltenden Referenzkompartiments.

Der Anschluß an eine ausgedehntere Gewebsphase G gelingt, indem man die in G enthaltenen Kompartimentanteile mißt, also z.B. $A_{(R)}/A_{(G)}$ (Kaskadensampling (40)). Damit ergibt sich die Volumenfraktion der interessierenden Struktur x bezogen auf die enthaltende Referenzstruktur G als

$$V_{V(x/G)} = A_{A(x/G)} = \frac{A_{(x)}}{A_{(G)}} = \frac{A_{(x)}}{A_{(R)}} \cdot \frac{A_{(R)}}{A_{(G)}} \tag{7}$$

Für die Messungen der Struktur x im Referenzkompartiment R bzw. des Kompartimentes R im Gewebe G können entsprechend "Auswahl der Bildvorlagen" in diesem Kapitel unterschiedliche Stichprobeverfahren (z.B. Rastergrößen) verwendet werden, um den Meßaufwand ökonomisch zu gestalten. Für die Auswahl der Schnitte gilt das Prinzip der Zufälligkeit. Allerdings kann man sich bei den auf das Referenzkompartiment bezogenen Verhältnissen ($A_{(x)}/A_{(R)}$, Gleichung 6) auf solche Schnittebenen beschränken, die das Kompartiment enthalten, da ein Nullbeitrag in Zähler und Nenner ohne Einfluß ist.

Bei Referenzräumen mit geringer Ausdehnung in einer Dimension oder in zwei Dimensionen ist es immer ein Problem, Zufallsschnitte herzustellen, die den interessierenden Gewebsbereich ausreichend enthalten. Auch in solchen Fällen bietet sich die bereits mehrfach angesprochene Stereologie der vertikalen Schnitte

(2) an, wobei man die Vertikale in eine Richtung geringer Ausdehnung legt, z.B. senkrecht zu einer Lamina. Ein weiterer Vorteil besteht dann darin, daß man es nicht mit völlig ungewohnten Schnittebenen zu tun hat, in denen die Abgrenzung des Referenzraumes oft unmöglich ist.

Der zweite Aspekt - die Charakterisierung und der Vergleich einzelner Kompartimente (Zellen, Zellorganellen) - führt zu bildanalytischen Techniken, die mit Schlagwörtern wie Texturanalyse und Mustererkennung zu umschreiben wären, wovon ein Teilaspekt - die hochauflösende Zytometrie - in anderen Kapiteln dieses Buches (1.2, 1.4, 2.4.1) untersucht wird.

Nachbarschaften

Die Betrachtung von Nachbarschaften fragt nach Art und Häufigkeit der Kontakte zwischen Teilchen einer oder verschiedener Phasen. Kontakte zwischen Gewebskomponenten ändern sich während der Entwicklung durch asynchrones Wachstum und Differenzierung, oder im Verlauf pathologischer Prozesse. Ihre Untersuchung stellt einen Zugang zu den Mechanismen der Morphogenese dar, besonders in so komplexen Geweben wie dem Nervensystem (42). Je nach Strukturtyp (Linie, Fläche, Volumen) sind Kontakte nullter (Berührungs- und Schnittpunkte), erster (Berührungslängen) und zweiter (Grenzflächen) Dimension möglich. Kontaktstrukturen lassen sich ganz analog zu Phasenstrukturen untersuchen. Die so erhaltene Oberflächendichte S_V beispielsweise wäre dann als mittlere Grenzflächengröße pro Volumeneinheit zu interpretieren. Entsprechend kann mit den anderen Parametern verfahren werden. Durch vielfältige Kombinationsmöglichkeiten mit solchen stereologischen Größen, die nicht nur die Kontaktstruktur, sondern in der üblichen Weise die Gesamtstruktur erfassen, lassen sich Indices für die mittlere Ausprägung solcher Kontakte angeben (38), wobei sich die Auswahl der zu verknüpfenden Parameter nach der jeweiligen Fragestellung richtet.

Außer in direkten Berührungen können sich Nachbarschaften in der Art der Anordnung von Elementen anzeigen (Abstandsverteilungen, "texture", "patterns"). Ersetzt man die üblichen Punktraster durch solche, die aus flächigen "strukturierenden Elementen" aufgebaut sind, so sind aus dem Überschneidungsgrad der zu wertenden Elemente auch Aussagen über topologische Beziehungen zwischen den Elementen möglich (5, 35).

Auch unter dem Nachbarschaftsaspekt soll neben der mittelnden Betrachtung nach der konkreten, "adressierbaren" Beziehung zwischen Mitgliedern des Kollektivs gefragt werden. Einen Zugang zu diesem komplizierten morphometrischen Problem bietet die Untersuchung durch Graphen, denen zwei separate Kapitel dieses Buches gewidmet sind (2.3.2 und 2.3.3).

Zusammenwirken verschiedener Störungen

Sowohl bei Betrachtung der methodischen Effekte, als auch bei den Ordnungsphänomenen ist deren isolierter Einfluß diskutiert worden. Durch Differenzierung und Kooperativität kommt jedoch ein strukturiertes System der biologischen Wirklichkeit näher. Dieses Prinzip ist inzwischen auch in die Materialwissenschaften übernommen worden, indem durch gezieltes Abweichen von einem homogenen Aufbau Stoffe mit maßgeschneiderten Eigenschaften erzeugt werden (33). Bei gleichzeitigem Auftreten verschiedener "Störquellen" sind alle Möglichkeiten vorstellbar, von einer seriellen Korrektur wesentlicher Einflüsse bis zu Situationen, in denen eine morphometrische Analyse aussichtslos erscheint. Hierzu gehört schon der einfache Fall gleichzeitiger Größen- und Formvariation (siehe "Variation der Teilchengröße (Polydispersität)" in diesem Kapitel)). Aus prinzipiellen Gründen ist die Ermittlung beider Verteilungen aus Profildaten, die im Schnitt zur Verfügung stehen, nur für Rotationsellipsoide möglich (41). Eine andere vorstellbare Komplikation ist das Vorliegen mehrerer Anisotropieachsen (siehe "Orientierte Strukturen (Anisotropie)" in diesem Kapitel), wodurch die stereologischen Messungen schwierig würden. Verallgemeinernd läßt sich sagen, daß mit steigendem Einfluß ordnender Prinzipien die Entfernung zu den ursprünglichen Voraussetzungen für die Ableitung der stereologischen Zusammenhänge immer größer wird. Es kann der Punkt erreicht werden, bei dem das Verhältnis von Korrekturaufwand zu Aussagekraft so ungünstig wird, daß man sich nach anderen Verfahren umsehen muß, abseits der hier diskutierten morphometrischen Techniken. Im allgemeinen jedoch sind die Ordnungsgrade mild und die Ordnungstypen von unterschiedlichem Gewicht, so daß die gezielte Beachtung der wichtigsten Einflüsse möglich und ausreichend ist.

Außerdem nehmen Theorie und Methodenentwicklung die wachsenden Herausforderungen auf und entwickeln neue Ansätze, um den genannten Schwierigkeiten zu begegnen. Das gilt sowohl für die Präparation (selektive Färbung und Markierung), für die Beobachtungsverfahren (Laserscan- und Tandemmikroskopie), für die Bereitstellung neuer Werkzeuge in der automatischen Bildverarbeitung (Künstliche Intelligenz), als auch für Innovationen in der Stereologie selbst, z.B. durch neue Samplingverfahren, wie den Fractionator (23), das viele der genannten Fehlerquellen gleichzeitig ausschließt.

Literatur

1. Baak JPA, Oort J (1983) Morphometry in Diagnostic Pathology. Springer, Berlin
2. Baddeley AJ, Gundersen HJG, Cruz-Orive LM (1986) Estimation of surface area from vertical sections. J Microsc 142:259
3. Bellhouse DR (1981) Area estimation by point counting techniques. Biometrics 37:303
4. Collan Y, Romppanen T (1982) (eds) Morphometry in Morphological Diagnosis. Kuopio University Press. Kuopio
5. Cruz-Orive L-M (1976) Quantifying "pattern": a stereological approach. J Microsc 107:1
6. Cruz-Orive L-M (1983) Distribution-free estimation of sphere size distributions from slabs showing overprojection and truncation, with a review of previous methods. J Microsc 131:265
7. Cruz-Orive LM, Hoppeler H, Mathieu O, Weibel ER (1985) Stereological analysis of anisotropic structures using directional statistics. Appl Statist 34:14
8. Cruz-Orive LM, Hunziker EB (1986) Stereology for anisotropic cells: application to growth cartilage. J Microsc 143:47
9. De Hoff RT, Aigeltinger RH, Craig KR (1972) Experimental determination of the topological properties of three-dimensional microstructures. J Microsc 95:69
10. Drenhaus U (1985) Ursachen der Gewebsschwellung bei Osmierung nach Glutaralaldehyd-Perfusionsfixierung. Z mikrosk-anat Forsch 99:146
11. Eins S, Bär T (1977) Orientation distribution of blood vessels in central nervous tissue. Pract

Metallogr (Spec Issue) 8:381
12. Eins S, Wilhelms E (1976) Assessment of preparative volume changes in central nervous tissue using automatic image analysis. The Microscope 24:29
13. Eins S (1981) Stage control in visual and automatic morphometry. Acta Anat 111:38
14. Eins S (1986) Growth descriptors for brain development. In: Ishizaka S, Kato Y, Takaki R, Toriwaki J (eds) Science on Form. KTK Scientific Publishers, Tokyo pp 329-337
15. Elias H, Hyde DM (1983) A Guide to Practical Stereology. Karger, Basel
16. Exner HE (1973) Analysis of grain- and particle size distributions in metallic materials. Newsletter '73 in Stereology. KFK-Ext 6:73
17. Flook AG (1984) A comparison of quantitative methods of shape characterization. Acta Stereol 3:159
18. Gaunt WA, Gaunt PN (1978) Three Dimensional Reconstruction in Biology. University Park, Baltimore
19. Gundersen HJG (1977) Notes on the estimation of the numerical density of arbitrary profiles: the edge effect. J Microsc 111:219
20. Gundersen HJG, Østerby R (1981) Optimizing sampling efficiency of stereological studies in biology: or "Do more less well". J Microsc 121:65
21. Gundersen HJG, Jensen EB (1983) Particle sizes and their distribution estimated from line- and point-sampled intercepts. Including graphical unfolding. J Microsc 131:291
22. Gundersen HJG, Jensen EB (1985) Stereological estimation of the volume-weighted mean volume of arbitrary particles observed on random sections. J Microsc 138:127
23. Gundersen HJG (1986) Stereology of arbitrary particles. A review of unbiased number and size estimators and the presentation of some new ones, in memory of William R. Thompson. J Microsc 143:3
24. Haug H (1978) Clustering and layering of neurons in the central nervous system. Lect Notes Biomathem 23:193
25. Hanisch KH, König D (1985) Stereological determination of the pair correlation function of the centres of nuclei in a rat liver using a thin section technique. Acta Stereol 4:55
26. Hemon D, Bourgeois CA, Bouteille M (1981) Analysis of spatial organization of the cell: a statistical method for revealing the non-random location of an organelle. J Microsc 121:29
27. Howard V, Eins S (1985) Software solutions to problems in stereology. Acta Stereol 3:139
28. Jensen EB, Dundersen HJG (1985) The stereological estimation of moments of particle volume. J Appl Prob 22:82
29. König D (1986) Probabilistic characterization of the inner order of random structures. In: Ishizaka S, Kato Y, Takaki R, Toriwaki J (eds) Science on Form. KTK Scientific Publishers, Tokyo, pp 167-174
30. Miles RE (1976) Estimating aggregate and overall characteristics from thick sections by transmission microscopy. J Microsc 107:227
31. Miles RE (1983) Using the 4-linc to estimate N_v. Acta Stereol 2:3
32. Oberholzer M (1983) Morphometrie in der klinischen Pathologie. Springer, Berlin
33. Ondracek G (1982) The key position of stereology in quantitative microstructure-correlations of multiphase materials. Acta Stereol 1:5
34. Rhines FN (1967) Measurement of topological parameters. Proc 2nd Internat Congr Stereol Springer, New York
35. Serra J (1982) Image Analysis and Mathematical Morphology. Academic Press, London
36. Sterio DC (1984) Estimating number, mean sizes and variations in size of particles in 3-D specimens using disectors. J. Microsc. 134:127
37. Takahashi T, Suwa N (1978) Stereological and topological analysis of cirrhotic livers as a linkage of regenerative nodules multiply connected in the form of three-dimensional network. Lecture Notes in Biomathematics 23:85
38. Underwood EE (1970) Quantitative Stereology. Addison-Wesley, Reading
39. Underwood EE (1972) The stereology of projected images. J Microsc 95:25

40. Weibel ER (1979) Stereological Methods. Vol 1. Academic Press, London
41. Weibel ER (1980) Stereological Methods. Vol 2. Academic Press, London
42. Wolff JR (1970) Quantitative aspects of astroglia. Proc VIth Int Congr Neuropathol, Masson et Cie., Paris
43. Wolff JR, Holzgraefe M, Eulner S, Zaborsky L (1980) Modular organization of rat neocortex: vascularization, growth and connectivity. Adv Physiol Sci 2:79

1.4 Bildgewinnung und Bildverarbeitung [1]

Peter H. Bartels, Anna Graham, Jack Layton, Samuel Paplanus

A. Einleitung

Die mikrophotometrische Bewertung histopathologischer Präparate stellt Anforderungen, die weit über diejenige hinausgehen, die an die analytischen Verfahren in der quantitativen Zytologie gestellt werden. Die pathologischen Veränderungen im Gewebe erstrecken sich über vergleichsweise sehr viel ausgedehntere Flächen im Präparat. Es müssen also gleichzeitig viel mehr Informationen und damit erhebliche Datenmengen aufgenommen und verarbeitet werden. Die Zerlegung des mikroskopischen Bildes in seine Komponenten bringt zahlreiche logische wie auch technische Schwierigkeiten mit sich. Eine verläßliche, frühzeitige Erkennung gerade einsetzender pathologischer Veränderungen verlangt Strategien für die Beschreibung und Klassifizierung der Gesichtsfelder, die weitaus komplizierter sind, als dies in der quantitativen Zytologie erforderlich ist (2, 4).

Es ist das Ziel dieses Artikels, einen Überblick über die technischen und logischen Probleme zu geben, die in der quantitativen histopathologischen Diagnostik auftreten (1, 10). Vier Problemkreise lassen sich unterscheiden:

1. die Datenaufnahme und Mikrophotometrie ausgedehnter mikroskopischer Gesichtsfelder (3);
2. die Gestaltung logischer Ansätze, pathologische Veränderungen zuverlässig zu erkennen;
3. der Entwurf geeigneter Expertensysteme und Wissensdatenbasen; und
4. die Beziehungen zwischen den Erfordernissen der Bildverarbeitung und geeigneten Rechnerkonfigurationen und Rechnerarchitekturen.

B. Datenaufnahme und Mikrophotometrie

Diagnostische Informationen sind in histopathologischen Präparaten sowohl auf der logischen Ebene der einzelnen Bildpunkte vorhanden wie auch in der strukturellen Anordnung der größeren Gewebekomponenten, d.h. der Zellen, Drüsen, Gefäße usw. Es ist also einerseits notwendig, Meßpunktabstände und Meßpunktgröße etwa in der Größe der Beugungsbegrenzung der Optik zu halten, andererseits aber Objektflächen von etwa 5 x 5 mm^2 abzutasten und digital zu speichern. Man hat es mit Datenmengen pro Spektralband von bis zu etwa 100 Millionen Bildpunkten zu tun.

[1] Diese Arbeit wurde durch das National Institute of Health, USA (grants CA 24466-07 und 1-POl CA 38548-01), gefördert.

Die Notwendigkeit, eine solche Menge von Bildpunkten innerhalb einer vertretbaren Zeitspanne aufzunehmen, schließt nahezu alle Bildabtastverfahren aus, die nicht auf Videotechnologie oder schnellen Strahlablenkverfahren beruhen. Diese Beschränkung hat wichtige Folgen. Bildaufnahme durch Abtastung der Bildebene, wie es den Videoverfahren zugrundeliegt, verlangt die gleichzeitige, volle Ausleuchtung des mikroskopischen Gesichtsfeldes. Dies wiederum schließt eine exakte Mikrophotometrie aus. Glücklicherweise ist fehlerfreie Photometrie selten ein Erfordernis zur Gewinnung diagnostischer Informationen, solange konsistente Meßresultate erhalten werden. Auch eine stark nichtlineare, oder in einem bestimmten optischen Dichtebereich stark gestreckte Grauwertwiedergabe im aufgenommenen Bild kann leicht mittels einer geeigneten Nachschlagetabelle (look up table) im Rechner linearisiert werden. Leider sind solche Korrekturen für Fehler, die durch den Schwarzschild-Villiger Effekt (9, 16) hervorgerufen werden, praktisch nicht möglich, da dieser Fehler von der am betrachteten Bildpunkt und in seiner Umgebung vorliegenden optischen Dichte selbst abhängt und zwar in einer hoch nichtlinearen Weise (5, 9, 15). Es ist erstaunlich, wie selten die Größenordnung solcher systematischer Meßfehler ins allgemeine Bewußtsein der auf diesem Gebiet tätigen Wissenschaftler eingedrungen ist.

In Gewebeschnitten, bei denen man im allgemeinen kräftig anfärbt, um die Bildzerlegung einfacher zu gestalten, werden leicht optische Dichten von 1.5 bis zu 2.5 erreicht, d.h. nur etwa 0.2 % Lichtdurchlässigkeit im Bildpunkt. Sogar die mit engen Leuchtfeldblenden arbeitenden Mikrophotometer-Mikroskope sind selten frei von Streulicht, und Streulichtanteile von 1-3 % sind beinahe die Regel. Man kann also sehen, daß Streulichtfehler sogar bei abgeblendeten Systemen mit einer optischen Dichte von mehr als 1.0 eine erhebliche Rolle spielen können. In Videosystemen, die ohne Leuchtfeldblende arbeiten, sind also bei höheren optischen Dichten stark nichtlineare Streulichtfehler nicht zu umgehen. Diese systematischen Meßfehler treten in schnellen Strahlablenkverfahren in weit geringerem Maße auf, eben weil weitaus weniger vagabundierendes Streulicht ins System gelangt.

Abb.1 zeigt das Laser Scanning Mikroskop aus unserem Labor (3). Man erkennt vorne rechts den runden Stutzen, der dem hinteren Ende des luftgelagerten Motors entspricht. Der Motor selbst ragt in einen Vakuumtank hinein, wo er einen Polygonspiegel mit 36 000 Umdrehungen pro Minute antreibt. Jede Polygonfacette erzeugt eine Rasterlinie, die 2 mm lang ist und 4000 Meßpunkte enthält. Im linken Vordergrund ist eine breite Schiene zu sehen, auf der ebenfalls luftgelagert der Präparat-Träger und die Autofokus-Anlage gleiten. Der Vorschub geschieht - senkrecht zur Richtung der 2 mm langen Rasterlinie - durch einen linearen Motor. Polschuhe und Armatur sind links unterhalb der Gleitschiene sichtbar. Unter der Plexiglasschutzhaube rechts oben sieht man die Lichtempfänger und die Kondensoroptik; vom Objektiv ist unter der Kondensoroptik nur das Vorderende gerade noch zu erkennen. Das konventionelle Mikroskop-Objektiv im Hintergrund gehört zur visuellen Beobachtungsstation.

Abb. 2 zeigt das Rastermuster im Prinzip: Eine Folge von 2 mm langen Rasterlinien, jede 4000 Meßpunkte lang und im Abstand von 0.5 Mikrometern aneinandergereiht. Die Rasterlinienabstände werden durch einen Mikroprozessor kontrolliert.

Abb. 1. Laser Scanning Mikroskop.

Die Länge dieses Streifens von Rasterlinien ist praktisch nur begrenzt durch die Rückkoppelungsoptik, die dem Mikroprozessor die genaue Position des Präparat-Trägers meldet. Sie ist in unserem Gerät aus praktischen Gründen auf 2 cm, also 40 000 Rasterlinien festgelegt. Technisch bieten strahlablenkende Systeme viele Vorteile, die vor allem zum Ausdruck kommen, wenn die Daten direkt in einen Rechner eingelesen werden. In Zukunft ist bestimmt mit weiteren technischen Entwicklungen, die auf dieser Grundlage beruhen, zu rechnen.

Die Gesichtsfeldgröße, die mit der Optik erreichbar ist, stellt einen wichtigen Systemparameter dar. In hochaperturigen Mikroskop-Objektiven, sogar solchen mit voller Plankorrektur und extremen Weitwinkelokularen, ist der Gesichtsfelddurchmesser auf etwa 225 μm beschränkt. Das entspricht einem quadratischen

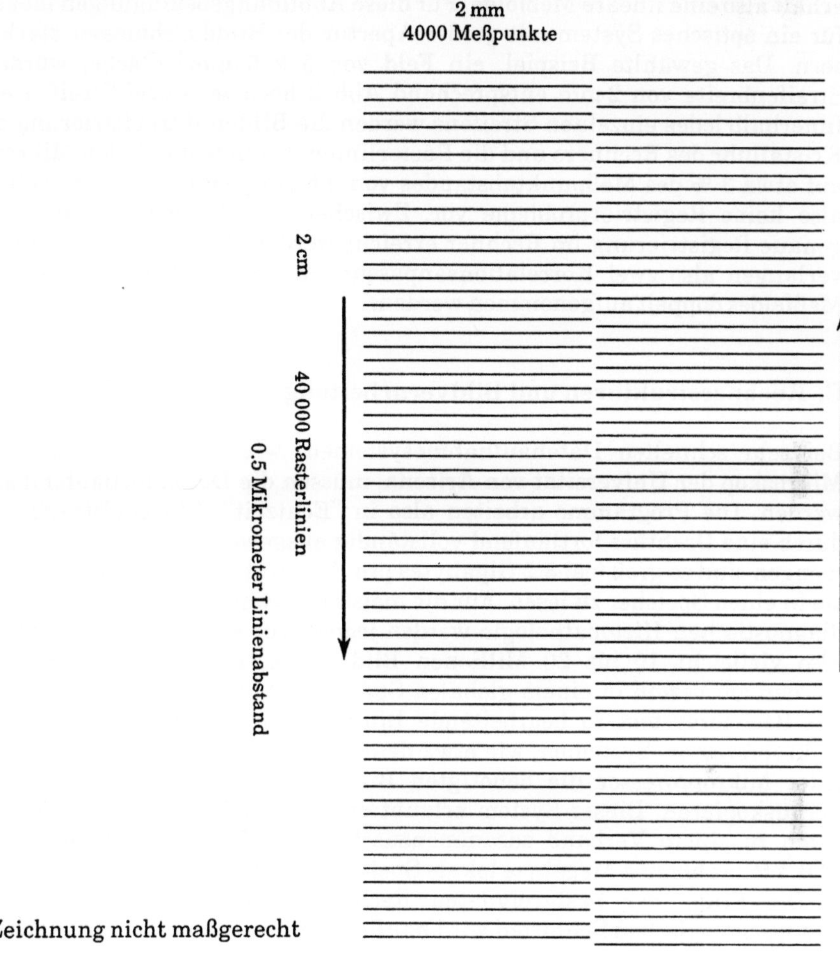

Abb. 2. Rastermuster für 2 mm lange Rasterlinien, je 4000 Meßpunkte lang im Abstand von
0.5 mm.

Meßfeld von etwa 175 μm Seitenlänge. Unter der Annahme, daß ein etwa 10 μm
breiter Streifen zwischen benachbarten Meßfeldern zur Meßfeldregistrierung
überdeckend aufgenommen werden muß, würde also eine Gewebeschnittregion
von etwa 5 x 5 mm^2 in etwa 900 Meßfeldern aufgenommen. Eine nahtlose digitale
Darstellung im globalen Speicher kann dann durch geeignete Korrelations-
methoden erreicht werden. Das erfordert allerdings für die 900 Felder etwa 1700
Korrelationsanpassungen. Von der gesamten aufgenommenen Fläche müssen
unter den obigen Annahmen etwa 12 % zweimal abgetastet werden. Bei Strahlablenkverfahren wird kein "Gesichtsfeld" als solches abgebildet. Die Rasterlinien-

länge ist bestimmt durch den Felddurchmesser des Objektivs und das Präparat wird mit sehr hoher Präzision langsam unter der Rasterlinie durchgeschoben. Man erhält also eine lineare Meßfolge. Für diese Abbildungsbedingungen läßt sich auch für ein optisches System mit großer Apertur der Bilddurchmesser stark vergrössern. Das gewählte Beispiel, ein Feld von 5 x 5 mm^2 Fläche, würde bei der Streifenbreite von 2 mm entsprechend Abb. 2 höchstens drei Streifen erfordern. Innerhalb jedes einzelnen Streifens werden die Bildpunktregistrierung durch die Kristalluhr des Rechners und die Rasterlinienabstände durch den Mikroprozessor auf etwa 3 % des Meßpunktabstandes von 0.5 μm genau gehalten; es liegen hier also keine Registrierprobleme vor. Zwischen verschiedenen Streifen muß die genaue Registrierung im Rechner erreicht werden. Die drei erforderten Streifen verlangen also zwei Korrelationsanpassungen und es müßten etwa 0.16 % des Meßfeldes doppelt aufgenommen werden.

C. Rechnerstrukturen und Bildverarbeitung

Bei sehr schnellen Datenaufnahmesystemen, wie etwa beim Laser Scanning Mikroskop der Universität von Arizona, müssen die Daten fortlaufend analysiert werden. Die Programme arbeiten also in "Echtzeit". Ein Bildstreifen wird wie durch eine Drehtüre fortlaufend vollständig ausgewertet. Die anfallenden Datenmengen sind so groß (ca. 3.2 Gigabytes pro Präparat), daß es nicht praktikabel ist, sie in einen Speicher zu lesen. Für die meisten Anwendungen in der quantitativen diagnostischen Histopathologie werden jedoch nur eine Reihe von Videobildern, also vielleicht 10 bis 20 Millionen Bildpunkte, aufgenommen. Solche Daten werden am besten in einem globalen Speicher abgespeichert, aus dem sich dann das Rechnersystem zu bearbeitende Bildregionen herauslesen kann. In Multi-Mikroprozessor- Systemen, wie etwa dem Heidelberger POLYP (7, 8), würde sich jeder Mikroprozessor die benötigten Bildregionen aus dem globalen Speicher herauskopieren. Dieses System erlaubt es, eine große Anzahl von Mikroprozessoren zu einem Verband zusammenzuschließen. Jedes Modul im Heidelberger POLYP hat bis zu 4 Megabyte lokale Speicherkapazität.

Die Frage der bestgeeigneten Rechnerarchitektur für die Analyse von histopathologischen Schnitten wird häufig vom Gesichtspunkt der "Kopplung" der notwendigen Bildverarbeitungsaufgaben her diskutiert. Unter der Kopplung von Bildverarbeitungsaufgaben versteht man das Ausmaß, mit dem die Analyse einer gewissen Bildregion von Daten aus anderen Bildregionen abhängt. Die Verarbeitung eines Zellbildes, z.B. einer einzelnen Zelle in einem zytologischen Präparat, kann vom Anfang bis zum Ende durchgeführt werden, ohne daß das Rechnersystem jemals Bezug auf Resultate von anderen Zellbildern nehmen muß. Das Verarbeiten von Einzelzellbildern ist also eine praktisch nicht gekoppelte Bildverarbeitungsaufgabe, und man könnte sich vorstellen, daß mehrere Mikroprozessoren unabhängig voneinander in paralleler Weise mehrere Zellbilder gleichzeitig verarbeiten. Kopplung tritt nur auf, wenn sich Einzelzellen zufällig berühren. In einem Gewebeschnitt dagegen ist es häufig notwendig, Bezug auf Bildregionen zu nehmen, die unter Umständen sogar in einem anderen mikroskopischen Gesichtsfeld registriert worden sind (z.B. beim Nachsehen von Schwellwerten, beim Zählen von Zellkernen, beim Bezugnehmen auf eine Orientierung der langen Achsen von Zellkernen. All dies sind Beispiele von Daten, die bei der Verarbeitung möglicherweise berücksichtigt werden müssen). Es ist also eine Koordination der Bildverarbeitung mit verschiedenen Bildregionen und unter Umständen verschiedenen zugeordneten Mikroprozessoren erforderlich. Wenn starke Abhängigkeiten bestehen, spricht man von enggekoppelten Bildverarbeitungsaufgaben. Es ist klar, daß die Art der Abstimmung von Prozessen zwischen verschiedenen Mikroprozessoren oder Programmabschnitten stark von der analysierten Struktur und den Verbindungen zwischen den verschiedenen Rechnerkomponenten abhängt. Wenn man ein Multi-Mikroprozessor-System hat (13), besteht dann die Möglichkeit, daß jedes Modul sich frei mit jedem anderen Modul in Verbindung setzen kann?

Es ist zweifellos nützlich, Rechnerarchitekturen vom Gesichtspunkt der Aufgabenkopplung zu betrachten. In unserer Erfahrung hat sich jedoch ein anderer Ausgangspunkt von größerem Nutzen erwiesen. Die Beziehungen zwischen Rechnerstruktur und Bildverarbeitungsaufgabe hängen sehr stark vom Grad der Abhängigkeit und der Reichweite der Abhängigkeit der Meßwerte voneinander ab. Das ist am besten mit Beispielen zu erklären.

Bei einer Informationsextraktion, die sich ausschließlich auf eine Statistik erster Ordnung beschränkt, d.h. die den Meßwert an jedem Bildpunkt als unabhängig von allen anderen Bildpunkten ansieht, kann das gesamte Bild vollständig parallel mit anderen Bildern verarbeitet werden. Das könnte idealerweise von einem vollständig synchronen Rasterverband parallel arbeitender Mikroprozessoren ausgeführt werden und die Informationsgewinnung wäre mit einer einzigen Instruktion oder einer kurzen Instruktionsfolge, die von jedem der Mikroprozessoren ausgeführt würde, für das gesamte Bild abgeschlossen. Beispiele dafür sind das Setzen eines Schwellwertes oder die Berechnung des Histogramms der optischen Dichten im untersuchten Bild. Im anderen Extrem könnte man sich einen Fall vorstellen, der am besten mit einer "Schnitzeljagd" verglichen werden kann. Der als nächster zu verarbeitende Bildpunkt wird erst identifiziert, nachdem der gegenwärtige Bildpunkt analysiert worden ist. Es handelt sich also um eine streng serienmäßige Folge von Verarbeitungsschritten, die im Extremfall eine Abhängigskeitsfolge von einer Länge annimmt, die der gesamten Bildpunktzahl gleich ist. Beispiele sind z.B. das Verfolgen einer Grenzlinie oder einer Membran, wie es z. B. beim Umfahren der Kernanschnittsfläche vorkommt. Hier könnten "Pipeline"-Architekturen die wirkungsvollste Rechnerstruktur darstellen. Während in der praktischen Bildverarbeitung Prozeduren dieser Art häufig vorkommen, dürfte doch die große Mehrheit der Verarbeitungsaufgaben an Bildkomponenten mit Abhängigkeiten stattfinden, die zwischen diesen Extremen liegen. Eines ist sicher: Histopathologische Präparate bieten eine ungemeine Vielfalt von Bildszenen und Bildstrukturen an. Ein Versuch, die Rechnerstruktur optimal festzulegen, dürfte kaum zu einer Lösung führen, die allen diesen diversen Problemen gerecht wird. In unserem eigenen Forschungsvorhaben haben wir uns daher entschlossen, eine Rechnerkonfiguration zu wählen, die dynamisch umstrukturiert und den jeweils anfallenden Aufgaben angepaßt werden kann. Die Rechnerstruktur wird von den Bilddaten gesteuert.

Die Fähigkeit, während der Bildverarbeitung eine Umkonfiguration des Rechnersystems durchführen zu können, war einer der entscheidenden Gründe für unsere Wahl des Heidelberger POLYP-Systems. Dieses System erlaubt es, eine große Anzahl von Mikroprozessoren zu einem Verband zusammenzuschließen. Das

POLYP-System ist gegenwärtig auf dem Motorola MC 68 000 Mikroprozessor aufgebaut. Das System an der Universität von Arizona (8) wird zunächst 36 Mikroprozessoren enthalten, von denen jeder, zumindest für Integer-Operationen, die Rechenfähigkeit einer großen Digital Equipment Corporation VAX 11/780 hat. Die Mikroprozessoren im POLYP sind durch zwei Bus-Systeme miteinander verbunden: parallele Datenbusse und ein Synchronizations-Bus-System. Abb. 3 zeigt die Struktur dieser Verbindung in einer schematischen Darstellung. Jedes Mikroprozessor-Modul hat eine Struktur wie in Abb. 4 gezeigt. Der POLYP kann im MIMD Modus arbeiten, d.h. es können multiple Instruktionsfolgen und multiple Datenwege gleichzeitig aktiv sein. Die einzelnen Mikroprozessoren arbeiten völlig asynchron.

Das POLYP-System bietet den großen Vorteil, daß es eine hohe Fehlertoleranz aufweist. Sollte ein Modul ausfallen, so wird seine Aufgabe von anderen übernommen. Im POLYP können mehrere Bildverarbeitungsaufgaben gleichzeitig ablaufen. Untergruppen von Mikroprozessoren können zu temporären Einheiten zusammengefaßt werden. Die Organisation der Mikroprozessoren-Unterverbände kann beliebig gewählt werden, als Serienfolge, als paralleler Verband oder in anderen Konfigurationen. Die Bildverarbeitungsaufgaben werden den Mikroprozessoren automatisch nach vorher festgelegten Prioritäten zugeteilt. In großen Mikroprozessoren-Verbänden, die mehrere hundert Prozessor-Einheiten enthalten können, geschieht diese Zuordnung mittels des Synchronisation-Bus-Systems, also durch eine hartverdrahtete Logik. In kleinen Mikroprozessoren-Verbänden kann die Prioritäts-basierte Aufgabenverteilung durch Software vorgenommen werden. Es ist also möglich, im POLYP-System die Konfiguration während der Bildverarbeitung den anfallenden Aufgaben anzupassen. Eine adaptive, meßdatengesteuerte Rechner-Umkonfiguration setzt natürlich voraus, daß bestimmte Bildkomponenten entdeckt und bestätigt werden müssen. Die für die Verarbeitung

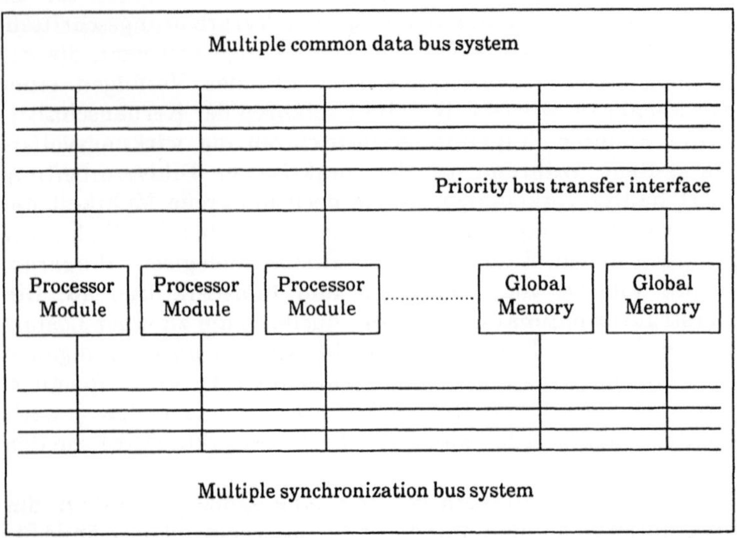

Abb. 3. Schematische Darstellung des Synchronisations-Bus-Systems für die Mikroprozessoren im POLYP.

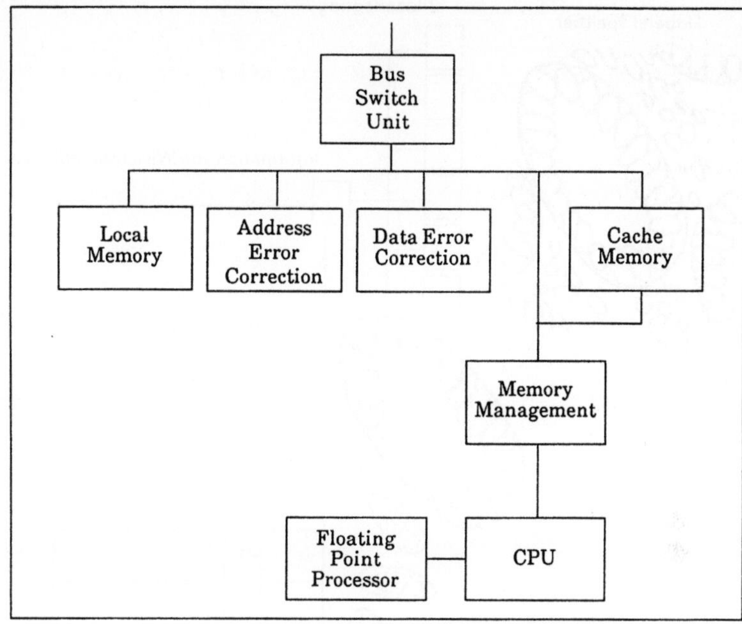

Abb. 4. Schematische Darstellung der Struktur eines Mikroprozessor-Modells.

dieser Bildkomponenten günstigste Konfiguration einer Untergruppe von Mikroprozessoren muß dann automatisch zusammengestellt werden. Diese Wechselwirkung zwischen dem Bildaufnahme- und -verarbeitungsprogramm auf der untersten Stufe der Wissensdatenbasis erlaubt dem System, die Rechnerkapazität mit dem höchsten Nutzungsgrad einzusetzen. Abb. 5 zeigt in einer schematischen Darstellung, wie verschiedene Untergruppen von Mikroprozessoren asynchron an verschiedenen Bildverarbeitungsaufgaben arbeiten.

Analytische Programme für Bildverarbeitungssysteme entwickeln sich in zunehmendem Maße auf Systeme hin, die qualitativ sehr gute Fähigkeiten haben. In der quantitativen Zytologie verläßt man sich im Grunde genommen auf zwei Programmsysteme: das Rechnerbetriebssystem und die Bildanalyse-Programme. Für die diagnostische Bewertung von Gewebeschnitten sind bei weitem komplizíertere, zusätzliche Programmsysteme erforderlich. Es können drei "Programm-Stufen" unterschieden werden. Auf der ersten Stufe findet sich eine Wissensdatenbasis, die das Rechnersystem in der Zerlegung des Bildes in Komponenten unterstützt und, falls die Möglichkeit besteht, die dynamische Umkonfiguration eines Multi-Mikroprozessor-Systems überwacht. Die zweite Stufe hat interpretative Fähigkeiten und führt die eigentliche diagnostische Beurteilung des Bildes durch. In der dritten Stufe wird der Übergang von der Analyse des Einzelpräparates zur Integration mit einem diagnostischen Expertensystem gemacht.

Die Wissensdatenbasis hat die Aufgabe, die Bildverarbeitung zu steuern und zu kontrollieren. Das Diagnoseprogramm der Datenbasis führt die eigentliche diagnostische Bewertung durch. Die Sektion der Wissensdatenbasis, welche die Steuerung der Bildzerlegung ausführt, ist streng auf Präparate eines bestimmten

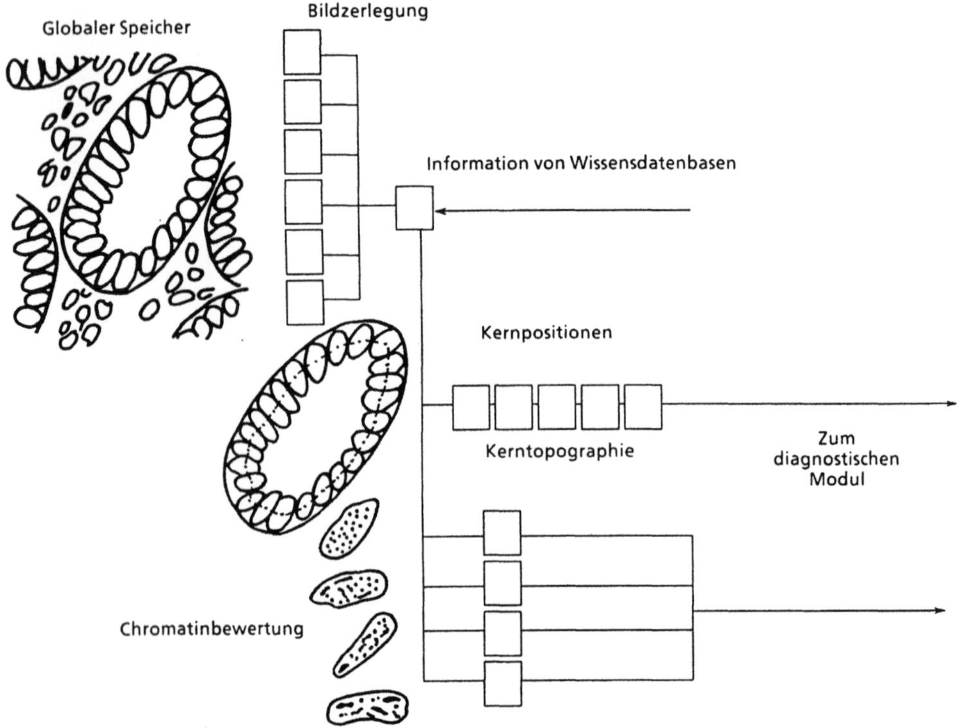

Abb. 5. Schematische Darstellung der Kopplung von Mikroprozessoren zur asynchronen Bildverarbeitung.

Organs zugeschnitten. Die Informationen, die gebraucht werden, folgen der Logik der Bildzerlegung. Sie betreffen topologische Beziehungen zwischen den Gewebekomponenten, Größenbeziehungen zwischen den einzelnen Gewebekomponenten, relative Lage, relative Orientierung, geometrische Eigenschaften und die Abhängigkeitsstruktur, um nur einige der steuernden Informationen zu nennen. Die Wissensdatenbasis enthält ferner Spezifikationen für die System-Umkonfiguration, um für jede Zerlegungsaufgabe eine Untergruppe von Mikroprozessoren in einer optimierten Verknüpfung anzugeben. Die tatsächliche Freigabe der Mikroprozessoren, ihre Blockierung für andere Zwecke und die Meldung der Beendigung der Teilbildverarbeitungsaufgabe geschehen durch das Multiprozessor-Betriebssystem.

Eine adaptive Umstrukturierung kann zwei Strategien folgen:

1. Für eine gewisse Folge von Bildverarbeitungsaufgaben, wie sie etwa bei der Verarbeitung von Bildern von Nierenschnitten nötig ist, könnte die Konfigurationsfolge vorher genau festgelegt werden. Die Bildverarbeitungsprogramme folgen einer festen Vorschrift, nach welcher die histologischen Komponenten aufgefunden und getrennt sowie diagnostische Informationen errechnet und weiterverarbeitet werden. Eine solche Strategie hat viel für sich. Für ein gegebenes Organ weiß man, was zu erwarten ist und etwa wo und in welcher

Konstellation die Gewebekomponenten zu suchen sind. Andererseits hat diese Strategie den Nachteil, in gewissem Sinne *blind* zu sein, weil die Bildanalyse in ihrem Ablauf vom System und letzten Endes eben nicht von den Bilddaten gesteuert wird. Wenn Schnittregionen verarbeitet werden müssen, die sich über große Flächen erstrecken, und wenn eine starke Kopplung vorliegt, könnten bei dieser Strategie festgelegte Verarbeitungsfolgen in Schwierigkeiten geraten.

2. In solchen Fällen scheint es besser, einer Strategie zu folgen, die echt von den Bilddaten gesteuert wird. Das Bild wird eingelesen und ein Bildabschnitt wird vorverarbeitet, um festzustellen, *wo man ist* und welche Gewebekomponente im eingelesenen Teilbild vorliegt. Erst dann wird eine geeignete Systemumkonfiguration von der Wissensdatenbasis angefordert. Die diagnostische Bewertung von histopathologischen Schnitten ist die Aufgabe eines eigenen Programmteiles. Um die erforderlichen Fähigkeiten dieses diagnostischen Programmes zu erläutern, ist es notwendig, auf das Prinzip der diagnostischen Beschreibung histopathologischer Schnitte für den Rechner einzugehen.

D. Rechnerunterstützte diagnostische Histopathologie

Das Problem der diagnostischen Begutachtung von Gewebeschnitten kann auf zwei Ebenen angegangen werden.

1. Man kann heuristisch (richtungsgebend, erkenntnisfördernd) definierte Merkmale errechnen und Gewebeproben als "normal" oder als "pathologisch verändert" klassifizieren. Diese Methode erlaubt es sogar, Abstandsmaße vom Normalzustand zu berechnen sowie durch geschickte Merkmalsdefinitionen und Merkmalsauswahl den Nachweis pathologischer Veränderung unter Umständen sehr empfindlich zu machen. In der Tat ist dieser Weg, Gewebeschnitte automatisch zu beurteilen, mehrfach vorgeschlagen worden (6, 11, 12, 14, 18, 19) und die Methode dürfte in vielen Fällen zweifellos sogar von klinischem Wert sein.

2. Man kann eine Wissensdatenbasis erstellen und Expertensysteme in einem Rechner aufbauen. Wir sind in unseren eigenen Arbeiten zum Schluß gekommen, daß dies auf die lange Sicht gesehen die aussichtsreichere Methode ist; eine Begründung für diese Entscheidung soll im folgenden gegeben werden.

Systeme, die zur Zeit klinisch interessant wären, müssen nicht die Fähigkeit haben, einen histologischen Leberschnitt von einem Nierenschnitt zu unterscheiden. Was von klinischem Interesse wäre, sind Systeme, die sehr frühzeitige morphologische pathologische Veränderungen mit großer Empfindlichkeit in einer Gewebeprobe bekannter Herkunft entdecken und auch eine sehr spezifische Veränderung identifizieren können (11). Um dies möglich zu machen, muß das Ausmaß und die Art der vorkommenden Unterschiede in normalen Geweben sehr genau bekannt sein. Das heißt aber, daß nicht nur die Mittelwerte geeigneter Merkmale und ihre Streuung, sondern auch ihre gegenseitigen Korrelationen genau abgeschätzt werden müssen, wenn man eine kleine Abweichung zuverlässig als nicht mehr normal und durch eine spezielle Ursache hervorgerufen erkennen will. Bereits an diesem Punkt, an der Charakterisierung der *normalen* Abhängigkeitsstruktur, begegnet man erheblichen Schwierigkeiten; es ist wahrscheinlich

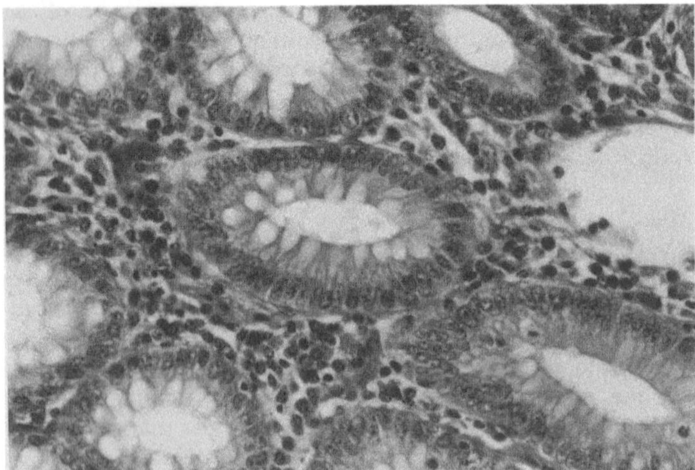

Abb. 6. Normaler histologischer Kolonschnitt.

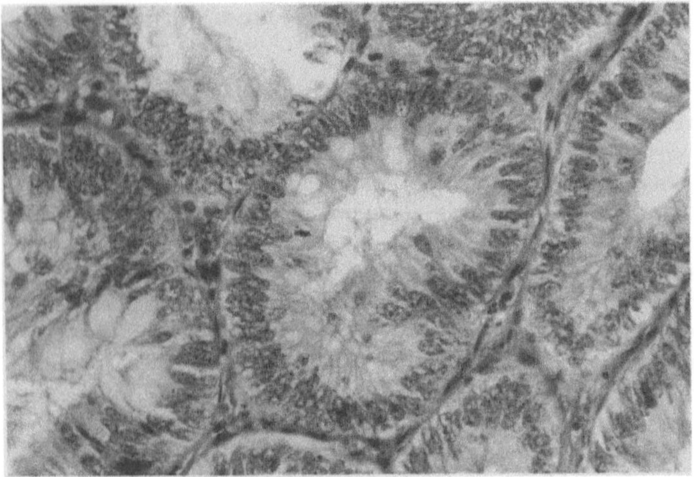

Abb. 7. Schnitt eines Kolonschleimhautadenoms.

dieser Punkt, an dem die oben erwähnten heuristischen Merkmalsbewertungen scheitern dürften. Die Abhängigkeitsstruktur zwischen Komponenten des histologischen Schnittes muß modelliert und explizit beschrieben (inferiert) werden. Dabei gibt es keinen offensichtlichen Weg festzustellen, ob man alle notwendigen Merkmale und alle notwendigen Abhängigkeiten erkannt und berücksichtigt hat. Eine Möglichkeit, die Vollständigkeit der Beschreibung zu prüfen, besteht darin, die Beschreibung zu benutzen, um Bilder synthetisch herzustellen, d.h. Simulationsstudien auszuführen. Die auf der Grundlage der postulierten vollständigen Beschreibung generierten Bilder werden dann von Experten visuell begutachtet im Hinblick darauf, ob alle Beziehungen zwischen den Bildkomponenten *richtig aussehen*. Simulationsverfahren sind daher auch als "Analyse durch Synthese-Verfahren" bekannt. Wenn eine quantitative Beschreibung zu richtig aussehenden Bildern führt, enthält die Beschreibung alle notwendigen Informationen. Die heuristischen Merkmalsmethoden erlauben ihrerseits in den meisten Fällen keine Bildsynthese.

Ein Beispiel möge die Notwendigkeit demonstrieren, die Abhängigkeitsstruktur vollständig zu erkennen und in der Beschreibung zu berücksichtigen. Abb. 6 zeigt einen normalen histologischen Kolonschnitt, Abb. 7 ein Kolonschleimhautadenom. In normalen Drüsen stehen die Drüsenzellkerne peripher angeordnet mit der längeren Achse senkrecht zur Basalmembran ausgerichtet und so, daß sie die Basalmembran nahezu berühren. Das ist schematisch in Abb. 8 a gezeigt. In den Schnitten des Adenoms findet man, daß die Zellkerne auf das Lumen der Drüse zu verschoben sind. Man kann in der Tat eine bimodale Verteilung der Kernzentrumsabstände von der Basalmembran messen; die zentral verschobenen Kerne des Adenoms haben einen mittleren Abstand ihres Kernzentrums voneinander, der 2,8 mal so groß ist wie derjenige der Epithelkerne in der normalen Kolonschleimhaut. Die bimodale Verteilung der Kernzentrumsabstände des Adenoms gibt außerdem den Prozentsatz der zentral verschobenen Kerne an. Abb. 8 b zeigt eine schematische Darstellung. Wenn man diese Beschreibung zur Grundlage einer Bildsynthese macht, so erhält man unzulängliche Bilder. Das ist in Abb. 9 a gezeigt. In wirklichen Bildern besteht eine starke Abhängigkeit verschobener Kerne voneinander: Solche Kerne kommen in Aggregaten vor und nicht als einzelne, unabhängige Ereignisse, wie es dem Modell in Abb. 9 a zugrunde gelegen hat. Eine Berücksichtigung dieser Abhängigkeit im Modell liefert Bilder, die schon weitaus *echter* aussehen (Abb. 9 b). Dabei wird ein weiterer Aspekt der Abhängigkeitsstruktur klar: Zentral verschobene Zellkerne sind auch seitlich dichter gepackt und das umso mehr, je größer die Verschiebung auf das Lumen zu ist. Wenn auch diese Abhängigkeit in der Simulation berücksichtigt wird, erhält man dem Pathologen bekannt vorkommende Bilder. Ein solches Beispiel ist in Abb. 9 c gegeben. Man kann mit Modellen wie den dargestellten erproben, wie empfindlich und wie spezifisch die Erkennung kleiner Abweichungen vom Normalen gemacht werden kann. Obwohl die Simulation eine gewisse Rückversicherung gibt, daß wichtige Eigenschaften der Abhängigkeitsstruktur berücksichtigt worden sind, ist auch die Simulation keine Garantie dafür, daß die gesamte Abhängigkeitsstruktur vollständig erkannt worden ist.

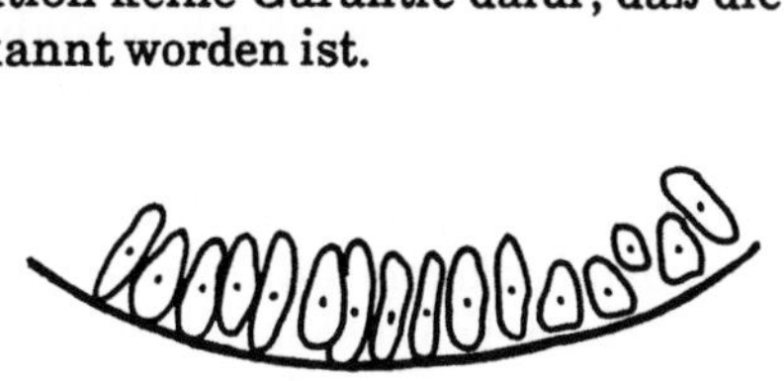

a

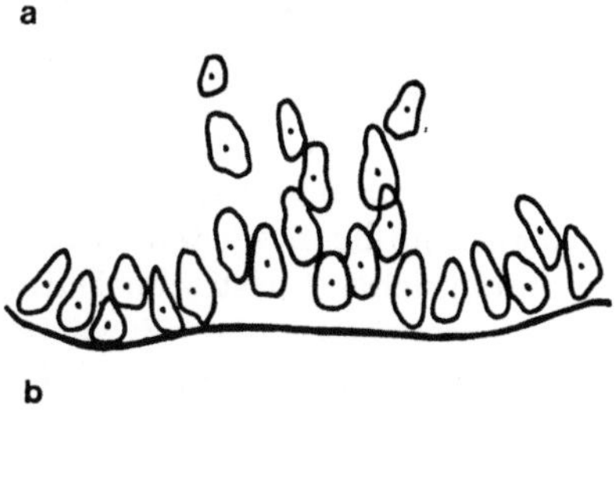

Abb. 8. Schematische Darstellung der Basalmembran:
a) des normalen Kolongewebes und
b) des Adenoms.

b

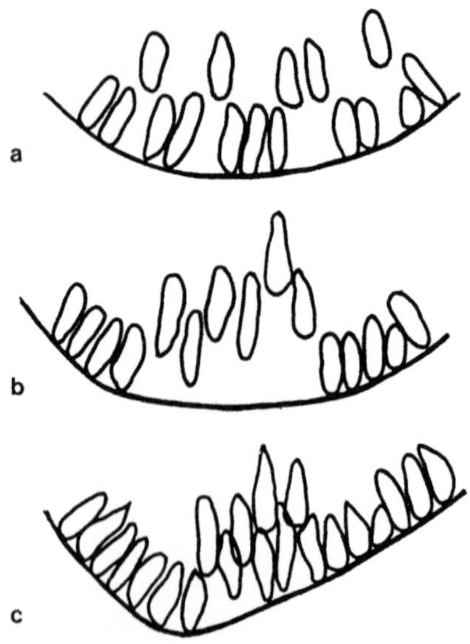

Abb. 9. Synthetische Bilder der Kernanordnung in einem Kolonschnitt mit zunehmender Berücksichtigung verschiedener Kriterien zur Optimierung der Simulation (von 9a nach 9c).

Zusammenfassend ist also zu sagen, daß die diagnostische Bewertung generell auf drei beschreibende und definierende Informationssätze zurückgreift:

1. Eine topologische Struktur.
2. Sollwerte für Mittelwerte, Streuung und Korrelationen von Merkmalen, die aus der Struktur folgen. (Diese Sollwerte definieren aus der Topologie eine Topographie der histologischen Struktur).
3. Entscheidungs- und Klassifizierungsregeln zur diagnostischen Zuordnung und zur Bewertung des Grades der pathologischen Änderung.

Es muß immer wieder betont werden, daß das Ziel einer rechnergestützten histopathologischen Bewertung die Erstellung diagnostischer Hilfen ist, unterstützt von statistisch-probabilistischen Bewertungen und systemvorgeschlagenen Diagnosen. Alle diese Informationen sollen es dem Pathologen erleichtern, eine Diagnose zu stellen und sie mit zusätzlichen Informationen zu stützen. Es ist nicht das Ziel der Entwicklung dieser Systeme, *Histopathologie zu automatisieren* und *den Pathologen durch eine Maschine zu ersetzen.* Was Systeme dieser Art potentiell an Diagnosehilfe anbieten können, darf allerdings nicht unterschätzt werden und kann beträchtlich sein; vor allem sogenannte "Expertensysteme" eröffnen völlig neue Möglichkeiten.

Die oben erwähnten Wissensdatenbasen dienen dazu, das Bildverarbeitungssystem zu steuern. Die diagnostischen Programme kondensieren dann die errechneten Informationen. Expertensysteme wenden sich primär nicht an das Rechnersystem: Sie beantworten Fragen für den Benutzer. Solche Systeme bieten eine umfangreiche statistische Datenbasis an mit epidemiologischen Informationen und prognostischen Bewertungen. Expertensysteme können alternative Diagnosen vorschlagen auf Grund der von einem bestimmten Fall bereits vorhandenen Daten. Die Systeme können sogar die Ausführung zusätzlicher, spezieller Messungen in einem bereits ausgewerteten Präparat anfordern, um mögliche vermutete Alternativdiagnosen und ihre Wahrscheinlichkeit abschätzen zu können. Expertensysteme können durch ein Netzwerk Zugang zu großen Datenbasen anbieten; sie können die Diagnosen anderer, speziell erfahrener Pathologen an ähnlichen Fällen zusammen mit den digitalen Bildern dieser Fälle bereitstellen; sie könnten sogar über Netzwerke ein Konsilium mit anderen Pathologen anfordern. Zu einem zentralen Netzwerk verbunden können Expertensysteme dieser Art sogar *lernen*, indem sie z.B. diagnostische Kriterien, klinische Informationen und differentialdiagnostische Erwägungen aller am Netzwerk teilnehmender Pathologen in die Informationsbasis einbauen.

Literatur

1. Baak JPA, Oort J (1983) Morphometry in Diagnostic Pathology. Springer, Berlin
2. Bartels PH, Olson GB (1980) Computer analysis of lymphocyte images. In: N Catsimpoolas (ed) Methods of cell separation, Plenum Press, New York 3:1
3. Bartels PH, Layton J, Shoemaker RL (1984) Digital Microscopy. Monogr clin Cytol 9:28
4. Bibbo M, Bartels PH, Dytch HE, Wied WL (1984) Computed cell image information. Monogr clin Cytol 9:62
5. Kraus W (1967) Über den Einfluß des Schwarzschild-Villiger Effektes bei mikrophotometrischen Messungen an photographischen Schichten. Ztschrft wiss Photographie 61:191
6. Kunze KD, Herrmann WR, Voss K (1978) Image processing in pathology. Exp Pathologie 16: 186
7. Maenner R, Saaler W, Sauer T, Walter PW, Deluigi B (1982) Design and realization of the fast, flexible,and fault-tolerant polyprocessor "Heidelberg POLYP". Elektr Rechenanlagen 24: 157
8. Männer R, Ueberreiter B, Bille J, Bartels PH, Shoemaker RL (1983) Multiprocessor system in medical imaging. In: Oosterlinck A, Danielsson PE (eds) Architecture and algorithms for digital image processing. Proceedings SPIE, Bellingham, Washington 435:28
9. Naora H (1952) Schwarzschild-Villiger effect in microspectrophotometry. Science 115:248
10. Oberholzer M (1983) Morphometrie in der klinischen Pathologie. Springer, Berlin
11. Paplanus S, Graham A, Layton J, Bartels PH (1985) Statistical histometry in the diagnostic assessment of tissue sections, Analyt Quant Cytol 7:32
12. Preston K Jr, A Dekker (1980) Differentiation of cells in abnormal human liver by computer image processing. Analyt Quant Cytol 2:203
13. Preston K, Uhr L (1982) Multicomputers and image processing. Academic Press, New York
14. Prewitt JMS (1978) An application of pattern recognition to epithelial tissues. Proc 2nd Ann Symp Comp Appl Med Care, IEEE Computer Soc :15
15. Sandritter W (1963) Ultraviolettmikrospektrophotometrie. First International Congress of Histochemistry and Cytochemistry. Pergamon Press, Oxford:33
16. Schwarzschild K, Villiger W (1986) On the distribution of brightness of the ultraviolet light on the sun's disk. Astrophysical J 23:284
17. Shack R, Bell B, Hillman D, Kingston R, Landesman R, Shoemaker R, Vukobratovich D, Bartels PH (1982) Ultrafast laser skanner microscope - first performance tests. Proceedings, International Workshop on Physics and Engineering in Medical Imaging, IEEE Computer Soc, IEEE Catalog Number 82CH1751-7:49
18. Simon H, Kranz D, Voss K, Wenzelides K (1981) Zur Methode einer automatischen Mikroskopbildanalyse an histologischen Schnitten. Zbl allg Path u path Anat 125:399
19. Tourassis VD, Dekker A, Preston K (1983) Relationship between cell size and weight of the human liver. Analyt Quant Cytol 5:43

2 Anwendungen

2.1 Präparier- und Färbetechniken

2.1.1 Die Bedeutung der Gewebepräparation, insbesondere der Fixierung und Färbung für die Morphometrie und Stereologie

Jon B. Reitan, Albrecht Reith

A. Einleitung

Morphometrische und stereologische Arbeiten werden innerhalb der Medizin und Biologie durchgeführt, um etwas über die quantitative Zusammensetzung des Gewebes oder der Zellen aussagen zu können. Diese Untersuchungen werden an einem Präparat, meistens an einem Schnittpräparat ausgeführt, das über teilweise komplizierte Prozeduren hergestellt wird. Der Wert der Untersuchung steht und fällt mit dem Grad, in dem die Resultate den Verhältnissen in vivo entsprechen.

Verfahren der Präparation laufen in mehreren Stufen ab, die allerdings eng miteinander verflochten sind (Abb. 1). *Systematische Fehler* können auftreten, wenn man sich nicht klar über die Bedeutung verschiedenener Faktoren ist, die Einfluß auf die Präparation haben. Unterschiedliche Methoden müssen gewählt werden für die Beachtung dieser Faktoren bei der Präparation verschiedener Gewebe, je nach der Art der morphologischen Strukturen, die man zu untersuchen wünscht.

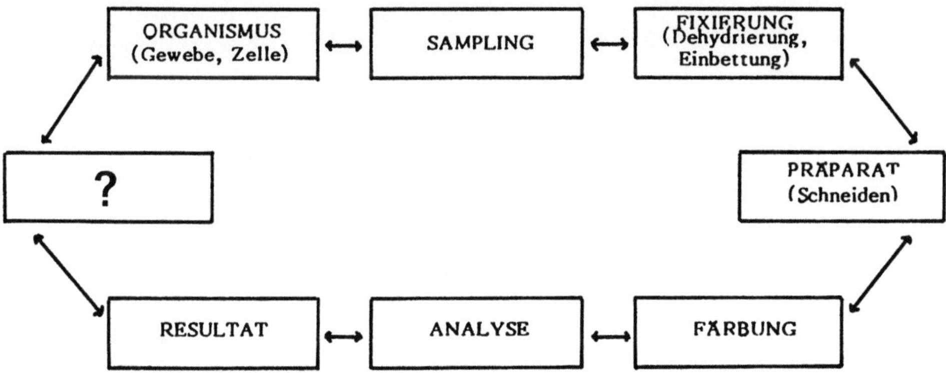

Abb. 1. Die prinzipiellen Präparationsschritte bei morphometrischen Verfahren, die alle Einfluß auf das Endresultat nehmen. Mehrere der Stufen lassen sich weiter unterteilen. Auf der Fixierungsstufe gehören natürlich die Dehydrierung, die Einbettung und das Schneiden dazu. Das Fragezeichen steht für die Diskussion über die Beziehung zwischen Analyseresultat und in vivo-Situation.

B. Sampling und Fixierung

Der erste Schritt ist eine "adäquate Auswahl" des Gewebes bzw. der Gewebeproben für die Untersuchung durch ein geeignetes Stichproben(sampling)-Verfah-
ren. Ein *systematisches* Sampling ist einem Zufalls- (random-)Sampling vorzuziehen, da es ein effizienteres Verfahren ist und verhindert, daß zu dicht beieinander
liegende Stichproben untersucht werden (Abb. 2). Prinzipiell gilt das auch für das
Sampling von pathologischen Veränderungen, die ja häufig fokaler Art sind. Hier
müssen jedoch die Verhältnisse dem Probenmaterial angepaßt werden. Wie wichtig ein adäquates Sampling für die Effizienz einer Untersuchung ist, wird detailliert in (11), (13) und (18) behandelt. Auch in dem Buch von Reith und Mayhew
(26) wird für verschiedene Gewebe und verschiedene Fragestellungen auf dieses
Problem eingegangen.

Prinzipiell wäre eine Fixierung des gesamten Gewebes durch Perfusion bevor
die einzelnen Proben entnommen werden das beste (25). Das ist aber gerade in der
Pathologie selten möglich, so daß man gezwungen ist, die einzelnen Proben für
sich zu fixieren, entweder durch eine Gefrierfixierung oder durch eine chemische
Fixierung. Aber auch die Handhabung des Gewebes vor der Fixierung kann
Einfluß auf die Strukturerhaltung haben (37). Die meisten Fixierungsmittel
wirken durch eine Proteinpräzipitation. Durch die danach folgende Dehydrierung
oder Färbung wird das Fixans gewöhnlicherweise ausgewaschen und die
Bewahrung der Struktur wird davon abhängig sein, ob die Fällungsprodukte
wasserlöslich sind. Die verschiedenen Fixierungsmethoden haben demnach eine
starke Einwirkung auf das Endresultat, den gefärbten Schnitt. Auch Puffer, d.h.

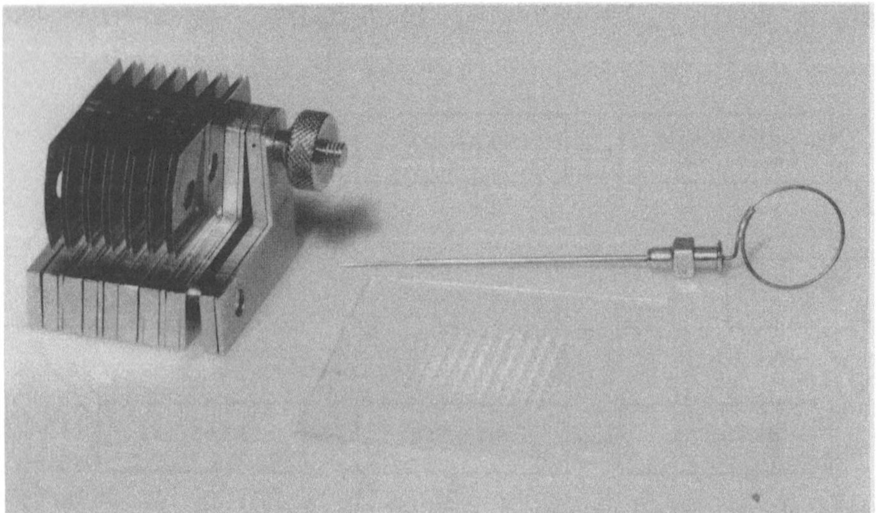

Abb. 2. Ausrüstung für ein *systematisches* Sampling. Links Schneidegerät aus parallel angeord-
neten Rasierklingen. Für die Elektronenmikroskopie werden die dünnen (0.8 mm) Scheiben des
perfusionsfixierten Organs unter Feuchthaltung nebeneinander auf eine Wachsplatte gelegt. Die
Schablone mit den systematisch nebeneinanderliegenden Löchern wird darübergelegt. Mit dem
Stanzapparat (rechts oben) werden dann systematisch Gewebestanzen angefertigt, so daß nicht
direkt benachbarte Blöckchen in die Auswahl gelangen.

die Vehikel für die Fixierungsmittel, haben einen Einfluß auf die Präparate-erhaltung für die Elektronenmikroskopie. Bei der Osmium-Fixierung mit Cacodylatpuffer bewahrt man z.B. im Gegensatz zum S-collidinpuffer viele Proteine (Abb. 3 und 4). Das läßt sich z.B. ausnutzen, wenn es auf die Darstellung von Membransystemen in der Zelle ankommt wie z.B. dem endoplasmatischen Retikulum in den Leberzellen. Die S-collidin-Fixierung resultiert in einer deutlichen Darstellung des endoplasmatischen Retikulums, auch des glatten Anteils, der häufig von Glykogen bedeckt ist, da dieses bei dieser Fixierungs-

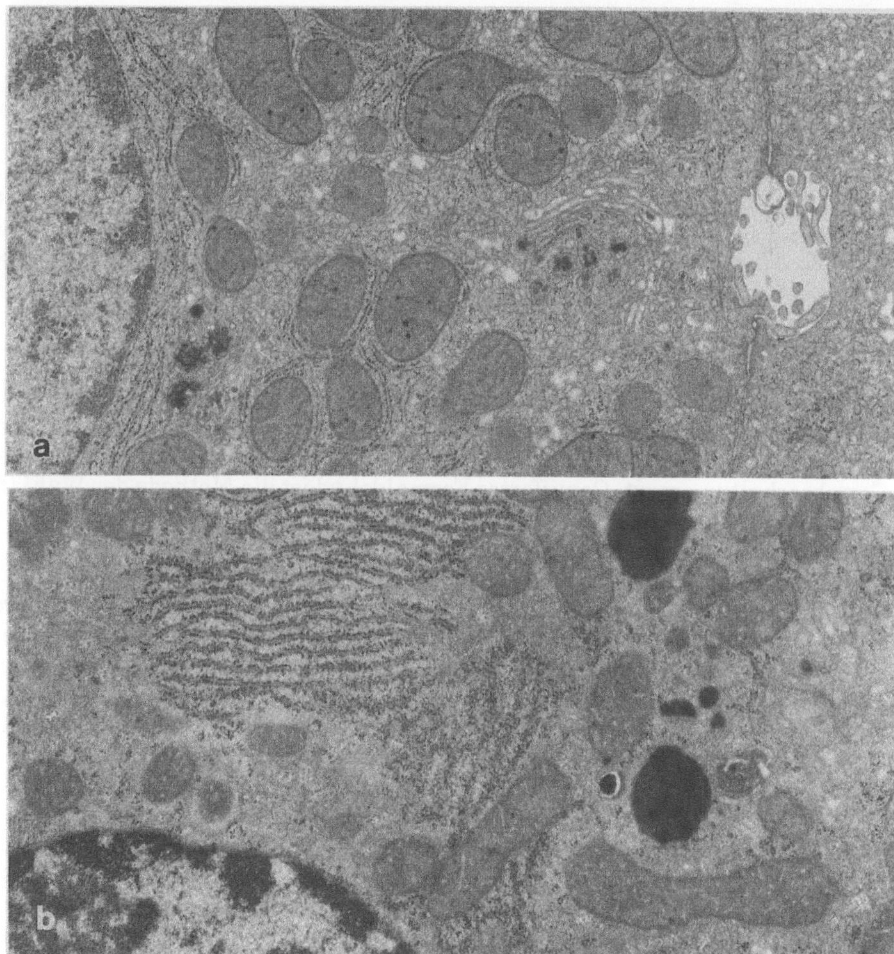

Abb. 3. Normale Rattenleber, perfusionsfixiert 3-5 Min. mit 1% Glutaraldehyd in 0.1 M Cacodylat-puffer mit 0,1 M Saccharose. Nachfixiert mit 1% OsO_4. a) Bleicitratkontrastiert für 10 Min., b) Uranylacetat für 20 Min. und Bleicitrat für 10 Min. Die Uranylacetatbehandlung läßt das Chro-matin in den Kernen und die Ribosomen des endoplasmatischen Retikulums sehr viel deutlicher hervortreten. Diese selektivere Kontrastierung der DNS und RNS wird allerdings mit einem Verlust der Klarheit der Membrandarstellung erkauft (Mitochondrienmembranen speziell Cristae, Kernmembran und endoplasmatisches Retikulum) (15 000 x).

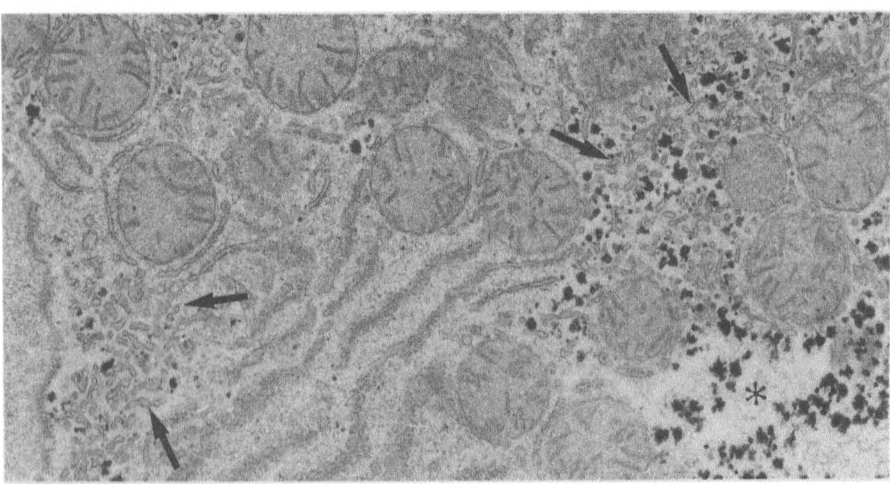

Abb. 4. Normale Rattenleber, immersionsfixiert mit 1% OsO_4 in 0.1 M S-Collidin. Mit diesem Puffer treten die Membranen am deutlichsten hervor. Glykogenablagerungen in der Zelle (Stern), die häufig das glatte endoplasmatische Retikulum (Pfeil) bedecken, werden herausgelöst, so daß die Membranen gut sichtbar werden (15 000 x).

methode herausgelöst wird. Durch eine Fixierung mit Osmiumtetroxid erhält man gleichzeitig eine *Kontrastierung* verschiedener Gewebestrukturen, speziell der Membranen. Deshalb schließt sich die OsO_4-Fixierung fast immer an eine vorausgehende Fixierung durch Glutaraldehyd an, dessen Verwendung für eine bessere Gewebeerhaltung sorgt. Gepuffertes Formaldehyd ist die Methode der Wahl in der Lichtmikroskopie und wird auch in der Elektronenmikroskopie verwendet. Eine gute, allgemein anwendbare Fixierung kann mit der McDowell-Methode (19) erreicht werden.

Die Fixierung hat auch einen Einfluß auf das Volumen der Gewebeproben durch osmotische Schrumpfung oder Expansion. Das gilt insbesondere für pathologisch verändertes Gewebe, das sich ganz anders verhalten kann als Normalgewebe, auf das die meisten Fixierungsverfahren abgestimmt sind. Das wiederum hat einen starken Einfluß auf die Meßwerte verschiedener Parameter. Dabei gilt es zu beachten, daß die Volumenvariation sich in der dritten Potenz der linearen Variation auswirkt. Man kann auch nicht davon ausgehen, daß die Volumenveränderungen gleich sind für alle Komponenten in einem Gewebe oder in der Zelle (22). Von praktischer Bedeutung ist speziell die Beobachtung, daß ein Gradient von guter zu schlechter Fixierung in Abhängigkeit der Entfernung von der Probenkante auftritt. Das gilt vor allem in der Elektronenmikroskopie, hat aber sicher auch praktische Bedeutung für die Lichtmikroskopie, wenn Messungen vorgenommen werden sollen. Beim Vergleich verschiedener Fixierungsarten fanden wir (25) eine Volumenerhöhung der Hepatocyten von 15%, während das mitochondriale Kompartiment bis zu 30% anstieg, wenn man Immersions- mit Perfusionsfixierung verglich. Für die Größe von Mitochondrienanschnitten fanden sich bei derselben Fixierung und demselben Vehikel Unterschiede bis zu 100 - 200% (Abb. 5), wenn man Immersions- mit Perfusionsfixierung vergleicht. In Abhängigkeit von der Tiefe im Gewebeblock werden diese Unterschiede noch gravierender.

C. Einbettung

Als Einbettungsmaterial ist Paraffin noch immer billig und gut für den Routine-gebrauch und die meisten Färbetechniken sind für Paraffinschnitte entwickelt. In der letzten Zeit sind auch sehr viele immunzytochemische Techniken für in Paraffin eingebettetes Material entwickelt worden. Jedoch lassen sich bei der Einbettung in Plastikmaterial, wie z.B. Epon oder Methacrylat, dünnere Schnitte herstellen, die prinzipiell von Vorteil für die Morphometrie und Stereologie sind. Semidünne Schnitte von solchen Blöcken sind wegen der Probleme mit der Über-projektion (Holmes-Effekt) (17) das Mittel der Wahl. Jedoch muß man dann in Kauf nehmen, daß man bei der Wahl von Färbungen eingeschränkt ist. Für Färbungen an Eponschnitten ist das Mittel der Wahl Toluidinblau, während man für Methacrylat-Einbettungen etwas freier in der Wahl verschiedener Färbungen ist. Aber selbst bei einer so oft verwendeten Methode wie der Toluidinblau-Färbung von Eponschnitten können Probleme auftreten, da die Verfahren sehr wenig standardisiert sind. Fehler in der Polymerisierungstemperatur haben z.B. einen starken Einfluß auf die Qualität der Färbung.

Der Einbettungsschritt hat auch einen nicht zu vernachlässigenden Einfluß auf die Zusammensetzung von Gewebs- oder Zellkomponenten, seien es deren Anzahl, Volumen, oder Oberflächendichten. Das hängt mit der Schrumpfung während der Einbettung zusammen, die für verschiedene Einbettungsmittel unterschiedlich ist. Für Plastikstoffe spielt auch noch die Polymerisations-temperatur und die Konzentration der Härter und Weichmacher eine Rolle. Für die Praxis ist es deshalb empfehlenswert alle Gruppen einer Untersuchung bzw. eines Experiments gleichzeitig in einem Durchgang einzubetten, um einen systematischen Fehler zwischen den Gruppen bei der Einbettung zu vermeiden.

D. Schnittdicke und Kontrast

Stereologische Verfahren beruhen in der Theorie auf Messungen an Oberflächen wie z.B. Schliffflächen von mineralischem Probenmaterial. Übertragen auf histologisches Arbeiten würde das bedeuten, daß man mit einer Schnittdicke 0 arbeiten müßte. In der Praxis verfährt man so, daß man eine möglichst dünne Schnittdicke anstrebt. Als allgemeine Regel kann gelten, daß die Durchmesser der zu untersuchenden Komponenten circa 5 bis 10 mal größer als die Schnittdicke sein sollten, weil dann die Fehler durch die Überprojektion vernachlässigt werden können (14). Für dickere Schnitte kann man in der Praxis mit der Ölimmersion bei 100-facher Vergrößerung arbeiten, ohne daß die Mikrometerschraube bedient wird (14). Dadurch erreicht man optisch eine "Schnittdicke" von weniger als 1 μm. In Abb. 6 sieht man einen Querschnitt durch einen Paraffinschnitt mit einer Schnittdicke von ungefähr 5 μm. In Zusammenhang mit morphometrischen / stereologischen Arbeiten ist ein solcher Schnitt relativ dick. Sowohl die Anzahl der Kernprofile als auch deren Durchmesser ist abhängig vom Kontrast dieser Kerne im Schnitt und der Schnittdicke. Die zu geringe Erfassung aller Kernprofile, weil sie entweder zu klein sind oder optisch zu wenig Kontrast enthalten, wird in der Praxis zu einer "truncation" der Resultate führen. Das Phänomen einer Überregistrierung der Anzahl oder der Größe von Objekten auf Grund zu großer Schnittdicken, führt zu dem bekannten Effekt der "Überprojektion", der unter

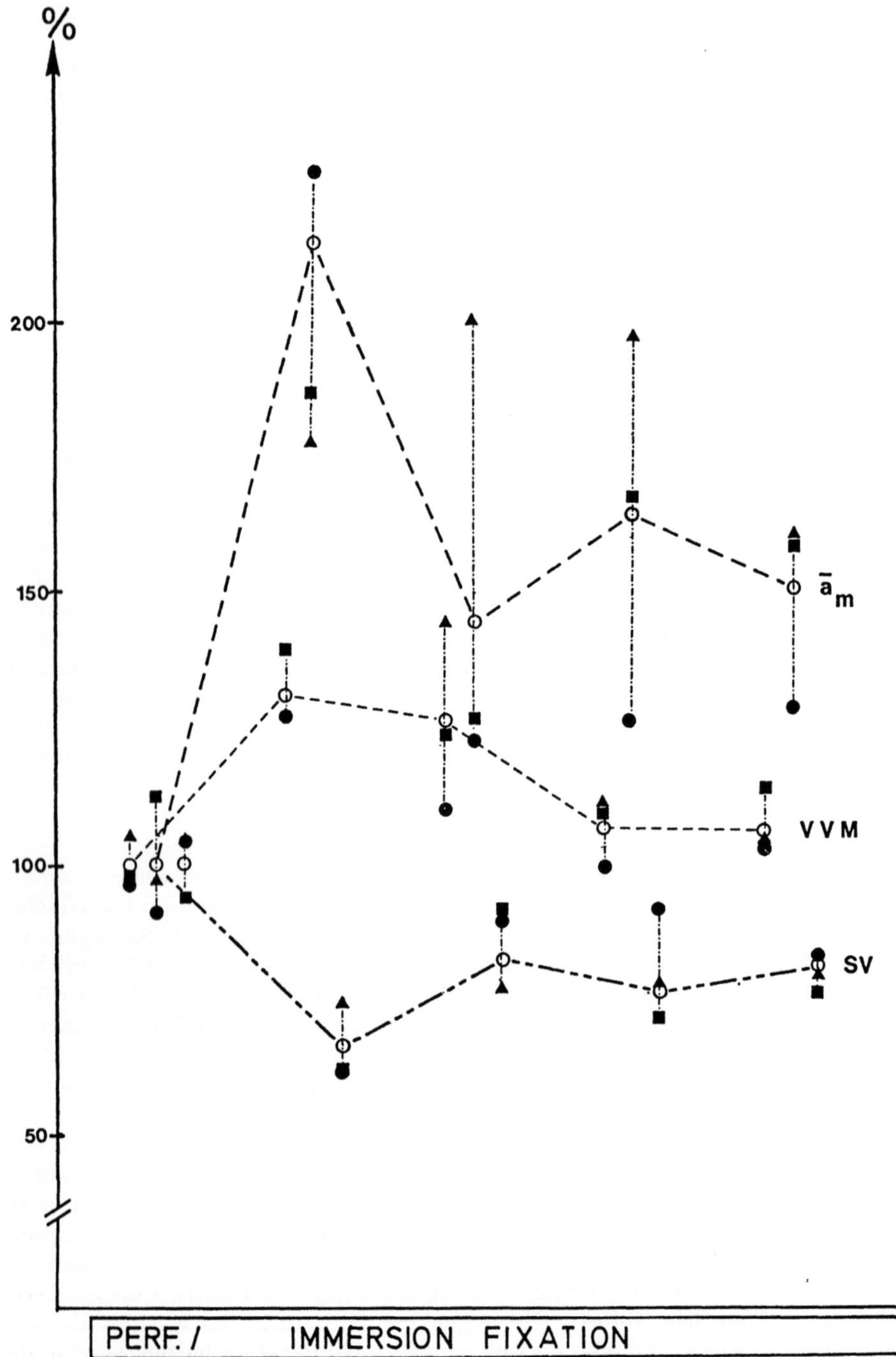

%
200
150
100
50
ā_m
V V M
SV
PERF. /   IMMERSION   FIXATION
GA in CAC
GA in CAC
GA in PHO
OS in CAC
OS in PHO
1
2
3
4
5

◄ **Abb. 5.** Die Veränderungen des mitochondrialen Kompartiments bei den verschiedenen Immersionsfixierungen im Verhältnis zur Perfusionsfixierung (= 100% gesetzt). VVM : Volumendichte der Mitochondrien im Zytoplasma, SV : SVMO/VVM (Quotient zwischen Oberflächendichte der Mitochondrien-Außenmembranen bezogen auf ein Einheitsvolumen Zytoplasma und Volumendichte der Mitochondrien bezogen auf das Einheitsvolumen Zytoplasma) a_m: durchschnittliche Größe eines Mitochondrienanschnitts. GA : 1% Glutaraldehyd, OS : 1% OsO_4, CAC : 0.1M Cacodylatpuffer, PHO : 0.135 Phosphatepuffer (aus (25), mit freundlicher Genehmigung der Scanning Electron Microscopy Inc).

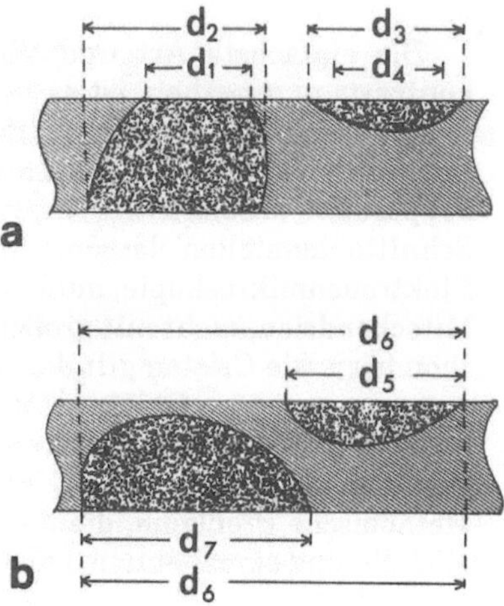

Abb. 6. Verschiedene Schnittdicken-Effekte, die zu Überprojektion oder "truncation" führen. Am Beispiel von Kernen in histologischen Schnitten von 5 μm Dicke.

a) Ideal wäre eine Messung der Kerndurchmesser d_1 und d_3 an der Oberfläche. Bei der Transmissionsmikroskopie wird jedoch der Durchmesser d_2 an Stelle von d_1 erhalten, wenn ein ausreichender Kontrast besteht. Ist der Kontrast gering, würde d_4 an Stelle von d_3 bestimmt werden. Auf der Unterseite würde in idealer Weise nur ein Kernprofil registriert werden, dessen Durchmesser d_2 wäre. Wahrscheinlich ist jedoch die Registrierung von zwei Kernprofilen mit dem Durchmesser d_2 und d_4.

b) Ideal wäre eine Registrierung von nur einem Kernprofil mit dem Durchmesser d_5 auf der Oberseite. Auf der Unterseite sollte eigentlich nur ein Kernprofil mit dem Durchmesser d_7 registriert werden. Ist der Kontrast jedoch groß genug, wird man zwei Kernprofile registrieren, deren Durchmesser d_6 ist.

Stereologen nach dem Erstbeschreiber auch "Holmes-Effekt" genannt wird (17). In der Praxis können diese entgegengesetzt sich auswirkenden Effekte einander aufheben, auf jeden Fall für ein mittleres Kontrastierungsniveau (1). In einigen Fällen kann man die begrenzte Tiefenschärfe der Objektive ausnutzen (siehe oben).

Ein "truncation"-Effekt kann auch ein Problem bedeuten, wenn die Elastizität und die Bruchstärke der verschiedenen Gewebskomponenten unterschiedlich ist. Das kann ein praktisches Problem bei Paraffinschnitten sein, wenn die Kernprofile beim Schneiden losgerissen werden oder zu groß werden (Abb. 7) (16).

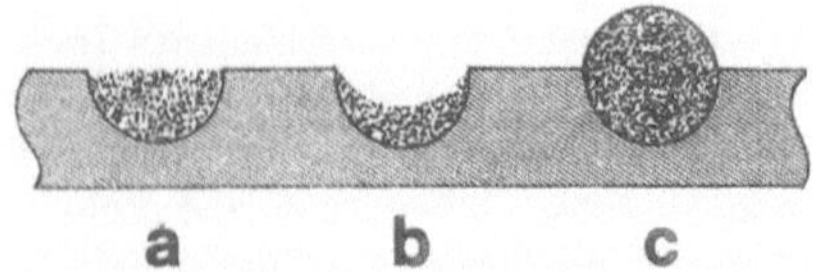

Abb. 7. Schematische Zeichnung eines Schnittes, der drei Kernprofile enthält. In Beispiel a) hat das Messer den Kern im Niveau mit dem umgebenden Gewebe passiert. In Beispiel b) hat das Messer zu einer Vertiefung innerhalb des Kernprofiles geführt und in Beispiel c) ragt der Kern über die Schnittebene hinaus (modifiziert nach 16).

Die einfachste Art und Weise, Probleme der Schnittdicke und des Färbekontrasts zu umgehen, ist es, sehr dünne Schnitte im Verhältnis zur Größe der zu studierenden Strukturen zu gebrauchen. Das heißt, daß man für die meisten lichtmikroskopisch interessanten Parameter (z.B. kleine Kerne, Nukleoli) mit Präparaten arbeitet, die in Plastik eingebettet sind, so daß sich semidünne Schnitte herstellen lassen. Arbeitet man mit ultradünnen Schnitten in der Elektronenmikroskopie, muß man bei Strukturen, die größer als 1 μm sind wie z.B. Mitochondrien, nicht mit großen Fehlern rechnen. Für Innenstrukturen der Mitochondrien wie Cristae gilt das allerdings nicht (24). Ein Korrekturbedarf besteht erst, wenn man an Objekte unterhalb dieser Größenordnung, wie z.B. Pinozytose-Vesikel oder Ribosomen interessiert ist. Zusätzlich besteht dann oft noch das Problem einer adäquaten Kontrastierungsmethode für diese kleinen Objekte. Methodische Probleme, die damit verbunden sind, und die Wahl stereologischer Modelle sind eingehend in dem Übersichtswerk von Weibel (38) behandelt.

E. Färbung und Kontrastierung

Lichtmikroskopie

Die Färbung der verschiedenen Gewebskomponenten kann auf verschiedene Art und Weise zustandekommen. Die drei wichtigsten sind in der Abb. 8 skizziert. Bei der direkten Färbung verbindet sich der Farbstoff direkt mit der Gewebskomponente, entweder durch eine chemische oder durch eine adsorptive Bindung. Acceleratoren oder Accentuatoren können notwendige Zwischenglieder sein, damit die Bindung mehr Stärke oder Intensität erhält. In einigen Fällen kann der Farbstoff sich nicht direkt an die Struktur binden ohne daß eine Beize benutzt wird. Solche

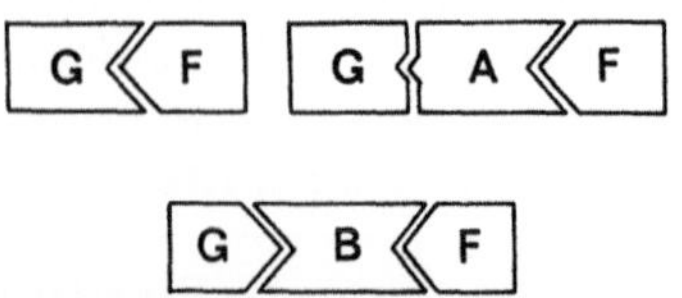

Abb. 8. Verschiedene Bindungsarten der Farbe mit dem Gewebe. Oben schematisch dargestellt die direkte Bindung und die Bindung mit einem Accelerator oder einem Accentuator. Unten die Bindung mit einer Beize. G : Gewebe, F : Farbe, A : Accentuator/Accelerator, B : Beize.

Beizen sind oft Metalle, aber auch das Fixierungsmittel selbst kann als eine Beize wirken. Quecksilberhaltige Fixierungsmittel werden z.B. metachromatische Färbeprozesse beeinflussen.

Das beste Beispiel, um die Einwirkung von Beizen zu zeigen, stellt die wichtige Routinefärbung, die Hämatoxylin-Färbung dar. Hämatoxylin alleine bindet sich nicht im Gewebe, es sei denn, es werden zusätzlich Metallsalze eingesetzt, oft in der gepufferten Farblösung oder in der Fixierungslösung. Aus Tabelle 1 geht hervor, welche Metalle eine Bindung für die verschiedenen Strukturen beeinflussen.

Die Farbstoffe werden nicht nach der Farbe klassifiziert, sondern nach dem Vorhandensein der verschiedenen chromophoren Gruppen. Ein Teil der Farbstoffe sind Naturprodukte, wie z.B. Carmin oder Hämatoxylin, aber die meisten werden synthetisch hergestellt. Farbstoffe sind sehr oft pH-abhängig in ihrer Bindung an die Strukturen, während indifferente Farbstoffe sich gerne an Neutralfette anlagern. Alle gewöhnlichen Farben sind Salze mit einer sauren und einer basischen Komponente. Wenn die Farben innerhalb der sauren Komponente liegen, wird die Farbe alkalische Zellstrukturen, wie z.B. Zytoplasma, anfärben. In den Fällen, wo die Basenkomponente die Farbe ist, werden saure Komponenten, wie z.B. Kernsäuren, angefärbt. Selbst geringe pH-Variationen können einen merklichen Einfluß auf die Färbung haben (z.B. Papanicolaou-Färbung) (6). In einigen Fällen ist der Färbungsprozeß ein komplexer Prozeß. Eine Übersicht über die physikalisch-chemischen Grundlagen der Färbung findet sich bei Zimmermann (42). Metachromatische Färbungen sind so aufgebaut, daß die Färbung einer Gewebekomponente ein Absorptionsspektrum ergibt, so daß der Gewebefärbekomplex ausreichend verschieden von der ursprünglichen Farbe und der gefärbten Gewebskomponente ist, und damit ein deutlicher Färbekontrast zustandekommt. Die wichtigsten Gewebskomponenten, die metachromatisch gefärbt werden, sind Mucin, Amyloid, Knorpel und Mastzellengranula. Die Chemie, die hinter der metachromatischen Färbung steht, ist sehr komplex.

Eine negative Färbung kann auch benutzt werden. Es können Gewebskomponenten entfernt werden, wie z.B. die RNS, die abgebaut und herausgelöst werden kann. Das Nichtvorhandensein der Farbe in dem behandelten Schnitt verglichen mit einem unbehandelten Schnitt zeigt dann die "Menge" der RNS an (39). *Polarisiertes* Licht läßt sich in einzelnen Fällen auch ausnutzen, um spezielle Strukturen

Tabelle 1. Gewebsspezifität für Hämatoxilin beim Gebrauch von verschiedenen Beizen (Metallen) (5).

Gewebekomponente	Beize
Kerne	Aluminium, Eisen, Wolfram
Myelinketten	Chrom, Kupfer, Eisen
Elastische Fasern	Eisen, Jod
Kollagen	Molybden
Achsenzylinder	Blei
Mucin	Aluminium
Fibrin	Wolfram
Mitochondrien	Eisen

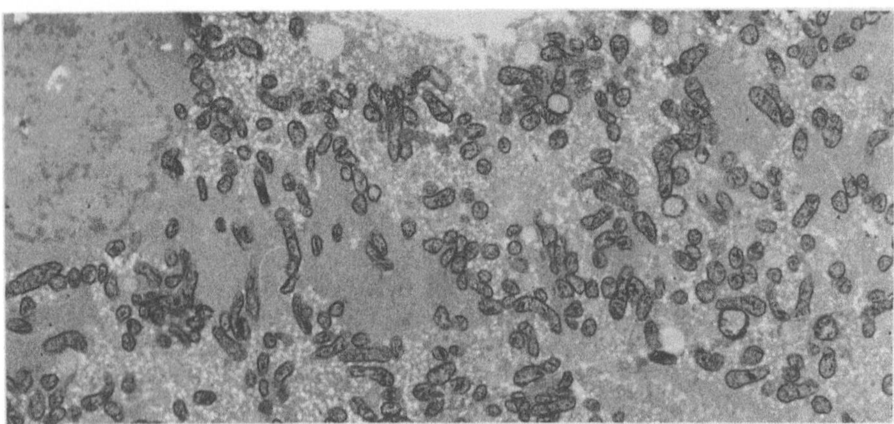

Abb. 9. Darstellung von Mitochondrien in der Leber mit Hilfe der Cytochromoxidase und Diaminobenzidin (DAB). Beachtenswert ist die gleichmäßige Färbung der Mitochondrien über den gesamten Schnitt hinweg (Rattenleber, 1-2 Min. perfusionsfixiert mit hochgereinigtem 1% Glutaraldehyd. 40-80 μm Gewebeschnitte wurden für 3-15 Min. in kaltem Phosphatpuffer gewaschen und für 60 Min. in einer 4.66 mM DAB Lösung bei 21° C inkubiert. Keine Osmiumnachfixierung, reiner DAB Kontrast. (25 000 x).

darzustellen. Amyloid zeigt z.B. gelbgrüne Doppelbrechung in Präparaten, die mit Kongorot gefärbt sind (31).

Elektronenmikroskopie

Die Kontrastierungsverfahren in der Elektronenmikroskopie zur Darstellung von Zellorganellen sind inzwischen weitgehend standarisiert worden. Bei den allermeisten Untersuchungen wird das Material mit Osmium fixiert (oft nach vorausgehender Glutaraldehydfixierung), da Osmium neben der guten Lipidfixierung und Proteinstabilisierung gleichzeitig ein gutes Kontrastierungsmittel ist. Dieser Kontrast wird verstärkt, in dem die Ultradünnschnitte mit Bleicitrat (Abb. 3a) und im Falle der Doppelkontrastierung (Abb. 3b) zusätzlich mit Uranylacetat kontrastiert werden. Uranylacetat färbt besonders stark DNS und RNS Anteile der Zelle an. Weitere selektive Kontrastierungen für andere Zellbestandteile sind instruktiv bei Geyer (10) dargestellt. *Enzymdarstellungen* durch Metallsalze sind ein anderer Weg, selektive Kontrastierungen von Zellorganellen methodisch zu erhalten. Relativ einfach durchzuführen sind die Darstellungen von Lysosomen durch saure Phosphatase, von Mitochondrien durch die Cytochrom-Oxidase (Abb.9), von Peroxisomen durch die Peroxidase (Abb 10) und des endoplasmatischen Retikulums durch Glucose-6-Phosphatase (Abb. 11).

Immunzytochemische Methoden mit kolloidalem Gold, Ferritin oder Peroxidase (siehe "Immunzytochemie" in diesem Kapitel) sind in letzter Zeit in die Elektronenmikroskopie eingeführt worden (Übersicht in 20). Damit lassen sich bestimmte Zellorganellen oder auch Zellbestandteile wie z.B. Zytoskelettkomponenten oder -produkte nachweisen (Abb. 12).

Autoradiographische Methoden, die ja nicht nur zur Charakterisierung von Zellbestandteilen dienen, sollen der Vollständigkeit halber auch erwähnt werden.

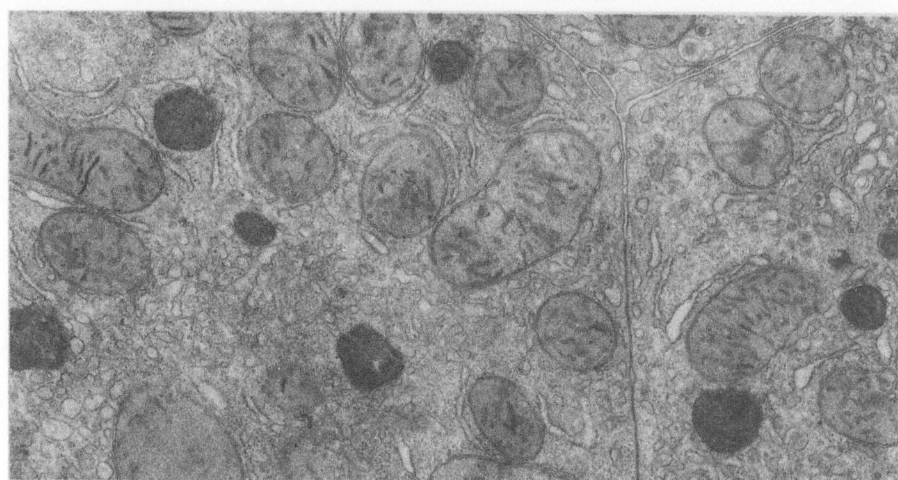

Abb. 10. Darstellung von Peroxisomen mit Hilfe der Peroxidase unter Verwendung von DAB und H_2O_2. Nachfixiert mit OsO_4, Bleicitratkontrastierung. (15 000 x).

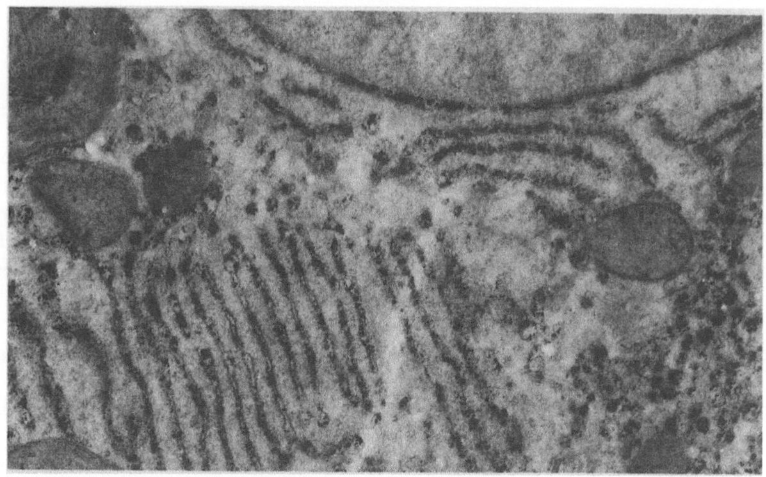

Abb. 11. Darstellung des endoplasmatischen Retikulums und der Kernmembran mit Hilfe der Glukose-6-Phosphatase. Osmium nachfixiert, keine Bleicitratkontrastierung. (15 000 x).

Ein Hauptanwendungsgebiet ist die Erfassung *zeitlicher* Abläufe durch *Lokalisation* in verschiedenen Zellkompartimenten. Diese Methode in Verbindung mit zytochemischen und stereologischen Verfahren findet sich detailliert beschrieben bei Williams (41).

Es würde zu weit führen, eine Darstellung der vielen Färbemethoden und ihrer Vorzüge zu geben und anzugeben, welche Methoden für welche Untersuchungen vorzuziehen sind. In Abb. 13 sind einige Beispiele von Färbungen gezeigt, die sich

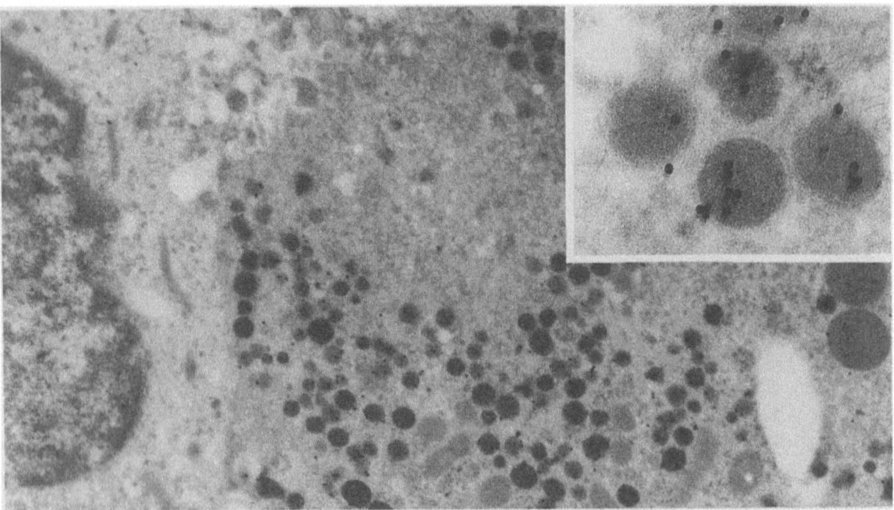

Abb. 12. Immunzytochemische Methode mit kolloidalem Gold zur Darstellung von intrazellulären, hormonbeladenen Vesikeln in Thyreoideakarzinomzellen, die Calcitonin positiv sind. Die Goldpartikel liegen über den elektronendichten Vesikelanhäufungen (Übersichtsaufnahme (15 000 x)). Im Inset deutliche Markierung einzelner Versikel (100 000 x). (Die Aufnahme wurde freundlicherweise von Dr. J. Nesland und Ruth Holm zur Verfügung gestellt).

Abb. 13.

a) Rattenleber. Perfusionsfixierung mit 1% Glutaraldehyd in 0.1 M Cacodylatpuffer, Epon einge- ➤
    bettet. Links: Schnittdicke 0.5 μm. Toluidinblau gefärbt durch 2 Sek. Erwärmung über einer
    Flamme. Rechts: Nachbarschnitt, Schnittdicke allerdings 0.75 μm . Erwärmungszeit 4 Sek.
    Deutlicher Unterschied in der Färbung auf Grund dieser geringfügigen Modifikationen.

b) Rattenleber. Perfusionsfixierung mit 1% Glutaraldehyd in 0.1M Cacodylatpuffer, Epon einge-
    bettet. Danach 9 Std. AgNOR-Färbung des getrimmten Blockes. Deutliche Markierung auch
    der tangential getroffenen Kerne (Kernkappenschnitte).

c) Gleiches Präparat wie b). 9 Std. AgNOR allein. Siehe die gute Kernfärbung und die deutlich
    markierten "Nucleolus Organisator Regionen (NOR)".

d) Biopsie der normalen Magenschleimhaut. Immersionsfixierung in Glutaraldehyd, Epon einge-
    bettet. 9 Std. AgNOR mit darauffolgender Toluidinblaufärbung.

e) Gleiche Biopsie wie d). AgNOR und Hämatoxilin/Eosin nach Deeponisierung. Die Entfernung
    des Epons ermöglicht eine Reihe von Färbungen, die sonst nur für Paraffinschnitte gelten.

f) Gleiche Biopsie wie d) und e). AgNOR und PAS.

g) Harnblase, Maus. Perfusionsfixiert in Phosphat gepuffertem 4% Formaldehyd, Paraffinein-
    bettung. Schnittdicke 5 μm. Färbung: Mayers Hämatoxilin und Azophloxin. Grenze zwischen
    Urothel und Stroma schwierig zu identifizieren.

h) Gleiche Präparation wie g). Färbung: Mayers Hämatoxilin, Azophloxin und Safran. Jetzt
    deutliche Markierung von Urothel und Stroma.

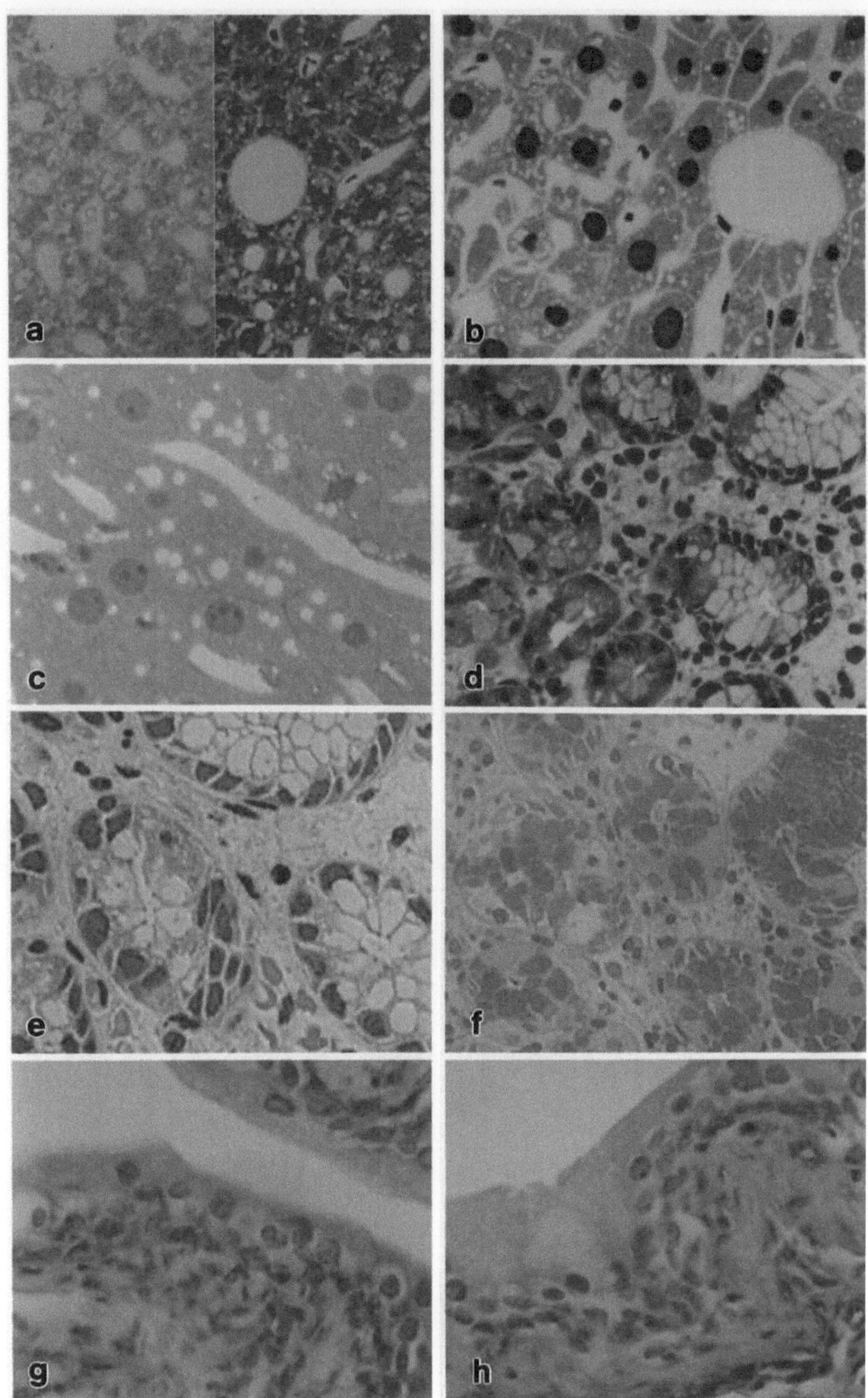

Tabelle 2. Übersicht über Färbemethoden, die im Institut für Pathologie der Universität Basel, Schweiz, und am Laboratorium für Elektronenmikroskopie und Morphometrie der Abteilung für Pathologie des Radiumhospitals Oslo, Norwegen, verwendet werden.

Organ	Untersuchungsobjekt	Färbemethode
Lunge Zentrale Bronchien	Glatte Muskulatur, Drüsenacini, -ausführungsgänge, elastische Fasern	Goldner-Färbung (30)
Bronchusbiopsien	Drüsenacini mit sauren und neutralen Proteoglycanen, seröse Drüsenacini	Alcian-Blau-PAS
Bronchiolen	Glatte Muskulatur	Goldner-Färbung (4)
Parenchym	Alveolarsepten, interalveoläres Bindegewebe	Goldner-Färbung
Magen	Schleimhautkerne G-Zellen	AgNOR (35) und Toluidinblau Peroxidasemethode (32)
Leber	Zellkerne Zellgrenzen	AgNOR und Toluidinblau Anilinblau (40)
Harnblase	Schleimhautkerne (Urothelkerne) Grenze zwischen Urothelium und Submucosa	AgNOR und Toluidinblau Hämatoxilin, Azophloxin, Safran
Nase	Metaplastisches und dysplastisches Schleimhautepithel	Toluidinblau
Prostata	Glatte Muskelzellen: Kerne und Zellgrenzen	Säure-Fuchsin Organe-G-Färbung (SFOG) (2)
Niere	Interstitium, Tubuli, Glomeruli	SFOG
Knochen	Spongiosa, Osteoidsäume	Goldner-Färbung
Kleinhirn	Marksubstanz, Astrocyten	Kresyl-Violett

bei uns bewährt haben. In Tabelle 2 sind die wichtigsten Färbemethoden wiedergegeben, wie sie im Institut für Pathologie an der Universität Basel und bei uns verwendet werden. Weitere Übersichtsarbeiten und Bücher auf diesem Gebiet finden sich z.B. bei (5, 30, 31, 36).

Allgemein kann man sagen, daß es ein Vorteil ist, einfache Methoden zu wählen, die in einem Laboratorium standardisiert sind, eine optimale Färbequalität bieten und einen geringen Arbeitsaufwand erfordern. Semidünne Schnitte von in Plastik eingebettetem Material, gefärbt mit Toluidin, sind oft eine brauchbare Allround-Alternative. Diese Einbettung hat den zusätzlichen Vorteil, daß man bei Bedarf eine elektronenmikroskopische Untersuchung anschließen kann.

F. Quantitative Färbungen

In vielen Situationen in der Morphometrie wird eine quantitative Färbung, d.h. ein quantitatives Bindungsverhältnis einer Farbe mit einer Strukturkomponente interessant sein. Ein typisches Beispiel dafür ist die quantitative Färbung der DNS nach Feulgen, um den Inhalt an DNS in malignen Zellen zu messen. An histologischen Schnitten oder bei zytologischen Präparaten wird das z.B. durch Absorptions-Zytophotometrie erreicht, eventuell mit Hilfe einer Scanningtechnik. Da sowohl RNS also auch DNS oft mit derselben Farbe gefärbt werden, kann es aktuell werden, eine dieser Komponenten, z.B. RNS zu entfernen. Die meisten dieser Techniken basieren auf diversen Modifikationen der Feulgen-Hydrolyse (3, 8, 39). Mit dem Einsatz von guten Dispersionstechniken der Gewebe zur Kern- oder Zellisolierung und der Flowzytometrie wird der Gebrauch der Absorptionszytophotometrie abnehmen, aber weiterhin ein wichtiges Arsenal für Referenzmethoden repräsentieren.

Morphologisch erkennbare und quantifizierbare Zellstrukturen sind nicht nur Kerne oder Organellen, sondern können auch Zellgrenzen sein. Bei einigen Geweben, wie z.B. der Darmmukosa, treten die Zellgrenzen bei den meisten Methoden deutlich hervor. Bei anderen Organen ist sie weniger deutlich zu erkennen, z.B. im Urothel von toluidingefärbten Plastikschnitten. In der Leber lassen sich die Zellgrenzen mit zufriedenstellender Klarheit für die automatische Bildanalyse mit Anilinblau darstellen (40).

G. Immunzytochemie

Immunzytochemische Methoden einzusetzen, kann in einzelnen Problemfällen aktuell sein, wenn die klassischen Färbemethoden zur Darstellung einer gesuchten Struktur nicht ausreichen. Die Immunzytochemie ermöglicht die Darstellung von Antigenen durch markierte Antikörper. Zur Markierung dienen entweder fluoreszierende Antikörper oder die Methode mit Peroxidase-Antiperoxidase-Komplexen (Übersichten über diese Methoden finden sich in 15 und 20). Oft binden sich fluoreszenzmarkierte Antistoffe nicht mit so scharfen Grenzen, daß sich eine Größenbestimmung optisch mit zufriedenstellender Genauigkeit durchführen lassen kann.

H. Analyse

Die Färbung muß optimal im Verhältnis zu dem Registrierungssystem, das man benutzen will, durchgeführt werden. Für die meisten morphometrischen Arbeiten ist das Transmissionsmikroskop und das menschliche Auge das gewählte Registrierungssystem. Das Interesse des Morphometristen ist es, mit dem Auge Areale von Organellen oder Zellen aus der umgebenden Struktur herauszulösen, um sie einer Volumen-, Oberflächen- oder numerischen Dichtebestimmung zuzuführen. Die dabei entscheidenden Faktoren sind die Auflösung im Bild und der Kontrast. Die Bandbreite, mit er das menschliche Auge das Licht zwischen dem niedrigsten und dem höchsten Intensitätsniveau unterscheiden kann, beträgt ca. 10^{10}, während die subjektive Auffassung von Helligkeit eine logarithmische Funktion der physikalischen Intensität zu sein scheint. Das Auge muß sich an die verschiedenen Intensitäten adaptieren und Webers Quotient $\Delta L/L = K$ ist verhältnismäßig konstant gleich 2% (7). Das bedeutet, daß die geringste Variation der Lichthelligkeit ΔL, die man bei der Lichtintensität L erfassen kann, zwischen dunklen und hellen Partien nicht besonders stark variiert. Daraus folgt, daß auch die Möglichkeit, geringe Lichtunterschiede in einem Gebiet zu unterscheiden, herabgesetzt wird, wenn das umgebende Gebiet im Mikroskop eine deutlich höhere Lichtintensität aufweist. Man muß also in der Praxis Färbungen vorziehen, bei denen die Kontrastunterschiede "in den richtigen Gebieten" sehr groß sind. Unser Farbsinn ist weniger sensitiv in Bezug auf die Intensität. Andererseits ist unsere Farbdiskriminierung sehr groß. Selbst geringe Farbnuancen zwischen Tiefblau und Azur können noch differenziert werden.

Bei der automatischen Bildanalyse steht man oft vor anderen Problemen (siehe Kapitel 1.2 und 3.4). Die Breite für die Grautonskala in einem datenbasierten Analysesystem ist dem menschlichen Auge unterlegen (27). Innerhalb eines mittleren Helligkeitsniveaus kann die Sensitivität jedoch gut sein. Zusätzlich läßt sich die Grautonvariation manipulieren durch z.B. eine Logarithmierung. Bei der aufwendigeren Bildbehandlung lassen sich Mustererkennungsuntersuchungen, Gradientanalysen und Frequenzstudien (Fourieranalyse) etc. durchführen (27).

Semiautomatische Syteme des Typs MOP Kontron, Videoplan und Leitz ASM sind im Gegensatz zu den vollautomatischen Systemen, wie z.B. IBAS Kontron, Magiscan und Quantimet, nur als Datenregistrierungs- und Bearbeitungssysteme zu betrachten, nachdem eine Identifikation der Objekte interaktiv erfolgt ist. Es lassen sich arbeitsmäßige Zeitersparnisse bei der semiautomatischen Datenregistrierung erhalten, aber man sollte sich überlegen, ob die Untersuchungen sich nicht leichter mit den konventionellen morphometrischen Methoden durchführen lassen können (12). Bei den vollautomatischen Systemen, die auf einer Digitalisierung oder Videotechnik (TV-Kamera an das Mikroskop angeschlossen) basieren z.B. vom Typ IBAS, muß die menschliche Interaktion durch teils komplizierte Datenalgorithmen ergänzt werden. Das bedeutet zumeist, daß das ursprüngliche Bild in kleinere Einheiten aufgeteilt wird, in denen dann die optische Dichte registriert wird. Bei der Scanning-Absorptionszytophotometrie sind diese Felder verhältnismäßig groß, aber eine Datenbehandlung kann trotzdem zur Zufriedenheit durchgeführt werden. Die Methode hat speziell Bedeutung bei der stöchiometrischen Färbung von DNS in Kernen (9).

Bei der digitalen Bildanalyse wird sehr oft eine große Anzahl von Bildpunkten benutzt, die Auflösung wird dadurch besser. Übrig bleibt jedoch das Problem mit der Begrenzung der Grautonskala. Die verschiedenen Farben werden in einem sogenannten Trichromsystem wie im Fernsehen beschrieben. Auch wenn unser menschliches Auge eine Farbauffassung hat, die in gewissem Grad dreifarbig ist, so gibt es zusätzlich eine Reihe modulierende Funktionen. Die angewandten Dreifarbensysteme geben deshalb die Farben, die wir mit dem menschlichen Auge auffassen können, nur grob wieder. Diskriminierungsmöglichkeiten zwischen geringeren Farbnuancen sind zweifelhaft und es gibt große Kalibrierungsprobleme, die die relative Sensibilität zwischen den drei verschiedenen Farbrezeptoren betreffen.

Die automatische Bildanalyse kann unter guten Kontrastverhältnissen sehr gute und interessante Resultate ergeben. Es ist wahrscheinlich, daß dies eine größere Bedeutung in Zukunft innerhalb der qualitativen und quantitativen Untersuchungstechnik erhalten wird, da man auf diese Art und Weise in gewissem Ausmaß die subjektive Komponente bei der Analyse eliminieren kann (28, 29, 40).

Bei der quantitativen Analyse auf elektronenmikroskopischem Niveau gibt es spezielle Kontrastierungsprobleme, da die Elektronenmikroskopie ohne Farbe auskommen muß. Ein Weg, der beschritten werden kann, ist die selektive Kontraststeigerung von einzelnen Organellen oder Membransystemen durch zytochemische Methoden. Die Abbn. 9, 10 und 11 vermitteln einen Eindruck über das, was man beim Einsatz solcher Verfahren erreichen kann. Für die Morphometrie mit dem Punktezählverfahren sind die konventionellen Färbetechniken der Elektronenmikroskopie, d.h. der Osmiumkontrast verstärkt durch Blei-oder Uranylacetatkontrast ausreichend.

I. Schlußfolgerung

Bei morphometrischen Untersuchungen soll man danach streben, für die zu untersuchenden Strukturen die bestmöglichen Kontrastverhältnisse zu erhalten. Sehr oft sind die zu untersuchenden Studienobjekte Kerne, und da sollte man Kernfärbungen anwenden, die sehr starke Kontraste ergeben. Eine gute Kontrasterhöhung kann erreicht werden durch die Silberfärbung, die sich besonders für die automatisierte Bildanalyse z.B. von Kernen, Nukleoli und NORs (33, 34, 35) eignet. Auf elektronenmikroskopischem Niveau ist in letzter Zeit die Kontrasterhöhung durch die Verwendung von Detektoren für Rückstreuelektronen interessant geworden (Abb. 14). Je geringer der Kontrast zwischen der Struktur und der Umgebung ist, desto größer wird der Bedarf für komplizierte Algorithmen, um ein zu geringes Signal-zu-Rausch-Verhältnis zu kompensieren. Bei Eponschnitten, die mit Toluidinblau gefärbt werden, kann das Epon selbst dann gefärbt werden, wenn die Polymerisierung bei falschen Temperaturen durchgeführt wird. Das führt zu einer Reduktion des Kontrastes im Material und kann die quantitative Auswertung, speziell die automatische Bildanalyse, sehr schwierig gestalten. Gute Resultate kann man erwarten, wenn alle Anforderungen auf allen Stufen bei der Präparation bis zum Färbeprozeß und bei der Analyse gesichert sind und diese miteinander in Übereinstimmung stehen (Abb. 1).

Nachdem so viel über Fehlerquellen gesagt worden ist, könnte der Eindruck entstehen, daß morphometrische und stereologische Untersuchungen auf Grund der technischen Schwierigkeiten problemreich sind. Aber dieser Eindruck wäre

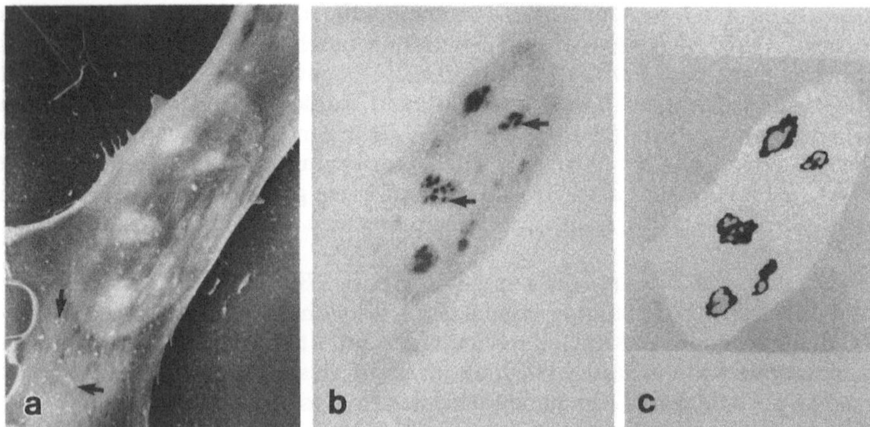

Abb. 14. Darstellung zytologischer Strukturen in der Rasterelektronenmikroskopie (REM) durch Einsatz von Detektoren für Rückstreuelektronen am Beispiel von Zellkulturen aus C3H/10T/1/2 Mäuseembryozellen

a) Normales REM-bild mit Sekundärelektronen. Einige kurze Mikrovilli auf der Zelloberfläche (Pfeile) mit dem darunterliegenden Schatten des Zellkerns.

b) Rückstreuelektronenbild derselben Zelle mit guter Abgrenzung des Kerns und der Nucleoli. In den Nucleoli sieht man die dunkelmarkierten Nucleolus Organisator Regionen (NOR).

c) Digitale Bildverarbeitung im Kontron IBAS-System für die automatische Quantifizierung der Kernparameter (35). (Mit freundlicher Genehmigung von Scanning Electron Microscopy Inc).

nicht ganz zutreffend, da bei vielen Untersuchungszielen die genannten Fehlerquellen von geringem Einfluß sind. Ausgezeichnete Resultate von großer Bedeutung können jedoch nur erarbeitet werden, wenn man durch geeignete präparatorische und meßtechnische Maßnahmen die Fehler gering hält und die unvermeidlichen durch geeignete Korrekturen zu kompensieren versucht.

Literatur

1. Aherne WA, Dunnill MS (1982) Morphometry. Edward Arnold, London
2. Amsler B, Mihatsch MJ (1977) Spezialfärbungen an Epon-Semidünn-Schnitten für die Lichtmikroskopie. Schweiz Z Med Techn Lab Pers 4:424
3. Böhm N, Sandritter W (1975) DNA in tumors: a cytophotometric study. Curr Top Pathol 60:151
4. Burck H (1973) Histologische Technik. Leitfaden für die Herstellung mikroskopischer Präparate in Unterricht und Praxis. Thieme, Stuttgart
5. Culling CFA (1963) Handbook of Histopathological Techniques. Butterworths, London
6. Drijver JS, Boon ME (1983) Manipulating the Papanicolaou staining method. Role of acidity in the EA counterstain. Acta Cytol 27:693
7. Everette James A (1983) The newer imaging procedures in radiological sciences. Choices of informational content and image quality. NRCP Proceedings 4:45
8. Fossa SD (1975) Feulgen DNA-values in transitional cell carcinoma of the human urinary bladder. Beitr Path 155:44
9. Fossa SD, Kaalhus O (1977) Computer assisted image analysis of Feulgen-stained cell nuclei from transitional cell carcinoma of the human urinary bladder. Acta Pathol Microbiol Scand Sect A 85:590

10. Geyer G (1973) Ultrahistochemie. VEB Gustav Fischer Verlag, Jena
11. Gundersen HJG, Østerby R (1981) Optimizing sampling efficiency of stereological studies in biology: Or "Do more less well". J Microsc 121:65
12. Gundersen HJG, Boysen M, Reith A (1981) Comparison of semiautomatic, digitizer tablet and simple point counting performance in morphometry. Virchows Arch (Cell Pathol) 37:317
13. Gupta M, Mayhew TM, Bedi KS, Sharma AK, White FH (1983) Interanimal variation and its influence on the overall precision of morphometric estimates based on nested sampling designs. J Microsc 131:147
14. Haug H (1980) The significance of quantitative stereologic experimental procedures in pathology. Pathol Res Pract 166:144
15. Heitz PU (1982) Immunocytochemistry. Theory and application. Acta Histochem 25 (suppl) 17
16. Helander KG (1983) Thickness variations within individual paraffin and glycol methacrylate sections. J Microsc 132:223
17. Holmes AH (1927) Petrographic Methods and Calculations. Murby, London
18. Mayhew TM, White FH, Gohari K (1982) Towards economy of effort in quantitative ultrastructural pathology: Efficient sampling schemes for studying experimental carcinogenesis. J Pathol 138:179
19. McDowell EM, Trump BF (1976) Histologic fixatives suitable for diagnostic light and electron microscopy. Arch Pathol Lab Med 100:405
20. Polak JM, Van Noorden S (eds) (1983) Immunocytochemistry. Practical Applications in Pathology and Biology. Wright PSG, Bristol
21. Polak JM, Varndell IM (eds) (1984) Immunolabelling for Electronmicroscopy. Elsevier, Amsterdam
22. Reith A, Barnard T, Rohr HP (1976) Stereology of cellular reaction patterns. CRC Crit Rev Toxicol 4:219
23. Reith A (1979) Enzyme topology and morphometry. In: Schmidt E, Schmidt FW, Trautschold I, Friedel R (eds) Advances in Clinical Enzymology. Karger, Basel, 53
24. Reith A, Mayhew TM (1980) Caveat bei der morphometrisch-stereologischen Bestimmung von Biomembranen. Gegenbauers morph Jahrb, Leipzig 126, 206
25. Reith A, Kraemer M, Vassy J (1984) The influence of mode of fixation, type of fixative and vehicles on the same rat liver: a morphometric/stereologic study by light and electron microscopy. Scanning Electron Microscopy II:645
26. Reith A, Mayhew TM (eds) (1985) Stereology and Morphometry in Electron Microscopy. An Illustration of Problems and Solutions. Hemisphere Publishing Corporation, New York
27. Rigaut JP (1983) Image analysis in electron microscopy. In: Johannessen JV (ed) Electron Microscopy in Human Medicine. Vol 11b, McGraw-Hill, New York, 199
28. Rigaut JP, Margules S, Boysen M, Chalumeau M, Reith A (1982) Karyometry of pseudostratified, metaplastic and dysplastic nasal epithelium by morphometry and stereology. I. A general model for automated image analysis of epithelia. Pathol Res Pract 174:342
29. Rigaut JP, Berggren P, Robertson B (1983) Automated techniques for the study of lung alveolar stereological parameters with the IBAS image analyser on optical microscopy sections. J Microsc 130:53
30. Romeis B (1948) Mikroskopische Technik. R Oldenburg, München
31. Sandritter W, Thomas C (1977) Histopathologie. FK Schattauer Verlag, Stuttgart
32. Sternberger LA (1979) Immunocytochemistry. Theory and Application. 2nd edn, Wiley, New York
33. Thiebaut F, Rigaut JP, Feren K, Reith A (1984) Smooth-surfaced controland transformed C3H/10T-1/2 cells differ in cytology: a study by secondary electron, backscattered electron and image analysis. Scanning Electron Microscopy III:1249
34. Thiebaut F, Rigaut JP, Reith A (1984) A new method for easy staining of cell junctions by silver nitrate in light and electron microscopy. Mikroskopie (Wien) 41:155
35. Thiebaut F, Rigaut JP, Reith A (1984) Improvement in the specificity of the silver staining technique for AgNOR-associated acidic proteins in paraffin sections. Stain Technol 59:181

102

36. Thompson SW, Hunt RD (1963) Selected Histochemical and Histopathological Techniques. Butterworths, London
37. Vanroelen Ch, Vakaet L (1984) The influence of tissue handling before fixation on the morphology of the chick blastoderm. J Microsc 134, 173
38. Weibel ER (1979) Stereological Methods. Vol 1: Practical Methods for Biological Morphometry. Academic Press, London
39. Wenzelides K, Korek G, Voss K (1981) Bestimmung des relativen RNA-Gehaltes von Leberzellkernen bei der Färbung mit Gallocyanin-Chromalaun. Acta Histochem 69:307
40. Wenzelides K, Hillman I, Voss K (1982) Zur Darstellung der Leberzellgrenzen mit Anilinblau und ihre vollautomatische Erfassung mit einem Bildanalysesystem. Acta Histochem 70:193
41. Williams MA (1977) Autoradiography and immunocytochemistry. In: Glauert AM (ed) Practical Methods in Electron Microscopy. Vol 6, Part I, North Holland, Amsterdam, 1
42. Zimmerman HW (1983) Physikalisch-chemische Grundlagen der Färbung für manuelle und apparative Zytodiagnostik. In: Wittekind D (ed) Manuelle und automatisierte Zytodiagnostik. Microscopica Acta Suppl 6:45

Zwei zusätzliche empfehlenswerte Standardwerke:

Schimmel G, Vogell W (1981) Methodensammlung der Elektronenmikroskopie. Wissenschaftliche Verlagsgesellschaft mbH, Stuttgart
Revel JP, Barnard T, Haggis GH (eds) (1984) The Science of Biological Specimen Preparation for Microscopy and Microanalysis. Scanning Electron Microscopy Inc, AMF O'Hare, IL

2.1.2 Probenaufbereitung für die automatische Bildanalyse

Gerd Schwarz

A. Einführung

Die automatische Zytologie und Histologie mit Hilfe der hochauflösenden Bildanalyse ist eine Einheit von der Probenentnahme bis zur Ergebnisausgabe (24, 26). Die Gesamtprozedur läßt sich in die "Probenaufbereitung" - von der Zell- und Gewebeentnahme bis hin zum analysierbaren Präparat - und in die "automatische Bildanalyse" gliedern. Eine zusätzliche visuelle Beurteilung ist bei interaktiven Abläufen und bei Prescreening-Systemen notwendig. Somit müssen die automatengerechten Präparate in den meisten Fällen auch visuell beurteilbar sein.

Ausgangspunkt für die automatische Bildanalyse sind zunächst die konventionellen Methoden und Präparate der Zyto- und Histopathologie. Häufig jedoch, wie bei der Zytopathologie der Cervix uteri und der Vagina, genügen die konventionellen Präparate nicht den Anforderungen der automatischen Verfahren. Es müssen daher neue, adäquate Präparationstechniken (einschließlich der Färbeverfahren) erarbeitet werden (Abb. 1) (1, 3, 4, 7, 10, 11, 12, 13, 14, 16, 18, 19, 22, 23, 30, 31, 32). Der Begriff des "adäquaten Präparates" unterliegt Veränderungen und ist abhängig vom Entwicklungszustand des Gesamtsystems und von den speziellen Fragestellungen. Vorschläge für die Gestaltung von automatisierten zytodiagnostischen Systemen werden zur Zeit diskutiert (8). Wie bei der visuellen Diagnostik ist die *Repräsentativität des Zellmaterials* die wichtigste Voraussetzung auch der automatischen Präparatbeurteilung. Ein besonderes Augenmerk muß deshalb auf die richtige und sorgfältige Probenentnahme gelegt werden (8, 27, 29, 33). Im Vergleich zur visuellen Zyto- und Histopathologie noch deutlicher ist die Forderung nach reproduzierbaren Präparationsergebnissen (reproduzierbares Äquivalentbild) gestellt.

Im folgenden wird als Beispiel die automatengerechte Probenaufbereitung bei exfoliiertem Material der Cervix uteri und der Vagina dargestellt. Diese Methode wurde am Institut für klinische Zytologie der Technischen Universität München entwickelt und ist Teil eines automatischen Prescreening-Systems zur Früherkennung des weiblichen Genitalkrebses und seiner Vorstufen.*

Partner waren die Gesellschaft für Strahlenforschung (GSF), Neuherberg bei München (Institut für Strahlenschutz, Dr. Burger) und die Universität Stuttgart (Institut für Physikalische Elektronik, Prof. Dr. Bloss).

---

* Die Durchführung dieser Arbeiten wurde in dankenswerter Weise vom Bundesministerium für Forschung und Technologie (BMFT), Bonn, gefördert.

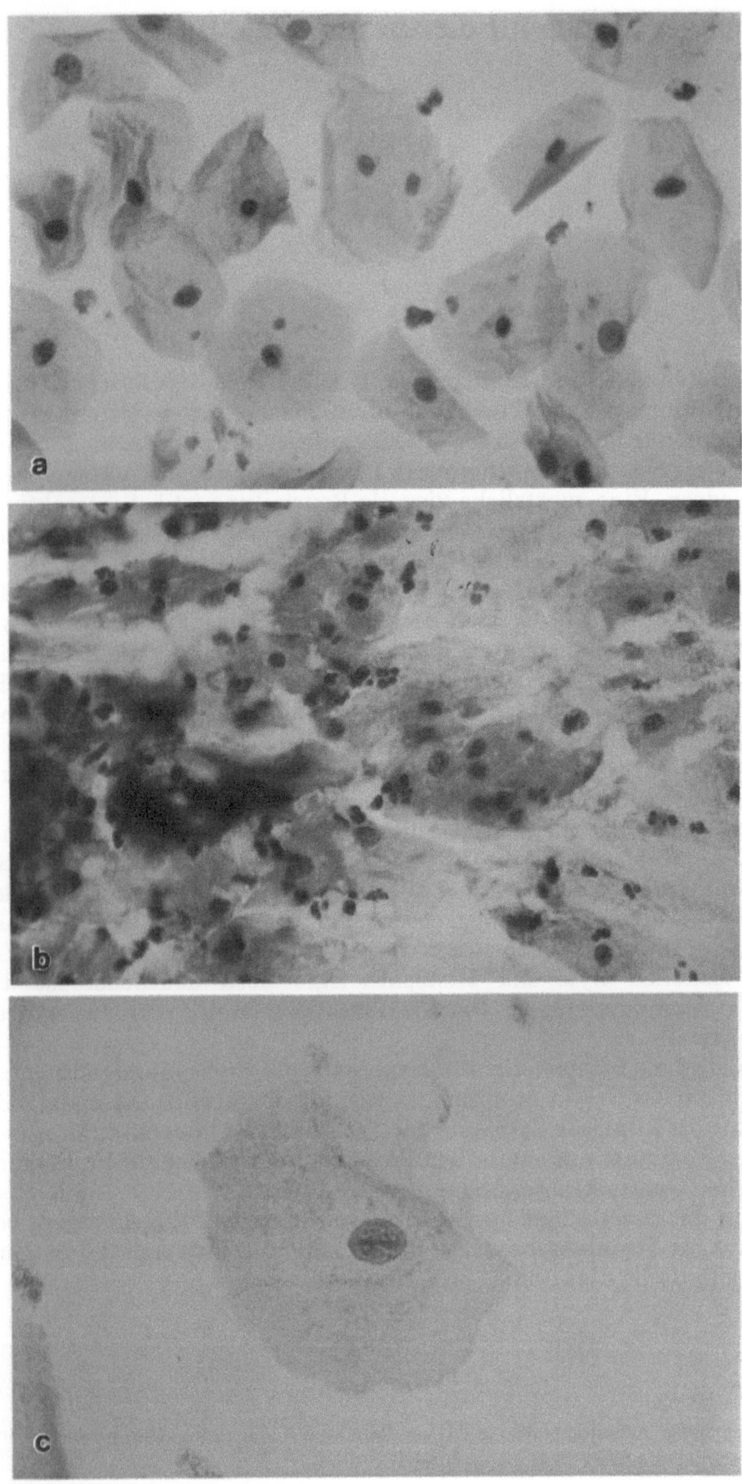

B. Anforderungen an die Qualität zytologischer Präparate für die automatische Bildanalyse

Die Anforderungen der automatischen Zytologie an die Präparateparameter lassen sich in Grund- und Zusatzanforderungen für die Routineanwendung unterteilen (Tabelle 1). Die Grundanforderungen sind bedeutungsvoll für die zuverlässige Zellmarkierung und -segmentierung, die Relevanz der festgelegten Grauwertschwellen (Filterprozeß) und die optimale und reproduzierbare Ermittlung von Merkmalssätzen zur Zell- und Präparatbeschreibung. Die Erfüllung einer Reihe von Zusatzanforderungen erbringt eine Verbesserung und Beschleunigung der Präparat-Abtastung, was vor allem für die Routineanwendung von Bedeutung ist.

C. Prinzipielle Schritte bei der automatengerechten Aufbereitung zytologischer Zellproben

Die Prozedur der Herstellung automatengerechter Präparate läßt sich in eine Reihe von methodischen Schwerpunkten gliedern:

1. Art des Materials/Entnahmeort
2. Materialentnahme
3. Konservierung/Vorfixierung
4. Zellvereinzelung
5. Waschen der Zellen/Reinigung und Fraktionierung der Zellprobe
6. Zellzahl-Bestimmung
7. Einstellen der optimalen Zellzahl für die Präparatbelegung
8. Präparatbeschickung/Vorbehandlung der Objektträger
9. Fixierung
10. Färbung
11. Eindecken

D. Präparation von Abstrichmaterial der Cervix uteri und der Vagina (IfZ-Verfahren)

Entsprechend den Anforderungen der automatischen Zytologie wurde am Institut für klinische Zytologie (IfZ) der Technischen Universität München das Modell einer speziellen Präparationsprozedur für die Verarbeitung gynäkologischen Abstrichmaterials entwickelt (11, 12, 17-23).

◄ **Abb. 1.** Herstellung automatengerechter Präparate aus gynäkologischem Abstrichmaterial (Papanicolaou-Färbung):

a) Gereinigte Probenfraktion eines automatengerechten Zentrifugationspräparates nach Anwendung der IfZ-Präparationstechnik (negativer Fall) 40x Objektiv.

b) Konventionelles Referenzpräparat vom gleichen Fall (zu a):
Abstrichpräparat mit störenden Materialüberlagerungen und Schmutz im Hintergrund; 40x Objektiv.

c) Demonstration der besonderen Eignung der IfZ-Präparationstechnik für die Feinanalyse der Chromatinstruktur; blaue Intermediärzelle aus gereinigter Probenfraktion; negativer Fall mit III_D-Vorbefund; 100x (Öl) Objektiv.

Tabelle 1. Vergleich zwischen den Anforderungen der automatischen Zytologie und den Eigenschaften der Suspensions-abgeleiteten, gereinigten Zentrifugationspräparate (IfZ)-Technik

Anforderungen der automatischen Zytologie	Eigenschaften der Suspensions-abgeleiteten, gereinigten Zentrifugationspräparate
Grundanforderungen	
Repräsentativität des Zellmaterials	Abgesehen von den Variationen der Entnahmetechnik entspricht das Zellmaterial der klinischen Zellprobe. Entsprechend der Zufallsverteilung des aufgeschwemmten Materials besteht eine zytologische Gleichwertigkeit von Parallelpräparaten.
Einschichtige Lagerung der möglichst vereinzelt liegenden Zellen	Zellage weitgehend einschichtig, kaum Zellüberlagerungen; Minimum an künstlichen Zellaggregaten bei Erhaltung natürlicher Zellverbände.
Kontraste ausreichend	Gewaschene Zellen der Plattenepithelfraktion kontrastreich vor gesäubertem Hintergrund; kaum Überlagerungen durch Bakterien, Leukozyten und andere Partikel; wenig Hintergrundmaterial.
Reproduzierbare Zell- und Präparateerscheinung	Gleichmäßige Zellerscheinung und Anfärbung bei bestmöglicher Zellerhaltung; klar erkennbare Chromatinstruktur des Zellkerns; erhöhter Anteil zyanophiler Zellen im Vergleich zu konventionellen Präparaten.
Zusatzanforderungen für die Routineanwendung	
Gleichmäßige Verteilung der Zellen in optimaler Belegungsdichte	Gleichmäßige und gleichwertige Zufallsanordung der Zellen; Belegungsdichte steuerbar (nach Messung der Zellzahl in Suspension).
Zellen in einer optischen Ebene	Durch Aufzentrifugation Zellen weitgehend in einer optischen Ebene.
Anreicherung der Zellprobe mit diagnostisch relevanten Plattenepithelzellen	Getrennte Lagerung der mit Plattenepithelzellen angereicherten Fraktion der Überstandsfraktion mit den restlichen Probenbestandteilen.
Reproduzierbare Lage der Zellpopulationen	Stets gleiche Position der Zellsedimente auf dem Objektträger entsprechend der Anordnung der Zentrifugationskammern.

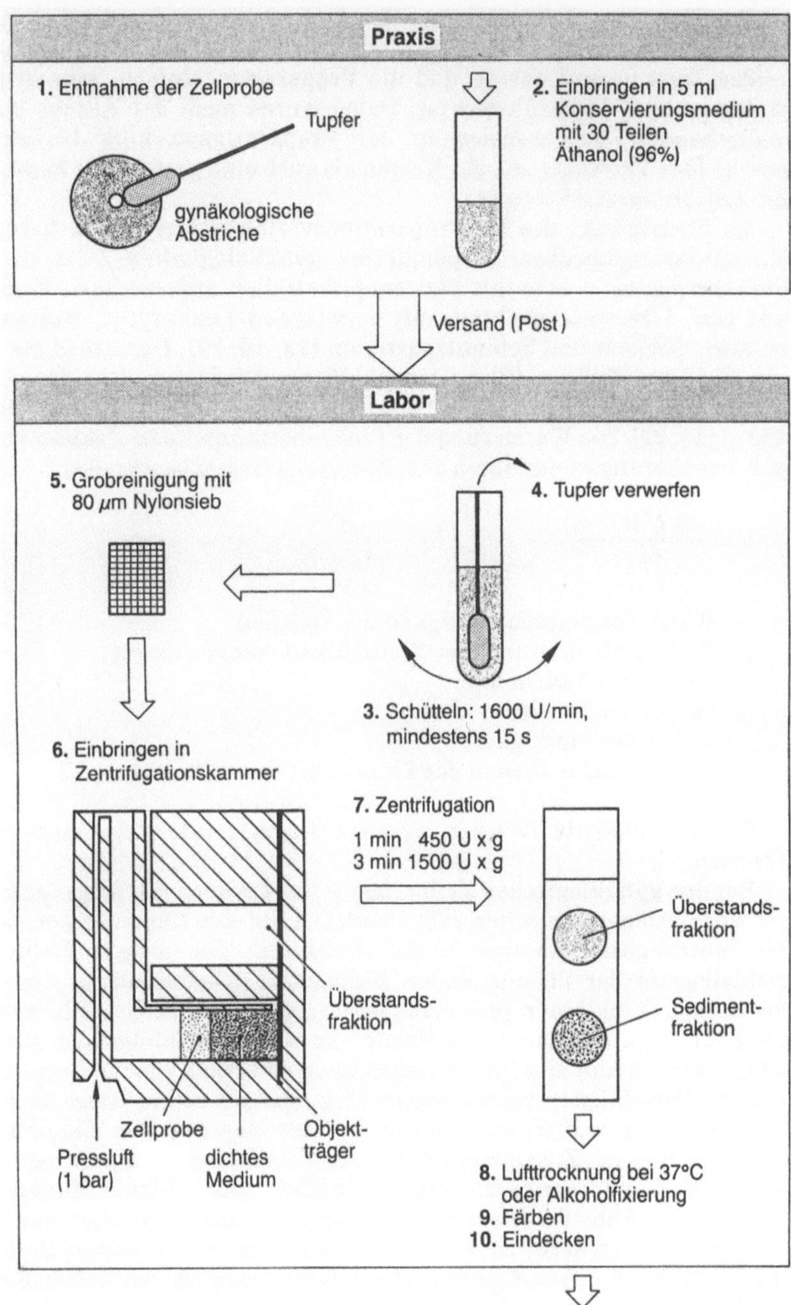

Abb. 2. Einfache Präparationsmethode für die automatisierte Zytologie bei Benutzung einer pneumatischen Zentrifuge.

Der Weg der Zellprobe von der Entnahme in der ärztlichen Praxis oder Poliklinik bis hin zum analysierbaren Präparat ist in Abb. 2 dargestellt. Es wurde großer Wert darauf gelegt, daß die Präparation einfach, schnell und billig im Routineablauf durchführbar ist. Dabei wurde auch der Aspekt einer möglichst weitgehenden Automatisierung der Präparationstechnik berücksichtigt, was sowohl eine Verringerung der Kosten als auch eine gesteigerte Reproduzierbarkeit der Ergebnisse zur Folge hat.

Im Mittelpunkt des IfZ-Präparationsverfahrens steht die Reinigung der im Konservierungsmedium suspendierten gynäkologischen Zellprobe durch deren Fraktionierung in eine mit Plattenepithelzellen angereicherte Sedimentfraktion und eine Überstandsfraktion mit vorwiegend Leukozyten, Bakterien, Zellfragmenten, Schleim-und Schmutzpartikeln (12, 19, 22). Dazu wird die Zellprobe auf ein visköses Medium (Plasmasteril, Firma Fresenius, Bad Homburg) mit der Dichte von 1.026 überschichtet und zur Auftrennung kurz zentrifugiert (1 min, 450 g) (19, 22). Die Wanderung der Probenbestandteile in visköser Flüssigkeit läßt sich annäherungsweise durch das Stokessche Gesetz beschreiben:

$$v = \frac{2g\,r^2\,(\rho_1 - \rho_2)}{9\eta}$$

v : Wanderungsgeschwindigkeit der Teilchen
g : Erdbeschleunigung (hier: Zentrifugalbeschleunigung)
r : Radius der Teilchen
ρ_1 : Dichte der Teilchen
ρ_2 : Dichte der Flüssigkeit
η : Viskositätskoeffizient der Flüssigkeit (hier: Plasmasteril)

Große und dichte Teilchen wandern schneller als kleine und weniger dichte Teilchen.

Bei den gynäklogischen Zellproben sedimentieren die diagnostisch relevanten großen Plattenepithelzellen relativ schnell auf den Objektträger, der den Boden der Zentrifugationskammer bildet (Sediment). Die übrigen Probenbestandteile verbleiben in der überstehenden Flüssigkeit (Überstand) und werden mit ihr zusammen durch einen pneumatischen Impuls (Preßluft) in die zweite Höhlung der Zentrifugationskammer gedrückt. In einem nachfolgenden Zentrifugationsschritt werden nun alle Probenbestandteile mit relativ hoher Zentrifugalkraft auf den mit Poly-L-Lysin beschichteten Objektträger sedimentiert (3 min, 1 500 g). Die Reinigung und fraktionsweise Aufzentrifugation der Zellprobe erfolgt mit einer eigens in Zusammenarbeit mit einer Zentrifugenfirma entwickelten pneumatischen Zentrifuge (Modell "Hettich-Zyto"; Firma Hettich-Zentrifugen, Tuttlingen) (Abb. 3). Die entstandenen Präparate brauchen nur noch fixiert, gefärbt und eingedeckt zu werden. Zur Analyse wird in erster Linie die Plattenepithelzellfraktion herangezogen. Es ist jedoch möglich, zusätzlich die Überstandsfraktion auszuwerten. Die oben beschriebene Präparation läßt sich auch mit einfachen Zentrifugationskammern in einer normalen Laborzentrifuge durchführen, erfordert dann aber das manuelle Abpipettieren und Überführen der Überstandsflüssigkeit (Abb. 4).

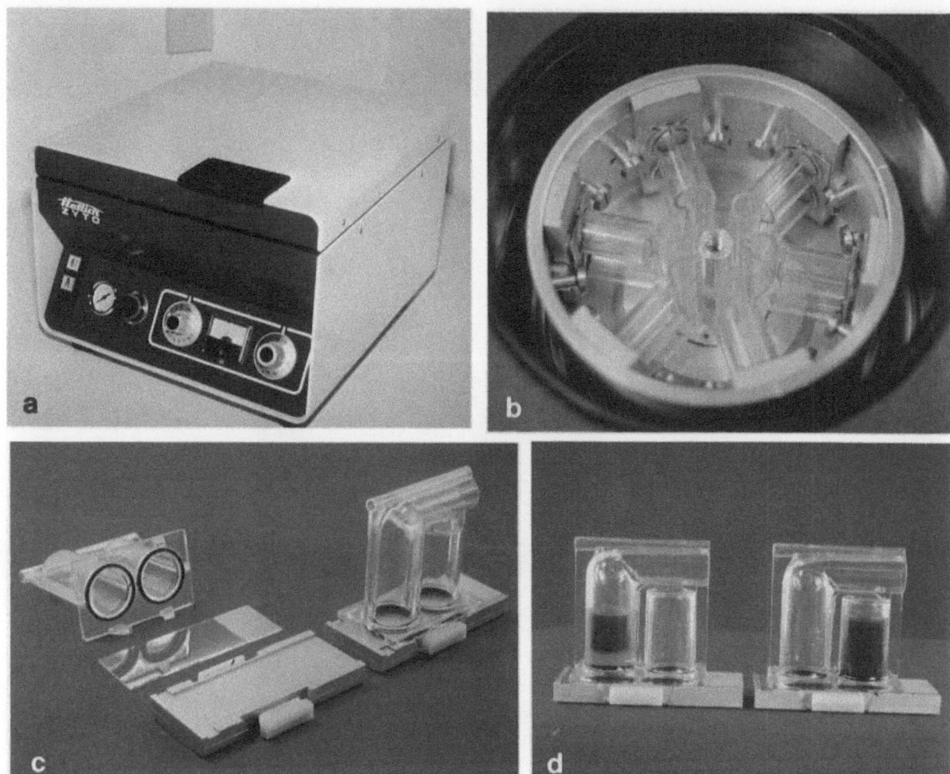

Abb. 3. Ansicht und Funktion der pneumatisch arbeitenden Zytozentrifuge ("Hettich-Zyto", Firma Hettich-Zentrifugen. Tuttlingen).
a) Ansicht der Zentrifuge.
b) Topfrotor mit sechs pneumatisch arbeitenden Zentrifugenkammern.
c) Aufbau der pneumatisch arbeitenden Zentrifugenkammer: zerlegt (links) und einsatzbereit (rechts).
d) Demonstration der Arbeitsweise der pneumatischen Zentrifugenkammer.
  Linke Seite: Plasmasteril (hell, unten) mit überschichteter Zellprobe (dunkel, oben);
  Rechte Seite: Flüssigkeit in der zweiten Höhlung der Zentrifugenkammer nach pneumatischem Überdruck via Verbindungskanal.

Abb. 4. Ansicht und Funktion der Tischzentrifuge ("Universal 1200", Firma Hettich-Zentrifugen, ➤ Tuttlingen):
a) Ansicht der Tischzentrifuge.
b) Schleuderkopf mit Zyto-Nutgehänge und verschiedenen eingesetzten Zentrifugationskammern.
c) Aufbau der einfachen Zentrifugationskammer in der Version als Doppelkammer: zerlegt (links) und einsatzbereit (rechts).
d) Verschiedene Zentrifugationskammern und das Zyto-Nutgehänge für die "Universal 1200"-Zentrifuge. Links oben: pneumatisch arbeitende Zentrifugationskammer der "Hettich-Zyto".
e) Zentrifugationsbereite, mit Flüssigkeit gefüllte Zentrifugationskammern.
f) Ergebnis der Zytozentrifugation im Vergleich zum konventionellen Ausstrichpräparat:
  Konventionelles Präparat (links), ungereinigtes Zentrifugationspräparat in einer einzigen Fraktion (mitte) und aufgetrenntes Zentrifugationspräparat in zwei Fraktionen (rechts).

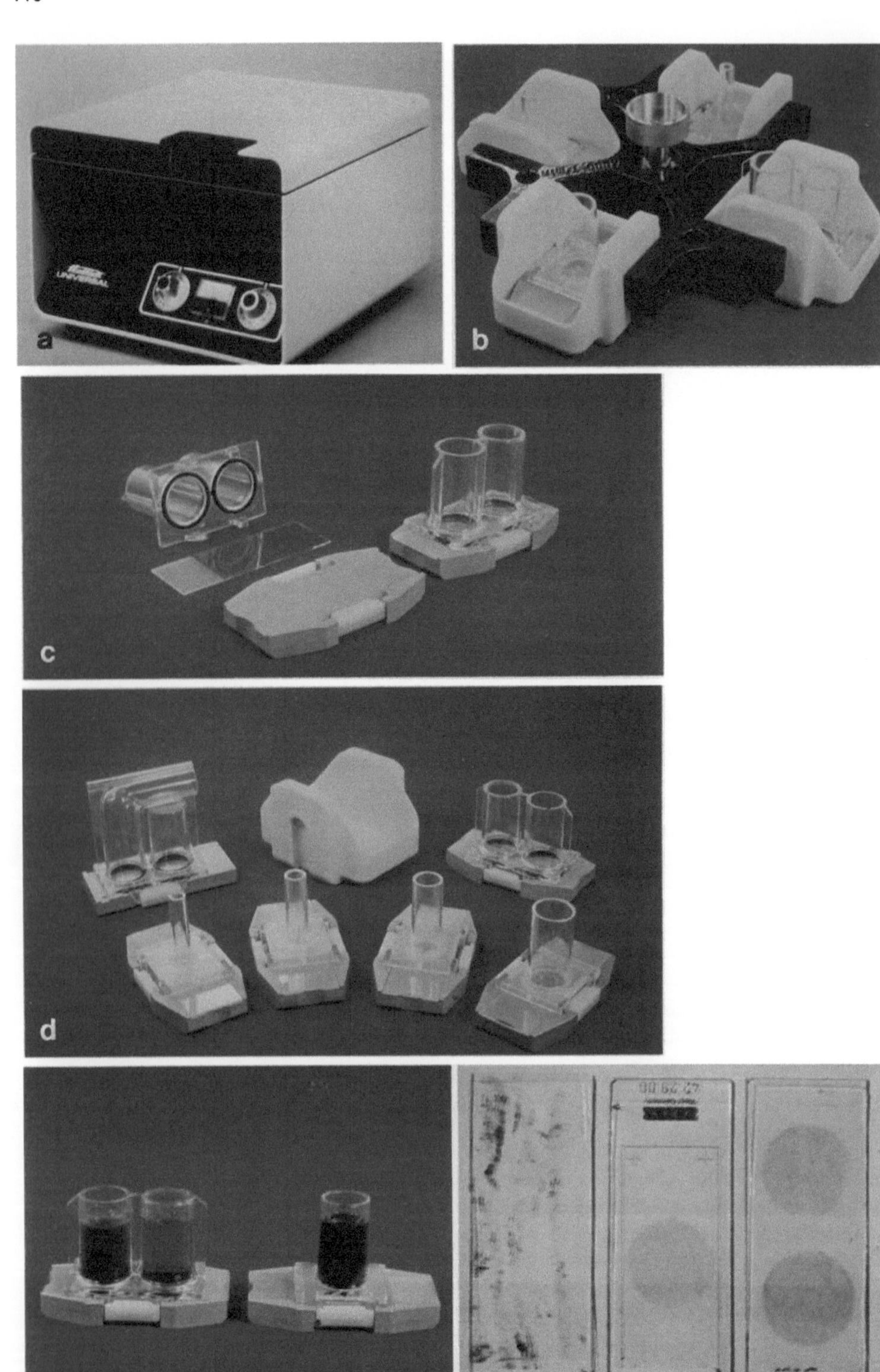

konvent. Präparat
Suspens. Präparat
Fraktion. Suspens. Präparat

E. Eigenschaften und Beurteilbarkeit der Zentrifugationspräparate

Die Eigenschaften der suspensionsabgeleiteten, gereinigten Zentrifugationspräparate sind tabellarisch aufgeführt und in Bezug zu den schon weiter oben behandelten Anforderungen der automatischen Zytologie gebracht worden (Abb. 5; Tabelle 1).

Entsprechend der gut erhaltenen Morphologie der gewaschenen Zellen und ihrer gleichmäßigen Anfärbung ist die Zell- und Präparatbeurteilung nach einer Eingewöhnungsphase gut möglich (17, 20, 21, 25). Die Vorteile der automatengerechten Präparate treten besonders hervor, wenn die Zellen bei höherer Vergrößerung untersucht werden (25). Da eine Zufallsverteilung der Zellen im Sediment vorliegt, konnte nach der in der visuellen Zytologie benötigten Zahl zu untersuchender Plattenepithelzellen gefragt werden. Bei einer ersten Studie an insgesamt 100 sowohl positiven als auch negativen Fällen konnte gezeigt werden, daß niemals mehr als 1200 Zellen für eine diagnostische Entscheidung benötigt wurden. Die Mittelwerte für die Gruppen der am schwersten zu beurteilenden Fälle im Grenzbereich zwischen gutartigen Veränderungen und Fällen mit Verdacht auf leichte bis mäßige Plattenepitheldysplasien (Pap III$_D$) betrugen 293 bzw. 236 Zellen (20, 21). Diese Ergebnisse unterstützen diejenigen methodischen Ansätze der automatischen Zytologie, bei denen statt einiger zehntausend Zellen nur eine Stichprobe von einigen hundert Zellen hochaufgelöst analysiert wird (2, 5) (siehe Kapitel 2.4.1).

F. Diskussion und Ausblick

Das IfZ-Präparationsverfahren ist ein Beispiel adäquater Probenaufbereitung für die automatische Bildanalyse. Wenn bei zytologischem Material anderer Herkunft eine Reinigung nicht nötig ist, können die Zellen - z.B. in Urin oder Liquor cerebrospinalis - direkt auf den Objektträger zentrifugiert werden. Dazu wurden spezielle Zentrifugenkammern in Spritzgußtechnik für die Routineanwendung entwickelt* (Abb. 5) (22). Andererseits erhebt sich oft die Notwendigkeit einer zytologischen Aufarbeitung von frischen Gewebsstückchen oder histologischem Material z.B. für DNS-Messungen am ganzen Zellkern. Dazu können die Gewebe mit Hilfe enzymatischer und mechanischer Methoden disaggregiert und als Zellsuspensionen weiterverarbeitet werden (6, 15). Um nach der Gewebsdisaggregation saubere

---

* (in Zusammenarbeit mit der Firma Hettich-Zentrifugen, Tuttlingen).

Abb. 5. Gereinigte Plattenepithelfraktionen von Zervixabstrichmaterial verschiedener Papanicolaou (Pap)-Gruppen und die jeweils abgetrennten Überstandsfraktionen nach Anwendung der IfZ-Präparationstechnik. ►
a,b) Negativer Fall mit atrophischen Zellen.
c,d) Pap III$_D$-Fall.
e,f) Pap IV$_a$-Fall.
    a,c,e) Gereinigte Plattenepithel-fraktionen.
    b,d,f) Abgetrennte Überstandsfraktionen zu a,c,e.

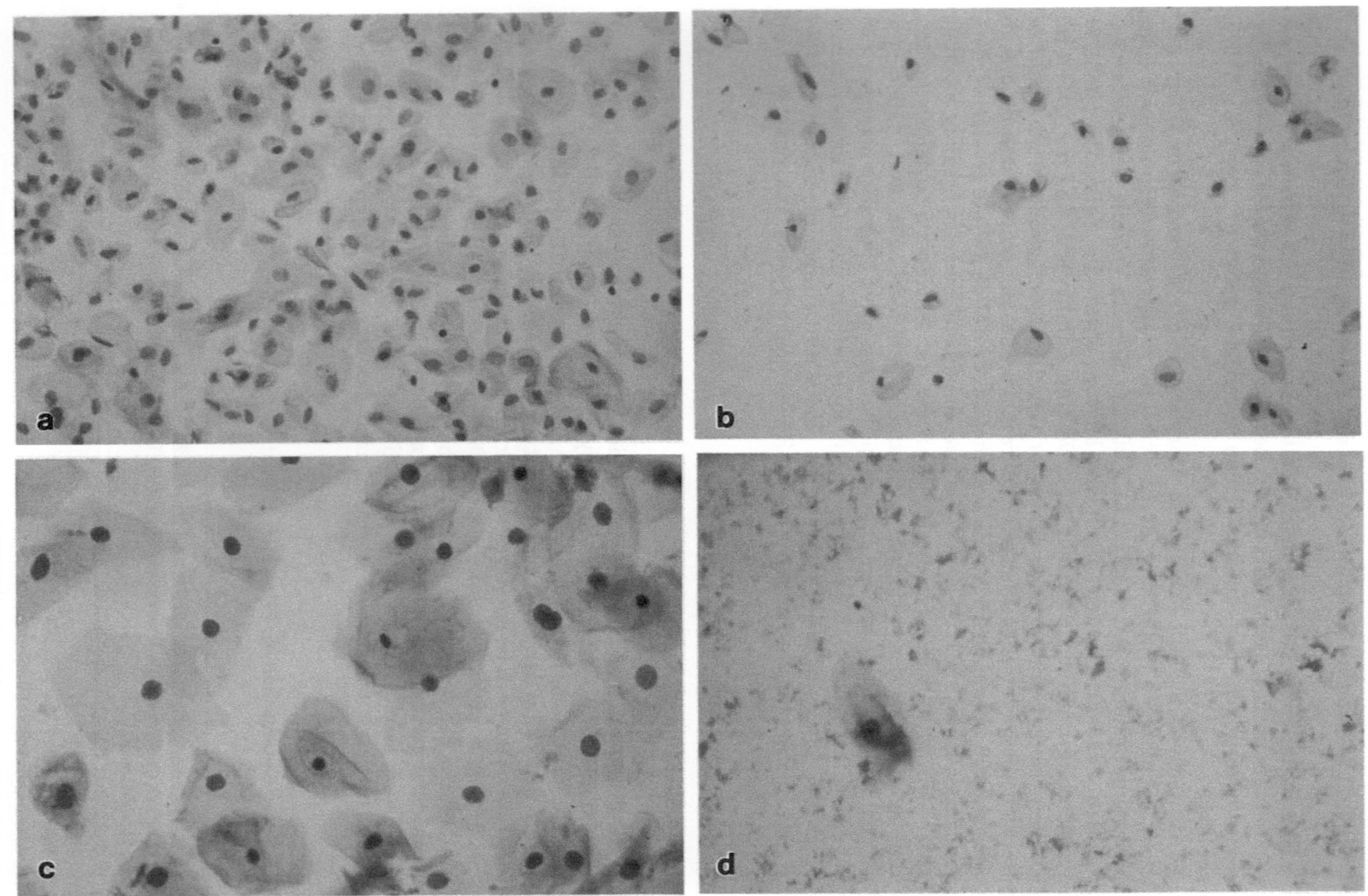

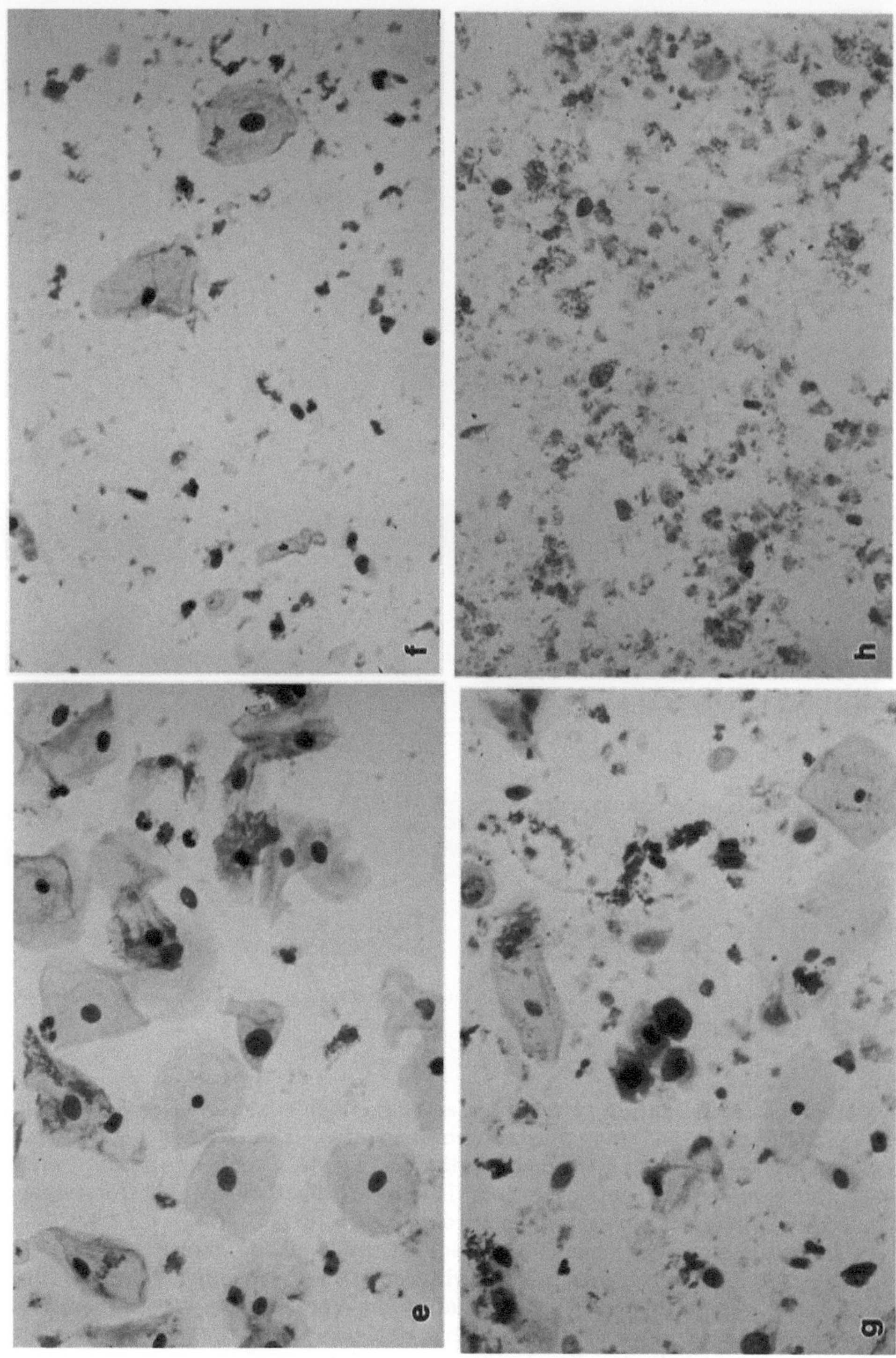

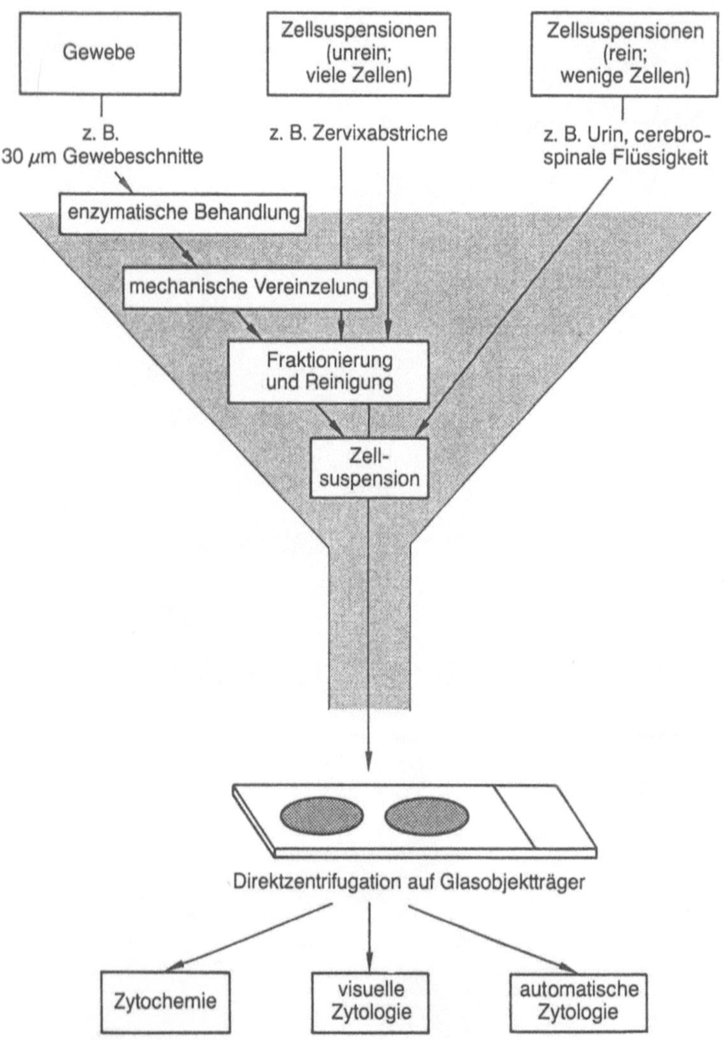

Abb. 6. Herstellung von suspensionsabgeleiteten Zentrifugationspräparaten und ihre Verwendungsmöglichkeiten.

Zentrifugationspräparate zu erhalten, empfiehlt sich eine vorherige Abtrennung von Zellfragmenten und Bindegewebselementen. Die jeweils entstandenen Suspensions-abgeleiteten Zentrifugationspräparate können neben ihrem Gebrauch in der automatischen und visuellen Zytopathologie auch für zytochemische Untersuchungen verwendet werden (Abb. 6), (9, 23).

In Abwandlung der oben angegebenen Grundmethode können auch andere Techniken der Zellvereinzelung sowie spezielle Fixier- und Färbeverfahren eingesetzt werden (3, 15). Welchen Einfluß die Veränderung von Präparationsparametern haben kann, ist in Abb. 7 am Beispiel der Lufttrocknung im Vergleich zur üblichen alkoholischen Feuchtfixierung gezeigt.

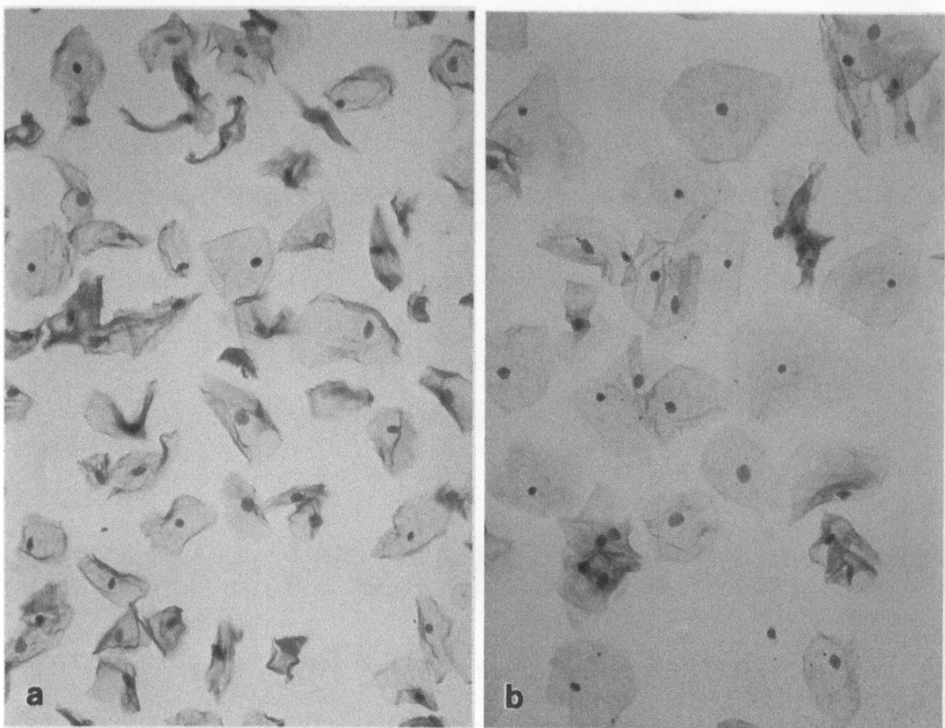

Abb. 7. Einfluß der Lufttrocknung auf die Zellmorphologie (Papanicolaou-Färbung).
a) Feuchtfixiertes Präparat (96 % Äthanol).
b) Bei Zentrifugation luftgetrocknetes Präparat aus identischer Zellsuspension mit sonst gleicher Behandlung.

Unsere automatengerechten Präparate werden in Anlehnung an die jahrzehntelangen Erfahrungen in der konventionellen Zytopathologie nach *Papanicolaou* gefärbt. Es gibt jedoch auch Hinweise dafür, daß andere Färbetechniken, wie z.B. die *Feulgen*-Färbung der Zellkern-DNS, für die automatische Bildanalyse besser geeignet sein könnten (14, 25, 28, 31, 34). Bei der Entwicklung neuer und besserer Färbetechniken ist jedoch darauf zu achten, daß sie gleichermaßen für die automatische als auch für die visuelle Zytopathologie geeignet sein müssen und andererseits den Anforderungen an eine Routinemethode gerecht werden. Die massenweise Parallelpräparation für die visuelle und automatische Analyse erscheint problematisch. Bei einem Bevölkerungs-Prescreening zur Früherkennung des Zervixkrebses mit rund 6,7 Millionen jährlichen Untersuchungen (1981) in der Bundesrepublik Deutschland erscheint die Beschränkung auf nur ein Objektträgerpräparat schon wegen des beschränkten Lagerraumes angeraten.

Um die Leistungsfähigkeit der automatischen Prescreening-Systeme zu beurteilen, sind internationale Vergleiche sinnvoll. Eine günstige Voraussetzung dafür wäre daher eine weitgehende Vereinheitlichung der verwendeten Präparationstechniken.

Literatur

1. Bahr GF, Bibbo M, Oehme M, Puls J, Frank R, Reale MD, Wied GL (1978) An automated device for the production of cell preparations suitable for automatic assessment. Acta Cytol 22:243
2. Burger G, Jütting U, Soost HJ (1983) Notwendigkeit und Aufbau von zytologischen Datenbanken. Microsc Acta (Suppl 6):103
3. Eason PJ, Tucker JH (1979) The preparation of cervical scrape material for automated cytology using gallocyanin chrome-alum stain. J Histochem Cytochem 27:25
4. Driel-Kulker AMJ van, Ploem-Zaaijer JJ, van der Zwan M, Tanke HJ (1980) A preparation technique for exfoliated and aspirated cells allowing different staining procedures. Analyt Quant Cytol 2:243
5. Erhardt R, Reinhardt ER, Schlipf W, Bloss WH (1980) FAZYTAN: A system for fast automated cell segmentation, cell image analysis and feature extraction based on TV-image pickup and parallel processing. Analyt Quant Cytol 2:25
6. Hedley DW, Friedlander ML, Taylor JW, Rugg CA, Musgrove EA (1983) Method for analysis of cellular DNA content of paraffin-embedded pathological material using flow cytometry. J Histochem Cytochem 31:1333
7. Husain OAN, Page-Roberts BA, Millet JA (1978) A sample preparation for automated cervical cancer screening. Acta Cytol 22:15
8. IAC Committee on Automated Cytology (Chairman: Dorothy L Rosenthal) (1984) Specifications for automated cytodiagnostic systems proposed by the International Academy of Cytology. Analyt Quant Cytol 6:146
9. Koss LG (1984) Cytochemistry. Acta Cytol 28:353
10. Leif RC, Gall S, Dunlap LA, Railey C, Zucker RM, Leif B (1975) Centrifugal cytology IV: The preparation of fixed stained dispersions of gynecological cells. Acta Cytol 19:159
11. Otto K, Höffken H, Soost HJ (1979) Components and results of a new preparation technique for automated analysis of cervical samples. Analyt Quant Cytol 1:127
12. Otto K, Höffken H, Soost HJ (1979) Sedimentation velocity separation: a preparation method for cervical samples. J Histochem Cytochem 27:14
13. Oud PS, Zahniser DJ, Harbers-Hendriks R, van Boekel MCG, Raaijmakers, MCT, Vooijs PG (1981) The development of a cervical smear preparation procedure for the BioPEPR image analysis system. Analyt Quant Cytol 3:73
14. Oud PS, Zahniser DJ, Raaijmakers MCT, Vooijs PG, van de Walle RT (1981) Thionine-Feulgen-Congo red staining of cervical smears for the BioPEPR image analysis system. Analyt Quant Cytol 3:289
15. Ploem JS, van Driel-Kulker AMJ, Mesker WE (1984) Preparation of monolayer smears from paraffin-embedded tissue for image cytometry of nuclear DNA content. In: Abstracts of the 13th Europ Congr of Cytol, 27. - 29. Sept 1984, Varna, pp 167
16. Rosenthal DL, Stern E, McLatchie C, Wu A, Lagasse LD, Wall R, Castleman KR (1979) A simple method of producing a monolayer of cervical cells for digital image processing. Analyt Quant Cytol 1:84
17. Schenck U, Neugebauer D, Otto K, Soost HJ, Wagner D (1981) Monolayer preparation of cervical samples: Cytomorphologic characteristics and differential cytology. Analyt Quant Cytol 3:285
18. Schenck U, Schwarz G (1983) Probleme der Präparationstechnik. Microsc Acta (Suppl 6):13
19. Schwarz, G (1983) Ein Konzept für die routinemäßige Herstellung von automatengerechten gynäkologischen Präparaten. Microsc Acta (Suppl 6):29
20. Schwarz G, Schwarz M (1983) Ermittlung notwendiger Zellzahlen zur sicheren Diagnostik bei gynäkologischen Suspensionspräparaten und mögliche Konsequenzen für die automatisierte Präparateanalyse. Microsc Acta (Suppl 6):21
21. Schwarz, G, Schwarz M, Schenck U (1983) Effect of the special properties of monolayer cell preparations for automated cervical cytology on visual evaluation and classification: With an

estimation of the number of cells required to be screened. Analyt Quant Cytol 5:189

22. Schwarz G (1984) Präparationstechnik für die automatische Zytologie. In: Automation der zytologischen Diagnostik. Deutsche Forschungs- u. Versuchsanstalt für Luft- u. Raumfahrt e.V. (DFVLR) (Hrsg) (1984) Köln: TÜV Rheinland 1984:55 ; Reihe: Ergebnisberichte zum Programm "Forschung und Entwicklung im Dienste der Gesundheit", DFVLR NT - 1 84/3

23. Schwarz G (1985) A new centrifugal preparation method in clinical cytology and effects on the morphologic and cytochemical features of the cells. Acta Histochem (Suppl)

24. Schwarz G (1985) Automatisierung in der Zytologie - eine Begriffserklärung. Cyto-Info (VDCA) 5(4):19

25. Schwarz G, Roch J (1985) Zytomorphologische Heterogenität der Intermediärzellenpopulationen bei Exfoliativmaterial der Cervix uteri. Verh Dtsch Ges Path 69:624

26. Schwarz G (1986) Die Arbeitsweise von vollautomatisch und interaktiv arbeitenden Zytoanalyse-Systemen. Cyto-Info (VDCA) 6(2):48

27. Soost HJ, Baur S (1980) Gynäkologische Zytodiagnostik: Lehrbuch und Atlas. 4. völlig neu bearbeitete Auflage. Georg Thieme Verlag, Stuttgart New York

28. Soost HJ, Brem W, Höbel W, Otto K, Schwarz G (1983) Comparison of Papanicolaou staining and Feulgen staining for automated prescreening. Analyt Quant Cytol 5:61

29. Soost HJ (1983) Automatisierte Zytodiagnostik aus der Sicht des klinischen Zytologen. Microsc Acta (Suppl 6):169

30. Tanaka N, Ikeda H, Ueno T, Okamoto Y, Hosoi S (1981) CYBEST-CDMS: automated cell dispersion and monolayer smearing device for CYBEST. Analyt Quant Cytol 3:96

31. Tanke HJ, van Ingen EM, Ploem JS (1979) Acriflavine-Feulgen-stilbene staining: A procedure for automated cervical cytology with a television based system (LEYTAS). J Histochem Cytochem 27:84

32. Wenzelides K (1984) Hat die Präparationstechnik Einfluß auf die automatische Mikroskopbildanalyse? Bild und Ton 37:56

33. Wied GL, Bartels PH, Bibbo M (1983) Die Begriffswelten der visuellen und automatischen Zytodiagnostik - wie eng berühren sie sich? Microsc Acta (Suppl 6):179

34. Wittekind D, Reinhardt ER, Kretschmer V, Zipfel E (1983) Influence of staining on fast automated cell segmentation, feature extraction and cell image analysis. Analyt Quant Cytol 5:55

2.2 Stereologie

2.2.1 Aufgaben, Möglichkeiten und Grenzen einer quantitativen Pathologie

Martin Oberholzer, Peter Dalquen, Wolfgang Gössner, Philipp U. Heitz

A. Einleitung

Zur Haupttätigkeit der Pathologen gehört die Interpretation licht- oder elektronenmikroskopischer Bilder. Die in den Bildern enthaltenen Informationen werden in eine Diagnose umgesetzt, die oft Grundlage der klinischen Therapieplanung ist. Die pathologische Diagnose sollte deshalb möglichst eindeutig und vollständig sein.

Zweifel an qualitativen Befunden, vor allem aber der Wunsch, auch die Morphologie ähnlich wie funktionelle Befunde in Zahlen fassen zu können, waren bereits vor 80 Jahren Anlaß zur Messung morphologischer Veränderungen, zur *Morphometrie* in der Pathologie (16). Ihre Möglichkeiten auf diesem Gebiet wurden aber erst in den letzten 30 Jahren wiederentdeckt und in größeren Anwendungsbereichen genutzt.

Wie alle Meßwerte sind auch morphometrische Resultate einer sorgfältigen statistischen Analyse zu unterziehen. Aus diesen Grund gehören neben Kenntnissen der verschiedenen morphometrischen Methoden (siehe Kapitel 1.1) und ihren Anwendungsbedingungen auch Erfahrungen und Kenntnisse in der Statistik (siehe Kapitel 3.1 und 3.2) zum unerläßlichen Rüstzeug des messenden Pathologen.

B. Aufgaben der Morphometrie in der Pathologie

In der klinischen experimentellen Pathologie wird die Morphometrie mit folgenden 4 *Hauptzielen* eingesetzt:

1. Vergleiche zwischen morphologischen und funktionellen Parametern (Abb. 1) oder zwischen verschiedenen morphologischen Parametern alleine,
2. Beurteilung der Wertigkeit diagnostischer Parameter,
3. Objektivierung von Befunden und
4. morphologische Charakterisierung von Krankheitsbildern.

Einer direkten und besonders einer ausschließlichen Verwendung der Morphometrie in der Diagnostik, wie sie Baak und Oort (1983) (3) propagieren, sind Grenzen gesetzt. Diese Grenzen werden durch folgende Fakten gebildet:

1. In eine pathologisch-anatomische Diagnose, die üblicherweise 24 Stunden nach Gewebeentnahme abgegeben werden sollte, fließen oft neben den morphologischen Befunden auch klinische und funktionelle Fakten ein.

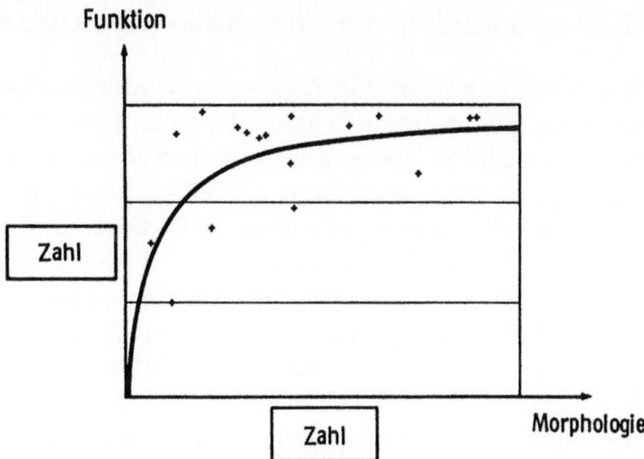

Abb. 1. Vergleiche zwischen Morphologie und Funktion erfordern eine quantitative Erfassung morphologischer Veränderungen

2. Der apparative und personelle Aufwand für eine zeitgerechte diagnostische Morphometrie ist vorläufig noch sehr groß.
3. Mittels Morphometrie können in der Regel nicht sämtliche morphologischen Elemente, die für eine Diagnose von Bedeutung sind, erfaßt werden.
4. Das Charakteristische vieler für ein Krankheitsbild pathognomonischer Veränderungen liegt nicht in deren Ausmaß, sondern in deren Vorhandensein bzw. Fehlen.

Die eigenen Erfahrungen haben jedoch gezeigt, daß Morphometrie ein sehr geeignetes Hilfsmittel zur Beurteilung der Qualität diagnostischer morphologischer Parameter zur besseren morphologischen Charakterisierung von Krankheitsbildern sein und auf diesem indirekten Weg eine große Bedeutung in der Diagnostik erlangen kann.

Morphometrische Methoden können daneben von unmittelbarer Bedeutung in der histologischen Diagnostik sein, wenn sie zur Gradierung von Dysplasien oder zur Klassifizierung maligner Lymphome eingesetzt werden. Zur Zeit erfolgt die quantitative histologische Gradierung von Dysplasien fast ausschließlich mit Hilfe zytologischer Parameter. Für eine möglichst breit abgestützte und endgültige Quantifizierung histologischer Befunde dürfte es jedoch unumgänglich sein, eine eigene Methode, eine Histomorphometrie, zu entwickeln. Diese sollte unter anderem auch die Bestimmung von Abstands- und Verteilungsparametern erlauben, wie sie in Kapitel 2.3 beschrieben werden.

Die Wahl der morphometrischen Methode zum Gewinn quantitativer Informationen aus Bildern (elektronenmikroskopische Bilder, Gefrierbruchbilder, zytologische Präparate, histologische Schnitte) muß sich nach der Fragestellung richten. Wie überall in der Wissenschaft sind klar formulierte Fragen die entscheidende Voraussetzung für den erfolgreichen Einsatz quantifizierender Methoden, weil nur auf ihrer Basis die Analyse sorgfältig geplant, die notwendigen morphometrischen Parameter festgelegt und die erforderlichen und richtigen methodischen und statistischen Auswerteverfahren eingesetzt werden können.

C. Möglichkeiten der Morphometrie in der Pathologie

Die Möglichkeiten der Anwendung morphometrischer Verfahren sind vielfältig, denn für die meisten Fragestellungen können geeignete morphometrischen Parameter gefunden, gemessen und berechnet werden (siehe Kapitel 1.1). Allerdings sind die Geräte, die einen gezielten Einsatz und eine schnelle Berechnung der einzelnen Parameter erlauben, sehr teuer und nur selten kompatibel mit anderen Geräten. Diese Fakten schränken deshalb die Möglichkeiten des Einsatzes der Methode für an Messungen interessierte Pathologen noch ein.

Die Einführung immunzytochemischer Techniken zur Darstellung von Zellen, Zellkompartimenten und Zellprodukten in der Morphometrie erweiterte den Anwendungsbereich. Die immunzytochemischen Techniken (17) haben vor allem für die Morphometrie in der Endokrinopathologie große Bedeutung gewonnen und Fortschritte gebracht (28).

Die deutliche Zunahme morphometrischer Publikationen in den morphologischen Fachzeitschriften während der letzten Jahre ist Ausdruck eines gesteigerten Interesses an dieser Methode. Im folgenden soll daher anhand einiger Beispiele aus der klinischen und experimentellen Pathologie die Leistungsfähigkeit der Methode als Mittel zur Charakterisierung von Krankheitsbildern, zur Beurteilung der Wertigkeit diagnostischer Parameter, zur Analyse von Zusammenhängen zwischen Funktion und Morphologie sowie zur Objektivierung qualitativer Befunde veranschaulicht werden.

Charakterisierung von Krankheitsbildern

In eigenen Untersuchungen stellten wir bei Patienten mit *Ulcus duodeni* (n = 14) verglichen mit gesunden Probanden (n = 32) eine Abnahme des Volumenanteils der Gastrin-Zellen (G-Zellen) des Magenantrum (2P < 0.10), eine Reduktion der Anzahl Anschnitte der G-Zellen pro 1 mm² Epithelanschnittsfläche (2P < 0.001) und eine Zunahme des mittleren G-Zellvolumens (2P < 0.005) fest (27).

Klöppel und Drenck (1983) (20) analysierten morphologische Veränderungen des endokrinen Pankreas bei Patienten mit Typ I und II *Diabetes mellitus*. Sie fanden bei erwachsenen Patienten mit Typ I Diabetes mellitus eine ausgeprägte Reduktion der Volumendichte der Insulin produzierenden B-Zellen, bezogen auf das gesamte endokrine Pankreas, während bei erwachsenen Patienten mit Typ II Diabetes mellitus nur eine minimale Reduktion der Volumendichte der B-Zellen festgestellt werden konnte. Die Autoren zogen aus diesen Resultaten den Schluß, daß das Insulindefizit beim Typ II Diabetes mellitus nicht auf einem B-Zellverlust beruht, sondern auf einem komplexen Defekt der Insulinsekretion.

Wertigkeit diagnostischer Parameter

Wir analysierten *Bronchusbiopsien* von 28 Patienten [7 Frauen, 21 Männer; Durchschnittsalter: 51.0 ± 13.8 Jahre (SD)] mit der Frage: Auf welchen Parametern beruht die Diagnose einer leichten bzw. einer schweren Bronchitis an Bronchusbiopsien hauptsächlich. Unser Interesse galt unter anderem auch der Veränderung der Schleimzusammensetzung in den Acini der Drüsenläppchen, die morphologisch mittels einer PAS-Färbung dargestellt werden kann.

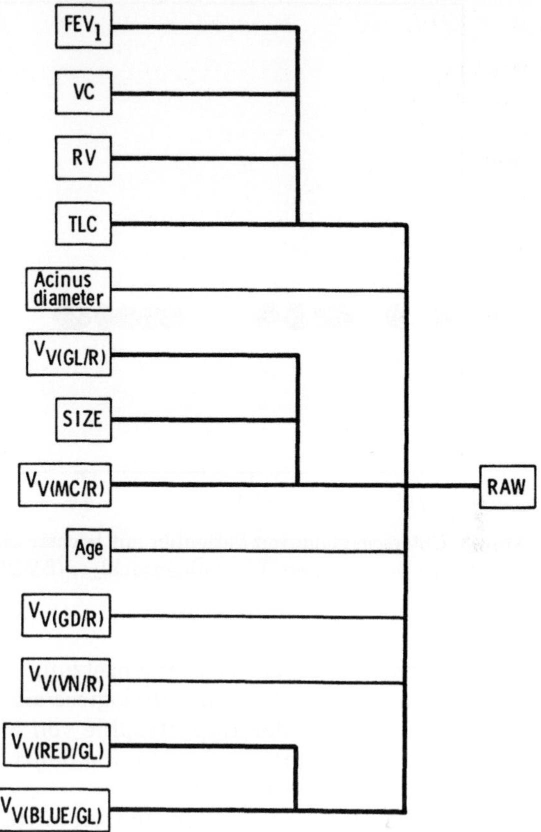

Abb. 2. Zusammenhänge zwischen den morphometrischen Parametern an Bronchusbiopsien und Lungenfunktionsparametern: Clusteranalyse für Variable (BMDP-Programm) (12)

Von jeder Biopsie wurden 3 Schnitte im Abstand von je 100 μm hergestellt. Die Schnitte wurden mit Alcian-Blau-PAS gefärbt (pH 2.7). Die Gesamtfläche der histologischen Schnitte durfte 7 mm^2 nicht unter- und 24 mm^2 nicht überschreiten, damit die Wahrscheinlichkeit des Vorhandenseins der wichtigsten Strukturelemente in der einzelnen Biopsie ungefähr gleich groß blieb. Folgende Parameter wurden berechnet: Volumendichte der Drüsenläppchen (GL), Drüsenausführgänge (GD), glatten Muskulatur (MC) und des Venenplexus (VN) an der Biopsie (R) sowie die Volumendichte der rot (RED) und blau (BLUE) angefärbten Drüsenacini an den Drüsenläppchen. Eine Clusteranalyse für Variable ergab das in Abb. 2 zusammengestellte Resultat. Ein Hauptast wird durch die Funktionsparameter, ein zweiter durch die Parameter V$_{V(GL/R)}$, V$_{V(MC/R)}$ sowie die Biopsiegröße und ein dritter durch V$_{V(RED/GL)}$ sowie V$_{V(BLUE/GL)}$ gebildet. Die Unterscheidung zwischen einer leichten (n = 6) und schweren Bronchitis (n = 16) ist nach den Ergebnissen der schrittweisen Diskriminanzanalyse (Abb. 3) am besten mit Hilfe von V$_{V(RED/GL)}$ möglich. Dieser Parameter wies im ersten Schritt einen F-Wert von 11.5 (Schrankenwert = 4.0) auf, gefolgt von V$_{V(VN/R)}$ mit einem F-Wert von 3.9. Dieser Befund überraschte. Er zeigte aber, daß die biochemisch beschrie-

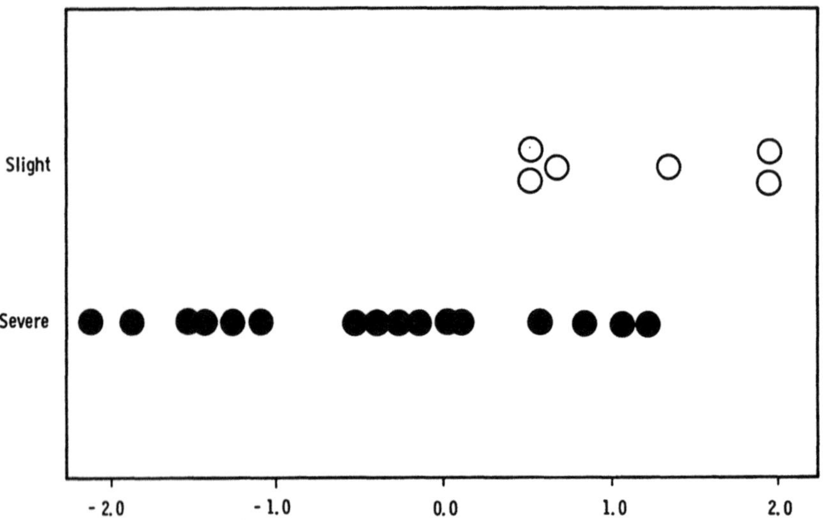

Abb. 3. Unterscheidung von Patienten mit leichter und schwerer Bronchitis mittels $V_{V(RED/GL)}$: Resultat der schrittweisen Diskriminanzanalyse (BMDP-Programm) (12)

bene Veränderung der Zusammensetzung der Glykosaminoglykane bei chronischer Bronchitis (22) auch morphologisch eindeutig erfaßt werden kann und sogar in Zukunft anstelle der Hypertrophie von Muskulatur oder Drüsenläppchen als diagnostisches Hauptkriterium für die Beurteilung des Schweregrades einer Bronchitis verwendet werden sollte.

In einer anderen Studie konnten wir mittels Morphometrie nachweisen, daß bei verstorbenen Patienten mit *renaler Osteopathie* Veränderungen der, Knochenbauparameter [Volumen- und Oberflächendichte des Osteoids am Knochen: $V_{V(OID/BONE)}$, $S_{V(OID/BONE)}$ sowie Anteil der Oberfläche des Osteoids an der Trabekeloberfläche $S_{S(OID/BONE)}$] am Beckenkamm repräsentativ für Veränderungen an Wirbelsäule, Femur und Rippen sind (30). Ein Vergleich der beiden Parameter: Volumenanteil der Trabekel am Knochen [$V_{V(TRAB/BONE)}$] und mittlere Trabekelbreite [$d_{(TRAB)}$] (Abb. 4) läßt am Beckenkamm zusätzlich eine Unterscheidung der renalen Osteopathie mit und ohne Osteosklerose zu. Die Beziehung $V_{V(TRAB/BONE)} = f\,d_{(TRAB)}$ (L) ist allerdings abhängig von der Lokalisation der Knochenbiopsie: Anhand der Beckenkammbiopsien wurde morphometrisch siebenmal eine Osteosklerose diagnostiziert, anhand der Rippenbiopsien lediglich zweimal [$P < 0.07$; Chi^2-Test] .

Zusammenhänge zwischen Funktion und Morphologie

Untersuchungen über Zusammenhänge zwischen Funktion und Morphologie setzen in typischer Weise eine Erfassung morphologischer Veränderungen in Zahlen voraus (Abb. 1) und können zur Charakterisierung von Krankheitsbildern beitragen. Ende der 60-er Jahre wurde bei jugendlichen Rauchern eine Abnahme des maximalen mittelexspiratorischen Flusses bei einer Vitalkapazität von 50%

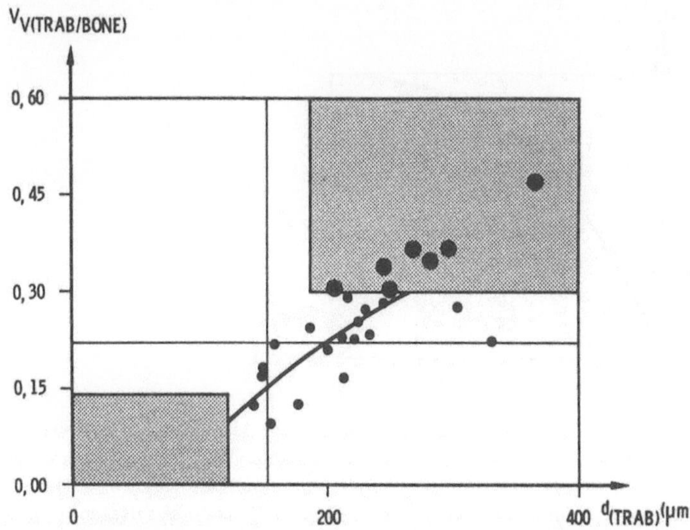

Abb. 4. Unterscheidung von Patienten mit (●) und ohne (○) Osteosklerose bei renaler Osteopathie (n = 25)

festgestellt (18); die Widerstände bei ruhiger und forcierter Atmung waren bei diesen Patienten jedoch normal (6, 36). Als morphologische Ursache dieser funktionellen Konstellation wurden Veränderungen der Bronchiolen mit einem Durchmesser von weniger als 2 mm angenommen. Eine solche "*small airways disease*" (18) als Ursache des reduzierten maximalen mittelexspiratorischen Flusses bei einer Vitalkapazität von 50% (MMEF$_{50}$) und normalen Atemwiderständen konnte morphologisch nie eindeutig nachgewiesen werden (9, 39). Die Frage möglicher Zusammenhänge zwischen Veränderungen der Bronchiolen und des maximalen mittelexspiratorischen Flusses war deshalb Anlaß für eine morphometrische Untersuchung.

Untersucht wurden die während der Jahre 1979-1982 autoptisch entnommenen linken Lunge von 17 Patienten [14 Männer, 3 Frauen; mittleres Alter: 63.9 ± 9.8 Jahre (SD), Spannweite: 36 bis 76 Jahre]. Die Zeit zwischen der intravitalen Messung der Lungenfunktion und dem Tod betrug im Durchschnitt 7.3 ± 4.9 Monate (SD) (Spannweite: 3 Wochen bis 17.5 Monate).

Aus den Werten der Anschnittsfläche und dem Umfang des Lumens der Bronchiolen wurden die kreisbezogenen Formfaktoren berechnet und mit dem gemessenen Achsenverhältnis des einzelnen Lumenanschnittes in Beziehung gesetzt (Abb. 5). Der kreisbezogene Formfaktor der Lumenanschnitte ermöglicht mit dem Achsenverhältnis kombiniert eine Quantifizierung der Bronchiolendeformierung: Mit zunehmender Deformierung entfernen sich die Formfaktor-Werte bei einem gegebenen Achsenverhältnis immer mehr von der "Normkurve" für nicht deformierte, elliptische Anschnitte.

Zur Beantwortung der Frage nach dem Ausmaß des Einflusses bronchiolärer Veränderungen [Anschnittsfläche des Bronchienlumens A$_{(LUM)}$, Form der Bronchiolen F$_{(LUM)}$ sowie Volumenanteil der glatten Muskulatur an den Bronchiolen V$_{V(MC/B)}$] und alveolärer Veränderungen [Oberfläche der Alveolar-

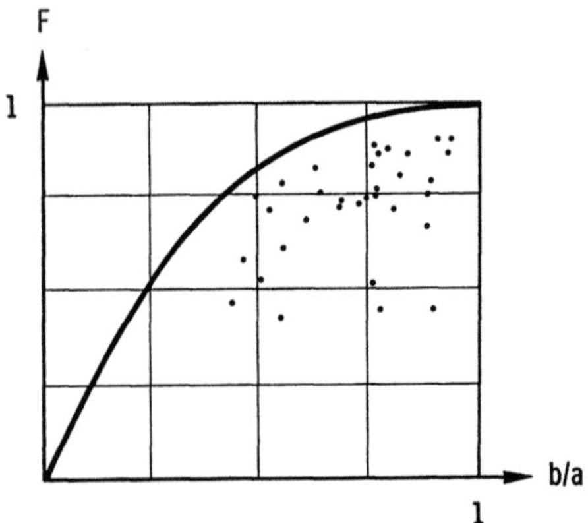

Abb. 5a. Der kreisbezogene Formfaktor der Bronchiolenlumenanschnitte (F) ermöglicht zusammen mit dem Achsenverhältnis (b/a) der Bronchiolenlumenanschnitte eine Quantifizierung der Bronchiolendeformierung. Die eingezeichnete Kurve entspricht den Formfaktoren von Ellipsen, deren kreisbezogener Formfaktor wie jener der deformierten Strukturanschnitte kleiner als 1 und deren Achsenverhältnis b/a gleich groß wie jenes der deformierten Strukturanschnitte ist.

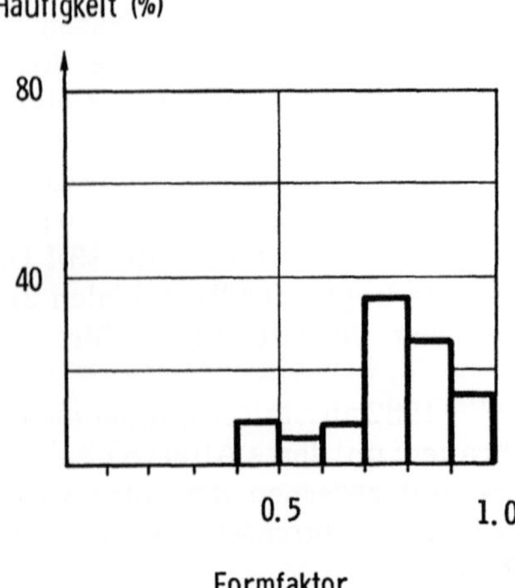

Abb. 5b. Histogramm der in Abb. 5 a dargestellten und auf die kreisbezogenen Formfaktoren der elliptischen Anschnitte nicht deformierter Strukturen bezogenen Formfaktoren.

septen $S_{(ALS)}$] auf den maximalen mittelexspiratorischen Fluß bei einer Vitalkapazität von 50 % ($MMEF_{50}$) wurde eine Hauptkomponentenanalyse an den Daten des Gesamtkollektivs (n = 17) und des Teilkollektivs mit funktionellem "small airways disease" (n = 5) durchgeführt (Abb. 6). Die Resultate lassen beim Teilkollektiv mit funktionellem "small airways disease" einen deutlichen Einfluß der bronchiolären Parameter $F_{(LUM)}$ und $A_{(LUM)}$, aber auch des Lungenparenchymparameters $S_{(ALS)}$ auf $MMEF_{50}$ erkennen, nicht jedoch des Volumen-

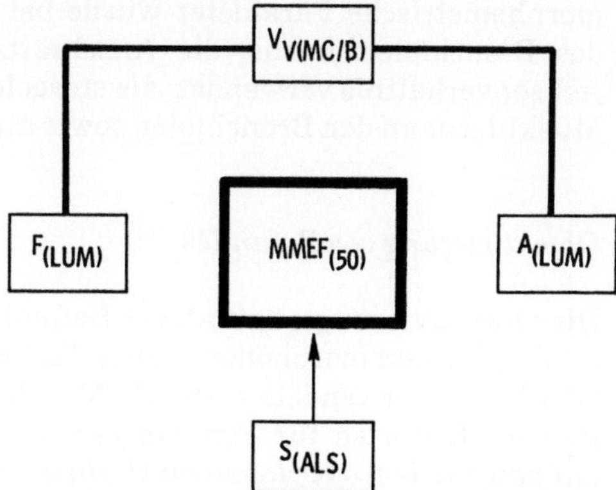

Abb. 6a. "Small airways disease": Resultate der Hauptkomponentenanalyse an den Daten des untersuchten Gesamtkollektivs (n=17): Veränderungen der Alveolenoberfläche [$S_{(ALS)}$] haben einen Einfluß auf den maximalen mittelexspiratorischen Fluß bei 50% Vitalkapazität ($MMEF_{50}$).

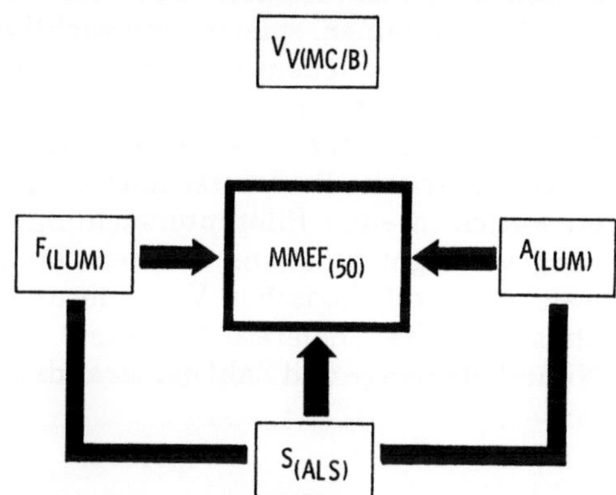

Abb. 6b. "Small airways disease": Resultate der Hauptkomponentenanalyse an den Daten des Kollektivs mit funktionellem "Small airways disease" (n=5): Neben Veränderungen von Form [$F_{(LUM)}$] und Anschnittsfläche der Bronchiolenlumina [$A_{(LUM)}$] haben auch Veränderungen der Alveolenoberfläche [$S_{(ALS)}$] einen Einfluß auf den maximalen mittelexspiratorischen Fluß bei 50% Vitalkapazität ($MMEF_{50}$).

anteils der Muskulatur an den Bronchiolen. Im Gesamtkollektiv (n=17) ergab sich ein direkter Zusammenhang nur noch zwischen $S_{(ALS)}$ und $MMEF_{50}$.

Aus dieser Beobachtung kann der Schluß gezogen werden, daß beim small airways disease nicht nur Veränderungen der Bronchiolen sondern auch der Alveolarsepten von Bedeutung sein müssen. Da die bronchiolären und alveolären Parameter zusätzlich miteinander in enger Beziehung stehen (Abb. 6b), kann die These aufgestellt werden, daß der small airways disease eine Frühform des Lungenemphysems darstellen könnte.

Morphometrische und stereologische Untersuchungen haben in diesem Beispiel dazu beigetragen, eine klare Arbeitshypothese zu formulieren. Als morphometrische Parameter wurde bei der vorgestellten Arbeit der Formfaktor des Bronchiolenlumens, die Anschnittsfläche des Bronchiolenlumens und das Achsenverhältnis verwendet, als stereologische Parameter der Volumenanteil der Muskulatur an den Bronchiolen sowie die Alveolenoberfläche.

Objektivierung von Befunden

Die Objektivierung qualitativer Befunde war ursprünglicher und direkter Anlaß für den Einsatz morphometrischer Techniken in der klinischen Pathologie. Wilms (1912) (43) verwendete erstmals Morphometrie zur Festlegung einfacher diagnostischer Kriterien für *Pankreasveränderungen totgeborener Kinder von Müttern mit potentiellem oder latentem Diabetes mellitus*. Er versuchte damit, die Autopsiediagnose zu verfeinern und einen unbekannten mütterlichen Praediabetes mellitus so früh wie möglich zu diagnostizieren.

Eine sichere Beurteilung von *Veränderungen an tight junctions* z.B. in der Leber (Abb. 7) ist ohne Morphometrie nicht möglich (2, 38). Tight junctions sind interzelluläre Verbindungen und stellen in der Leber eine anatomische Barriere zwischen Blutsinusoiden und den Gallekapillaren dar. Sie bestehen aus Membranproteinen, spielen eine wichtige Rolle in der Gallesekretion und werden auch als Zona occludens bezeichnet. Veränderungen der tight junctions können in einer Verbreiterung oder Verschmälerung der tight junctions und in einem Längenverlust oder in einer Konfigurationsänderung der "strands" bestehen. Morphometrische Parameter müssen diese Veränderungen erfassen können. Wir entwarfen in einer Pilotuntersuchung ein Morphometriemodell zur Quantifizierung von tight junctions mit dem Ziel, folgende Fragen zu beantworten: "Von welchen morphologischen Veränderungen der tight junctions ist bei Ratten eine physiologische Cholerese begleitet? Nimmt die Breite der tight junctions zu? Nimmt die Länge und Zahl der strands ab? Ändert sich ihre Richtung?" (34).

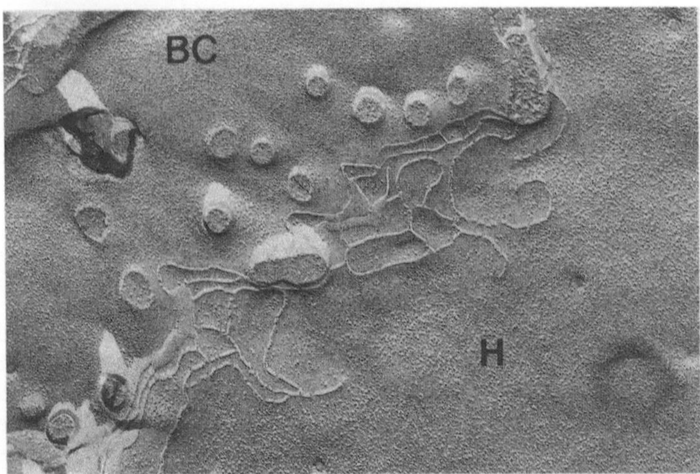

Abb. 7. Tight junctions der Leberepithelzellen (Ratte, Endvergrößerung 108 000x). H: Wand der Leberepithelzellen. BC: Gallecanaliculus.

Die Resultate zeigten, daß mit entsprechenden morphometrischen und stereologischen Parametern feine morphologische Veränderungen der tight junctions erfaßt werden können (34). Nach Nahrungsaufnahme weisen die tight junctions einen weniger stark gerichteten Verlauf der strands auf als nach Nahrungskarenz, was sich in einem kleineren linearen Orientierungsparameter (40) niederschlägt ($2P < 0.013$). Gleichzeitig nimmt die kanalikulär-sinusoidale Ausdehnung der tight junctions und die Zahl der strands pro tight junction-Breite verglichen mit dem Zustand nach Nahrungskarenz ab (je $2P < 0.05$). Eine physiologische Cholerese (Nahrungsaufnahme) bewirkt also gegenüber dem Zustand nach Nahrungskarenz eine Auflockerung, Rarefizierung und Umorientierung der strands der tight junctions. Diese Befunde sind mit denjenigen bei Cholestase identisch (10, 11, 14, 21, 25, 31, 32, 33). Für einen verstärkten kanalikulär-sinusoidalen Reflux (Cholestase) bestand bei den von uns untersuchten Tieren kein Hinweis.

Auf dem Hintergrund dieser Resultate verglichen mit denjenigen der Literatur können folgende Thesen formuliert werden:

1. Die Konstellation der tight junctions entspricht nach Nahrungskarenz einem Ruhezustand mit gedrosseltem Gallefluß, die tight junctions sind weitgehend geschlossen.
2. Nahrungsaufnahme (physiologische Cholerese) löst einen verstärkten Gallefluß in sinusoidal-kanalikulärer Richtung aus: Die tight junctions sind verbreitert und die strands weniger stark orientiert.
3. Die morphologischen Veränderungen an tight junctions bei Cholerese entsprechen wahrscheinlich denjenigen bei Cholestase.

Morphometrische Techniken ermöglichen, Krankheitsbilder differenzierter zu charakterisieren, Zusammenhänge zwischen Morphologie und Funktion zu erkennen sowie Befunde zu objektivieren. Die Möglichkeit, morphologische Veränderungen in Zahlen darzustellen, schafft die Voraussetzungen für die breite Anwendung vergleichender statistischer Untersuchungsmethoden und Testverfahren. Erst diese Hilfsmittel erlauben, Thesen zu überprüfen, Gesetzmäßigkeiten zu erkennen und die Wahrscheinlichkeit eines Irrtums abzuschätzen. Obwohl Zahlen Sicherheit zu vermitteln vermögen, dürfen sie als Entscheidungsinstrumente nicht überschätzt werden. Auch Aussagen, die sich auf Zahlen abstützen und deshalb reproduzierbar sind, sind immer mit einer Irrtumswahrscheinlichkeit behaftet. Aus diesem Grund ist es notwendig, die beobachteten morphometrischen Resultate sorgfältig mit den anhand von Gesetzmäßigkeiten erwarteten zu vergleichen (Abb. 8). Nur durch solche Vergleiche können Fehlschlüsse vermieden und die Grenzen der Methode erkannt werden.

D. Grenzen quantitativer Analysen in der Pathologie

Kenntnisse über die Leistungsfähigkeit einer Methode bestimmen ihren konkreten Wert. Zur Beurteilung der Leistungsfähigkeit muß man sich Rechenschaft über die Randbedingungen geben. Können diese Randbedingungen nicht erfüllt werden, darf die Methode nicht angewandt werden. Diese limitierenden Bedingungen sind für die Morphometrie: Darstellbarkeit der Strukturen, Repräsentativität und Größe der Stichprobe sowie Meßgenauigkeit.

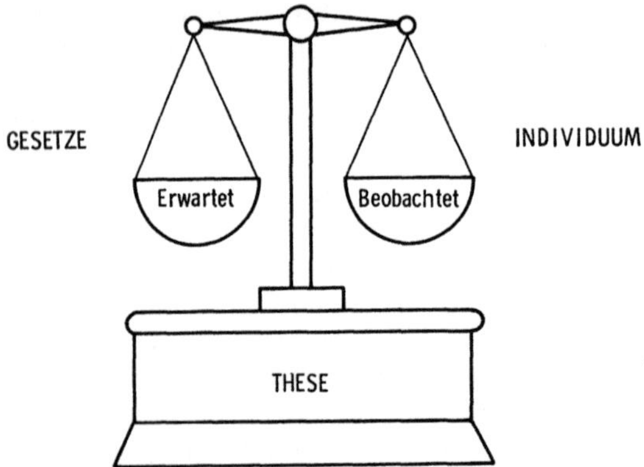

Abb. 8. Zusätzliche Informationen können gewonnen werden, wenn an Individuen beobachtete Befunde mit den anhand von Gesetzmäßigkeiten erwarteten Befunden verglichen werden.

Die Darstellbarkeit von Strukturen konnte mit Hilfe moderner Methoden (z.B. Immunzytochemie) spezifiziert, verbessert und verfeinert werden. Bei jeder morphometrischen Untersuchung sollten eine möglichst große Meßgenauigkeit bei minimalem Zeitaufwand für die Messungen und eine sorgfältige Analyse der Resultate angestrebt werden. Zur Erfüllung der ersten Forderung können semi- oder vollautomatische Meßgeräte notwendig werden, zur Erfüllung der zweiten sind statistische Analysen erforderlich.

Sämtliche stereologischen Parameter können grundsätzlich mit der einfachen "eye-hand-brain"-Methode (15) berechnet werden (siehe Kapitel 1.1). Das direkte Punktezählverfahren (1, 26, 41) zur Berechnung von Flächen- oder Volumendichten ist sowohl bezüglich Meßgenauigkeit als auch Arbeits- und Zeitaufwand semiautomatischen oder automatischen Methoden ebenbürtig. Bei der Berechnung der übrigen Parameter ermöglichen semiautomatische Instrumente dagegen - wie auch die eigene Erfahrung zeigte - eine Verbesserung der Meßgenauigkeit sowie eine Reduktion des Arbeits- und Zeitaufwandes.

Um die morphometrischen Methoden möglichst optimal ausschöpfen zu können, sind die folgenden Forderungen zu berücksichtigen:

1. Die morphologischen Parameter sollten sorgfältig in Abhängigkeit der Fragestellung ausgewählt und übersichtlich mittels einer standardisierten Nomenklatur dargestellt werden (siehe Kapitel 1.1).
2. Angaben über Schnittdicken der ausgewerteten Präparate, Spezifikationen der verwendeten Färbemethoden in der Histologie sowie Angaben zum Meßverfahren (Vergrößerung, Rasterqualität, Berechnungsmethoden, Korrekturverfahren, spezielle Meßtechniken wie z.B. Densitometrie) sind für den Vergleich publizierter Daten unbedingt erforderlich.
3. Als wichtigste Korrekturen sind aus praktischer Sicht notwendig: Korrektur des Schnittdickeneinflusses [Holmes-Effekt (19)], des Einflusses eines "Nucleus-Biased-Sampling" (7, 8) und verschiedener Organvolumina (26, 29).
4. Der benötigte Umfang der Stichprobe ist abhängig vom Wert des berechneten Parameters, des geschätzten mittleren Fehlers (meist angegeben in Form des relativen Variationskoeffizienten (35)) und einer der Untersuchung

zugrundegelegten statistischen Sicherheit. Die Strichprobengröße kann aus den aufgezählten Größen geschätzt werden (26).

5. Bei stereologischen Untersuchungen an gerichteten Strukturen ist zu beachten, daß die meisten stereologischen Parameter abhängig von der Orientierung der gemessenen Strukturen sind. Eisenberg (1979) (13), Sitte (1967) (37) und Weibel (1980) (42) haben vorgeschlagen, in dieser Situation die Testraster so zu legen, daß zwischen der Hauptrichtung der Struktur und den horizontalen Rasterlinien ein Winkel von 19° entsteht. Neuere Untersuchungen haben gezeigt, daß dieses Verfahren ungenügend ist. Neu wird empfohlen, das Gewebe orthogonal oder parallel zur gerichteten Struktur zu schneiden und daran die Primärparameter zu ermitteln. Die Sekundärparameter werden mit Hilfe eines Korrekturfaktors berechnet (23). Dieser Korrekturfaktor hängt vom Ausmaß der Anisotropie ab und kann Normogrammen bei Mathieu et al. (1983) (23) entnommen werden. Ein neues Verfahren zur Bestimmung der Oberfläche gerichteter (anisotroper) Strukturen an vertikalen biologischen Schnitten ist von Baddeley et al. (1986) (4) entwickelt worden (siehe Kapitel 1.3).

6. Für die Berechnungen stereologischer Parameter müssen adäquate Verfahren gewählt werden (24).

Morphometrie und Stereologie sind in der Pathologie den praktischen Bedürfnissen anzupassen. Deshalb werden immer wieder methodische Kompromisse zwischen theoretischen Bedingungen und gegebenen Möglichkeiten gefunden werden müssen. Die Notwendigkeit derartiger Kompromisse setzt möglichst umfangreiche Kenntnisse über die Werkzeuge der Morphometrie, Stereologie und Statistik voraus. Wird der Umgang mit diesen Werkzeugen aber beherrscht, können aus Bildern teils entscheidende Informationen, die der rein qualitativen Beobachtung entgehen, gewonnen und dadurch morphologische Diagnosen besser abgesichert, Krankheitsbilder präziser charakterisiert oder sogar diskrete Vorstufen morphologischer Veränderungen entdeckt werden, die dem Beobachter ohne Quantifizierung entgehen würden (5).

Literatur

1. Aherne AW, Dunnill MS (1982) Morphometry. Edward Arnold, London
2. Alberts B, Bray D, Lewis J, Raff M, Roberts K, Watson JD (1983) Molecular biology of the cell. Garland Publishing Inc, New York London
3. Baak JPA, Oort J (1983) A manual of morphometry in diagnostic pathology. Springer, Berlin Heidelberg New York
4. Baddeley AJ, Gundersen HJG, Cruz-Orive LM (1986) Estimation of surface area from vertical sections. J Microsc 142:259
5. Burger G, Jütting U, Rodenacker K (1981) Changes in benign cell populations in cases of cervical cancer and its precursors. Analyt Quant Cytol 3:261
6. Cosio MG, Hale KA, Niewohner DE (1980) Morphologic and morphometric effects of prolonged cigarette smoking on the small airways. Am Rev Resp 122:265
7. Cruz-Orive LM (1976a) Correction of stereological parameters from biased samples on nucleated particle phases. I. Nuclear volume fraction. J Microsc 106:1
8. Cruz-Orive LM (1976b) Correction of stereological parameters from biased samples on nucleated particle phases. II. Specific surface area. J Microsc 106:19

9. Demedts M, Cosemans J, de Roo M, Billiet L, Van de Woestijne KP (1978) Emphysema with minor airway obstruction and abnormal tests of small airways disease. Respiration 35:148

10. De Vos R, Desmet V (1978) Morphologic changes of the junctional complex of the hepatocytes in rat after bile duct ligation. Br J Exp Path 59:220

11. De Vos R, Desmet V (1981) Morphology of liver tight junctions in ethinyl estradiol induced cholestasis. Path Res Pract 171:381

12. Dixon WJ (ed) (1981) BMPD statistical software 1981. University of California Press, Berkeley, Los Angeles, London

13. Eisenberg B (1979) Skeletal muscle fibers: Stereology applied to anisotropic and periodic structures. In: Weibel ER (ed) Stereological methods. Vol. 1; Practical methods for biological morphometry. Academic Press, London New York Toronto Sydney San Francisco, pp 274

14. Elias E, Hruban Z, Wade JB, Boyer JL (1980) Phalloidin-induced cholestasis: A microfilament-mediated change in junctional complex permeability. Proc Natl Acad Sci (USA) 77:2229

15. Gundersen HJG, Boysen M, Reith A (1981) Comparison of semiautomatic digitizer-tablet and simple point counting performance in morphometry. Virchows Arch Path 37:317

16. Heiberg KA (1906) Beiträge zur Kenntnis der Langerhansschen Inseln im Pankreas nebst Darstellung einer neuen mikroskopischen Messungsmethode. Anat Anz 29:49

17. Heitz PhU (1982) Immuncytochemistry. Theory and Application. Acta Histochem 25 (Suppl):17

18. Hogg JC, Macklem PT, Thurlbeck WM (1968) Size and nature of airway obstruction in chronic obstructive lung disease. N Engl J Med 278:1355

19. Holmes AH (1927) Petrographic methods and calculation. Murby & Co, London

20. Klöppel G, Drenck CR (1983) Immunzytochemische Morphometrie beim Typ I und Typ II Diabetes mellitus. Dtsch Med Wschr 108:188

21. Koga A, Todo S (1978) Morphological and functional changes in the tight junctions of the bile canaliculus induced by bile duct ligation. Cell Tiss Res 195:257

22. Lamb D (1969) Intracellular development and secretion of mucus in the normal and morbid bronchial tree. Thesis, University of London

23. Mathieu O, Cruz-Orive LM, Hoppeler H, Weibel ER, (1983) Estimating length density and quantifying anisotropy in skeletal muscle capillaries. J Microsc 131:131

24. Mayhew TM, Cruz-Orive LM (1974) Caveat on the use of the Delesse principle of areal analysis for estimating components volume densities. J Microsc 102:195

25. Metz J, Aoki A, Merlo M, Forssmann WG (1977) Morphological alterations and functional changes of interhepatocellular junctions induced by bile duct ligation. Cell Tiss Res 182:299

26. Oberholzer M (1983) Morphometrie in der klinischen Pathologie. Springer, Berlin Heidelberg New York

27. Oberholzer M, Heitz PhU, Kayasseh L, Gyr K, Stadler GA, Rohr HP (1981) Immunzytochemie und Morphometrie am Modell der Gastrinzelle der normalen menschlichen Magenantrumschleimhaut und beim Ulcus duodeni. Acta Histochem 24 (Suppl):283

28. Oberholzer M, Heitz PhU, Ehrsam RE, Klöppel G (1984) Morphometry in endocrine pathology. Path Pract Res 179:220

29. Oberholzer M, Durrer H, Rohr HP, Heitz PhU (1985b) Evolutive morphologische Anpassungen der Hepatozyten verschiedener Vertebratenspecies an Grundumsatz und Körpergewicht. Acta Histochem, 31 (Suppl):73

30. Oberholzer M, Remagen W, Orfei R, Ehrsam RE, Heitz PhU (1986) Morphometry of bone. Are parameters from the iliac crest reliable indicators of renal osteopathy? Analyt Quant Cytol Histol 8:250

31. Robenek H, Groser V, Kolde G, Themann H (1980a) Freeze-fracture study of the morphology of cell membranes in hepatocytes following extrahepatic cholestasis. Path Res Pract 167:322

32. Robenek H, Herwig J, Themann H, (1980b) The morphologic characteristics of intercellular junctions between normal human liver cells and cells from patients with extrahepatic cholestasis. Am J Path 100:93

33. Robenek H, Rassat J, Themann H (1981) A quantitative freze-fracturing analysis of gap and tight junctions in the normal and cholestatic human liver. Virchows Arch Path 38:39

34. Rüfenacht HJ (1984) Cholerese bei der Ratte: Morphometrie an Tight junctions. Inaugural-Dissertation, Med. Fakultät, Universität Basel

35. Sachs, L. (1978) Angewandte Statistik. Statistische Methoden und ihre Anwendungen. 5. Auflage, Springer, Berlin Heidelberg New York

36. Seely JE, Zuskun E, Bouhuys A (1971) Cigarette smoking: Objective evidence for lung damage in teenagers. Science 172:241

37. Sitte H (1967) Morphometrische Untersuchungen an Zellen. In: Weibel ER, Elias H (eds) Quantitative methods in morphology. Springer, New York pp 167

38. Spycher M (1970) Intercellular adhesions. An electron microscope study on freeze-etched rat hepatocytes. Z Zellforsch 111:64

39. Thurlbeck WM (1979) Structural abnormalities of the peripheral airways. In: Sadoul P, Milic-Emili J, Simonsson BG, Clark TJH (eds) Small airways in health and disease. Proceedings of a symposium, Copenhagen 29-30 March, 1979. Excerpta Medica, Amsterdam Oxford Princeton, pp 3

40. Underwood EE (1970) Quantitative stereology. Addison-Wesley, Reading Massachusetts

41. Weibel ER (1979) Stereological methods. Vol. 1: Practical methods for biological morphometry. Academic Press, London New York Toronto Sydney San Francisco

42. Weibel ER (1980) Stereological methods. Vol. 2: Theoretical foundations. Academic Press, London New York Toronto Sydney San Francisco

43. Wilms C (1912) Die Langerhansschen Inseln des kindlichen Pankreas mit besonderer Berücksichtigung ihrer Zahl. Med. Diss., Bonn

2.2.2 Die Bedeutung von morphometrischen und stereologischen Techniken in der Elektronenmikroskopie (am Beispiel der Organellenbiogenese in Leberzellen)

Albrecht Reith

A. Einleitung

Seit Virchow wird die Zelle als die fundamentale Organisationseinheit der lebenden Materie angesehen. Wie wir heute wissen, sind die Zellen wiederum in viele Kompartimente, z.B. Mitochondrien, Lysosomen, unterteilt. Zum Verständnis von funktionellen Zusammenhängen oder Abläufen von Krankheitsgeschehen ist eine Integration der biochemischen und feinstrukturellen Methoden von Vorteil. Das ist bis jetzt aber durch den nicht quantitativen Charakter der Elektronenmikroskopie erschwert gewesen. Während physiologische und biochemische Methoden immer zu quantitativen Aussagen führten, beschränkte sich die Elektronenmikroskopie zumeist auf eine Beschreibung der feinstrukturellen Veränderungen, was eine quantitative Korrelation ausschloß. Die Vorteile einer quantitativen Erfassung morphologischer Strukturen durch morphometrisch-stereologische Methoden liegt zum einen in der objektiven Beschreibung der Struktur, sei es in Form eines Volumenanteils, einer Anzahl oder einer Oberfläche. Zum anderen ist eine integrierte Darstellung von biochemischen und feinstrukturellen Resultaten möglich, was zu einer besseren Struktur-Funktionsanalyse in biologisch-medizinischen Fragestellungen führt (7).

B. Beispiel: Untersuchungen an Leberzellen

Im folgenden soll anhand einiger Beispiele gezeigt werden, welche Vorteile aus einer gemeinsamen Anwendung morphometrisch-stereologischer Methoden und biochemischer Analysen gezogen werden können. Die Leberzelle mit ihrer Vielfalt von biochemischen Funktionsabläufen besitzt zu deren Steuerung ein ausgedehntes Kompartimentierungssystem. Abb. 1a vermittelt einen Eindruck, in welchen Größenordnungen die einzelnen Kompartimente oder Organellen vorliegen. Bezogen auf 1 cm^3 Lebergewebe beträgt die Zellmembran nur 0.4 m^2, umschließt aber Kompartimente, deren Gesamtoberfläche ein Vielfaches davon beträgt, nämlich 23.7 m^2. Das ist hauptsächlich eine Folge des verzweigten endoplasmatischen Retikulums und des Mitochondriensystems, die allein 11.6 bzw. 10.6 m^2 ausmachen. In Abb. 1b sind die Volumen- und Oberflächenparameter der verschiedenen Kompartimente als Prozent des Gesamtvolumens bzw. der Gesamtoberfläche aller Membranen ausgedrückt. Auffallend ist, daß z.B. der Golgikomplex, der nur 2% des Zellvolumens einnimmt, 7% der gesamten Membranfläche beansprucht. Im Gegensatz dazu beansprucht der Kern 6% des Volumens, besitzt aber nur einen Oberflächenteil an allen Membranen von 0.2%.

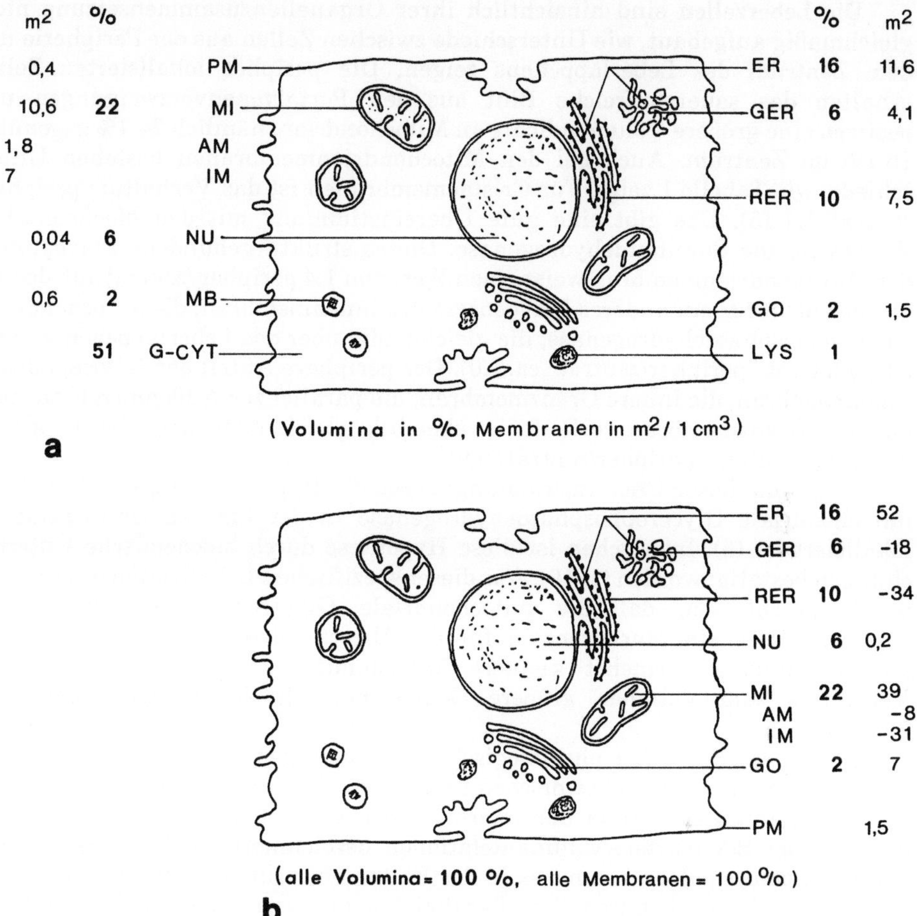

Abb. 1. Die Leberzelle besitzt auf Grund ihrer vielfältigen biochemischen Funktionen ein ausgedehntes Kompartimentierungssystem. Die Plasmamembran (PM) umschließt das Grundzytoplasma (G-CYT), das vielfältig durch das glatte (GER) und rauhe (RER) endoplasmatische Retikulum (ER) gekammert ist. Hinzu kommen die anderen Organellen wie Golgikomplex (GO), das lysosomale System (LYS) und Microbodies (MB) oder Peroxisomen. Die Mitochondrien (MI) mit ihrer Außenmembran (AM) weisen eine zusätzliche intraorganelläre Kompartimentierung auf, eine Innenmembran (IM), die einen peripheren Anteil, die innere Grenzmembran besitzt. Von dieser Membran stülpen sich Stielchen (Pediculi cristae), die sich zu Cristae-Lamellen erweitern, in die Matrix.

a) Absolute Werte der gemessenen Volumendichten (statt % könnte man auch cm3/cm3 angeben) und Oberflächendichten (m2/ cm3) bezogen auf das Referenzvolumen 1 cm3 Hepatocyt.

b) Um einen Überblick über die Größenordnungen der verschiedenen Kompartimente untereinander zu bekommen, wurden deren prozentuale Anteile berechnet. Die Daten stammen aus (8).

Die Leberzellen sind hinsichtlich ihrer Organellenzusammensetzung nicht gleichmäßig aufgebaut, wie Unterschiede zwischen Zellen aus der Peripherie und dem Zentrum des Leberläppchens zeigen. Die peripher lokalisierten Zellen erhalten das sauerstoffreiche Blut aus den Portalvenenverzweigungen und besitzen eine größere Volumendichte an Mitochondrien, nämlich 24.1% gegenüber 16.1% im Zentrum. Auch bei den Mitochondrienmembranen bestehen Unterschiede, wie Tabelle 1 zeigt. Für Cristaemembranen ist das Verhältnis peripher / zentral 1.4 (5). Das gibt eine gute Übereinstimmung mit den biochemischen Werten für die Succinatdehydrogenase. Dieses strukturgebundene Flavoprotein der Mitochondrienmembran weist einen Wert von 1.4 peripher /zentral auf. Jedoch gilt das nicht für ein anderes Flavoenzym der Innenmembran, die mitochondriale Glycerophosphatdehydrogenase, die gleichmäßig über das Leberläppchen verteilt ist (Quotient "peripher/zentral" ca. 1.0). Der periphere Anteil der Mitochondrieninnenmembran, die innere Grenzmembran, die parallel zur Außenmembran, oder äußeren Grenzmembran verläuft, ist ebenfalls gleichmäßig über das Läppchen verteilt (Quotient "peripher/zentral" 0.9).

Aufgrund dieser Übereinstimmung wurde die Hypothese aufgestellt, daß die mitochondriale Glycerophosphatdehydrogenase in der inneren Grenzmembran lokalisiert ist (5). Inzwischen ist diese Hypothese durch biochemische Untersuchungen bestätigt worden (1, 10). Aus dieser spezifischen Lokalisation des Enzyms wurde geschlossen, daß die mitochondriale Glycerophosphatdehydrogenase möglicherweise ein Markerenzym für die Mitochondrienbiogenese ist, da bei diesem Vorgang vermehrt kleinere Mitochondrien auftreten, die eine im Verhältnis zum Volumen größere Oberfläche, d.h. innere Grenzmembran, besitzen.

Aber nicht nur unter physiologischen Bedingungen bestehen gute Übereinstimmungen zwischen biochemischen und feinstrukturellen Daten, wie Membranenzymen und Membranflächen (stereologisch würde man sie als Oberflächendichten oder S/V-(surface/volume)Relationen bezeichnen). Im Falle des chronischen Alkoholschadens kommt es in der Rattenleber zur Reduktion der Cristaeoberfläche, die biochemisch ihre Parallele in der verminderten Aktivität der Succinatdehydrogenase findet. Dagegen bleibt die Aktivität der mitochondrialen Glycerophosphatdehydrogenase gleich, und auch die Oberfläche der inneren Grenzmembran bleibt unverändert (4). Gute Übereinstimmungen von Struktur

Tabelle 1. P/Z-Quotient (Quotient "peripher/zentral") des Leberläppchens der Ratte für einige feinstrukturelle und biochemische Parameter von Mitochondrien (nach Reith (3)).

		P/Z- Quotient
Mitochondrien	Einzelvolumen	2.2
	Volumendichte	1.5
	Anzahldichte	0.7
	Cristaeoberfläche	1.3
	Innere Grenzmembranoberfläche	0.9
	Succinatdehydrogenase*	1.4
	Glycerophosphatdehydrogenase*	1.0

* nach Pette zitiert (5).

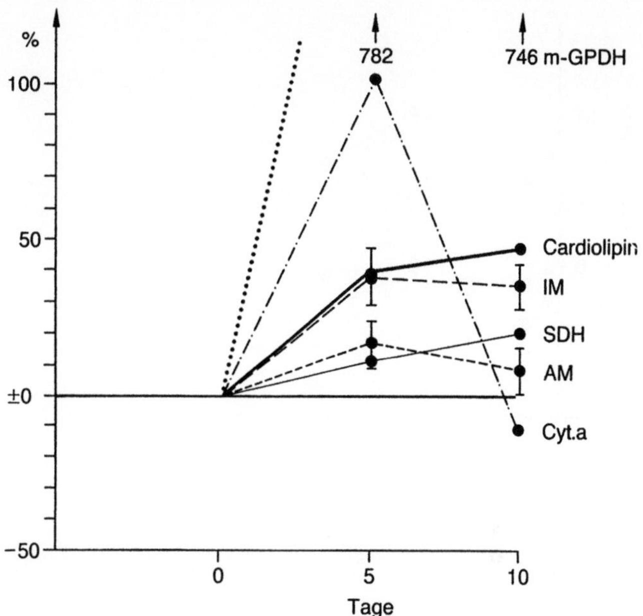

Abb. 2. Beispiel einer Induktion von Membranenzymen, des Cytochroms a₃ (CYTa) und der Succinatdehydrogenase (SDH) und der entsprechenden Membran, der Mitochondrieninnenmembran (IM) unter Stimulation von Schilddrüsenhormon für 5 Tage. Nach 10 Tagen Hormongabe sinkt das Cytochrom a₃ ab, während die Membranoberfläche gleich bleibt bei dieser stärkeren (vergleiche Abb. 3) 3,3',5'-Trijodthyronindosis von 25 μg/100 g Körpergewicht (3); (m-GPDH : mitochondriale Glycerophosphatdehydrogenase).

und Funktion finden sich auch für die Mitochondrien der Muskulatur nach Trainingsübungen bei Hochleistungssportlern, wie Messungen von Cristaeoberflächen und Succinatdehydrogenasebestimmungen gezeigt haben (3). Weitere Beispiele von integrierten feinstrukturellen und biochemischen Untersuchungen finden sich bei (8).

Der Wert einer quantitativen feinstrukturellen Untersuchung wird besonders deutlich, wenn ein *Verlauf* einer Veränderung erfaßt werden soll. Das ist sehr deutlich bei den Versuchen über den Einfluß der Schilddrüsenhormone und der Riboflavindefizienz auf die Leber und Muskulatur der Ratte. Bei diesen Versuchen konnte gezeigt werden, daß es bei fortlaufender Hormoneinwirkung auch zu einer weiteren Cristaevergrößerung kommen kann, ohne daß sich die entsprechenden biochemischen Bausteine wie Cytochrome (Abb. 2) vermehren (9). Wählt man allerdings eine mildere Hormongabe, kommt es zu einem leichten Anstieg des Cytochroms a₃ bis zum 15. Tag (Abb. 3), der von einer leichten Zunahme der Cristaemembranen begleitet wird. Dies ist zum Teil auf das Einsprießen von neuen Cristae zurückzuführen, wie die signifikante Zunahme der quergetroffenen Pediculi der Cristae (6) auf Kappenschnitten von Mitochondrien zeigt (Abb. 4).

Für die Microbody- oder Peroxisomeninduktion, die auch unter Gabe von Schilddrüsenhormon erfolgt, ist das entsprechende biochemische Korrelat die Zunahme der peroxisomalen β-Oxidation. Der Umbau der Peroxisomen unter

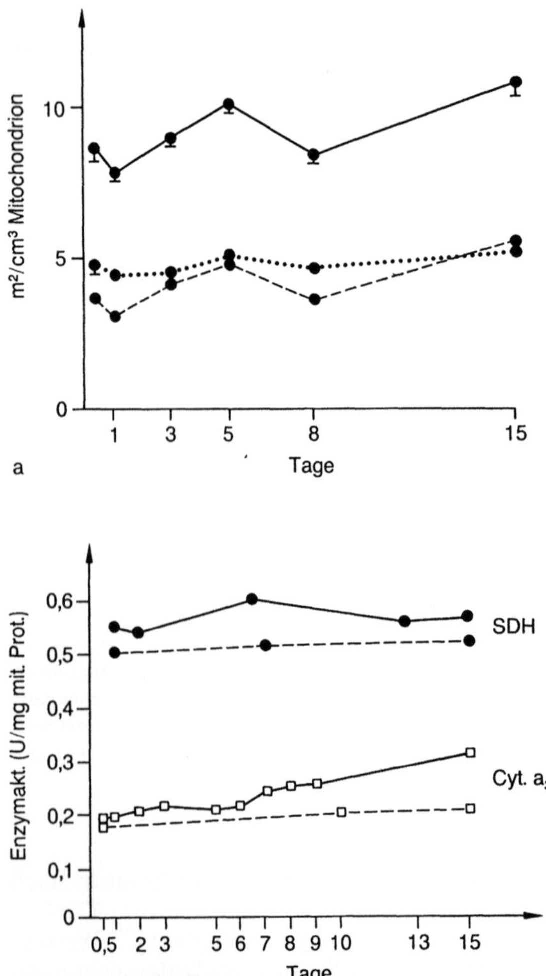

Abb. 3. Anstieg des Cytochroms a₃ (a), das von einem ebenso leichten Anstieg der Cristae-oberfläche bei mildem Hyperthyreodismus (20 μg 3,3',5'-Trijodthyronin per 100 g Körpergewicht) (b) begleitet wird .

Hormongabe führt zu einer Verdreifachung der Organellenzahl nach 5 Tagen, während deren durchschnittliches Volumen um zwei Drittel reduziert wird (Abb. 5). Diese Mikroperoxisomen sind auch strukturell verändert, wie der Verlust des kristallinen Binnenkörpers zeigt. Mit Hilfe der morphometrisch-stereologischen Methoden ist der zeitliche Verlauf der Peroxisomenbiogenese unter Gabe von Schilddrüsenhormon sehr genau zu beschreiben. Es läßt sich eine schnelle Frühphase (abgeschlossen nach 3 Tagen) von einer Spätphase der Adaptation nach 5 - 8 Tagen abgrenzen (2).

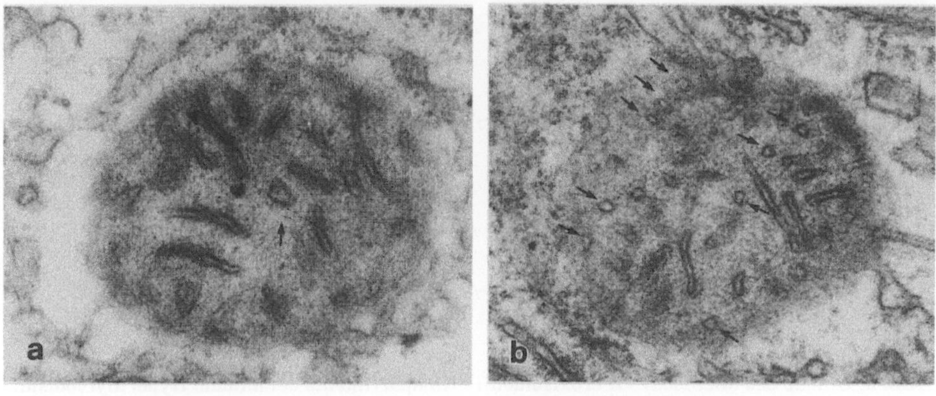

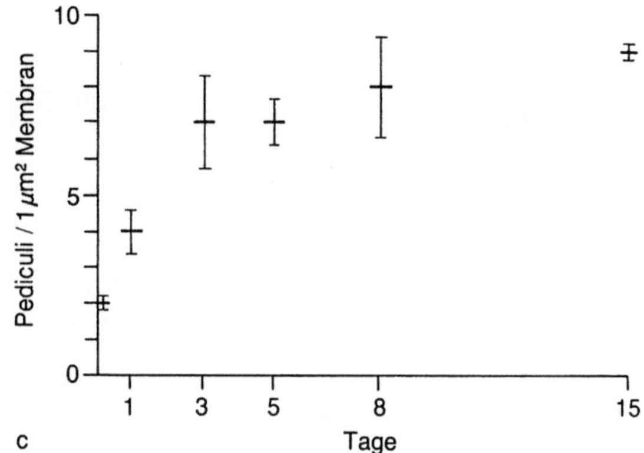

Abb. 4. Mitochondrien der Rattenleber mit Pediculi cristae, Stielchen mit denen die Cristae eine Ausstülpung der inneren Grenzmembran verbunden sind.
a) Kontrolle.
b) 15 Tage Schilddrüsenhormon mit zahlreichen Pediculiprofilen (Pfeil) (50 000 x).
c) Signifikante Zunahme der Pediculi unter Stimulation mit Schilddrüsenhormon.

C. Zusammenfassung

Diese wenigen Beispiele sollen die Bedeutung einer quantitativen Analyse bei feinstrukturellen Untersuchungen darstellen. Sie sind nur ein Ausschnitt aus einer Vielzahl von Untersuchungen, die inzwischen vorliegen (8). Sie verdeutlichen in beispielhafter Weise, wie sinnvoll eine quantitative Korrelation zwischen biochemischen und feinstrukturellen Daten sein kann. Speziell im Bereich der Erfassung der Biogenese verschiedener Membransysteme und der Biogenese von Organellen, wie Mitochondrien oder Peroxisomen, unter verschiedenen funktionellen und pathologischen Einflüssen liegt ein Hauptanwendungsfeld der Morphometrie und Stereologie.

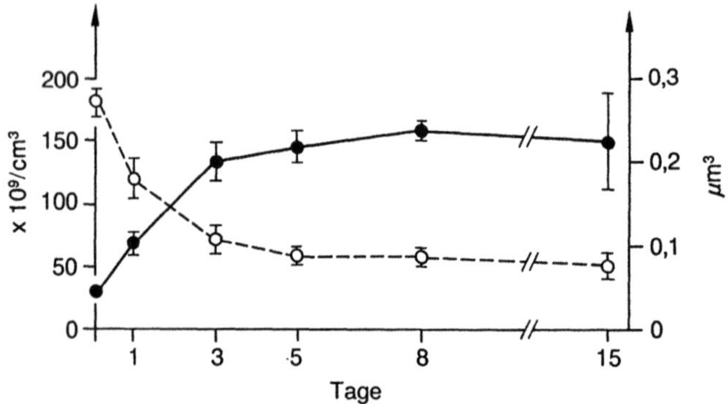

Abb. 5. Umbau des Microbody - (Peroxisomen-) - Kompartiments bei mildem Hyperthyreodismus. Nach 3 Tagen ist der Umbau zum größten Teil abgeschlossen, wie die Verdreifachung der Anzahl von Mikroperoxisomen zeigt (aus (10)). o-o Anzahl Microbodies per 1 cm³ Hepatocytoplasma. o---o: Einzelvolumen der Microbodies.

Literatur

1. Brdiczka D, Dölken G, Krebs W, Hofmann D (1974) The innerboundary membrane of mitochondria. Hoppe-Seyler's Z Physiol Chem 355:731
2. Fringes B, Reith A (1982) Time course of peroxisome biogenesis during adaptation to mild hyperthyroidism in rat liver. Lab Invest 47:19
3. Hoppeler H, Lüthi P, Claassen H, Weibel ER, Howald H (1973) The ultrastructure of the normal human skeletal muscle. A morphometric analysis on untrained men, women and well trained orienteers. Pflügers Arch Eur J Physiol 344:217
4. Pilström L, Kiessling KH (1972) A possible localization of glycerophosphate dehydrogenase to the inner boundary membrane of mitochondria in livers from rats fed with ethanol. Histochemie 32:329
5. Reith A (1972) Intramitochondrial localization of glycerol phosphate dehydrogenase. A possible marker enzyme for the proliferation of mitochondria. Cytobiologie 5:384
6. Reith A (1977) Zum Problem der Bestimmung der Anzahl der "Pediculi cristae" in Lebermito-chondrien. Mikroskopie (Wien) 33:95
7. Reith A (1979) Enzyme topology and morphometry. In: Schmidt E & FW, Trautschold I, Friedel R (eds) Advances in Clinical Enzymolog. Karger, Basel pp 53
8. Reith A, Barnard T, Rohr HP (1976) Stereology of cellular reaction patterns. Critical Reviews in Toxicology 4:219
9. Reith A, Brdiczka D, Nolte J, Staudte HW (1973) The inner membrane of mitochondria under influence of triiodothyronine and riboflavin deficiency in heart muscle and liver of the rat. A quantitative electron microscopic and biochemical study. Exp Cell Res 77:1
10. Werner S, Neupert W (1972) Functional and biogenetical heterogeneity of the inner membrane of rat liver mitochondria. Eur J Biochem 25:379

2.2.3 Die quantitative Erfassung von präkanzerösen Epithelveränderungen in der Basalzellschicht – Eine licht- und elektronenmikroskopische Studie an klinischen Biopsien

Albrecht Reith

A. Einleitung

Ein Hauptanwendungsfeld morphometrisch/stereologischer Techniken in der Pathologie stellt die Erfassung von neoplastischen Transformationen und deren Verlauf im Gewebe dar. Klinisch interessant in diesem Zusammenhang sind morphometrisch/stereologische Beiträge zur Abklärung von "borderline cases" und zur Abklärung der Frage, ob Untergruppen innerhalb gewisser Entitäten wie z.B. der intraepithelialen Neoplasie auftreten, die möglicherweise eine größere Wahrscheinlichkeit haben, sich karzinomatös zu entwickeln (6, 7). Die meisten neoplastischen Veränderungen treten in epithelialen Geweben auf, die auf Grund ihres anisotropen Aufbaus nur mit besonderen Methoden einer morphometrisch / stereologischen Analyse zugänglich sind, wenn sie nicht in ganz anderer Weise über die Analyse von Nachbarschaftsbeziehungen beschrieben werden (siehe Kapitel 2.3.3).

Zu den Grundlagen der Morphometrie und Stereologie gehören nämlich die geometrische Wahrscheinlichkeitslehre und die Statistik und zu deren Voraussetzung die Zufälligkeit der Stichprobenerhebung. Letzteres zu garantieren ist nicht immer leicht bei der Untersuchung von morphologischen Strukturen mit hohem Ordnungsgrad wie z.B. beim Schleimhaut- oder Drüsenepithel.

Im folgenden soll:

1. ein Morphometrie/Stereologie-Modell vorgestellt werden, mit dem epitheliale Veränderungen relativ leicht lichtmikroskopisch und/oder elektronenmikroskopisch zu erfassen sind;
2. die Anwendung dieses Modells auf klinisches Material, d.h. auf metaplastische und dysplastische Nasenschleimhautveränderungen bei Nickelarbeitern gezeigt werden.
3. demonstriert werden, wie man entweder mit einfachsten manuellen Mitteln oder mit einem semiautomatischen Digitizer oder schließlich einem nahezu vollautomatischen Bildanalysegerät diese Analysen durchführen kann. Bei den Untersuchungen wurden für die Volumenbestimmung sowohl das Punktezählverfahren (0-dimensional) als auch das Linienverfahren nach Rosiwal (1-dimensional) und die Flächenbestimmung (2-dimensional) angewandt.

B. Material

Um das Risiko von Nickelarbeitern, an Nasenkrebs zu erkranken, abzuschätzen, wurden Biopsien aus der vorderen Rundung der mittleren Nasenmuschel entnommen. Diese ca. 2 x 2 mm großen Biopsien wurden in 3% Glutaraldehyd in 0.1

M Cacodylatpuffer, pH 7.4, bei Raumtemperatur für mehrere Stunden fixiert, mit 1% OsO_4 in 0.1 M Cacodylatpuffer und 0.1 M Saccharose nachfixiert und orientiert in Epon eingebettet. Die Biopsien wurden senkrecht zur Oberfläche geschnitten und mit Toluidinblau gefärbt. Für die Elektronenmikroskopie wurden Dünn-schnitte angefertigt und mit Bleicitrat gefärbt (1, 3, 4).

C. Morphometrie

Von den Schnitten wurden entweder bei 400-facher Vergrößerung von einem erfahrenen Pathologen Photographien der für die Diagnose ausschlaggebenden Stellen angefertigt, die bei 2400-facher Vergrößerung ausgewertet wurden, oder die Schnitte wurden mit Hilfe eines Zeichentubus bei dieser Endvergrößerung analysiert. Für die Elektronenmikroskopie wurde ein Mehrstufen-Sampling bei 12 000-facher und 30 000-facher Vergrößerung gewählt (für Details siehe (1) oder (4)). Abb. 1 zeigt schematisch die verschiedenen Typen der Nasenschleimhaut. Untersucht wurden nur die Zellen in der Basalschicht (Abb. 2). Die Beschränkung auf diese Zellschicht hat mehrere Vorteile. Erstens sind diese Zellen leicht zu identifizieren, so daß auch bei verschiedenen Stadien der Metaplasie und Dysplasie immer Zellen aus der gleichen Schicht miteinander verglichen werden.

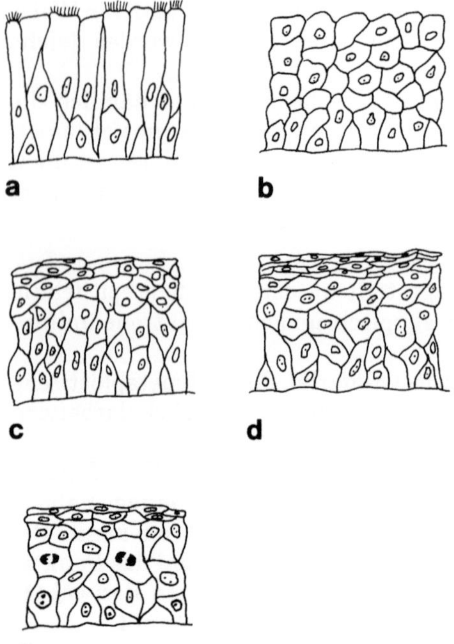

Abb. 1. Schematische Darstellung der verschiedenen Schleimhauttypen, die untersucht wurden.
(a) Mehrreihiges Flimmerepithel
(b) mehrschichtiges kubisches Epithel,
(c) gemischtes (d.h. kubisch/Plattenepithel),
(d) Plattenepithel und
(e) Dysplasie.

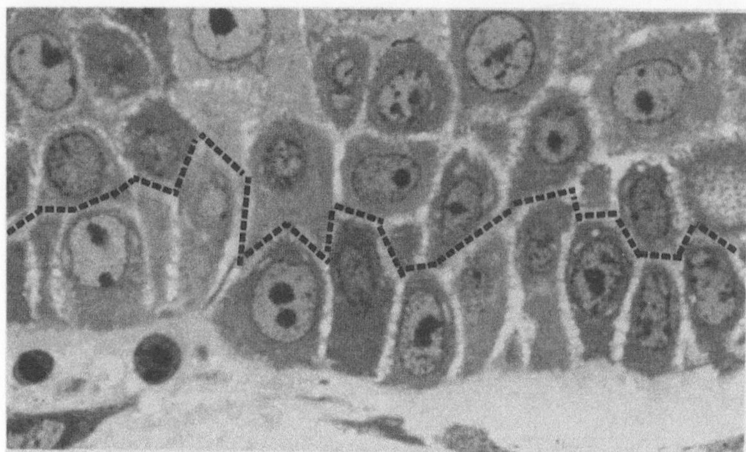

Abb. 2. Beispiel eines semidünnen, Toluidinblau gefärbten Schnittes einer Plattenepithelmetaplasie. Nur die Zellen der Basalzellschicht, die direkten Kontakt mit der Basalmembran hatten, wurden morphometriert (----- Trennlinie).

Zweitens müssen die Basalzellen, von denen die Erneuerung des Epithels ausgeht, als die eigentlichen Targetzellen für karzinogene Stoffe angesehen werden. In diesen Zellen wurden lichtmikroskopisch - wie Abb. 3 zeigt - die Zellgröße, die Kern- und Nukleolusgröße und die Zellbreite (der lineare Parameter der Kontaktfläche der Zellen mit der Basalmembran) bestimmt. Pro Fall wurden ca. 40 nebeneinander liegende Zellen untersucht.

D. Messung und Klassifizierung

- mit linearen Parametern

Dies ist die einfachste und billigste Methode, um schnell zu einer Aussage über Kern- und Nukleolusgröße und Zellbreite zu kommen. Mit einem "Lineal" werden der transversale Durchmesser (D_n) und die Zellbreite (ZB) und mit einem zweiten "Lineal" die Summe der longitudinalen und transversalen Nukleolendurchmesser

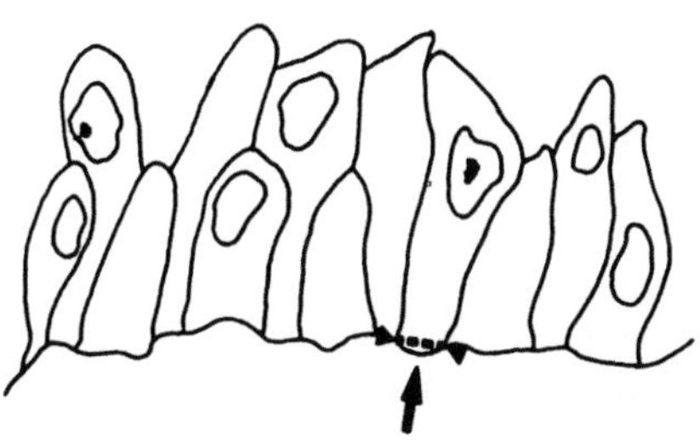

Abb. 3. Lichtmikroskopisch wurden die Zellgröße, die Zellbreite (---), d.h. der lineare Parameter der Kontaktfläche der Zellen mit der Basalmembran und die Kern- und Nukleolengröße bestimmt.

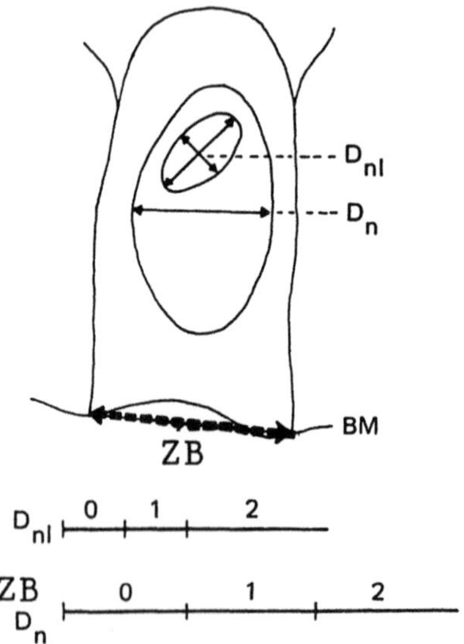

Abb. 4. Darstellung der linearen Parameter zur Erfassung der Zellbreite (ZB) und der Kern- und Nukleolengröße durch deren Durchmesserklassifizierung mit den unten abgebildeten "Linealen" (für Details siehe (2) oder (4)). Die Zellbreite ist der lineare Ausdruck der Kontaktfläche, mit der die Basalzellen auf der Basalmembran ruhen (modifiziert nach (4)).

(D_{nl}) in Klassen eingeteilt (Abb. 4). Die Diskriminierungsstärke wurde durch einen gewichteten Index, der Kappenanschnitte (Klasse 0) verwirft und größere Durchmesser oder Breiten verstärkt, verbessert:

$$\text{Basalzellindex} = \frac{(\text{Anzahl Objekte in Kl. 1}) \cdot (\text{Anzahl Objekte in Kl. 2}) \cdot 2}{\text{Anzahl aller Objekte}} \quad (1)$$

Wie Abb. 5a zeigt, führt dieses Verfahren zu einer Trennung der verschiedenen Stadien der Metaplasie und Dysplasie. Werden die drei zytologischen Parameter miteinander kombiniert, wird die Diskriminierung noch besser (Abb. 5b). Die Übereinstimmung zwischen morphometrischer und histologischer Klassifikation war 90 %. Bei einer prospektiven Untersuchung, bei der die morphometrische Klassifikation vor der histologischen Diagnose durchgeführt wurde, stimmten 20 von 22 Fällen, d.h. 91 % überein (2).

- mit einem Digitizer

Ein Digitizertablett mit einem elektronischen Griffel wurde benutzt, um die Zell- und Kerngröße, den transversalen Durchmesser der Kerne, die Nukleolenfläche und die Zellbreite zu bestimmen. Trägt man die Zellbreite gegen die Zellgröße auf, erreicht man allein mit diesen zwei leicht zu bestimmenden Parametern eine relativ gute Trennung zwischen normalem mehrreihigem Flimmerepithel und den verschiedenen Stadien der Metaplasie und der Dysplasie (Abb. 6). Trägt man den transversalen Kerndurchmesser oder die Nukleolenfläche gegen die Zellbreite auf,

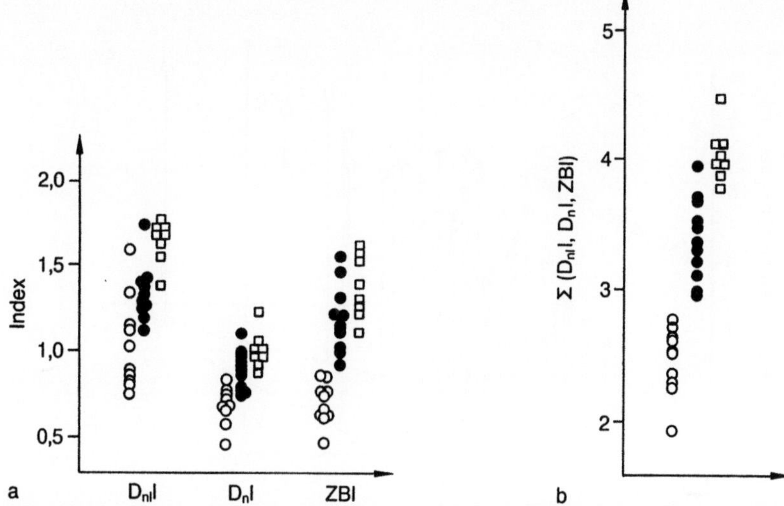

Abb. 5. (a) Die Einzeldarstellung für die Indices der transversalen Kerndurchmesser (D_n), die Nukleolendurchmesser (D_{nl}) und die Zellbreite (ZB) zeigt noch keine gute Trennung von Flimmer- und kubischem Epithel (o), Plattenepithel (●) und Dysplasie (□). (b) Erst die arithmetische Summe der drei Indices ergibt eine Trennung.

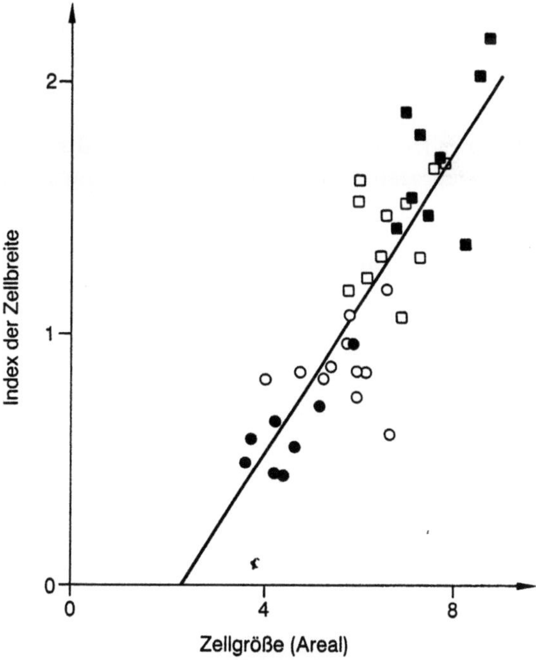

Abb. 6. Werden die Zellbreite und die Zellgröße gegeneinander aufgetragen, ergibt sich bereits eine gute Trennung zwischen Flimmer- (●), kubischem (o), und Plattenepithel (□) und Dysplasie (■) (Modifiziert nach (5)).

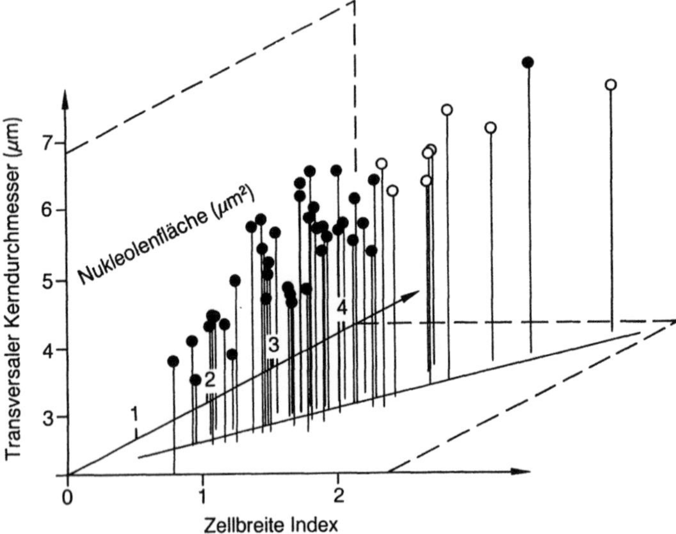

Abb. 7. Eine gute Trennung zwischen Flimmerepithel/Metaplasie (●) und Dysplasie (o) ergibt sich, wenn alle drei Parameter gegeneinander aufgetragen werden.

ist diese Separierung nicht so gut. Werden aber alle drei Parameter gegeneinander aufgetragen, so lassen sich die Dysplasiefälle gut von den Metaplasien und dem mehrreihigen Flimmerepithel trennen (Abb. 7). Kombiniert man alle drei Parameter untereinander (Abb. 8), so sieht man, daß erstens die einzelnen Stadien nicht nur gut voneinander getrennt sind, sondern zweitens auch eine stufenweise Entwicklung vom Flimmerepithel über die verschiedenen Metaplasiestadien bis hin zur Dysplasie zeigen. Dieses Resultat stützt die Hypothese, daß der Karzinogeneseprozeß wahrscheinlich ein Mehrstufenprozeß ist.

- mit einem Bildanalysegerät

Für das IBAS Gerät (Kontron GmbH, Eching bei München, BRD) wurde ein Modell entwickelt, das nach manueller Umfahrung der Basalzellschicht eine automatische Karyometrie erlaubt (8). Bei diesem Verfahren können ca. 1000 Kerne pro Stunde analysiert werden. Die Diagramme der Kernanschnitte zeigen nur einen Gipfel (wahrscheinlicher Ploidiegrad 2 n) für normales Flimmerepithel, während mehrere Gipfel für Metaplasie und Dysplasie auftreten (Abb. 9). Die Entwicklung über die metaplastischen Stadien zur Dysplasie hin geht einher mit einem Auftreten von größeren Kernen. Auffällig ist das Wiederauftreten eines 2 n Anteils bei der Dysplasie (9).

D. Elektronenmikroskopie

Auch die feinstrukturellen Untersuchungen zeigten stufenweise Veränderungen über die metaplastischen Stadien zur Dysplasie hin. Bei der Entwicklung vom

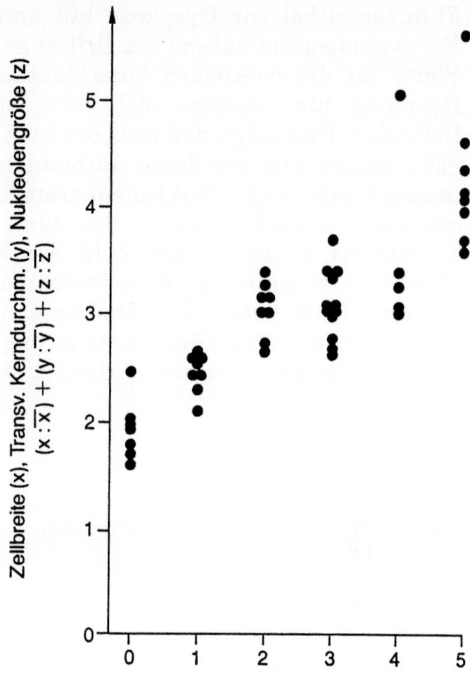

Abb. 8. Das Flimmerepithel und die einzelnen Stadien der Metaplasie und Dysplasie sind voneinander getrennt und zeigen eine stufenweise Entwicklung über die Metaplasie zur Dysplasie hin. 0: Flimmerepithel, 1: kubisches, 2: gemischtes, 3: nicht- und 4: keratinisiertes Plattenepithel, 5: Dysplasie.

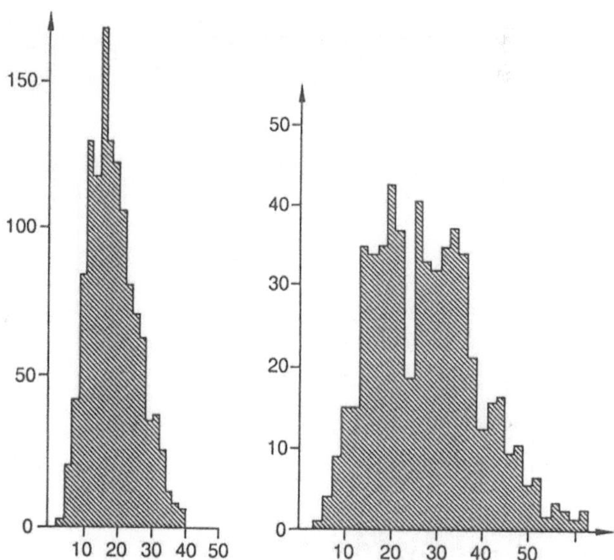

Abb. 9. Karyogramm aus der Basalzellschicht für normales Flimmerepithel (links) und Metaplasie (rechts). Im normalen Zustand ein Gipfel, wahrscheinlich 2 n (20 mm²). Bei Metaplasie und Dysplasie mehrere Gipfel.

146

Flimmerepithel zur Dysplasie hin nahm der Anteil des Heterochromatins am
Kernvolumen um nahezu ein Drittel ab. Die auf den Dünnschnitten gewonnenen
Werte für die Nukleolen (eine deutliche Volumenzunahme auf dem Weg zur
Dysplasie hin) deckten sich mit den bei der Lichtmikroskopie erhobenen
Befunden. Dies zeigt, daß trotz der im Verhältnis zu der Organelle relativ großen
Schnittdicke und der damit verbundenen Überprojektion (Holmes Effekt) auch
lichtmikroskopisch Nukleolenparameter an Semidünnschnitten zuverlässig
bestimmt werden können. Besonders deutliche Veränderungen wurden im
Zytoplasma gefunden. Die Zahl der Mitochondrien nahm auf ein Drittel ab
(Abb. 10a), während ihr Einzelvolumen um das Dreifache zunahm. Der interes-
santeste Wert betraf die Abnahme der Cristaeoberfläche zur Dysplasie hin
(Abb. 10b), was auf eine Veränderung des oxidativen Phosphorylierungsstoff-
wechsels deuten könnte. Erinnert sei in diesem Zusammenhang an die

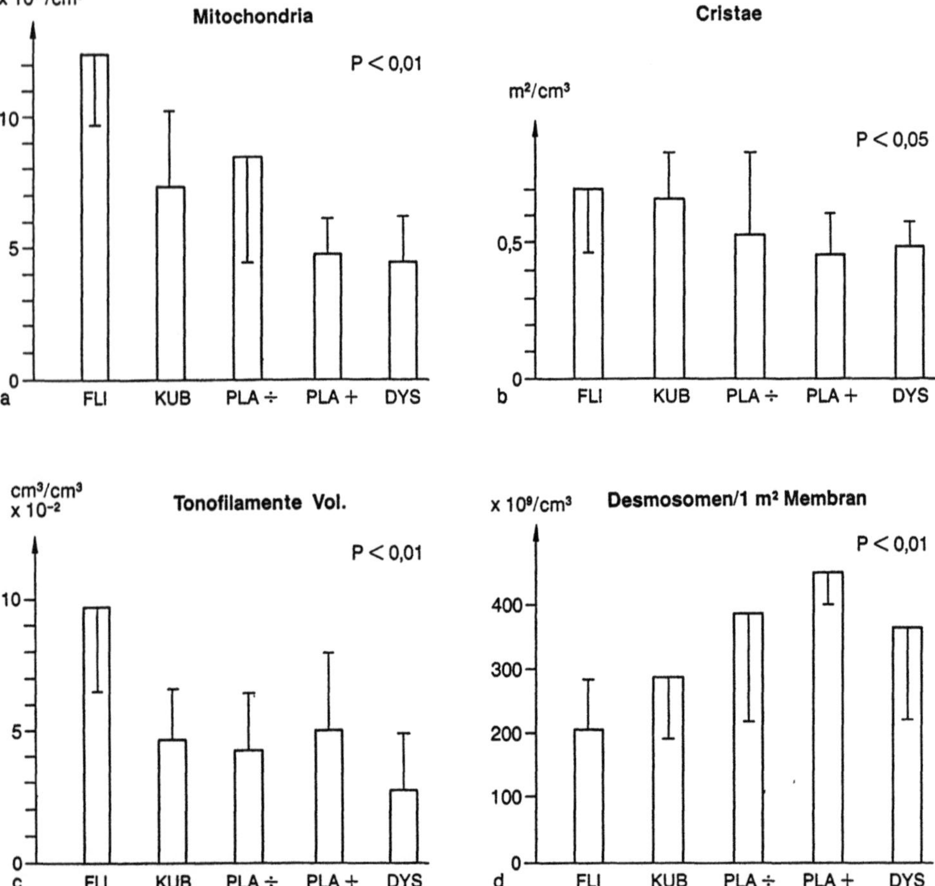

Abb. 10. Stufenweise Veränderungen der Feinstruktur bei der Entwicklung zur Dysplasie hin. (a)
Anzahl Mitochondrien, (b) Oberflächendichte der Cristae, (c) Volumendichte der Tonofilamente, (d)
Anzahl Desmosomen oder Plasmamembranoberfläche.

Warburg'sche Hypothese der Kanzerisierung, die eine Störung dieses Stoffwechselweges beinhaltet. Das Tonofilamentvolumen wurde auch drastisch reduziert (Abb. 10c). Die Desmosomenzahl, bestimmt pro Zellvolumen oder Plasmamembranoberfläche, nahm um 60 % zu (Abb. 10d). Alle Werte zusammen genommen zeigen wie die lichtmikroskopischen Befunde in Abb. 8 eine stufenweise Entwicklung zur Dysplasie hin (Abb. 11).

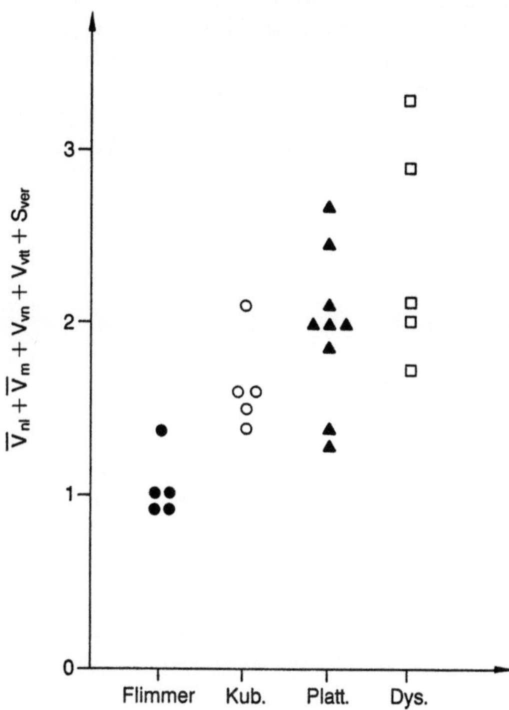

Abb. 11. Die stufenweise Entwicklung zur Dysplasie hin kommt deutlich zu Tage, wenn man die Summe der durchschnittlichen Größe der Nukleoli (nl), der Mitochondrien (m), den Volumenanteil der Kerne (n) und der Tonofilamente zusammen mit der Oberflächendichte des rauhen endoplasmatischen Retikulums aufträgt (verändert nach (1)).

E. Schlußfolgerung

1. Mit dem beschriebenen Modell der Basalzellanalyse läßt sich ein Grading der präkanzerösen Epithelveränderungen in dieser Zellschicht allein durchführen. Für die deskriptive Morphologie, d.h. die Routinediagnostik, muß dazu das gesamte Epithel zur Verfügung stehen.
2. Die Beschränkung auf die Analyse der Basalzellschicht allein hat mehrere Vorteile. Erstens können vom methodischen Standpunkt aus die Zellen leicht und eindeutig identifiziert werden. Zweitens werden die Targetzellen des Karzinogeneseprozesses erfaßt. Drittens werden proliferierende, präkanzeröse Tumorvorläuferzellen mit proliferierenden Tumorzellen verglichen, d.h. der

Vergleich ist also spezifischer. In der Literatur beschriebene Untersuchungen dieser Art betreffen alle Zellen des Epithels, womit eher reife, differenzierte Kontrollzellen mit unreifen Tumorzellen verglichen werden.

3. Die Analyse kann mit den klassischen (und billigen) Morphometrie/Stereologie-Methoden wie Punktezählverfahren und Linienanalyse nach Rosiwal oder mit den elektronischen, semiautomatischen (der Zeitaufwand ist für die beiden ersten Verfahren gleich (5)) oder automatischen Bildanalysegeräten durchgeführt werden (8, 9) (siehe Kapitel 3.4).
4. An Stelle exakter Messungen ergibt auch die Klassifizierung von Linienparametern (Kern- oder Nukleolusdurchmesser an Stelle der Flächenwerte) befriedigende Resultate.
5. Das Modell der Basalzellanalyse eignet sich auch für klinische Fragestellungen wie zur Abklärung von "borderline cases" oder der Frage von Untergruppen bei den Dysplasien.
6. Die Stärke des Modells der Basalzellanalyse an der Nasenschleimhaut hat sich sowohl bei retrospektiven als auch bei prospektiven Untersuchungen erwiesen.

Literatur

1. Boysen M, Reith A (1982) Stereological analysis of nasal mucosa. III. Stepwise alterations in cellular and subcellular components of pseudostratified, metaplastic and dysplastic epithelium in nickel workers. Virchows Arch (Cell Pathol) 40:311
2. Boysen M, Marton PF, Pilström L, Solberg LA, Torp T (1983) A simple and efficient method for objective discrimination between pseudostratified, metaplastic and dysplastic nasal epithelium. J Microsc 130:99
3. Boysen M, Reith A (1983) Discrimination of various epithelia by simple morphometric evaluation of the basal cell layer. Virchows Arch (Cell Pathol) 42:173
4. Boysen M, Reith A (1984) Light- and electron-microscopic studies by manual and semiautomatic morphometric analysis of the basal cell layer. Meth Achiev exp Pathol 11:111
5. Gundersen HJG, Boysen M, Reith A (1981) Comparison of semiautomatic digitizer-tablet and simple point counting performance in morphometry. Virchows Arch (Cell Pathol) 37:317
6. Reith A, Riede UN (1980) Editorial in Morphometry in Pathology. In: Riede UN and Reith A (eds) Special Issue of Pathology Research and Practice :106
7. Reith A (1985) Editorial: Morphometry - an esoteric method comes down from its ivory tower. Ultrastruct Pathol
8. Rigaut JP, Margules S, Boysen M, Chalumeau MT, Reith A (1982) Karyometry of pseudostratified, metaplastic and dysplastic nasal epithelium by morphometry and stereology. I. Path Res Pract 174:342
9. Rigaut JP. Boysen M, Reith A (1985) Karyometry of pseudostratified, metaplastic and dysplastic nasal epithelium by morphometry and stereology. II. Path Res Pract 180:151

2.3 Bildanalytische Histometrie

2.3.1 Anwendung bildanalytischer Verfahren in der Histopathologie

Klaus Voss

A. Einleitung

Der Begriff "Histologie" umfaßt die mikroskopische Untersuchung und die Beschreibung von Schnittpräparaten aus menschlichen und tierischen Geweben. Die "Histopathologie" stellt sich auf der Grundlage des allgemeinen Zusammenhangs von Struktur und Funktion die Aufgabe, aus strukturellen Abweichungen des Untersuchungsmaterials gegenüber "normalem" Gewebe auf krankhafte funktionelle Veränderungen zu schließen. Im Idealfall sollte damit

1. eine Differentialdiagnose mit dem Ziel einer optimalen Therapie-Entscheidung und
2. eine Früherkennung kanzerogener Veränderungen mit dem Ziel einer rechtzeitigen Behandlung erreichbar sein.

In den folgenden Ausführungen sollen einige der von uns in den vergangenen fünfzehn Jahren entwickelten Grundlagen, erarbeiteten Verfahren und erzielten Ergebnisse bei der Anwendung der automatischen Mikroskopbildanalyse in der Histopathologie dargestellt werden.

B. Erkennung als Hauptproblem der Bildanalyse

Die Abb. 1 zeigt zwei Ausschnitte aus unterschiedlichen Hirntumoren. Während das Astrozytom der Gradingstufe I (A1) relativ gute Heilungschancen hat, gibt es für das Astrozytom der Gradingstufe IV (A4) gegenwärtig kaum die Möglichkeit einer mehr als zweijährigen Überlebenszeit nach dem Auftreten der ersten klinischen Symptome. Auf Grund der in den beiden Bildern enthaltenen Information ist also nicht nur eine Diagnose, sondern auch eine Prognose ableitbar. Auch der uneingeweihte Betrachter wird leicht Unterschiede zwischen beiden Bildern feststellen können, wobei etwa eine qualitative Beschreibung entsprechend Tabelle 1 erfolgt. Qualitative Angaben dieser Art mögen noch für die Unterscheidung zweier gleichzeitig nebeneinander liegender Bilder ausreichen. Aber sie können nur mangelhaft reproduziert werden, sie reichen nicht aus für die Formulierung geringer Unterschiede und sie sind stets subjektiv bedingt. Es ist deshalb notwendig, solche Bilder durch quantitative Daten zu charakterisieren.

Die Zellkernanzahl (je Flächeneinheit) kann relativ einfach durch Zählen ermittelt werden (*"einfach"* im Sinne der verwendeten Methodik, nicht bezüglich der Eintönigkeit und des Zeitaufwandes des Verfahrens). Wir erhalten für A1 *"etwa 85"* und für A4 *"etwa 185"* Zellkerne. Das Ungefähre dieser Angabe

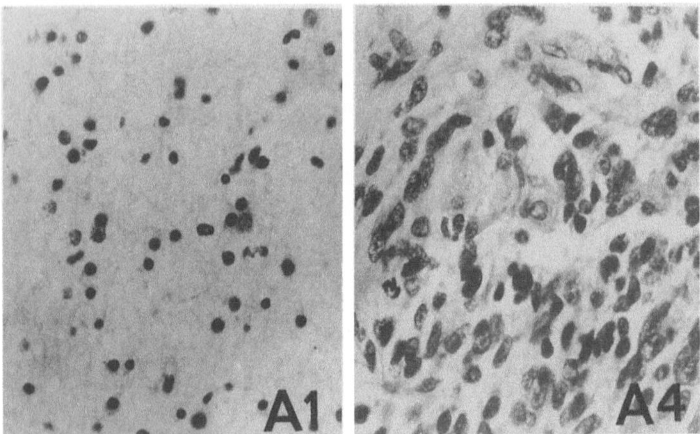

Abb. 1. Mikrophoto eines Astrozytoms Grad I (A1) und eines Astrozytoms Grad IV (A4).

Tabelle 1. Qualitative Beschreibung der Abb. 1

Merkmal	A1 (links)	A4 (rechts)
Zellkernanzahl	relativ wenig	ziemlich viel
Zellkerngröße	klein	groß
Zellkernform	rundlich	oft recht langgestreckt
Zellkernanordnung	weit verstreut	engstehend

resultiert aus der Tatsache, daß wir keinen Algorithmus für die Definition eines Zellkerns in diesen realen Bildern besitzen.

In Abb. 2 sind durch subjektive Einschätzung die Mittelpunkte der Zellkerne von Abb. 1 markiert worden, so daß ein *"digitales Bild"* entsteht. In diesem Fall liefert ein *"Zählalgorithmus"* exakt reproduzierbare Ergebnisse. Die Problematik der Zellkernzählung steckt also nicht im Zählen selbst, sondern im *"nichtmathematischen"* Übergang von Abb. 1 zu Abb. 2. Diesen Übergang wird jeder Betrachter etwas anders vollziehen, ohne jedoch über den dabei verwendeten Erkennungsvorgang Rechenschaft ablegen zu können.

Es ist anzumerken, daß selbst mit Hilfe eines Computers (oder allgemeiner, eines Bildanalysesystems) und unter Verwendung eines exakten Erkennungsalgorithmus nicht die *"Zellkernanzahl an sich"* festgestellt wird. Es ist bestenfalls nur Reproduzierbarkeit zu erreichen, wenn der Algorithmus immer wieder auf das gleiche digitale Bild angewendet wird. Das ist aber nur dann gewährleistet, wenn nach der Abtastung des realen Bildes digitale Informationen auf einem Massenspeicher (z.B. Bildspeicher) abgelegt sind. Eine wiederholte Abtastung (als unverzichtbarer Bestandteil der Bildanalyse) liefert auf Grund des Rauschens des Meßprozesses unterschiedliche digitale Bilder und damit auch unterschiedliche Kernanzahlen.

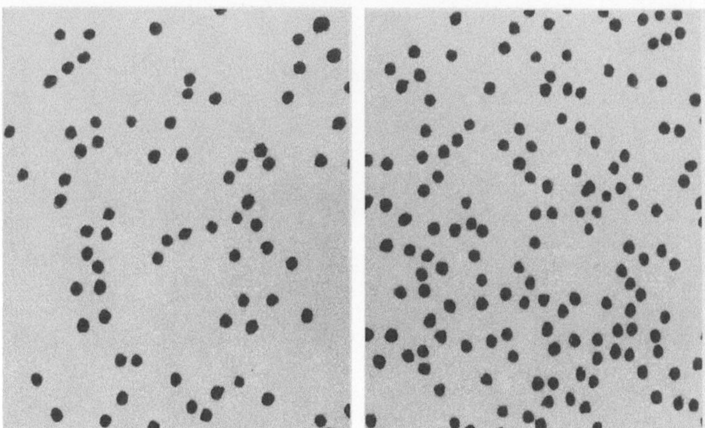

Abb. 2. Mittelpunktslagen der Zellkerne aus Abb. 1.

Für die Quantifizierung der Zellkerngröße gibt es zwei prinzipiell verschiedene
Methoden. Beim "Punktezählverfahren" wird ein Punktgitter über das Bild gelegt
und ermittelt, wieviele der im Bild liegenden Gitterpunkte einen Zellkern
getroffen haben. In Abb. 3 ist der entsprechende Algorithmus einfach durchführbar. Das Problem besteht wieder in der Erkennung, d.h. in der Festlegung,
welcher der Bildpunkte aus Abb. 1 als "schwarzer Zellkernpunkt" und welcher als
"weißer Untergrundpunkt" zu definieren ist. Wenn jedoch ein Binärbild entsprechend Abb. 3 vorliegt, kann der folgende Algorithmus vom Computer durchgeführt
werden:

```
/ 'PUNKTEZAEHLVERFAHREN'
  / EINGABE VON XANF, XEND, ... USW.:
      INP XANF XEND YANF YEND DIFF
      + YANF = Y; + 0 = PZHL; + 0 = TZHL
$Ml; + Y + DIFF = Y; IF Y > YEND M3
      + XANF = X
$M2; + X + DIFF = X; IF X > XEND Ml
      + 1 + PZHL = PZHL
      IF (X, Y) = 0 M2
      + 1 + TZHL = TZHL; JMP M2
$M3; + 1000*TZHL/PZHL = AREA
      / AUSGABE DES TREFFERANTEILS
      / IN PROMILLE:
      PRN AREA
END
```

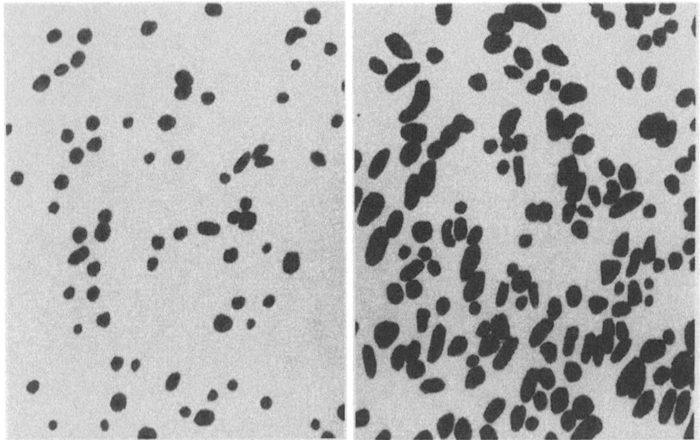

Abb. 3. Anschnittsflächen der Zellkerne aus Abb. 1.

Das Punktezählverfahren ist eine stereologische Methode, die mit dem Verhältnis:

$$\frac{\Sigma P_{(N)}}{\Sigma P_{(R)}} = \frac{A_{(N)}}{A_{(R)}} = \frac{V_{(N)}}{V_{(R)}} = V_{V\,(N/R)}$$

$P_{(N)}$: Trefferpunkte über Kernanschnitten
$P_{(R)}$: Trefferpunkte über dem Referenzkompartiment (z. B. Gewebe)
$A_{(N)}$: Gesamtfläche der Kernanschnitte
$A_{(R)}$: Fläche des Referenzkompartimentes
$V_{(N)}$: Gesamtvolumen der Kerne
$V_{(R)}$: Volumen des Referenzkompartimentes

auch den Anteil der Kernvolumen (d.h. des gesamten Karyoplasmas) im Gewebe liefert (siehe Kapitel 1.1).

Die "planimetrische" Methode bestimmt von jedem einzelnen Zellkern die Fläche und liefert damit gleichzeitig die Größenverteilung der Zellkerne (genauer die Größenverteilung der Anschnittflächen der Zellkerne). Für die Bearbeitung digitaler binärer Bilder mit Hilfe der planimetrischen Methode gibt es effektive Algorithmen (Zeilenkoinzidenzverfahren, Konturfolgeverfahren). Obwohl diese im Vergleich zum oben angegebenen Punktezählalgorithmus schon recht kompliziert sind (15), erscheinen sie doch harmlos im Vergleich zu effektiven Erkennungsalgorithmen, die entsprechend dem menschlichen Vorgehen den Übergang von Abb. 1 zu Abb. 3 realisieren sollen.

Anhand der digitalen binären Zellkernbilder kann man auch die Zellkernform quantifizieren. Hier treten erneut Fragen auf, indem man Maße für die Form eines Objektes definieren muß. Als aussagekräftig und einfach hat sich z.B. der Formfaktor (F) (siehe Kapitel 1.1) erwiesen, der für kreisförmige Objekte den kleinsten Wert annimmt. Die Werte werden umso größer, je langgestreckter oder bizarrer ein Objekt ist.

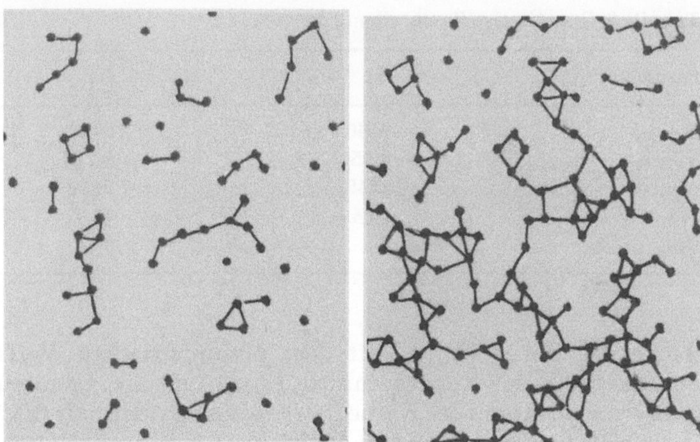

Abb. 4. Verbindungslinien der Zellkernmittelpunkte aus Abb. 2, die einen Abstand unterhalb
einer vorgegebenen Schwelle voneinander haben.

$$F = \frac{C^2}{A}$$

C : Umfang
A : Fläche

Prinzipiell erscheint es möglich, mit einem Planimeter die Kernfläche und mit
einem Kurvimeter die Kernumfänge manuell zu bestimmen. Aber obwohl dafür
elektronische Geräte zur Verfügung stehen (z.B. MOP), kann dieses Vorgehen,
außer vielleicht für Pilotstudien, nicht die Methode der Wahl sein. Eine effektive
Lösung bietet sich nur an, indem man die realen Bilder elektronisch abtastet, die
Helligkeitswerte der Bildpunkte in digitaler Form bereitstellt, mit Hilfe eines
Computers in dem so erhaltenen Grauwertbild die notwendigen Algorithmen zur
Erkennung und Messung durchführt und unmittelbar die statistische Auswertung
anschließt.

Außer den Messsungen an einzelnen Kernen (Karyometrie) kann auch das
Gewebe als Ganzes charakterisiert werden (eine Aufgabenstellung, die bei
zytologischen Fragestellungen nicht zur Debatte steht). In Abb. 4 sind z.B. alle
Kerne miteinander verbunden, die einen Abstand voneinander haben, der kleiner
als der vorgegebene Grenzwert ist. Anhand der einzeln liegenden Zellkerne (17
bzw. 6), der Kerngruppen (14 bzw. 6) usw. kann man die Zellkernanordnung
quantitativ erfassen. Z.B. beträgt der Anteil der Zellkerne, die in Gruppen von
mehr als fünf Zellkernen vorliegen, 27% in A1 und 86% in A4. Mathematische
Methoden für die Behandlung solcher Anordnungsprobleme sind mit der Voronoi-
Tesselation und der Delaunay-Triangulation gegeben.

In Tabelle 2 sind die beiden Gewebe, die hier durch Abb. 1 repräsentiert
werden, quantitativ charakterisiert. Die angegebenen Zahlenwerte präzisieren die
in Tabelle 1 enthaltenen qualitativen Schätzungen für die numerische, auf eine
Flächeneinheit bezogene Dichte der Kernanschnitte ($N_{A(N/R)}$), die Kernvolumen-
dichte ($V_{V(N/R)}$), mit dem Punktezählverfahren ermittelt, die mittlere Anschnitts-

Tabelle 2. Quantitative Beschreibung der Abb. 1

Parameter	A1	A4	Dimension
$N_{A(N/R)}$	2140	6410	mm^{-2}
$V_{V(N/R)}$	0.050	0.224	--
$A_{(N)}$	2340	3510	μm^2
$F_{(N)}$	14.4	16.7	--
$O_{(N)}$	27	86	%

fläche der Kerne ($A_{(N)}$), mit dem planimetrischen Verfahren bestimmt, den Formfaktor F der Kernanschnitte ($F_{(N)}$) und die Anordnung der Kerne ($O_{(N)}$) (prozentualer Anteil der Kerne in Gruppen von mehr als fünf).

Tabelle 2 zeigt, daß die Quantifizierung histopathologischer Bilder möglich und wünschenswert ist. Für die Realisierung dieses Vorgehens auf Bildverarbeitungssystemen muß der Erkennungsprozeß des Menschen durch effektive Algorithmen zumindest näherungsweise nachvollzogen werden (künstliche Intelligenz). Für die Entwicklung automatisierter Bildauswertesysteme ist nicht so sehr eine verbesserte Hardware entscheidend, sondern eine adäquate Software, die die Erkennungsvorgänge des menschlichen Auges in Algorithmen imitieren kann.

C. Hard- und Software zur Bildanalyse

Die riesige Menge von Rechenschritten bei der histopathologischen Anwendung der Bildanalyse erfordert den Einsatz von Bildverarbeitungssystemen. Dabei ist es vom Prinzip her gleichgültig, welches Abtastsystem (Photometer, Flying spot, Image dissector, TV-Kamera, CCD-Zeile, CCD-Matrix) und welcher Computer verwendet wird. Bildverarbeitungssysteme (QUANTIMET, TAS, MAGISCAN, IBAS usw.) sprengen den Rahmen nicht, der von den Laborgeräten vieler Arbeitsgruppen abgesteckt wird (eine Übersicht über die Hardware von 42 Bildverarbeitungssystemen ist in (17) enthalten) (siehe Kapitel 3.4).

Die Entscheidung über die Praktikabilität eines Bildverarbeitungssystems wird in erster Linie durch die angebotene Software bestimmt. Dabei ist aber nicht an die vorhandenen Programmiersprachen, Betriebssysteme und Pakete mathematisch/statistischer Prozeduren gedacht, sondern in erster Linie an die in Abschnitt B als Hauptproblem der Bildanalyse erkannten effektiven Erkennungsalgorithmen.

Wir arbeiten auf diesem Gebiet seit über zehn Jahren und haben in einer Reihe theoretischer Arbeiten die Grundlagen einer allgemeinen und effektiven Objektisolierung entwickelt (15, 18, 19). Dazu gehört die Objektisolierung im nichthomogenen Untergrund (Abb. 5) durch On-line-Berücksichtigung der Shadingeffekte (4, 28), oder durch stufenweise Objektisolierung (30), die effektive Konturverfolgung bei objektspezifischem Pegel mit Hilfe lokaler Operatoren (5, 25), die effektive Merkmalsgenerierung (7, 26, 29) und die Identifikation von Objekttypen mit Hilfe logischer Klassifikatoren (Abb. 6) (20, 22, 23).

Die Vielzahl möglicher Aufgabenstellungen in der Histopathologie läßt es nicht zu, daß man mit einem einzigen "Standardprogramm" arbeiten kann.

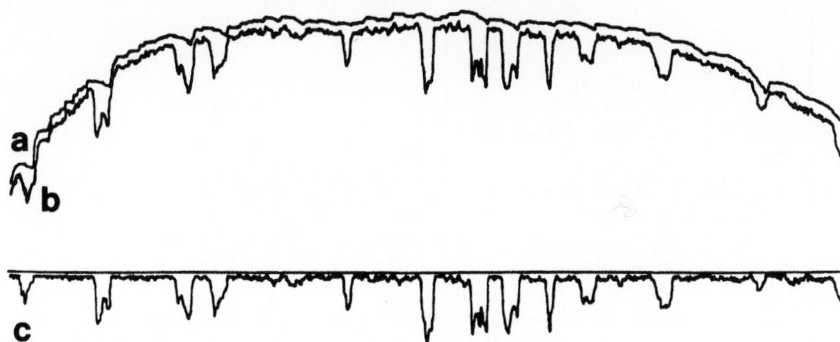

Abb. 5. On-line Shadingkorrektur ohne Referenzbild: Aus der Originalintensität b entlang einer Bildzeile wird eine *"gleitende"* Referenzintensität a bestimmt, die die Helligkeit des Untergrundes repräsentiert. Wird b von a abgezogen, so ergibt sich die untergrundspezifische Intensität c, aus der durch Schwellwertentscheidung die Objekte erhalten werden können.

Vielmehr muß für jede Aufgabe ein mehr oder weniger neues Vorgehen entwickelt werden (vom einfachen "Eichen" eines bereits bestehenden Programms durch Parameteranpassung an konkrete Färbeverfahren und Mikroskopierbedingungen bis zur Erarbeitung neuer Algorithmen).

Deshalb erfordert die Bildverarbeitung Softwaresysteme für die effektive Programmierung, da die zu suchenden Erkennungsalgorithmen nur auf heuristischem Wege (trial and error) gefunden und erprobt werden können. Der sich in der Bildverarbeitung ständig wiederholende Zyklus:

- Erarbeiten eines neuen bzw. Verändern eines bereits vorliegenden Algorithmus
- programmtechnische Realisierung der Erarbeitung bzw. Veränderung mit Hilfe eines Editors
- Compilierung des neuen Quellprogramms
- Binden des compilierten Programms mit den notwendigen Unterprogrammen
- Abarbeiten des Programms
- Einschätzung der Ergebnisse des Programmlaufs

muß rasch und unkompliziert ablaufen, um den Nutzer von unerwünschten Wartezeiten und unnötigen Mensch-Maschine-Kommunikationen zu entlasten.

Die Interaktion mit dem Computer sollte sich für den Nutzer auf die sachbezogenen Probleme konzentrieren, so daß das histopathologische Präparat und das entsprechende digitale Bild stets im Mittelpunkt des Geschehens stehen können. Die dafür erforderlichen interaktiven Softwaresysteme haben wir in einer siebenstufigen Skala zu klassifizieren versucht (31):

- Frage-Antwort-Systeme
  (führen einen fest vorgegebenen Dialog mit dem Nutzer)
- Menü-Systeme
  (bieten dem Nutzer Listen der im jeweils nächsten Schritt möglichen Operationen an)
- Kommando-Systeme
  (interpretieren die vom Nutzer eingegebenen Kommandos und führen sie aus)

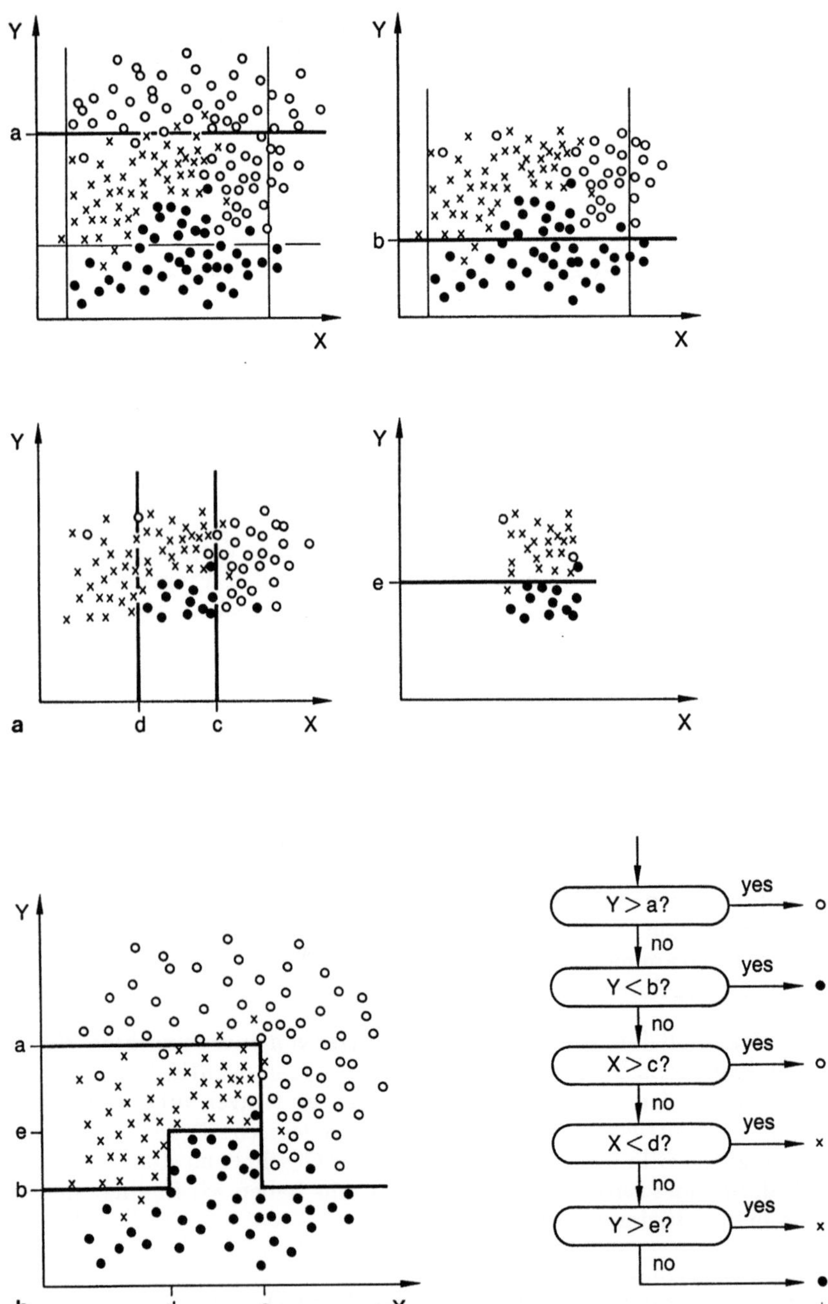

Abb. 6. Prinzip des hierarchischen logischen Klassifikators: Die drei Objekttypen (o, ●, x) sollen anhand ihrer Merkmale x und y getrennt werden. Die meisten Objekte einer Klasse lassen sich durch die optimale logische Entscheidung "*if* y > a *then* class o" bis auf zwei Fehler abtrennen. Für die restlichen Objekte wird erneut die bestmögliche Entscheidung ermittelt. Schließlich ist der Merkmalsraum mit fünf logischen Entscheidungen optimal aufgetrennt.

- Jobstrom-Systeme
(gestatten die massenspeicherresidente Ablage von Kommando-Sequenzen, den späteren Aufruf und die nutzerunabhängige Interpretation und Durchführung der Kommandos)
- Jobsteuer-Systeme
(erlauben die Möglichkeit von Verzweigungen und Schleifen in Kommando-Sequenzen und damit bereits eine einfache Programmierung)
- Interpreter-Systeme
(enthalten eine reichhaltige Syntax der verwendeten Programmiersprache durch arithmetische Operationen, Ein / Ausgabe-Operationen usw.)
- Compiler-Systeme
(compilieren die Programme vor der Ausführung und erzielen damit höhere Effektivität gegenüber den Interpreter-Systemen)

Diese sieben Entwicklungsstufen bauen jeweils aufeinander auf. Jede Stufe umfaßt die Möglichkeiten der vorangegangenen. Wie Abb. 7 zeigt, widerspiegelt die hier dargelegte Systematik in ihren Grundzügen auch die historische Entwicklung interaktiver Softwaresysteme für die automatische Bildverarbeitung.

Das von uns entwickelte Softwaresystem AMBA (d.h. Automatische Mikroskop-Bildanalyse) wurde auf verschiedenen Computern implementiert (PDP-8/e, KRS 4100, EPR 1100, K 1630). In der bisher letzten Ausbaustufe AMBA/R läuft es auf dem Bildverarbeitungssystem A6471 des VEB Kombinates Robotron (Abb. 8)

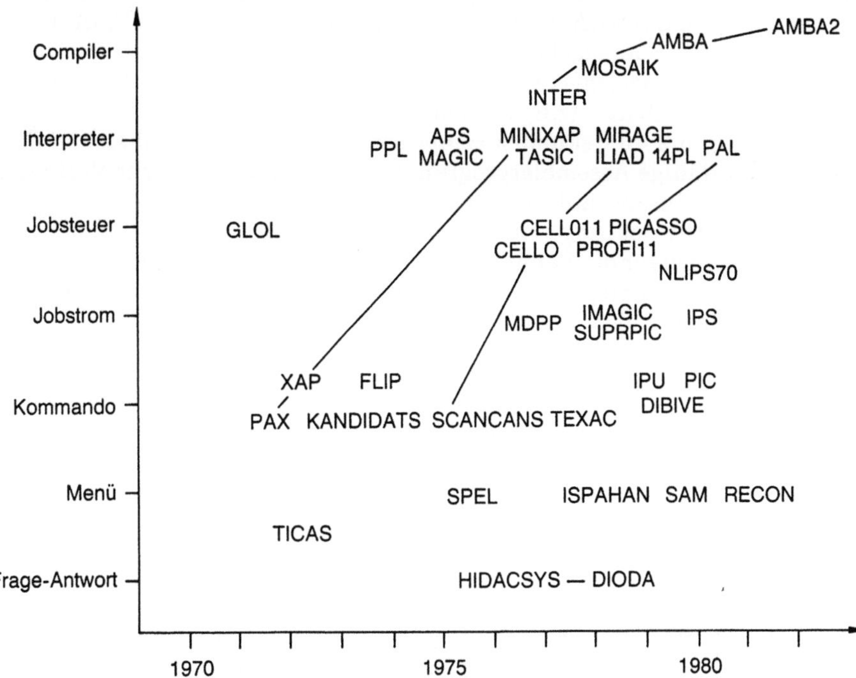

Abb. 7. Entwicklung von interaktiven Softwaresystemen der automatischen Bildverarbeitung vom Niveau der einfachen Frage-Antwort-Systeme zu Compiler-Systemen.

Abb. 8. Bildverarbeitungssystem A6471.

(14, 24, 27). Hardwaremäßig verfügt dieses System über eine TV-Kamera zur Bildeingabe, einen 512 x 768 x 8 bit-Bildspeicher, einen Farbmonitor, eine Graphiksteuereinheit mit Rollkugel sowie Wechselplatten als Massenspeicher.

Die im System AMBA verwendete Programmiersprache LAMBA wird anhand des in Abschnitt B angegebenen Punktezählprogramms gezeigt. Der zum System gehörende hauptspeicherresidente Einpaß-Compiler übersetzt ein LAMBA-Programm sehr effektiv (z.B. werden große Programme mit 100 Zeilen und etwa 400 Befehlen in 2 - 3 Sekunden compiliert und gebunden und stehen danach als abarbeitungsfähige Assemblerprogramme im Hauptspeicher zur Verfügung). Das gestattet gemeinsam mit dem ebenfalls hauptspeicherresidenten Editor des Systems die Entwicklung und Erprobung vieler Programmversionen innerhalb kurzer Zeit. Auch für die Benutzer, die über keine oder nur geringe Kenntnisse der höheren Programmiersprachen und der modernen Betriebssysteme verfügen, wird der "Kampf gegen den Computer" damit zu einem echten "Gespräch mit dem Computer".

D. Anwendungen in der Histopathologie

Die Anwendung der automatischen Bildverarbeitung in der Histopathologie soll an zwei Beispielen, der Differentialdiagnose von Leberkrankheiten und der Analyse von Hirntumoren erwähnt werden.

Wir bearbeiteten 213 bioptische Leberpräparate aus dem normalen Eingangsmaterial unseres Institutes (64 "normale" Lebern (NORMAL), 40 Hepatitispräparate (HEPAT), 40 Fälle von Leberschäden durch Kontrazeptiva (ANTICON) und 69 Fälle von Alkoholschaden der Leber (ALCOH)). Für eine Vielzahl von Merkmalen (Zellkerne, Fettvakuolen, Sinusoide, Nukleolen) wurde die Verteilung der Merkmalswerte in den einzelnen Gruppen bestimmt (Abb. 9) (16, 33). Auf der

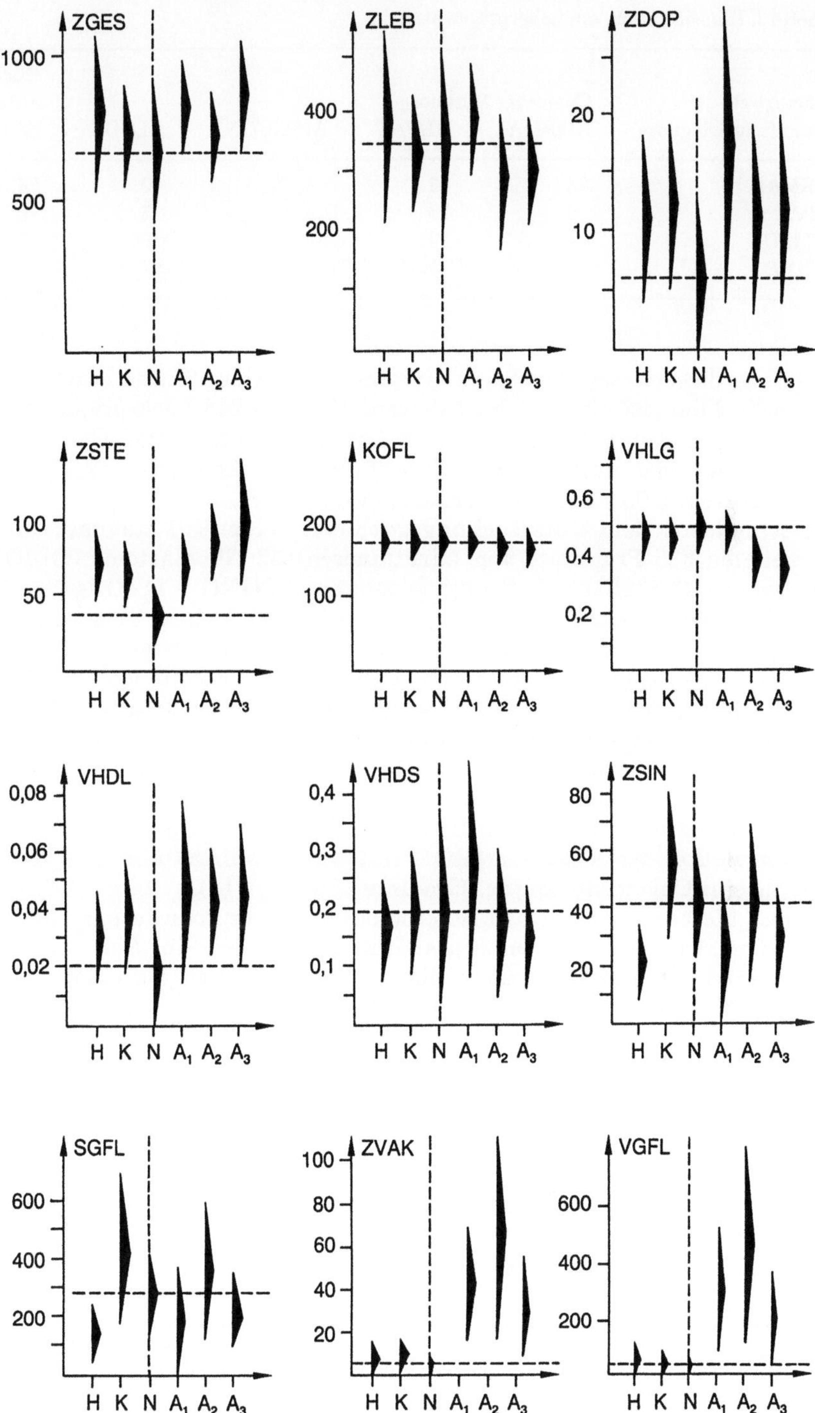

Abb. 9. Verteilung von Merkmalswerten für verschiedene Gruppen von Leberschädigungen.

Tabelle 3. Klassifikation von Leberpräparaten

Pathologisch- anatomische Diagnose	Computer Diagnose				Rückweisung durch den Computer
	NORMAL	HEPAT	ANTICON	ALCOH	
NORMAL	33	3	4	0	24
HEPAT	0	28	4	2	6
ANTICON	1	0	34	0	5
ALCOH	0	1	1	57	10

Grundlage dieser Werte wurde ein hierarchischer Klassifikator erarbeitet, der das in Tabelle 3 dargestellte Ergebnis lieferte. Von den 213 Leberpräparaten wurden 152 richtig erkannt (71.4 %), 45 Präparate wurden vom Computer wegen mehrdeutiger oder ungesicherter Zuordnung zurückgewiesen (21.1 %) und nur 16 Präparate (7.5 %) wurden fehlerhaft klassifiziert.

Ebenfalls aus dem Untersuchungsgut unseres Instituts stammen die von uns bearbeiteten 335 Präparate von Hirntumoren (82 Glioblastome (GLIOBL), 115 Astrozytome (ASTRO), 67 Spongioblastome (SPONG), 71 Oligodendrogliome (OLIGO)). Hier konnten 256 Präparate (76.4 %) richtig zugewiesen werden (Tabelle 4), eine Rückweisung erfolgte bei 26 Präparaten (7,8 %) und eine Fehlklassifikation bei 53 Präparaten (15.8 %). Dabei konnte jedoch ein bedeutender Anteil der Fehlklassifikationen bei nachträglicher nochmaliger Begutachtung zugunsten des Computers korrigiert werden (10, 11).

Pro Präparat wurden bei diesen Untersuchungen 500 bis 1000 Tumorzellkerne automatisch segmentiert, vermessen und statistisch ausgewertet. Im Mittel wurde dafür pro Präparat eine Zeit von 10 bis 15 Minuten benötigt. Außerdem gestattete die Korrelation der Einzelmerkmale mit den Gradingstufen 1 - 4 dieser Hirntumoren eine Objektivierung des Gradings (Abb. 10) (13).

Diese Methode ermöglicht also eine objektive, reproduzierbare und effektive Quantifizierung von Hirntumorpräparaten (Beispiele in Abb. 1). Die damit gewonnenen Erkenntnisse über die aussagefähigsten Merkmale werden an unserem Institut in der Praxis bereits verwendet.

Die Methode der automatischen Mikroskopbildanalyse wurde von uns an einer Reihe weiterer Beispiele überprüft, unter anderem an Hypophysenadenomen (2, 3) und Meningeomen (6). Mit dem in Abschnitt C vorgestellten Bildverarbeitungs-

Tabelle 4. Klassifikation von Hirntumoren

Pathologisch- anatomische Diagnose	Computer Diagnose				Rückweisung durch den Computer
	GLIOBL	ASTRO	SPONG	OLIGO	
GLIOBL	65	4	0	2	11
ASTRO	12	89	1	5	8
SPONG	6	5	53	3	0
OLIGO	3	9	3	49	7

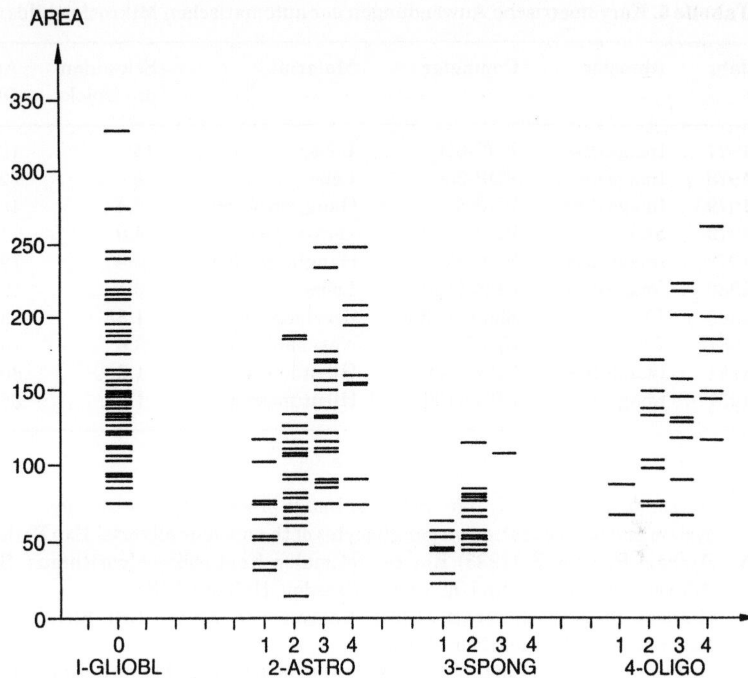

Abb. 10. Merkmal AREA (Anteil der von Kernen bedeckten Bildfläche in Promill) für verschiedene Gradingstufen von Gliomen ($A_{A(N/TUMOR)}$).

system A6471 - AMBA/R wurden außerdem Messungen an Feulgen-gefärbten Präparaten von Rattenlebern nach Gabe von Pharmaka vorgenommen. Dabei haben wir in 60 Präparaten rund 125 000 Zellkerne isoliert, vermessen und statistisch ausgewertet, wozu eine Zeit von 9 Stunden erforderlich war (ca. 0.25 Sekunden pro Zellkern).

Anhand von Tabelle 5 soll die Dank der neuen Methoden in den letzten Jahren herbeigeführte Effizienz und der Umfang des dabei untersuchten Materials demonstriert werden. Leider sind Publikationen sehr selten, in denen mehr als ein Dutzend histopathologischer Präparate oder mehr als 1000 Zellkerne bildanalytisch untersucht wurden, und in denen gleichzeitig auch Angaben zum erforderlichen Zeitaufwand zu finden sind. Es ist aber zu hoffen, daß in den nächsten Jahren die automatische Mikroskopbildanalyse zunehmend stärker zum Handwerkszeug des Histopathologen wird.

Literatur

1. Abmayr W, Gais P, Rodenacker K, Burger G (1980) Estimation of the performance of an array-processor oriented system for automatic PAP smear analysis. Cytometry 1:193
2. Gottschalk J, Hufnagl P, Rohde W, Knappe G (1983) Automatisierte morphometrische und densitometrische Untersuchung von Hypophysenadenomen. Zbl allgem Pathol 128:369
3. Gottschalk J, Hufnagl P (1984) Mehrdimensionale Analyse automatisch gewonnener karyometrischer Daten von Hypophysenadenomen. Zbl allgem Pathol 129:201

Tabelle 5. Karyometrische Anwendungen der automatischen Mikroskopbildanalyse

Jahr	Abtaster	Computer	Material	Sekunden pro Objekt	Anzahl der Objekte	Referenz
1977	Image diss.	PDP-8/e	Leber	13	18.000	(21)
1978	Image diss.	PDP-8/e	Leber	8	22.190	(8)
1979	Image diss.	PDP-8/e	Ganglienzellen	5.4	10.000	(34)
1979	SEV	PDP-11/60	Zervixepithel	4.0	1.386	(32)
1979	Image diss.	PDP-8/e	Ganglienzellen	2.0	18.869	(4)
1980	Image diss.	EPR-1100	Leber	2.1	59.110	(16)
1980	TV	Siemens-330	Zervixepithel	1.85	3.000	(1)
1981	TV	IBAS	Nasenepithel	3.6	15.000	(13)
1981	Image diss.	EPR-1100	Hirntumoren	1.2	80.000	(9)
1981	Image diss.	EPR-1100	Hirntumoren	1.0	86.000	(10)

4. Herrmann WR, Voss K, Barz H (1979) Image processing in pathology. IX. A new morphometry system and its application on gangliocytes of the nucleus olivaris. Exp Pathol 17:374
5. Hufnagl P, Voss K (1983) Ein zeitoptimaler Konturfolgealgorithmus. Studientexte digitale Bildverarbeitung, Techn Universität Dresden, Heft 6082:18
6. Hufnagl P, Kretschmer B (1984) Analyse der räumlichen Struktur von Zellkernen in Meningeomen. Bild und Ton 37:12
7. Hufnagl P, Voss K (1984) Merkmale der Form, Größe und Lage digitaler Objekte. Bild und Ton 37:293
8. Kunze KD, Herrmann WR, Voss K (1978) Image processing in pathology. VII. Computer assisted differential diagnosis of liver diseases in biopsies by automatic recognition and morphometric analysis of liver cell nuclei. Exp Pathol 16:186
9. Martin H, Schmidt D, Voss K (1981) Automatische morphometrische und densitometrische Untersuchung und mathematische Klassifizierung von Gliomen. Zbl allgem Pathol 125:414
10. Martin H, Voss K (1982) Automated analysis of glioblastomas and other gliomas. Acta Neuropathol 58:9
11. Martin H, Voss K (1982) Computerized classification of gliomas by automated picture analysis. Acta Neuropathol 58:261
12. Martin H, Voss K, Hufnagl P, Frölich K (1984) Automated image analysis of gliomas - an objective and reproducible method for tumour grading. Acta Neuropathol 63:160
13. Rigaut JP, Cruz Orive LM, Boysen M, Reith A (1981) A model for karyometric studies with stereological estimations by automatic image analysis, in normal and precancerous epithelia. Stereol Yugosl 3 Suppl 1:391
14. Roth K, Hufnagl P, Voss K, Schlosser A, Theurich J (1984) Hardware und Software des Bildverarbeitungssystems A6471 - AMBA/R. Bild und Ton 37:12
15. Simon H, Kunze KD, Voss K, Herrmann WR (1975) Automatische Bildverarbeitung in Medizin und Biologie. Steinkopff Verlag, Dresden
16. Simon H, Kranz D, Voss K, Wenzelides K (1980) Automated data sampling in sections from selected liver diseases. Path Res Pract 170:388
17. Simon H, Voss K, Wenzelides K (1984) Automated microscopic image analysis. Exp Pathol Suppl IX:11
18. Voss K (1974) Automatische Bildverarbeitung in der Pathologie. II. Objektisolierung und Konturausgleich. Exp Pathol 9:131
19. Voss K (1975) Digitalisierungseffekte in der automatischen Bildverarbeitung. Elektron Inf Verarb Kybern 11:469
20. Voss K (1977) Hyperquader als kompakte Klassifikatoren. Elektron Inf Verab Kybern 13:633

21. Voss K, Barz H, Wagner H (1977) Automatische Bildverarbeitung in der Pathologie. III. Aufbau und Anwendung eines automatisierten Systems zur Erfassung morphometrischer Parameter von Zellkernen. Exp Pathol 13:145

22. Voss K (1980) Ein rechentechnisches Verfahren zur Konstruktion hierarchisch strukturierter Klassifikatoren. Elektron Inf Verarb Kybern 16:281

23. Voss K, Simon H, Wenzelides K (1981) Logical classifiers for image analysis in medicine. Analyt Quant Cytol 3:39

24. Voss K, Simon H (1981) AMBA - Ein Softwaresystem für die automatisierte Mikroskopbildanalyse in Medizin und Biologie. Wissensch. Zeitsch. Humboldt-Univers. Berlin, Math Nat 30:341

25. Voss K, Klette R (1981) Zeiteffektive Algorithmen zur Objektisolierung mittels lokaler Operatoren. Elektron Inf Verarb Kybern 17:539

26. Voss K (1982) Integralgeometrie und automatische Bildverarbeitung. Geobild '82, Wissensch. Beiträge, Friedrich-Schiller-Univers. Jena, S 38

27. Voss K, Hufnagl P (1983) AMBA 2 - Ein Softwaresystem für die automatische Bildverarbeitung. Studientexte Digitale Bildverarbeitung, Techn Universität Dresden, Heft 6082:88

28. Voss K (1983) Shadingkorrektur in der automatischen Bildverarbeitung. Bild und Ton 36:170

29. Voss K, Roth K, Hufnagl P (1984) Objektisolierung und Objektmerkmale. Autbild '84/1, Wissensch. Beiträge Friedrich-Schiller-Universität Jena, S 98

30. Voss K, Roth K (1984) Objektisolierung in der automatischen Mikroskopbildanalyse. Bild und Ton 37:9

31. Voss K, Hufnagl P (1984) Interaktive Softwaresysteme für die automatische Bildverarbeitung. Bild und Ton 37:41

32. Vossepoel AM , Smeulders AWM, van den Broek K (1979) DIODA - delineation and feature extraction of microscopical objects. Comp Progr Biomed 10:231

33. Wenzelides K, Kranz D, Simon H, Voss K (1981) Anwendung der automatischen Mikroskopbildanalyse in der Praxis am Beispiel verschiedener Lebererkrankungen. Zbl. allgem. Pathol. 125:532

34. Werner L, Voss K (1979) Zytophotometrie der Area 17 der Albinoratte mit Hilfe der automatischen Bildverarbeitung. J. Hirnforsch. 20:527

2.3.2 Syntaktische Strukturanalyse in der Histopathologie

Klaus Kayser

A. Einleitung

Jedes Organ im menschlichen Körper zeichnet sich durch eine charakteristische, sich im Zeitraum des Lebens konstant darstellende Anordnung einzelner Zellen aus. Solange das Organ gesund ist, und die Organfunktionen ungestört ablaufen, bleibt die Anordnung der einzelnen Klassen von Zellen zueinander und auch untereinander innerhalb sehr enger Schwankungsbreiten konstant. Diese, im mikroskopischen Bereich sichtbare Anordnung der Zellen wird als Textur oder Gewebestruktur bezeichnet. Obwohl es keine eindeutige Verbindung zwischen der histologischen Textur eines Organs und speziellen Organfunktionen gibt, so zeigt die Erfahrung, daß bestimmte Erkrankungen mit einer Veränderung oder auch Zerstörung der Gewebsstrukturen einhergehen und hierdurch erkannt werden können. Dies ist insbesondere bei schweren Entzündungen, gutartigen und bösartigen Tumoren der Fall.

Strukturen und Strukturelemente können beschrieben werden einerseits durch quantitative Messungen (z.B. Durchmesser eines Ringes, Verhältnis der Oberfläche zum Volumen, etc.) oder durch ihre geometrische Anordnung zueinander. Letztere kann mit Hilfe geeigneter mathematischer Verfahren (z.B. Graphentheorie) mit anderen Parametern kombiniert und mit den morphologischen und klinischen Diagnosen in Beziehung gesetzt werden (siehe auch Kapitel 1.1 und 2.3.3).

Für den praktischen Bereich ist es sinnvoll, eine Ordnung der Struktur einzuführen, die sich grob an den unterschiedlichen Vergrößerungsmaßstäben der mikroskopischen Untersuchung orientiert. Wie im folgenden gezeigt wird, wird hiermit ein Satz von Meßwerten gewonnen, die sich auf verschiedene Basiseinheiten (Elemente) der jeweiligen Struktur beziehen und in unterschiedlicher Beziehung zu der histopathologischen Diagnose stehen können. Die hier vorgestellte Methodik ähnelt sehr dem von Pathologen angewandten Verfahren, histologische Schnitte bei unterschiedlichen Vergrößerungen zu analysieren. Die Analyse der grundlegenden geometrischen Parameter histologischer Strukturen scheint ein vielversprechender Weg zu sein, um zwei Probleme zu lösen:

1. Aufbau eines Algorithmus mit einer geringen Fehlerrate bei automatischen diagnostischen Prozeduren.
2. Erarbeitung von Parametern, die für die diagnostische Klassifikation, relevante und reproduzierbare Meßwerte liefern.

B. Grundlegende Definitionen

Zum besseren Verständnis werden im folgenden einige grundlegende Definitionen gegeben. Die syntaktische Strukturanalyse ist definiert als eine Bildbeschreibung, die auf Nachbarschaftsbeziehungen von frei zu wählenden Basiselementen (Textons) beruht. Sie wird benutzt, um Strukturen (Gestalten) zu erkennen. Im bildverarbeitenden Bereich müssen hierzu mindestens zwei Voraussetzungen gegeben sein:

1. Das Bild muß aus einem Satz von diskreten Elementen bestehen. Diskret bedeutet hierbei, daß Elemente in der räumlichen Zuordnung voneinander separiert werden können. Falls kontinuierliche Übergänge gegeben sind, müssen diese so scharf sein, daß eine Trennung der Elemente möglich ist.
2. Das Bild muß in einen metrischen Raum eingebettet sein, d.h. durch eine räumlich unabhängige Meßvorschrift vermeßbar sein.

Unter diesen Voraussetzungen kann eine Struktur wie folgt definiert werden:

Eine Struktur ist eine über eine bestimmte Zeit invariante reguläre Anordnung eines Satzes von Strukturelementen im metrischen Raum (im allgemeinen dreidimensional, in der Histopathologie zweidimensional). Regulär bedeutet dabei, daß ein Satz von Transformationen (Translation, Rotation, etc.) existiert, der die ursprünglichen Elemente oder ein Teil von ihnen wieder in solche abbildet. Durch diese Definition ist die Möglichkeit gegeben, biologische Strukturen mit Hilfe der Theorie der Symmetrien zu analysieren, wie es beispielsweise für den Bereich der Kristallographie und der Ornamente von verschiedenen Autoren beschrieben wurde (vergleiche z.B. 15).

Die Strukturanalyse soll ein zeitlich und räumlich reproduzierbares Ergebnis liefern. Das ist nur dann möglich, wenn die Zeitinvarianz der Struktur groß ist gegenüber der Meßdauer. Dies gilt sowohl für unmittelbare Messung an Objekten als auch für abgeleitete (syntaktische) Meßverfahren.

C. Ordnungen der Strukturen in der Histologie

Für den praktischen Bereich ist es sinnvoll, Ordnungen von Strukturen einzuführen, die sich grob an die unterschiedlichen Vergrößerungsmaßstäbe orientieren. Hierbei ist es zunächst unerheblich, ob sich diese Texturen auf den zweidimensionalen Raum (histopathologischen Schnitt) oder den dreidimensionalen Raum (eigentlich zugrundeliegende Textur) beziehen. Sie können für den lichtmikroskopischen Bereich wie folgt definiert werden (9, 10, 11):

Strukturen 1. Ordnung: Die Zelle wird als Grundeinheit für alle Messungen definiert, (zelluläre Ebene, z.B. Drüsenzelle des Pancreas). Voraussetzung sind zunächst Messungen an Strukturen innerhalb der Zellen oder an den Zellen selbst, die diese in verschiedene Klassen einteilen. Diese Klasseneinteilung kann geschehen durch Messung an intrazellulären Untereinheiten (Kern, Zytoplasma, Mitochondrien etc.) oder durch Messungen an den Zellen als Gesamtheit (Größe, Form, Farbe etc.) (siehe auch Kapitel 2.4). Für die syntaktische Strukturanalyse auf dieser Ebene sind diese Messungen nicht unbedingt erforderlich, jedoch muß die

Klasseneinteilung vorgegeben sein, d.h. die zu bestimmten Strukturen gehörigen Zellen müssen bekannt sein und es muß, laut vorausgegangener Definition, die räumliche Grenze der jeweiligen Grundeinheit (Zelle) festliegen. Von jeder Zelle kann dann der Schwerpunkt definiert werden. Hierauf aufbauend werden geometrische Parameter bestimmt (Abstand zwischen den Zellen, Anzahl der Nachbarn, geometrisches Netzwerk etc.).

Strukturen 2. Ordnung: Bei vielen Organen wird man feststellen, daß sich die Basiselemente verschiedener Klassen der Strukturen erster Ordnung (verschiedene Zelltypen) in regulären, sich räumlich wiederholenden Anordnungen darstellen. Endothelien werden sich beispielsweise sehr häufig in geschlossenen Kreisen oder Ellipsen darstellen, Nervenzellen eines peripheren Nerven beispielsweise in einem regulären, sternförmigen Gebilde mit weit auseinanderliegenden Schwerpunkten, Epithelien ähnlich wie Endothelien in geschlossenen Kreisen (z.B. Drüsenacinus des Pankreas) etc. Diese Anordnungen können ihrerseits als Basiseinheit einer neuen Struktur aufgefaßt werden. Die geometrische Anordnung der Basiselemente der Struktur erster Ordnung definiert somit die Basiselemente der Strukturen zweiter Ordnung. Auch diese sind zum weiteren hierarchischen Vorgehen wieder zu klassifizieren. Dazu müssen entweder direkte Messungen an den Elementen durchgeführt werden (z.B. minimaler Durchmesser der angeschnittenen Drüsenacini, Anzahl der Zellen pro Acinus), zum anderen können aber auch die sich darstellenden Figuren aus dem geometrischen Netzwerk der miteinander verbundenen Nachbarzellen selbst zur Klassifikation benutzt werden (syntaktische Analyse der Strukturen erster Ordnung).

Strukturen 3. Ordnung: Entsprechend dem vorher beschriebenen Vorgehen können reguläre Anordnungen der verschiedenen Basiselemente der Strukturen zweiter Ordnung als Grundeinheit der Strukturen dritter Ordnung definiert werden. Strukturen dritter Ordnung in diesem Sinn sind z.B. Drüsenläppchen des Pankreas oder Gefäße, Nerven, Bronchien. Auch hierzu ist wiederum eine Klassifikation notwendig, die jetzt aber nicht nur anhand der Strukturen zweiter Ordnung allein sondern auch anhand der Strukturen zweiter Ordnung in Kombination mit Strukturen erster Ordnung vorgenommen werden kann (z.B. Gefäße mit entzündlichen Infiltraten in der Media, arteriosklerotisch veränderte Gefäße, Ablagerungen von amorphen Substanzen in Drüsen, etc.).

Strukturen 4. Ordnung: Das beschriebene Verfahren läßt sich zwanglos für Strukturen höherer Ordnung fortsetzen. In diesem Fall erhält man dann z.B. Pankreasgewebe als reguläre Zuordnung von Drüsenläppchen, Anteilen der Hauptäste des Ductus pancreaticus, Gefäßen und Bindegewebe. Die geometrische Anordnung dieser Strukturen ist für das menschliche Auge sehr unübersichtlich und auch qualitativ kaum noch nachzuvollziehen, beinhaltet aber wahrscheinlich einen Großteil von histopathologischen Informationen über das Krankheitsgeschehen.

D. Graphentheorie

Die Theorie der Graphen oder auch die der Netzwerke ist eine mathematische Theorie, die in den unterschiedlichsten Disziplinen ihre Anwendung gefunden hat.

Sie kann unter anderem dazu benutzt werden, um die geometrische Anordnung verschiedener Elemente (Vertices, Knoten) untereinander zu beschreiben. Ein Graph besteht also aus einem Satz von Basiselementen (Vertices), einem Satz von Verbindungen zwischen ihnen und einer Funktion, die die Art der Korrelation zwischen den Basiselementen beschreibt (Inzidenzfunktion). Diese Funktion gruppiert die Vertices zunächst zu ungeordneten Paaren, die dann anschaulich mit einer Linie (Edge, Kante) verbunden werden. Falls man einen zeitlichen Ablauf beschreiben will, ist es sinnvoll, diese Funktionen als Vektoren aufzufassen (gerichtete Graphen). Andernfalls, ist ein ungerichteter Graph die geeignete Beschreibung.

In der Histologie werden zunächst die Zellen eines gegebenen Schnittes als Vertices betrachtet. Falls diese Zellen irgendwelche Gemeinsamkeiten aufweisen, werden sie durch Kanten (Edges) miteinander verbunden. Die Daten, die im folgenden vorgestellt werden, beruhen darauf, daß als Inzidenzfunktion die Nachbarschaft zweier Zellen bzw. Drüsen benutzt wurde. Je nach Ursprungsorgan und je nach Fragestellung sind verschiedene Inzidenzfunktionen denkbar. Übernimmt man diese Methode beispielsweise zum Ausschluß bzw. zum Nachweis eines Carcinoma in situ, so könnte man die polare Ausrichtung der Zellkerne als Vektor in die Beschreibung einbeziehen. Für Karzinome der Harnblase oder für solide Tumoren könnten beispielsweise die Inzidenzfunktionen definiert werden als eine Nachbarschaftsbeziehung zwischen Zellen, die mit einer gemeinsamen Basalmembran verbunden sind oder zwischen Zellen, die miteinander durch Interzellularbrücken in Verbindung stehen etc. Als diagnostische Hilfestellung im Bereich adenomatöser Strukturen bieten sich Nachbarschaftsbeziehungen von Drüsen oder Drüsenaggregaten an. Hierdurch kann man mit einem großen Beobachtungsfeld bei kleiner Vergrößerung arbeiten.

Ist ein Graph konstruiert, so erhebt sich die Frage nach geeigneten Parametern, die diesen Graph beschreiben. Einfach auszumessende bzw. zu zählende Parameter sind:

1. Anzahl der Vertices: N_v;
2. Anzahl der Edges: N_e;
3. Zyklomatische Zahl: N_C;
   Sie ist bei einem verbundenen Graphen wie folgt definiert: $N_C = N_e - N_v + 1$. Die zyklomatische Zahl kann als ein Maß für die Konnektivität der zugrundliegenden Struktur verstanden werden;
4. Anzahl der Subgraphen (Untereinheiten), in die der Graph zerfällt;
5. Konstruktion eines Baumgraphen, bei dem jeder Vertix mit einem anderen verbunden ist, zu jedem Vertix aber nur ein Edge besteht und anschließender Messung oder Zählung daran;
6. Verteilung der Edges pro Vertix (Stars);
7. Anzahl der Loops (geschlossene Kreise).

Für die weiter unten aufgezeigten Klassifikationsprobleme wurden die zyklomatische Zahl, die Verteilung der Stars (n = 3,6) und der geschlossenen Kurven (n = 3,6) als informationstragende Parameter ausgewählt.

E. Definition der Nachbarschaft

Hat man in einem histologischen Bild die frei zu wählenden Basiselemente der Struktur der gewünschten Ordnung definiert, so muß zur Bestimmung der Inzidenzfunktion eine geeignete Beziehung zwischen den Basiselementen gefunden werden. Entscheidet man sich für eine Beziehung geometrischer Natur, so ist die Nachbarschaft von zwei Basiseinheiten ein geeigneter Algorithmus. Diese Nachbarschaftbeziehungen basieren auf der sogenannten Dirichletschen Zelle, mit Hilfe derer ein vorgegebener metrischer Raum in unterschiedliche Packungsdichten eingeteilt werden kann. In der Literatur sind zwei Definitionen der Nachbarschft eingeführt worden. Eine beruht auf einer möglichst großen Packungsdichte bei vorgegebener Anzahl der Basiseinheiten und wurde von Voronoi (1902) (16) beschrieben. Sie basiert auf einer Zerlegung des Raumes in direkter Abhängigkeit von den vorhandenen Objekten (Vertices). Die hier vorgestellte Nachbarschaftsbeziehung basiert auf der Definition von O'Callaghan (1975) (12). Sie hat den Vorteil der großen Anschaulichkeit und ist eine Kombination von zwei Faktoren:

1. Einer "Entfernungsbedingung", die es gestattet, Punkte außerhalb einer bestimmten Entfernung von einem vorgegebenen Punkt als Nachbarn auszuschließen.
   Für den Bereich der Histopathologie kann diese Beschränkung durch zwei zusätzliche Faktoren erweitert werden:

   a) Sei $\{P_i\}$, $i = 1,...n$ eine Anzahl von willkürlich verteilten Punkten in einem zweidimensionalen Raum. Im histologischen Bild kann kein Nachbar P_e von P_i innerhalb eines gewissen Abstandes vom Punkt P_i gelegen sein, wenn P_i als Zentrum einer geometrischen Basiseinheit mit einer bestimmten Ausdehnung betrachtet wird (z.B. Zelle, Drüse, etc.). Annäherungsweise kann die Fläche innerhalb dieser unteren Schranke durch einen Radius T_u beschrieben werden, innerhalb dem kein Nachbar liegen darf.

   b) Wie bereits erwähnt, gibt es im Bereich der Histopathologie verschiedene Klassen von Strukturen. Falls man sich auf die Strukturanalyse einer einzelnen Klasse beschränkt, so dürfen Nachbarn dieser Strukturklasse nicht durch Strukturen einer anderen Klasse separiert werden. Dies bedeutet beispielsweise, daß nur solche Tumorzellen als benachbart angesehen werden, die nicht durch andere Zellen wie z.B. Makrophagen, Lymphozyten etc. voneinander getrennt werden. Unter diesen Bedingungen kann man die Entfernungsbedingung wie folgt beschreiben (siehe Abb. 1):
   Zwei Punkte (Vertices) P_i, P_j sind benachbart, wenn ihr Abstand δ_{ij} innerhalb eines gegebenen Entfernungsintervalls $[T_u, T_o]$ liegt. T_u ist hier der kleinste mögliche Abstand und T_o der größte.

   $$P_i, P_j \text{ benachbart} \Rightarrow \delta_{ij} \in [T_u, T_o]$$

   Bei diesem Ansatz ist die Trennung der Nachbarn durch Basiseinheiten anderer Klassifikation nicht berücksichtigt.
2. Neben der räumlichen Entfernung beinhaltet die Nachbarschaft auch eine Beschreibung der räumlichen Zuordnung einzelner Punkte zueinander. Gemeint

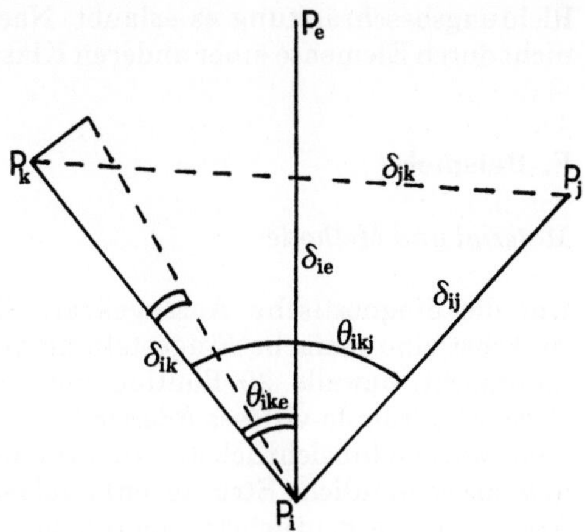

Abb. 1. Schema der Nachbarschaftsberechnung, angelehnt an die Definition von O'Callaghan (12). P_e ist ein Nachbar von P_i falls

$$\Theta_{ike} > \Theta_{Lk} \; ; \; \Theta_{je} > \Theta_{Lj} \qquad \text{und}$$
$$\Theta_{ike} > \Theta_{ikj} \qquad \text{oder}$$
$$\delta_{ie} < \delta_{jk} \qquad \text{gilt.}$$

ist, daß benachbarte Punkte hinsichtlich eines Ausgangspunktes P_i nicht hinter anderen Punkten "versteckt" sein können. Dies führte zu einer "Richtungsbeschränkung", die von O'Collaghan (12) eingeführt wurde. Hierfür können wir entsprechend der Entfernungsbeschränkung eine obere und untere Schranke eines Winkels Θ_{ijk} definieren, der durch drei Punkte P_i, P_j, P_k beschrieben wird. Die Situation ist ebenso anschaulich in Abb. 1 dargestellt. Der Algorithmus kann, da die Anzahl der Punkte endlich ist, wie folgt programmiert werden:

a) Berechne den nächstgelegenen Punkt P_j von P_i (P_j ist immer ein Nachbar).

b) Berechne den zweitnächsten Punkt P_k von P_i.

c) Berechne Θ_{ijk} , Θ_{Lk}.

   Falls $\Theta_{ijk} > \Theta_{Lk}$ gilt, ist P_k ein Nachbar.

d) Berechne den drittnächsten Punkt von P_i, P_e.

e) Berechne Θ_{ike}, Θ_{ikj} Θ_{Lj}, Θ_{Lk}.

   P_e ist ein Nachbar von P_i falls $\Theta_{ike} > \Theta_{Lk}$; $\Theta_{ije} > \Theta_{Lj}$.

   Falls $\Theta_{ike} < \Theta_{ikj}$ berechne δ_{jk} und δ_{ie}.

   P_e ist ein Nachbar von P_i falls $\delta_{ie} < \delta_{jk}$

g) Berechne den nächsten Punkt P_m von P_i und verfahre entsprechend.

Sind die "Entfernungsbedingungen" erfüllt und zwei Punkte benachbart, gelten diese Punkte als benachbart. Die Bedingungen 1. und 2. gelten jeweils als notwendig oder nicht hinreichend.

Nach unseren Erfahrungen kann der Algorithmus nach spätestens 10 nächstgelegenen Punkten abgebrochen werden. Zu berücksichtigen ist, daß, falls verschiedene Klassen von Strukturen vorher nicht separiert werden können, die

Richtungsbeschränkung es erlaubt, Nachbarn einer Klasse herauszufiltern, die nicht durch Elemente einer anderen Klasse voneinander getrennt sind.

F. Beispiel

Material und Methode

Um die diagnostische Aussagekraft dieser Verfahren zu überprüfen, wurde zunächst eine einfache Fragestellung von Erkrankungen der Kolonschleimhaut untersucht. Jeweils 20 Routineschnitte der diagnostischen Gruppe "gesundes Gewebe" - "tubulo-villöses Adenom" - "hoch bis mäßig differenziertes Adenokarzinom" wurden hinsichtlich der Anordnung der Strukturen dritter Ordnung (Drüsen bzw. drüsenähnliche Strukturen) analysiert. Hierzu wurde das charakteristische Areal mit den deutlichsten morphologischen Veränderungen markiert und das histologische Bild auf ein graphisches Tablett projiziert, das an einen TEKTRONIX-Computer 4051 angeschlossen war. Die zentralen Punkte der Drüsen wurden interaktiv markiert. Die Nachbarschaftsberechnungen wurden mit Hilfe eines selbst geschriebenen Programms (BASIC) berechnet. Der erhaltene Graph wurde fotografiert und die Anzahl der Vertices, der Edges, die Verteilung der Simplexe (Vielecke) und der Nachbarn wurden berechnet. Diese Daten wurden an einen IBM Computer überspielt und die nachfolgende Diskriminanzanalyse

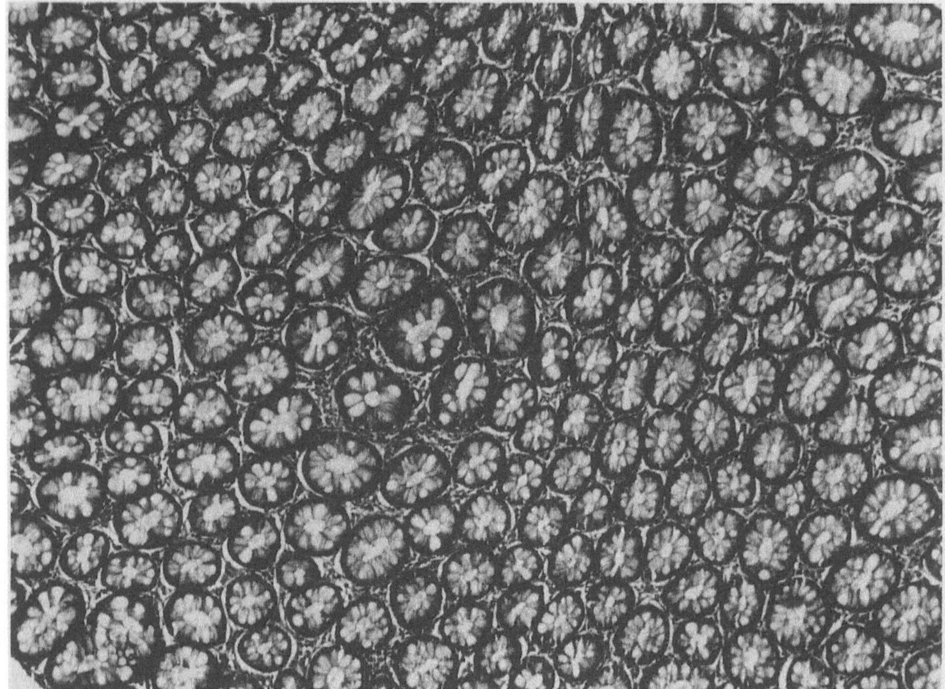

Abb. 2. Gesunde Kolon-Schleimhaut Verg. 60:1, HE.

wurde mit dem SPSS-Programm (Statistical Package for Social Sciences) berechnet.

In einem zweiten Schritt wurden 10 Routineschnitte eines epithelialen bzw. biphasischen Mesothelioms und 10 Routineschnitte eines in die Pleura metastasierenden Adenokarzinoms (Pleuritis carcinomatosa) entsprechend aufgearbeitet. Bei dieser diagnostischen Fragestellung wurden nicht nur die Strukturen dritter Ordnung (Drüsen bzw. drüsenähnliche Strukturen) analysiert, sondern auch die erster Ordnung (geometrische Anordnung der epithelialen Tumorzellen zueinander). Die nachfolgende Nachbarschaftsberechnung und statistische Auswertung unterschied sich nicht von dem Verfahren, das bei der diagnostischen Gruppe der Kolonerkrankungen benutzt wurde. Unter Zugrundelegung der statistischen Daten der 10 retrospektiv eingegebenen Mesotheliome und Adenokarzinome wurden prospektiv drei Mesotheliome und zwei Adenokarzinome untersucht und klassifiziert.

Ergebnisse

Das zugrunde liegende histologische Bild und die erhaltenen Graphen für die gesunde Kolonschleimhaut, für ein tubulo-villöses Adenom und für ein ausdifferenziertes Adenokarzinom sind in den Abbn. 2 - 7 dargestellt. Ähnliche Graphen wurden auch für die zweite diagnostische Gruppe (Mesotheliom, Adenokarzinom)

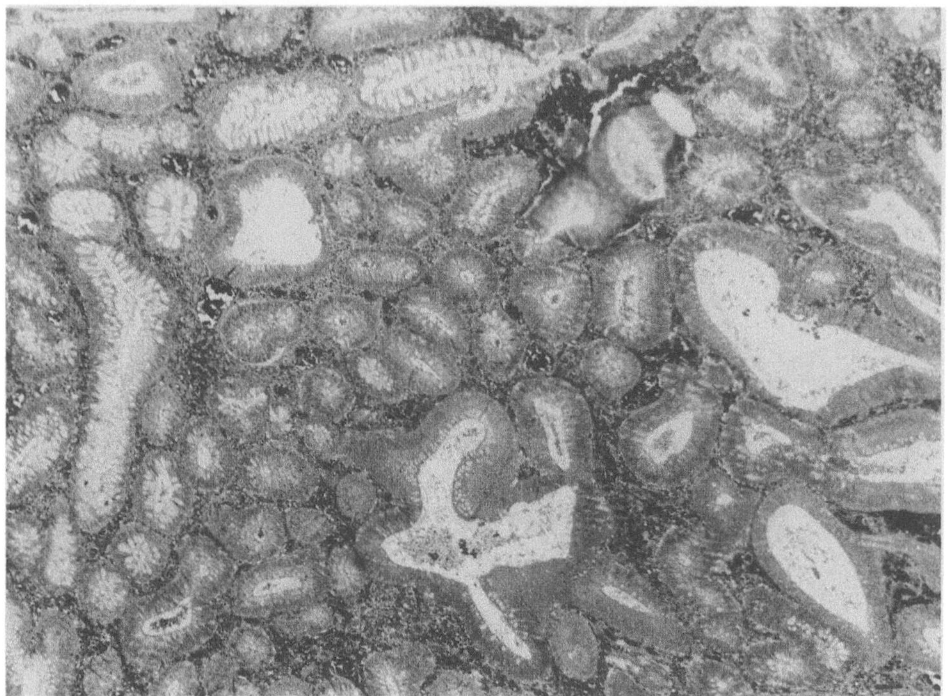

Abb. 3. Tubulo-villöses Adenoma des Kolon, Verg. 60:1, HE.

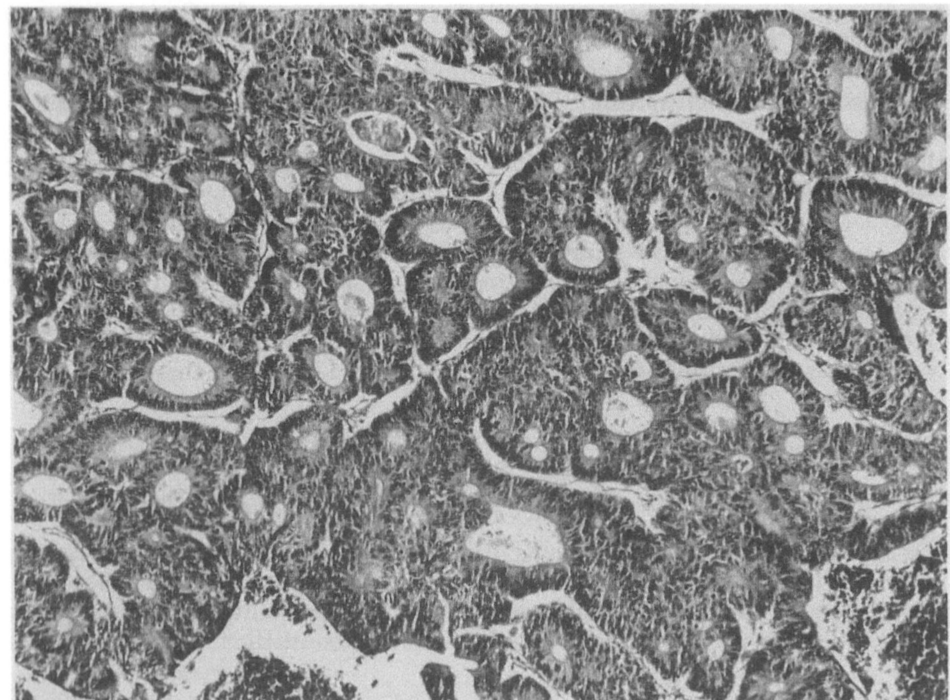

Abb. 4. Hochdifferenziertes Adenokarzinom des Kolon, Vergr. 60:1, HE.

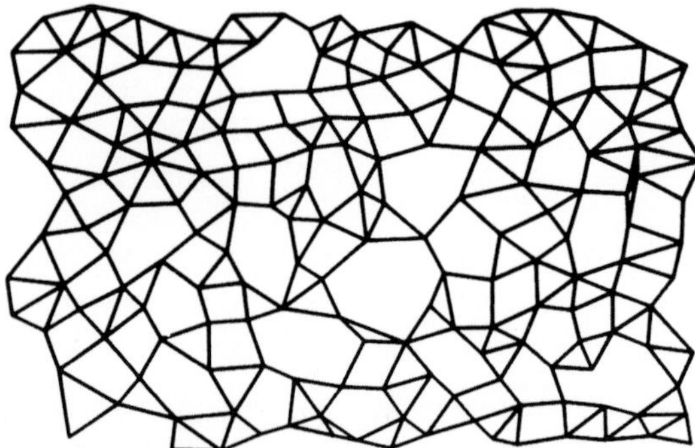

Abb. 5. Graph der gesunden Kolonschleimhaut, hohe Konnektivität, große Regularität der Drüsenanordnung.

Abb. 6. Graph eines tubulo-villösen Adenoms der Kolonschleimhaut, Verlust der Konnektivität.

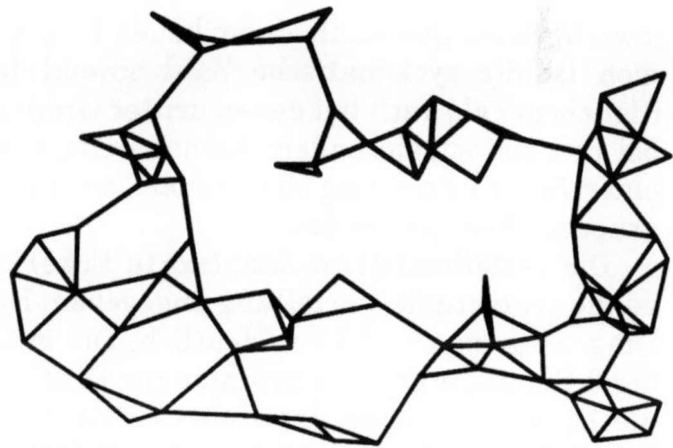

Abb. 7. Graph eines hochdifferenzierten Adenokarzinoms der Kolonschleimhaut, Verlust der Konnektivität und regulären Anordnung der Drüsen.

erhalten. Es ist leicht zu erkennen, daß Regularität und Anordnung der Netzwerke im gesunden Gewebe weitaus größer sind als im Adenom oder im karzinomatös entarteten Gewebe.

Die durchschnittliche zyclomatische Zahl (Vertrauensbereich $P > 95\%$) ist in Tabelle 1 aufgeführt. Für die Kolonschleimhaut ist sie in gesundem Gewebe am größten und am niedrigsten bei den tubulo-víllösen Adenomen. Die Unterschiede sind so beträchtlich, daß allein aufgrund dieses Parameters eine Zuordnung zu den

Tabelle 1. Zyclomatische Zahl einschließlich mittlerer Vertrauensbereich (P ≥ 0.95)

	N	Strukturen 1. Ordnung	Strukturen 3. Ordnung
Kolon Schleimhaut			
Gesund	20	-	77,5 ± 13,3
Adenom	20	-	27,7 ± 6,1
Adenokarzinom	20	-	46,5 ± 7,5
Pleura			
Mesotheliom	10	111,5 ± 16,2	38,7 ± 4,8
Metastatisches Adenokarzinom	10	63,5 ± 10,8	15,1 ± 5,1

jeweiligen Diagnosen in einem hohen Prozentsatz gegeben ist. Bei den Mesotheliomen ist die zyclomatische Zahl sowohl bei den Strukturen erster Ordnung (Zellebene) als auch bei denen dritter Ordnung (Drüsenebene) doppelt so groß wie bei den metastasierenden Adenokarzinomen. Auch dieser Unterschied kann zu einer Diskriminierung der beiden - ansonsten schwer zu trennenden Diagnosegruppen - benutzt werden.

Die Verteilung der n-Simplexe (n-Ecke) ist in der Tabelle 2 aufgeführt. Hierbei ist die prozentuale Verteilung angegeben. Die Unterschiede sind in den einzelnen Diagnosegruppen nicht so deutlich. Die größten Unterschiede liegen im Bereich der 3-Simplexe und können hier zur Diskriminierung herangezogen werden. Für die Diagnosegruppen der Kolonschleimhaut ist die Verteilung der Anzahl der Nachbarn von Bedeutung. Sie beträgt durchschnittlich für eine gesunde Schleimhautdrüse weniger als 5.5, für eine Drüse eines Adenokarzinoms unter 4.0. Aufgrund der kontinuierlichen Abnahme (gesunde Schleimhaut - tubulo-villöses Adenom - Adenokarzinom) der mittleren Anzahl der Drüsennachbarn kann versucht werden, diesen Parameter zu einem reproduzierbaren Grading der Tumoren zu benutzen.

Die Ergebnisse der Reklassifizierung durch die Diskriminanzanalyse sind in Tabelle 3 dargestellt. Ungefähr 92% der gemessenen Fälle der Kolonschleimhaut wurden richtig reklassifiziert. Ungefähr derselbe Prozentsatz wurde für die andere diagnostische Gruppe (metastasierendes Adenokarzinom - Mesotheliom) erreicht. Alle fünf prospektiv untersuchten Fälle konnten aufgrund der retrospektiven Daten richtig eingruppiert werden.

G. Diskussion

Die Benutzung der Graphentheorie zur Analyse histopathologischer Bilder, insbesondere im Hinblick auf die Unterstützung der diagnostischen Aussagekraft wurde von Kayser und Schlegel (9) sowie von Prewitt (13) zum erstenmal benutzt. Prewitt (13) führte die Messungen an Einzelfällen der Harnblasenschleimhaut durch. Ihre Zielvorstellung war, hierdurch eine diagnostische Hilfe zur Unter-

Tabelle 2. Verteilung der N-Simplices (in Prozent) von Strukturen 3. Ordnung (mittlerer Vertrauensbereich, $P \geq 0.095$)

	1-Simplices	2-Simplices	3-Simplices	4-Simplices	5-Simplices	6-Simplices
Kolon Schleimhaut						
Gesund	21,8 ± 0,5	49,9 ± 0,6	25,1 ± 1,1	3,0 ± 0,7	0,2 ± 0,1	0
Adenom	26,2 ± 1,1	48,9 ± 0,7	21,0 ± 1,4	3,3 ± 0,7	0,2 ± 0,2	0,2 ± 0,2
Adenokarzinom	25,4 ± 1,3	49,4 ± 0,3	19,5 ± 1,9	4,1 ± 0,6	0,8 ± 0,3	0,5 ± 0,2
Pleura						
Mesotheliom	31,8 ± 3,5	50,2 ± 7,0	11,5 ± 1,6	3,7 ± 1,3	1,5 ± 0,3	0,9 ± 0,4
Metastatisches Adenokarzinom	37,4 ± 4,5	50,2 ± 8,2	8,0 ± 2,1	2,0 ± 1,1	1,4 ± 0,9	1,1 ± 0,7

Tabelle 3. Vergleich der Diagnosen in der konventionellen Histopathologie und der Struktur-analyse, Diskriminanzanalyse, Test an Centroiden und Cohesion-Parameter, zyclomatische Zahl, N-Simplices (N = 3,4,5)

Konventionelle Histopathologie		Strukturanalyse	
Retrospektiv			
Kolonscheimhaut	Gesund	Adenom	Adenokarzinom
Gesund	19	1	0
Adenom	1	17	2
Adenokarzinom	0	1	19
Pleura	Mesotheliom		Adenomkarzinom
Mesotheliom	9		1
Metastatisches Adenokarzinom	0		10
Prospektiv			
Mesotheliom	3		0
Adenokarzinom	0		2

scheidung des Harnblasenkarzinoms von der normalen Harnblasenschleimhaut zu erhalten. Sie bestimmte dabei die Nachbarn interaktiv und benutzte die Nachbar-schaftsdefinition von Voronoi (16). Ein ähnlicher Ansatz wurde von Sanfeliu et al. (14) durchgeführt. Diese Autoren untersuchten anhand der Nachbarschaftsbezie-hungen von Voronoi (16) das Muster von Muskelfasern bei primär muskulären und neuro-muskulären Erkrankungen.

Die hier vorgestellten Überlegungen und Daten zeigen erstmals, daß auch die syntaktische Strukturanalyse von Strukturen dritter Ordnung Information enthält, die sehr eng mit bestimmten diagnostischen Gruppen korrespondieren.

Sowohl die hier beschriebenen Messungen als auch Auswertungen sind relativ einfach. Falls eine entsprechende Computerausrüstung zur Verfügung steht, können weitaus differenziertere Merkmale zur Beschreibung eines Graphen verwendet werden. Schon die einfachen Meßparameter wie zyklomatische Zahl, Verteilung der Nachbarn und der aufgebauten Ringe zeigen charakteristische Merkmale, die eng mit den histopathologischen Diagnosen verknüpft sind. Das erhaltene Netzwerk differiert dabei kaum innerhalb einer diagnostischen Gruppe. Dies gilt auch für die Struktur auf zellulärer Ebene (Strukturen erster Ordnung).

Bei der Diskriminanzanalyse wurde darauf geachtet, daß pro eingeführten Parameter mindestens fünf Fälle zur Verfügung standen, d.h. die Zahl der Parameter wurde auf vier beschränkt, bei 20 untersuchten Schnittfeldern pro Klasse. Während die Anwendung des Verfahrens auf die diagnostischen Gruppen der Kolonschleimhaut für den in der Routine tätigen Pathologen keine diagnostische Hilfestellung darstellt, ist die zweite Fragestellung zur Unterschei-dung eines mesothelialen bzw. bi-phasischen Mesothelioms von einem metasta-sierenden Adenokarzinom in der Routinepathologie von großer Bedeutung. In der Mehrzahl der Fälle ist es anhand von kleinen Pleurabiospien nicht möglich, diese Differentialdiagnose eindeutig zu stellen. In ungefähr 5% der Fälle kann von der Histochemie eine zusätzliche Information bezogen werden (8). Immunzytochemische Verfahren zeigen zur Zeit eine Sensitivität von 70% bei einer Spezifität von ungefähr 80%. Eigene Erfahrungen auf diesem Gebiet liegen in derselben Größenordnung. Im Gegensatz hierzu zeigen die Daten der Strukturanalyse, daß eine Sensitivität und Spezifität von 95% zu erreichen ist. Wie anhand von fünf Fällen gezeigt, kann das Verfahren auch prospektiv unter Berücksichtigung eines Lernsets verwendet werden.

Vergleicht man diese Daten mit quantitativen morphologischen Messungen an Drüsengewebe und deren Beziehung zu den histopathologischen Diagnosen, so liegen die von den verschiedenen Autoren angegebenen Sensitivitäten und Spezifitäten zumeist zwischen 70% und 90%. Höffgen et al. (7) sowie Kayser und Höffgen (10) konnten eine Sensitivität und Spezifität von jeweils 80%-90% bei verschiedenen Diagnosegruppen des Endometriums des Corpus uteri erreichen, Baak et al. (1, 2) erreichten bei Messungen am Drüsengewebe desselben Organs ähnliche Werte.

Die syntaktische Strukturanalyse hat gegenüber den quantitativen morphologischen Messungen den Vorteil, daß die Anzahl der zur Verfügung stehenden Texturelemente direkt in die Bewertung der Struktur eingeht. Sie ist ferner relativ unabhängig von Fixations- und Schrumpfungsartefakten des Gewebes, da hierbei die Textur des Gewebes nicht grundlegend zerstört wird. Bei Messungen von Strukturen höherer Ordnung (dritter und vierter) ist außerdem die Schnittdicke klein gegenüber der Ausdehnung der Strukturen. Überlagerungseffekte, die im Bereich der Zytologie ein großes Problem darstellen, treten somit nicht auf.

Die syntaktische Strukturanalyse erlaubt ferner eine Beurteilung von immunzytochemisch behandeltem Gewebe. Hierbei liegt die Problematik darin, daß quantitative Parameter zur Beschreibung einer immunzytochemischen Reaktion sich nur sehr schwer reproduzieren lassen und somit kaum faßbar sind. Legt man stattdessen eine grobe Klassifikation des Gewebes zugrunde (z.B. positive Reaktion - negative Reaktion) und analysiert die Textur der positiven und negativen Basiselemente sowie deren Kombination, so ist zu erwarten, daß diese Ergebnisse in enger Korrelation mit Wachstumseigenschaften des analysierten Gewebes stehen.

Unter Einsatz moderner bildanalytischer Verfahren lassen sich leicht quantitative Messungen (z.B. Kern/Zytoplasma-Relation, Zelldurchmesser, Anteil des Bindegewebes, stereologische Parameter wie Verhältnis Oberfläche/Volumen etc.) kombinieren mit Parametern der syntaktischen Strukturanalyse. Es steht zu erwarten, daß hiermit eine empfindliche und reproduzierbare Methodik zur Verfügung steht, die den Pathologen in schwierigen diagnostischen Fragen sinnvoll unterstützen kann.

Literatur

1. Baak JPA, Kurver PHJ, Diegenbacher PC, Delemarre JFM, Brekelmans ECM, Nieuwlaat JE (1981) Discrimination of hyperplasia and carcinoma of the endometrium by quantitative microscopy: a feasible study. Histopathology 5:61
2. Baak JPA, Kurver PHJ, Overdiep SH, Delemarre J, Boon ME, Lindeman J, Diegenbach PC, Brekelmans ECM, Nieuwlaat JE (1981) Quantitative microscopical (computer aided) diagnosis of endometrial hyperplasia or carcinoma in individual patients. Histopathology 5:689
3. Berge C (1973) Graphs and hypergraphs. American Elsevier Publishing Co. Inc. New York

4. Corson JM, Pinkus GS (1982) Mesothelioma: Profile of keratin proteins and carcinoembryonic antigen. Am J Pathol 108:80

5. Giblin PJ (1977) Graphs, surfaces and homology. An introduction to algebraic topology. John Wiley & Sons, New York

6. Heyderman E, Chapman DV, Richardson TC (1982) Biological markers in lung cancer: An immunocytochemical approach. Cancer Detec and Prevent 5:427

7. Höffgen H, Kayser K, Schlegel W, Rummel HH (1983) Low resolution structure analysis of corpus endometrium. Path Res Pract 178:131

8. Kannerstein M, Churg J, Magner D (1973) Histochemistry in the diagnosis of malignant mesothelioma. Ann Clin Lab Sci 3: 207

9. Kayser K, Schlegel W (1982) Pattern recognition in histo-pathology: Basic considerations. Math Inform Med 21:15

10. Kayser K, Höffgen H (1984) Pattern recognition in histo-pathology by orders of textures. Med Inform 1:55

11. Kayser K, Modlinger F, Postl K (1987) Quantitative low resolution analysis of colon mucosa. Analyt Quant Cytol, in press

12. O'Callaghan JF (1975) An alternative definition for neighborhood of a point. IEEE Trans Comput 24:1121

13. Prewitt JMS (1979) Graphs and grammars for histology. An introduction. Proc Third Ann Sym Com Appl Med Care, Washington

14. Sanfeliu A, Fu KS, Prewitt JMS (1981) An application of a distance measure between graphs to the analysis of muscle tissue pattern recognition. Saragota Springs, New York pp 86-89

15. Thoes LF (1965) Reguläre Figuren. Teubner Verlagsgesellschaft, Leipzig

16. Voronoi G (1902) Nouvelles applications des parametres continus à la theorie des formes quadratiques. Deuxième memoire: Recherches sur les parallelloedres primitifs. J Reine angew Math 134:198

17. Wang N, Huang S, Gold P (1978) Absence of carcinoembryonic antigen-like material in mesothelioma: An immunohistochemical differentiation from other lung cancers. Cancer 74:438

18. Whitaker D, Shilkin KB (1981) Carcinoembryonic antigen in tissue diagnosis of malignant mesothelioma. Lancet 1:1369

2.3.3 Strukturbeschreibung und Merkmalsgewinnung in der Histometrie am Beispiel von Plattenepithelien

Karsten Rodenacker, Bidyut B. Chaudhuri, Paul Bischoff, Peter Gais,
Uta Jütting, Martin Oberholzer, Wolfgang Gössner, Georg Burger

A. Einführung

Pathologisch-anatomische Diagnosen basieren auf der Interpretation von Bildinhalten, Struktur- oder Objekteigenschaften und auf Eigenschaften, welche die Beziehungen zwischen Objekten und Strukturen beschreiben. Bei dieser Interpretation spielt die Erfahrung des Pathologen, sein morphologisches Gedächtnis, aber auch in immer stärkerem Maße die Anamnese des Patienten, von dem die Biopsie oder das zytologische Präparat stammt, eine Rolle. Die Einführung histochemischer und immunhistochemischer Techniken in die morphologische Diagnostik führte zu einer vermehrten Berücksichtigung funktioneller und molekularbiologischer Aspekte. Konventionelle Kenntnisse über die morphologischen Veränderungen bei den verschiedenen Krankheiten werden ergänzt durch zusätzliche Informationen über das Vorhandensein spezifischer Zellsekretionsprodukte (z.B. Hormone), Rezeptormoleküle oder Strukturproteine. Diese zusätzlichen Informationen werden jedoch fast ausschließlich qualitativ genutzt, das heißt nur der Nachweis ihres Vorhandenseins oder Fehlens wird zur Diagnose herangezogen.

Trotz der neuen Möglichkeiten der funktionellen Histologie hat die konventionelle morphologische Beurteilung der Architektur der Gewebe und ihrer Bestandteile ihre Bedeutung beibehalten, gerade wenn es um die Beurteilung gradueller Veränderungen geht. So beruht z.B. die Gradierung von Epitheldysplasien nach wie vor auf konventionellen morphologischen Kriterien. Solche Kriterien sind: "Abstand" der Mitosen von den basalen Zellschichten und Dichte und Orientierung der Zellkernanschnitte innerhalb der Epithelschicht, vor allem in den oberen Zellschichten.

Für den Einsatz morphometrischer Methoden in der Diagnostik muß man versuchen, solche Kriterien zu quantifizieren, d.h. Größen, welche die Gewebsstrukturen beschreiben, zu messen. In der vorliegenden Arbeit werden solche Messungen und ihre Auswertung als Histometrie bezeichnet und elementare Aspekte der Histometrie beschrieben und diskutiert.

Geeignete Ansätze zur quantitativen Beschreibung der Topologie oder Architektur von Objekten in einem Bild- oder Gesichtsfeld finden sich bei Serra (1982) (14) und Klette et al. (1985, 1986) (20, 21). Anwendungen finden sich bei Prewitt und Wu (1978) (10), Preston (1981) (11) und Kayser (1984) (8) (siehe Kapitel 2.3.2).

B. Methodik

Bildhaft vorliegende Daten zu quantifizieren heißt, diese einer Ordnungsrelation zu unterwerfen. Dies geschieht bei der visuellen Begutachtung durch Anwendung des Expertenwissens des Pathologen, wobei qualitativ und subjektiv Vergleiche mit ähnlichen, früher betrachteten Bildern hergestellt werden, in Verbindung mit zusätzlichem (a-priori) Wissen. Bei letzterem kann es sich um Patientendaten wie auch um Kenntnisse über Krankheiten und deren Verlauf handeln.

Die Aufgabe in der digitalen Bildanalyse besteht darin, das Expertenwissen in rechneradäquater Form bereitzustellen und auf das aktuelle Bild anzuwenden. Der Rechner verfügt nämlich anfänglich über kein Wissen. Für ihn ist ein digitalisiertes Bild ein amorphes zweidimensionales Zahlenfeld. Wissen muß implementiert werden, welches einerseits das Bild gliedert, z.B. in Bereiche von Interesse (Objekte) und Hintergrund, und andererseits die Objekte selbst oder deren Beziehungen zueinander quantifiziert. Die Suche nach geeigneten quantitativen Merkmalen (Maßzahlen) stellt das eigentliche Problem der digitalen Bildanalyse dar. Es gibt derzeit kein Standardverfahren, das für irgendeine Fragestellung (oder Ordnungsrelation) einen zumindest brauchbaren Satz von Merkmalen auswählt. Mittels des intuitiven Wissens des Bildanalytikers müssen passende Merkmalsextraktionsverfahren gewählt oder entwickelt werden.

Für Objektmerkmale wie Zellkernanschnitte existieren große Erfahrungen, erarbeitet im Bereich der Zytometrie (2, 12). Ihre Bedeutung für die Gradierung von intraepithelialen Dysplasien wird an anderer Stelle gezeigt (2). Für Anordnungsmerkmale (Merkmale für die Beziehungen der Objekte untereinander) gibt es dieses Maß an Erfahrung noch nicht.

Modellbasierte Graphengenerierung

In der vorliegenden Arbeit wird davon ausgegangen, daß jedes Objekt (Zellkernanschnitt) in einer Beziehung mit bestimmten anderen steht. Ein Modell erlaubt es, Beziehungen zu beseitigen oder hinzuzufügen, abhängig von Positions- und/oder anderen Objektmerkmalen. Dieses "Beziehungsgeflecht" wird allgemein als Graph bezeichnet und kann zur Berechnung von Anordnungsmerkmalen verwendet werden. Im speziellen Fall der Histometrie stellt sich der Graph als eine Menge von Knoten und Kanten dar, wobei die Knoten durch die Zellkernanschnitte definiert sind und die Kanten durch Verbindungslinien dazwischen.

Die histometrischen Ansätze sind also grundsätzlich folgendermaßen strukturiert: Schnittbildausschnitte werden digitalisiert und segmentiert und in einen Graphen transformiert. Auf der Basis dieses Graphen werden sodann quantitative Merkmale extrahiert. Die Transformation eines Schnittbildes in einen Graphen stellt eine algorithmische Beschreibung der hervorzuhebenden Eigenschaften dar. Den Vorstellungen dieser Eigenschaften liegt in der Regel ein Modell zugrunde. So kann, z.B. ein Epithel unter dem Aspekt der Differenzierung und des Wachstums betrachtet werden. Ein davon abgeleitetes Modell weist folgende Charakteristika auf:

1. Basale Zellen stellen das teilungsfähige Zellmaterial dar.
2. Sich teilende Basalzellen erhöhen den "Druck" im Bereich der basalen Schicht, was zu einer Verdrängung von Zellen führt.
3. Verdrängte Zellen beginnen sich zu differenzieren und bilden intermediäre und anschließend superfiziale Zellen.
4. Nicht-normales Gewebe zeigt ein verändertes Differenzierungsverhalten, das

sich durch verlangsamte, verspätete oder nicht erfolgende Differenzierung beschreiben läßt.
5. Die Quantifizierung des Ausmaßes der Differenzierung erfolgt durch Messung charakteristischer Eigenschaften der einlagigen Zellschichten beginnend mit den Basalzellen und der Analyse ihres schichtweisen Verlaufs.

Die Merkmalsextraktion kann vereinfacht werden, indem man nicht in jeder Wachstumsschicht Messungen durchführt, sondern die gesamte Epithelschicht in drei etwa gleich breite Abschnitte einteilt und sich nur für die Struktureigenschaften des Gewebes in diesen Abschnitten interessiert. Dies käme einer weitverbreiteten Praxis entgegen, wonach die Diagnose der leichten, mittleren und schweren Dysplasie sich auf die Ausdehnung des undifferenzierten Zellaufbaus ins erste, zweite oder oberste Drittel der Epithelschicht, ausgehend von der Basalmembran, stützt.

Die Transformation des segmentierten Schnittbildes in einen Graphen geht aus von den Kernanschnitten als Objekte (Knoten), die nach Maßgabe von Objektbeziehungen durch Kanten verknüpft werden. Mögliche Objektbeziehungen können sein:

- Ein Objekt ist Nachbar eines anderen.
- Ein Objekt hat zu einem anderen einen Abstand, der kleiner als ein vorgegebener Grenzwert (Schwelle) ist.
- Ein Objekt ist "Kind" eines anderen (siehe obiges Modell).
- Ein Objekt ist kleiner/größer als ein anderes.

Die Graphentheorie liefert verschiedene Verfahren zur Transformation eines Ausgangsgraphen. Das Ergebnis kann dabei einerseits eine Menge von Sub- oder Teilgraphen oder ein neuer Graph mit veränderten Kanten (Objektbeziehungen) sein.
Angewandte Verfahren (17) erlauben die Definition von Nachbarschaften von Objekten mittels Analyse des "Hintergrundes" (Abb. 1), aber auch die Bestimmung der Ordnung von Objekten selbst. Mit Hilfe von Kriterien wie dem minimalen Abstand und der Hauptrichtung von Objekten lassen sich Objektgruppen beschreiben. Ein Beispiel hierfür ist die automatische Erkennung von Mikrofollikeln an Schilddrüsenaspiraten (7, 15). Dies führt zu einer rechnerimplementierten "Organ"-beschreibung, die dann zu Organhierarchien erweitert werden kann (siehe auch Kapitel 2.3.2). Im hier beschriebenen Ansatz werden Verfahren der algebraischen Topologie angewendet, um Objektbeziehungen zu bestimmen und diese in einem Graphen darzustellen. Andere, hier nicht weiter verfolgte Möglichkeiten zur Repräsentation von Geweben stellen die formalsprachlichen und die zufallsbasierten dar. Insbesondere Wachstums- und Gestaltbildungsvorgänge, die auf sich wiederholenden Grundprozessen beruhen, lassen sich mit "L- Systemen" modellieren (13). Ursprünglich nicht auf formalen Sprachen fußend, lassen sich hier auch Ansätze nennen, die auf Mandelbrot-Mengen (9) basieren bzw. der darauf aufbauenden Chaosforschung (16). Zufallsmodellbasierte Repräsentationsmethoden sind in Serra (1982) (17) beschrieben.

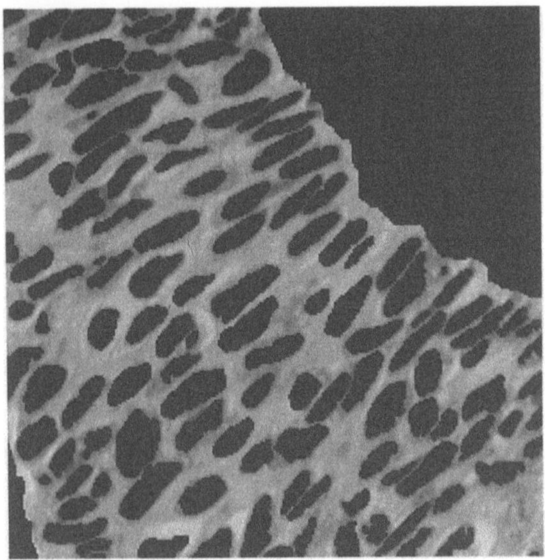

Abb. 1. Hintergrund eines Schnittbereiches.

Vorverarbeitung

Für die durchgeführten Untersuchungen wurden Routinepräparate (Histologische Schnitte von Konisaten der Cervix uteri) verwendet. Für verschiedene Dysplasiegrade wurden typische Bereiche einzeln diagnostiziert und digitalisiert.

Die Erfassung der einzelnen histologischen Gesichtsfelder erfolgte an einem Axiomaten (Zeiss, Oberkochen, BRD) mit zwei verschiedenen Objektiven (50x bzw. 25x). Die Digitalisierung wurde mit einer TV-Kamera (Bosch-Meßkamera) und einem 527 nm Bandpassfilter ausgeführt. Im derzeit implementierten System überdeckt ein Bild einen quadratischen Bereich von 128 μm bzw. 256 μm Kantenlänge mit jeweils 256 x 256 Bildpunkten. Um einerseits Objektmerkmale wie "Orientierung" bestimmen zu können und andererseits einen genügend großen Gewebeausschnitt im Bildfeld zu haben, ist eine Bildgröße mit 512 x 512 Bildpunkten und 256 μm Kantenlänge zu empfehlen.

Zur Segmentierung der einzelnen Bilder existiert bislang kein allgemeiner Algorithmus, der für jedes Bild anwendbar ist. Visuelle Segmentierung ist oft ein Problem der psychophysikalischen Wahrnehmung; es dürfte unwahrscheinlich sein, hierfür eine analytische Lösung zu finden. Grundsätzlich kann das Segmentationsproblem im Rahmen einer Musterklassifikation durchgeführt werden. Ein Lernset von segmentierten Bildern liefert pro Bildpunkt einen Satz von Merkmalen, die dazu dienen, einen Klassifikator zu konstruieren. Unter Anwendung dieses Klassifikators können dann neue, unbekannte Bilder segmentiert werden. Dieser einfache Klassifikationsansatz ist nicht effektiv für komplizierte Bilder und verschiedene Klassen von Bildern. Im konkreten Fall gilt dies bereits für stark variierende Gewebsbereiche. Dieses Segmentationsverfahren wird daher nicht angewendet.

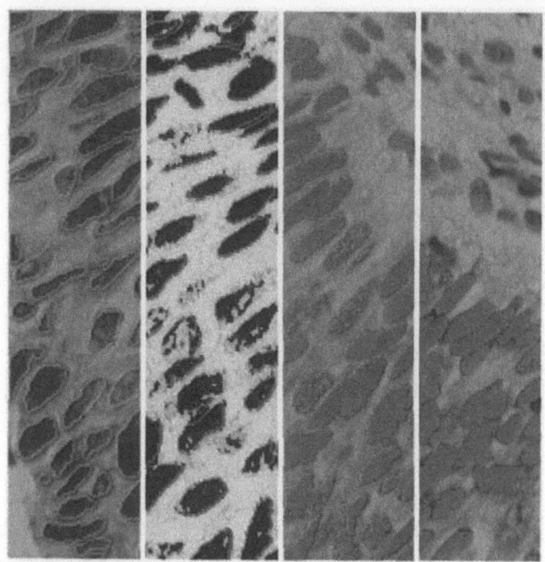

Abb. 2. Segmentation eines Bildbereiches eines Plattenepithels (von links nach rechts) nach zwei Verfahren.

Für die durchgeführten Untersuchungen wurde ein Kontrastverstärkungsverfahren entwickelt, dessen Wirkung von der lokalen 3 x 3 Umgebung eines jeden Bildpunktes abhängig gemacht wurde (3). Aus dem so transformierten Bild wurde durch eine geeignet gewählte Grauwertschwelle ein Binärbild der Kernanschnitte erzeugt. Bei stark variierendem Hintergrund, eng benachbarten und auch visuell schwer diskriminierbaren Objekten mußte die Segmentation, basierend auf dem kontrastverstärkten Bild, interaktiv korrigiert werden.

Die Interaktion erfolgte mit einer Maus, die ein auf dem TV-Schirm eingeblendetes Fadenkreuz kontrolliert. In zwei Schritten wurden zuerst unvollständige Objekte mit einer geschlossenen Randlinie versehen und automatisch gefüllt, dann zusammenhängende Objekte zerlegt (Abb. 2). Der manuelle Aufwand steigt mit zunehmender Zelldichte.

Auswertung

An den in Zellkernanschnitte und Hintergrund segmentierten Bildern wurden Objektmerkmale berechnet, die für die daran anschließende Erzeugung eines Graphen und die Berechnung von Anordnungsmerkmalen benötigt werden. Im einzelnen werden die Merkmale weiter unten beschrieben.

Die Auswertung der Bildinformation gliedert sich in vier Schritte:

1. Berechnung von Objektmerkmalen auf der Ebene der Bilder.
    Jeder Zellkernanschnitt liefert einen Satz von Merkmalen (Tabelle 1).
2. Konstruktion von (Ausgangs-) Graphen.
    Die Objekte sind durch Knoten repräsentiert und die Objektmerkmale den

Tabelle 1. Berechnete Merkmale eines Objektes (Zellkernanschnitt)

Kurzbeschreibung	Abkürzung
Fläche	A
Schwerpunktkoordinate x	SWX
Schwerpunktkoordinate y	SWY
Winkel zwischen Hauptachse und der x-Achse	THETA
Summe der Grauwerte	TOTT *)
Baryzentrumkoordinate x	BSWX *)
Baryzentrumkoordinate y	BSWY *)
Winkel zwischen Hauptachse und der x-Achse	BTHETA *)
Fläche der Einflußzone	ZOIA

Knoten zugeordnet. Das Knotenbild stellt die Ausgangssituation für die Graphentransformation dar. Da an dieser Stelle nicht bereits eine Zerlegung des Bildfeldes über die Graphen erfolgen soll, sind die Ausgangsgraphen im allgemeinen zusammenhängend.

3. Transformation der Graphen.
Auf der Basis der Ausgangsgraphen werden entweder Kanten beseitigt oder neue hinzugefügt. Ersteres entspricht einer Zerlegung im Bildfeld in Teilbereiche. Letzteres wird nur auf der Basis von bereits zerlegten Graphen angewandt, um Sub- bzw. Teilgraphen zu höheren Einheiten zu vereinigen. Die angewandten Transformationen sind in hohem Maße von den unterlagerten Modellvorstellungen abhängig. Als Ergebnis wird das Bildfeld durch eine Menge von Subgraphen repräsentiert.

4. Extraktion von Anordnungsmerkmalen.
Es handelt sich hier um Subgraphenmerkmale, die für Objekte (Knoten) und Kanten der Subgraphen berechnet werden (Tabelle 2 a, b).

Für die rechnerorientierte Auswertung muß beachtet werden, daß die Bildebene im Verlauf des zweiten Auswertungsschrittes verlassen und weiterhin nur noch auf Graphenebene gerechnet wird. Diese Vorgehensweise erlaubt es, mit relativ eng begrenzter Ausstattung an bildverarbeitenden Geräten eine Auswertung durchzuführen. Ein Personalcomputer (PC) mit einer "Bildverarbeitungskarte" ist hier als Ausstattung denkbar.

Die hier beschriebenen Entwicklungen, die mit einem existierenden Bildverarbeitungssystem ILIAD (4, 5) erfolgten, sind nicht direkt auf einen PC übertragbar. Dies liegt insbesondere an der rechnerinternen Datendarstellung. Graphen wurden über Merkmalsdateien und Nachbarschaftsmatrizen repräsentiert.

C. Durchführung

Ausgangsgraphen

Drei verschiedene Graphen wurden konstruiert. Die Objektbeziehung, hier Nachbarschaft, wurde mit drei Methoden bestimmt:

Tabelle 2a. Berechnete Merkmale eines (Sub-)Graphen für alle Knoten (Objekte) des betrachteten (Sub-)Graphen (Objektmerkmale)

Kurzbeschreibung (siehe Tabelle 1)	Abkürzung	
Mittelwert und Streuung von A	AM1	AM2
Mittelwert und Streuung von SWX	SWXM1	SWXM2
Mittelwert und Streuung von SWY	SWYM1	SWYM2
Mittelwert und Streuung von THETA	THETAM1	THETAM2
Mittelwert und Streuung von TOTT *)	TOTTM1	TOTTM2
Mittelwert und Streuung von BSWX *)	BSWXM1	BSWXM2
Mittelwert und Streuung von BSWY *)	BSWYM1	BSWYM2
Mittelwert und Streuung von BTHETA *)	BTHETAM1	BTHETAM2
Mittelwert und Streuung von ZOIA	ZOIAM1	ZOIAM2
Schwerpunktkoordinate x des (Sub-)Graphen bzgl. A		SWXA
Schwerpunktkoordinate y des (Sub-)Graphen bzgl. A		SWYA
Schwerpunktkoordinate x des (Sub-)Graphen bzgl. ZOIA		SWXZOIA
Schwerpunktkoordinate y des (Sub-)Graphen bzgl. ZOIA		SWYZOIA

*) Nur bei einer Auflösung von 0.5 μm pro Bildpunkt

Tabelle 2b. Berechnete Merkmale eines (Sub-)Graphen für alle Kanten des betrachteten (Sub-)Graphen (Kantenmerkmale)

Kurzbeschreibung	Abkürzung
Mittelwert, Streuung, Minimum	KLM1 KLM2 KLMIN
und Maximum der Kantenlänge	KLMAX
Anzahl der Knoten des (Sub-)Graphen	ON
Mittelwert und Streuung der Kantenrichtung	KTM1 KTM2
Freie Weglänge	GL
Maximaler Abstand zwischen Knoten	GDMAX
Anzahl von Knoten mit mehr als zwei Nachbarn	ON2

1. Minimum Spanning Tree-Algorithmus (MST) (1), basierend auf den euklidischen Abständen der Zellkerne (Abb. 3).
2. Minimum Spanning Tree-Algorithmus, basierend auf gewichteten euklidischen Abständen der Zellkerne (Abb. 4) (Zwischen je zwei Objekten wurde die kleinste Winkeldifferenz der Hauptrichtungen zur Gewichtung herangezogen, so daß Objekte mit ähnlicher Orientierung nahezu unveränderte Abstände erhalten und solche mit stark abweichender Orientierung einen bis um einen Faktor 2 vergrößerten Abstand.).
3. Einflußzonen-Nachbarschaft ("Zone of Influence") (ZOI) (Abb. 5)

Der Graph resultierend vom MST ist minimal in bezug auf die Summe der Kantenlängen, jedoch abhängig vom gewählten Startknoten. Unter Anwendung der gewichteten euklidischen Distanz ergibt sich ein Graph, der benachbarte, ähnlich orientierte Zellkerne durch Kanten verbindet. Hierdurch sich ergebende

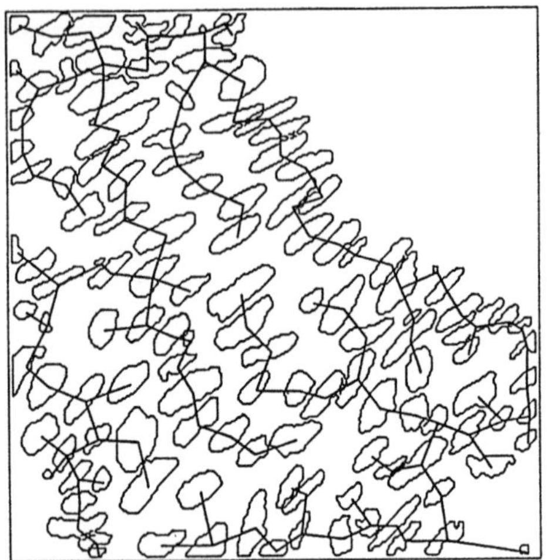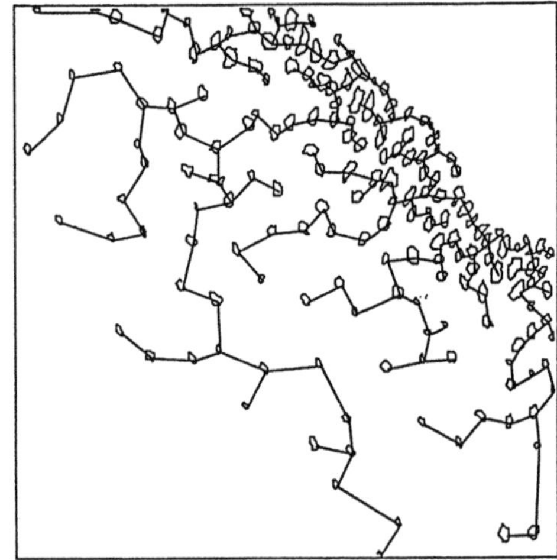

Abb. 3. Minimum Spanning Tree basierend auf dem euklidischen Knotenabstand.

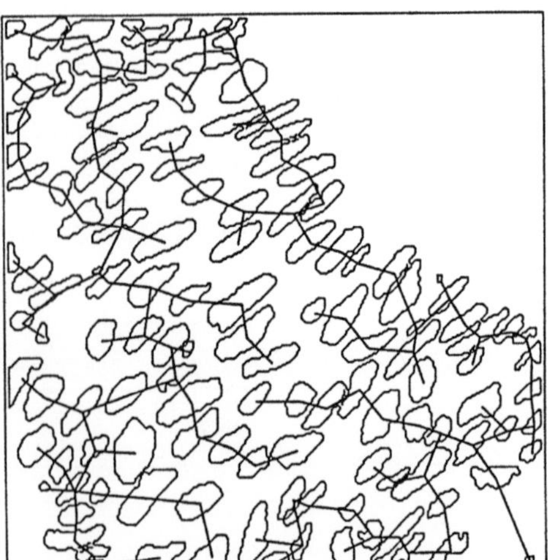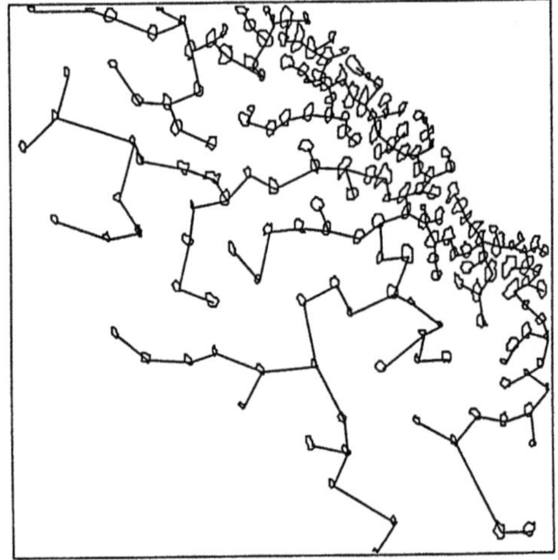

Abb. 4. Minimum Spanning Tree basierend auf dem orientierungsgewichteten euklidischen Knotenabstand.

Sequenzen ähnlich orientierter Zellkerne (Zelläufe, Segmente), können in einem weiteren Verarbeitungsschritt zu Subgraphen zerlegt werden.

Der Algorithmus zur Konstruktion eines MST erfolgt durch eine Iteration. Sei MST(i) die Menge der Knoten im bis zum i-ten Schritt erzeugten Minimum Spanning Tree und G die Menge aller vorhandenen Knoten:

- i: = 1;   MST(1): Startknoten; Initialisierung
- i: = i + 1;   MST(i + 1): MST(i) vereinigt mit dem Knoten aus G-MST(i) (Mengendifferenz zwischen G und MST(i)) der den kleinsten Abstand zu allen Knoten in MST(i) hat.

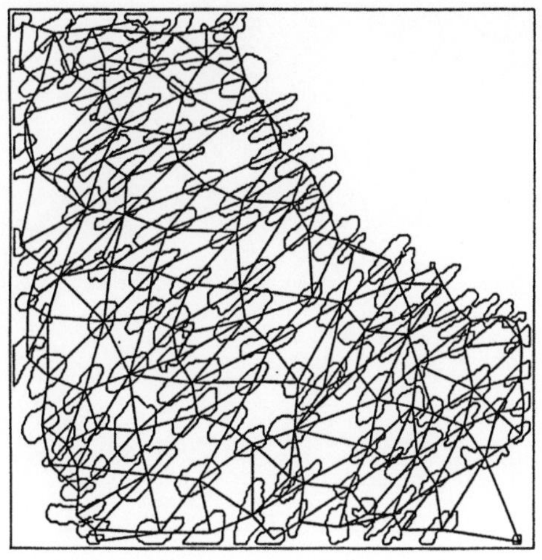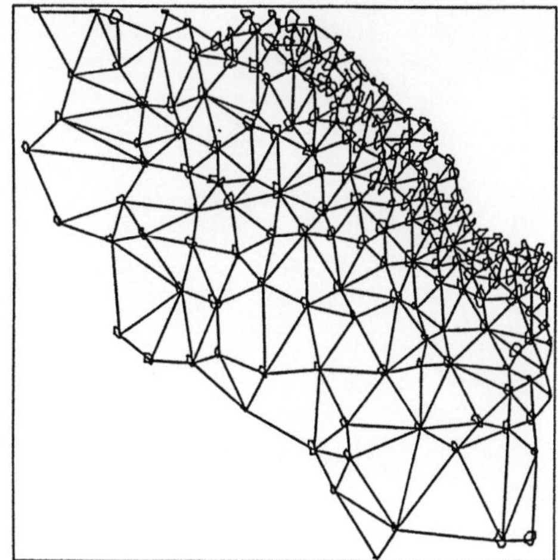

Abb. 5. Einflußzonen (ZOI)-Graph.

Die Iteration ist beendet, wenn G-MST(i) leer ist, beziehungsweise alle Knoten aus G aufgebraucht sind.

Es existieren Variationen dieses Algorithmus (1). Es kann mit einer Startmenge (MST(l): Menge von Startknoten) begonnen und die Wahl des nächsten Knoten abhängig von einem Ausgangsgraphen gemacht werden. Dies bedeutet, daß der gewählte neue Knoten aus G-MST(i) zumindest eine Kante zu einem Knoten in MST(i) haben muß. Hierdurch kann der resultierende Graph beeinflußt werden. Die Wahl eines Abstandskriteriums wurde oben bereits beschrieben als anderes Einflußmittel zur (Ausgangs-) Graphenkonstruktion.

Der Graph basierend auf Einflußzonen-Nachbarschaft stellt die anschaulichste Nachbarschaftsrelation dar. Der Hintergrund wird zerlegt, indem alle Objekte isotrop wachsen. Der jeweils erstmals erreichte Begegnungspunkt zweier Wachstumsfronten liefert einen Grenzpunkt zwischen den Objekten (17). Setzt man diesen Prozeß fort, erhält man eine Zerlegung des Hintergrundes, die direkt mit den Objekten korrespondiert. Sie wird Zerlegung in "Einflußzonen", "Zone of Influence" (ZOI) oder Bildung des "Exoskeletts" genannt. Hiermit werden (in der Ebene) Grenzen des Zytoplasmas simuliert, wenn die Startobjekte Zellkerne sind (Abb. 6). Zwei Objekte sind nun benachbart (bekommen eine Kante), wenn ihre Einflußzonen sich berühren bzw. in einer 3 x 3 Bildpunktumgebung liegen.

Merkmalsextraktion

Pro Objekt, im hier vorliegenden Beispiel Zellkernanschnitte, werden die in Tabelle 1 beschriebenen Objektmerkmale bestimmt. Es handelt sich im wesentlichen um Merkmale, welche die Lage der Objekte im Bildfeld, ihre Fläche und die Summe der Grauwerte angeben.

Diese Merkmale basieren auf der Berechnung der 2-dimensionalen Momente M_{00}, M_{01}, M_{10}, M_{11}, M_{20}, M_{02} für Binär- und Graubilder. Für Graubilder werden diese "baryzentrische Momente" genannt. M_{00} liefert beispielsweise die Fläche A

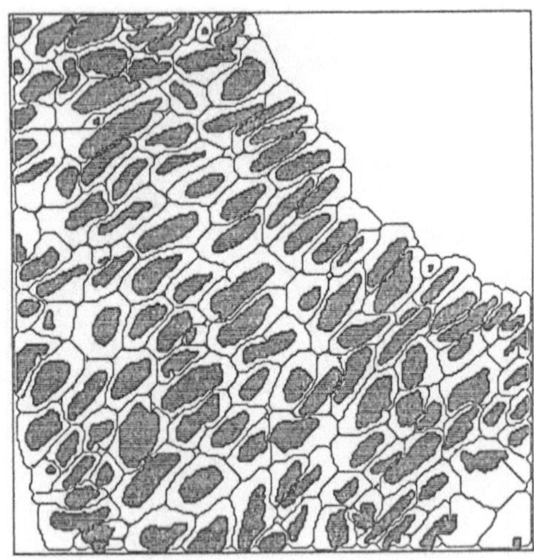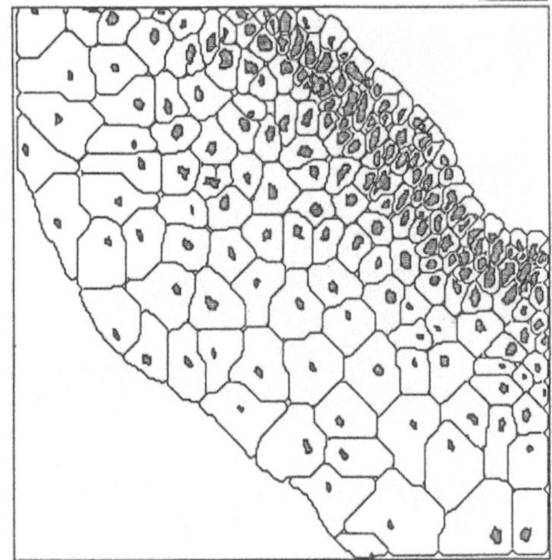

Abb. 6. Zellkernanschnitte und darauf basierendes Exoskelett - Zellkernanschnitte umgeben von den Einflußzonen (ZOI).

bzw. die Summen aller Grauwerte TOTT und M_{10}/M_{00} die x-Koordinate des Schwerpunktes (SWX) bzw. des Baryzentrums (BSWX) (siehe Tabelle 1).

Die grundsätzlichen Formeln für Momente lauten:

$$M_{pq} = \sum_{i=1}^{Zeilen} \sum_{j=1}^{Spalten} i^p\, j^q\, f(i,j),$$

wobei f ein Bild (ein 2-dimensionales Feld) darstellt. Handelt es sich um ein Binärbild, nimmt f(i, j) nur die Werte 0 oder 1 an. Ist f ein Graubild, so repräsentiert f(i, j) Transmissions- oder Extinktionswerte. Ausgehend von diesen Momenten führen Normierungen ($M_{00} = 1$) und Koordinatentransformationen ($M_{10} = 0$ und $M_{01} = 0$) zu normierten, zentrierten Momenten m_{pq} (18). Diese dienen zur Berechnung der Lage der Hauptachsen.

Prinzipiell besteht bei der Berechnung zusätzlicher Objektmerkmale keine Beschränkung, außer im Hinblick auf die benötigte Rechenzeit. Der Merkmalssatz kann, je nach Anforderung an die Einzelobjektquantifizierung bzw. -erkennung, leicht erweitert werden.

Anordnungsmerkmale werden auf der Basis der erzeugten Graphen und der Objektmerkmale bestimmt. Globale Anordnungsmerkmale werden vom gesamten ursprünglichen Graphen des Bildfeldes ermittelt (Tabelle 2). Es handelt sich um Merkmale, die von den Objekten (Knoten) eines zusammenhängenden Subgraphen (Tabelle 2a) und von den Kanten abgeleitet sind (Tabelle 2b).

Das der Merkmalsextraktion auf der Basis von Objektmerkmalen und Graphen zugrunde liegende Prinzip kann folgendermaßen beschrieben werden: Die an und für sich amorphe Anordnung von Objekten im Raum wird durch einen Graphen, also durch Beziehungen der Objekte untereinander, gegliedert. Ist der Graph zusammenhängend, ergeben sich "globale" Merkmale, andernfalls kann der Gesamtgraph als Menge von zusammenhängenden Subgraphen betrachtet

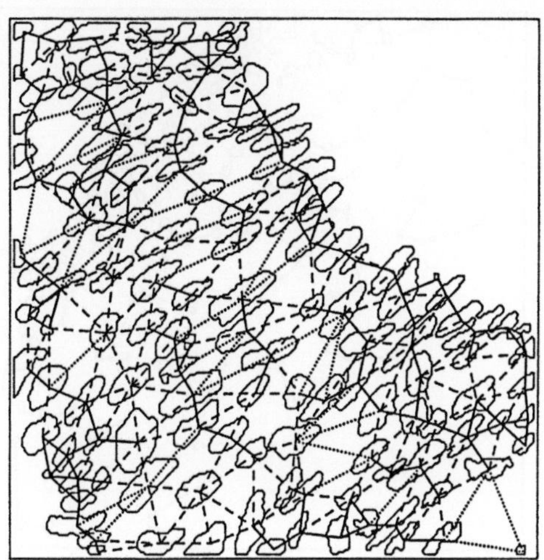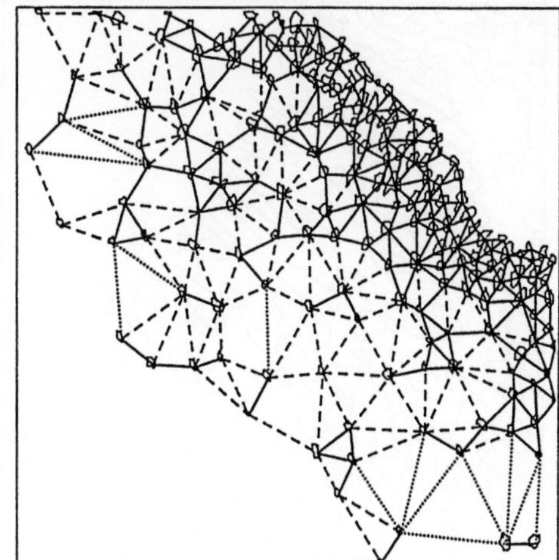

Abb. 7. Kantenlängenabhängige Graphenzerlegung (in drei Klassen kurz,mittel und lang).

werden. Jeder Subgraph liefert dann einen Satz von Merkmalen, die den jeweiligen vom Subgraph überdeckten Bildbereich quantifizieren.

Graphentransformationen

Die Verbindung zur modellbasierten Beschreibung wird hergestellt über die Bedeutung der Subgraphen für das betrachtete Modell. Beispielsweise stellen im Wachstumsmodell die Subgraphen die Zellkernschichten dar, wobei abhängig von der Schichtenkonfiguration eine Schicht aus mehr als einem Subgraphen bestehen kann. Eine Reihe verschiedener Graphentransformationen wurde auf die Ausgangsgraphen MST (Abb. 3, 4) und ZOI (Abb. 5) angewendet und implementiert:

1. Kantenlängenabhängige Zerlegung.
   Das Kontinuum möglicher Kantenlängen wird in n Intervalle zerlegt. Für jedes Intervall wird eine Menge von Subgraphen erzeugt, die die Kanten enthält, deren Länge in das betreffende Intervall fällt (Abb. 7) sowie die dazu gehörenden Knoten. Die Verteilung der Knoten in den n verschiedenen Graphenmengen erlaubt quantitative Aussagen über die Verteilung der Objekte im Bildfeld.
2. Richtungsabhängige Zerlegung (Objektorientierung).
   Das Ziel ist es, Subgraphen zu erzeugen, die aus Folgen von Objekten mit ähnlicher Orientierung bestehen. Diese werden Zelläufe oder "Segmente" genannt. Hierbei werden aus dem Ausgangsgraphen Kanten gelöscht, die zu Objekten mit stark abweichender Orientierung führen. Es werden nur Kanten an Knoten gelöscht, die mehr als zwei Kanten haben (Abb. 8).
3. Schichtenweise zerlegte ZOI Graphen (Abb. 4).
   Ausgehend von einer interaktiv markierten Startschicht, im Fall von Epithe-

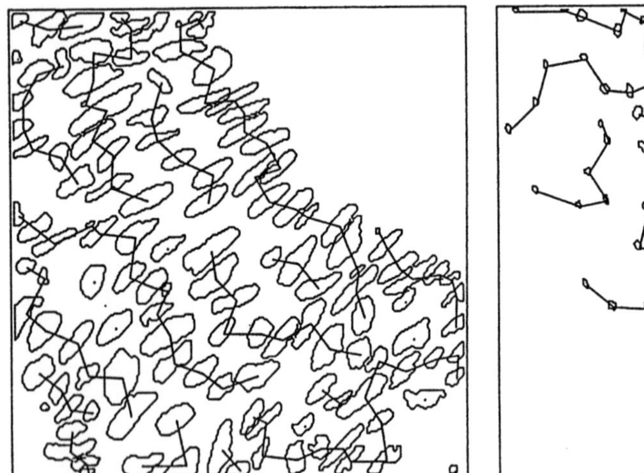
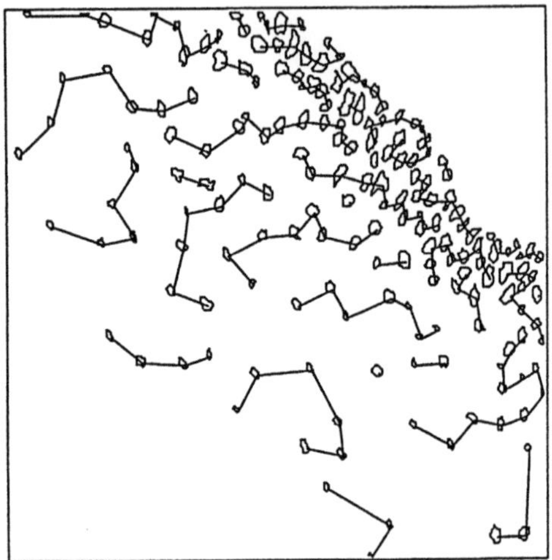

Abb. 8. Objektorientierungsabhängige Graphenzerlegung auf der Basis des euklidischen MST (siehe Abb. 3).

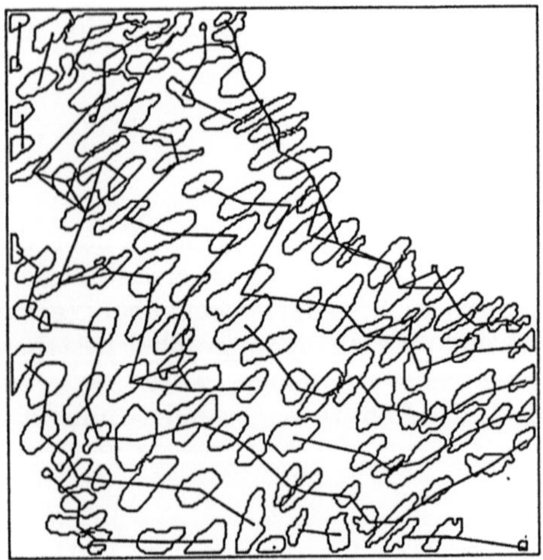
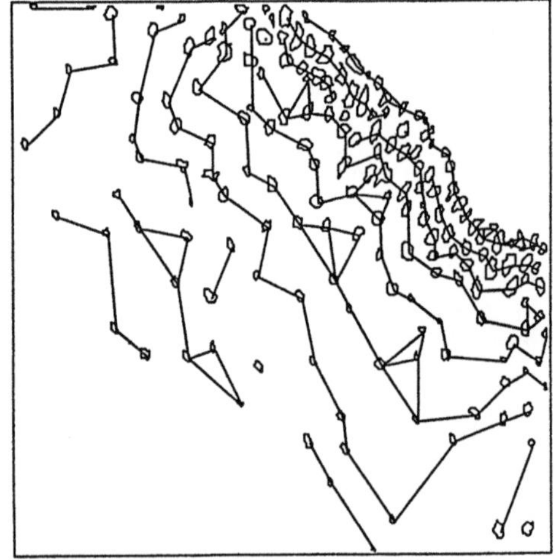

Abb. 9. Zellgenerationsschichtengraph auf der Basis des Wachstumsmodells.

lien die Basalschicht, ist die nächste Schicht definiert als die Menge der Knoten, die mittels einer Kante von der aktuellen Schicht aus zu erreichen ist. Erreichbarkeit über eine Kante ist eine Nachbarschaftsrelation zwischen Knoten (Abb. 9).

4. ZOI Sterne.

Der ZOI Graph (Abb. 4) kann als Vereinigung von "Kanten"-Sternen aller Knoten betrachtet werden (Abb. 10). Merkmale dieser Sterne können auch als Objektmerkmale betrachtet werden. Vereinigungen von benachbarten Sternen, also mittels einer Kante erreichbarer Knoten, liefern Subgraphen, die

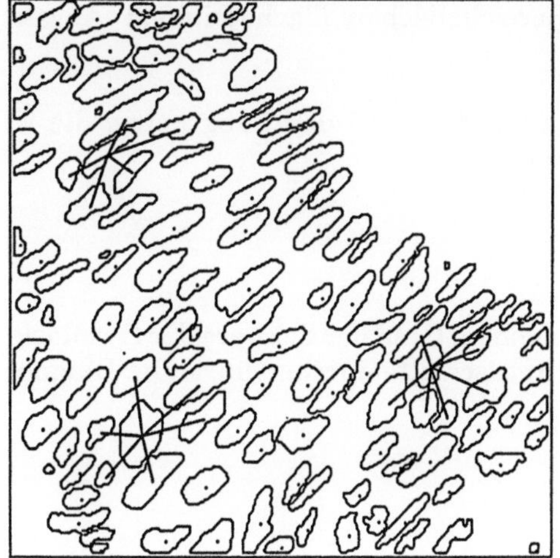

Abb. 10. Einige ZOI-Sterne.

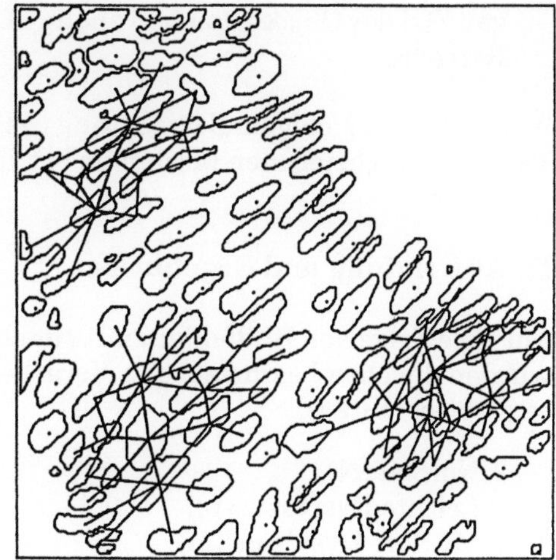

Abb. 11. Einige ZOI-Sterne vereinigt bis zu den. 2. Nachbarn.

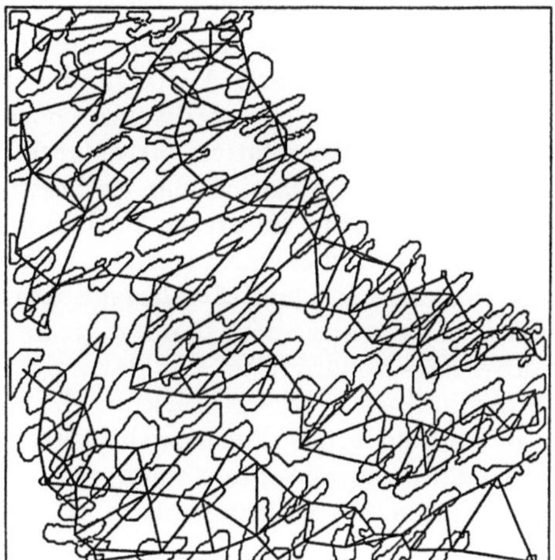

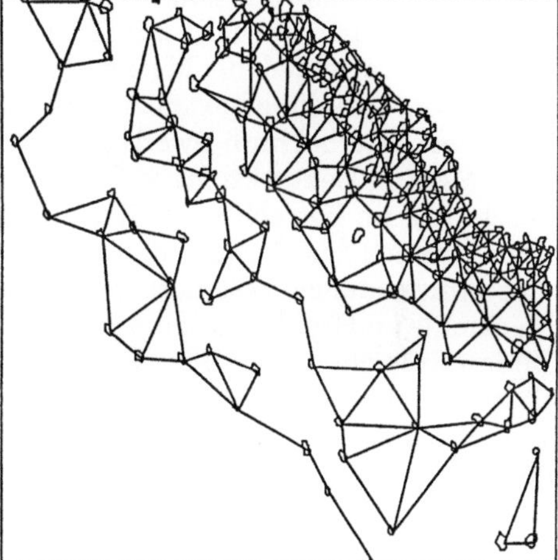

Abb. 12. Graph von drei Bereichen auf der Basis des vergröberten Wachstumsmodells.

es erlauben, eine Nachbarschaftshierarchie aufzubauen (Abb. 11) und diese zu quantifizieren.

5. Bereiche basierend auf dem vergröberten Wachstumsmodell.
Ausgehend von den Objektkoordinaten ist es schwierig, eine Partition des betrachteten Bildfeldes in eine Anzahl von Bereichen zu konstruieren. Im Hinblick auf die Anwendung der Verfahren auf PC's wurde mittels der Zellgenerationsschichten (siehe 3.) eine Methode zur Partition entwickelt, die es erlaubt, die Zellgenerationsschichten zu Bereichen zusammenzufassen. Hierbei werden diese zu Bereichen verbunden, die annähernd den gewünschten Bereichsflächen entsprechen (Abb. 12). Fläche Bildfeld: Summe aller Flächen

von ZOI der Objekte (siehe Tabelle 1). Bereichsflächen: Fläche Bildfeld / Anzahl Bereiche.

Auf Grund der obigen Betrachtungsweise wurden für jeden Subgraphen die in Tabelle 2 beschriebenen Merkmale bestimmt.

D. Anwendung und Ergebnisse

Für eine Folge von Bildfeldern mit zunehmendem Grad der Schwere der Dysplasie wurden die oben beschriebenen Verarbeitungsschritte durchgeführt. Die Diagnosegruppen lauten:

- o Normal (N),
- o Leichte Dysplasie (L),
- o Mittlere Dysplasie (M),
- o Schwere Dysplasie (S),
- o Carcinoma in situ (C).

Es handelt sich um Diagnosen der betreffenden Bildfelder und nicht um eine globale Präparatklassifikation.

Im folgenden werden, gegliedert nach den verschiedenen Graphentransformationen, verschiedene Merkmale dargestellt und diskutiert. Auf Grund der gewählten Merkmalsextraktionsverfahren sind Merkmale teilweise hoch korreliert. Hierbei muß jeweils beachtet werden, daß die Korrelation entweder mit dem Merkmalsextraktionsverfahren oder mit der Konfiguration der Zellkernanschnitte im betrachteten Bildfeld erklärt werden kann. Im ersten Fall kann unbedenklich das Verfahren mit dem geringsten Aufwand gewählt werden, wenn dies einigermaßen gesichert ist. Die hiermit implizierte Qualitätsaussage über Merkmale im Hinblick auf die Problemstellung ist ganz allgemein in der digitalen Bildanalyse ein schwieriges Problem, das einerseits abhängig ist von der möglichen Variation der Bildbereiche untereinander und andererseits stark durch die vom Pathologen vorgegebene Diagnose pro Bildfeld eines Trainingsbildsatzes beeinflußt wird (supervised classification). Eine sogenannte "unsupervised classification" wird hier in dieser beispielshaften Darstellung nicht weiter verfolgt.

Beispiele für Merkmalsextraktionsverfahren:

1. Globale Merkmale auf der Basis von ZOI-Sternen (Abb. 10, 11).
   Jedem Objekt werden zusätzliche "Sternmerkmale"
   ZOIA1N: Summe der Einflußzonenflächen und
   ZOIN1N: Anzahl der Objekte eines Sternes (1.Nachbarn),
   ZOIA2N: Summe der Einflußzonenflächen und
   ZOIN2N: Anzahl der Objekte eines Sternes sowie seiner Nachbarn (1. und 2. Nachbarn) zugeordnet.
   Eine lineare Klassifikation über alle Kernanschnitte liefert mit ZOIA2N/ ZOIN2N, der mittleren ZOI-Fläche der Sterne bis zum 2. Nachbarn, als

Tabelle 3. Konfidenzmatrix einer Objektklassifikation mit linearem Klassifikator

	N	L	M	S	C	%
N	45	0	22	14	8	50.6
L	0	0	0	0	0	0.0
M	15	0	71	34	13	53.4
S	2	0	42	304	37	79.0
C	3	0	27	15	155	77.5
Total	65	0	162	367	213	71.3

wichtigstem Merkmal die in Tabelle 3 angegebene Konfidenzmatrix. Jedem Objekt wurde hierbei die Bildfelddiagnose beigegeben. Die Merkmale wurden an Bildfeldern berechnet, die mit einem 50x Objektiv erfaßt wurden. Es handelt sich hierbei um 11 Bildfelder (2x N, 2x M, 4x S, 3x C) mit insgesamt 807 ausgewerteten Zellkernanschnitten. Mit einer Gesamtklassifikationsrate von 71,3 % im 4-Klassenfall (N, M, S, C) konnte die Analyse der Zellkernumgebungen als vielversprechender Ansatz betrachtet werden. Dieses Ergebnis stand am Anfang unserer Untersuchungen, aus dem der hier beschriebene Ansatz entwickelt wurde.

2. Häufigkeitsmerkmale auf der Basis von Kantenlängen-zerlegten Graphen.

Die auftretenden ZOI Graphen (Abb. 5) wurden in 11 Intervalle zerlegt ((maximal auftretende Kantenlänge - minimale Kantenlänge) / 11). Pro Intervall wurde die Anzahl der Kanten gezählt. Diese Verteilungen (Abb. 13) können beispielsweise einer Korrespondenzanalyse (6) unterzogen werden. In dieser Illustration ist es offensichtlich, in welcher Weise sich die Verteilungsformen abhängig von der Bildfelddiagnose verändern. Die Anteile von längeren

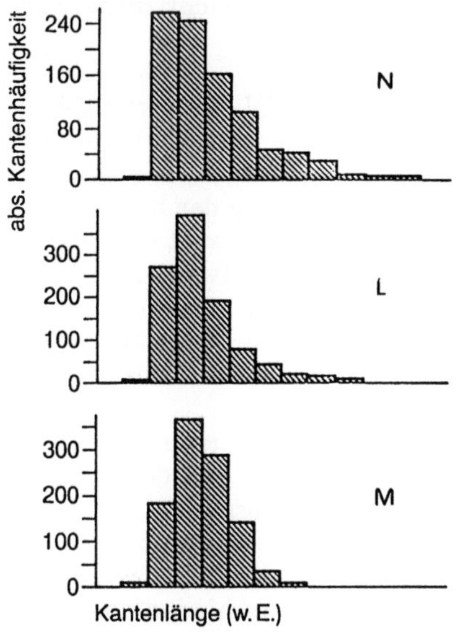

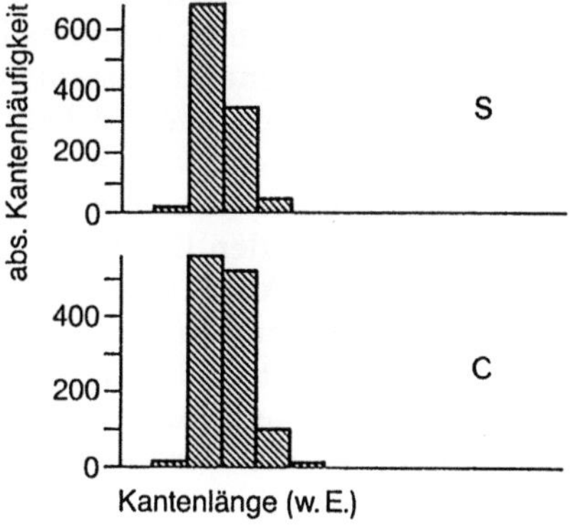

Abb. 13. Häufigkeitsverteilungen von kantenlängenzerlegten Graphen (Anzahl von Kanten basierend auf dem ZOI-Graph (Abb. 5)).

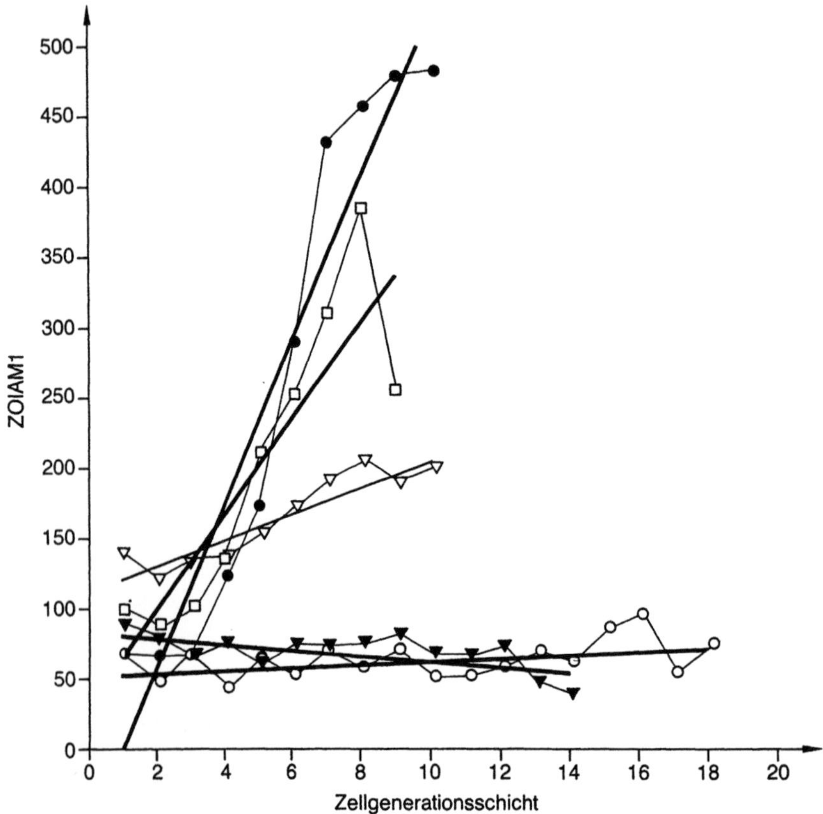

Abb. 14. Merkmal ZOIAM1 von Zellgenerationsschichten mit linearer Regression.
(● = normal, □ = leichte, ▽ = mittlere, ○ = schwere Dysplasie, ▼ = Carcinoma in situ).

Kanten (rechts) verändern sich signifikant von normal über leicht, mittel nach
schwer dysplastisch und Carcinoma in situ.

3. Merkmale von Zellgenerationsschichten.

Auf der Basis des nach dem Wachstumsmodell zerlegten ZOI-Graphen (Abbn. 5
und 9) liegt ausgehend von der Basalschicht eine Folge vor. Merkmale von
Folgen können einer (linearen) Regression unterzogen werden. Die Steigung
der Regressionsgeraden liefert ein Maß für die Veränderung der betrachteten
Merkmalsfolge. In Abb. 14 ist das Merkmal ZOIAM1 (Mittelwert der Flächen
der Einflußzonen) und in Abb. 15 das Merkmal AM1 (Mittelwert der Objektflächen) pro Schicht und Diagnose mit den jeweiligen Regressionsgeraden
dargestellt. Die Steigungen der Regressionsgeraden von ZOIAM1 widerspiegeln deutlich die Veränderungen der Gewebstopologie bei unterschiedlichen Diagnosen.

Im Normalgewebe und auch noch bei der leichten Dysplasie nimmt die
Zellgröße (Einflußzone) im Zuge der Ausreifung der Zellen von der Tiefe zur
Oberfläche deutlich zu. Dabei treten, wie erwartet, in normalen und leicht
dysplastischen Geweben Abweichungen in der Basalzellschicht und in den
äußeren verhornenden Superfizialzellschichten auf. In der Basalzellschicht
sind die Einflußzonen oft größer oder doch nicht stark verschieden von denen

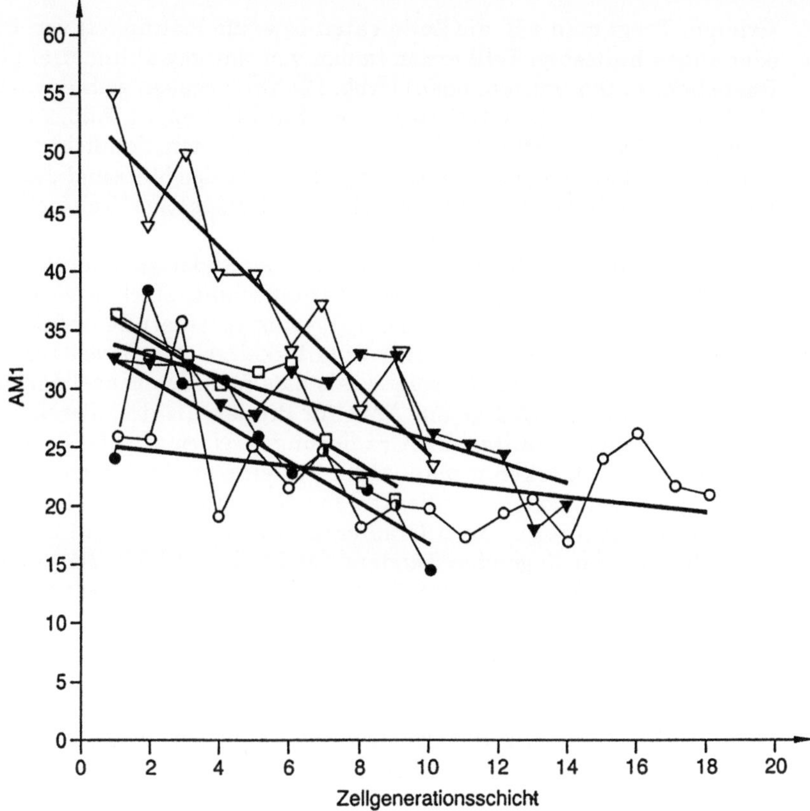

Abb. 15. Merkmal AM1 von Zellgenerationsschichten mit linearer Regression.
(● = normal, □ = leichte, ∇ = mittlere, ° = schwere Dysplasie, ▼ = Carcinoma in situ).

der Parabasalzellschicht. In den Superfizialzellschichten werden die Einflußzonen wieder kleiner. Der Grund dafür ist die nahezu senkrechte Schnittführung durch die abgeplatteten Zellen. Für die Größen der Kernanschnittsflächen (Abb. 15) erwartet man einen umgekehrten Verlauf. Im Normalgewebe
sind die Basalzellkerne am größten und die pyknotischen reifen Superfizialzell-
kerne am kleinsten. Die Ausprägung dieser Reifungstendenz wird mit zunehmender Schwere der Dysplasie verschwinden. Leider sind die Steigungen der
Regressionsgeraden bei den von uns gezeigten Beispielen in der Abb. 15 nicht
so eindeutig mit dem Grad der Dysplasie korreliert wie beim Merkmal
ZOIAM1, aber die Tendenz ist doch klar erkennbar.

4. Merkmale von Bereichen.

Die Bereichszerlegung entspricht der Schichtenzerlegung. Dabei bleiben jedoch
die Zusammenhänge der angeschnittenen Zellen bzw. Zellkerne in größeren
Gewebsabschnitten erhalten und man kann erwarten, daß die Merkmalsmittelwerte einen stabileren Merkmalsvektor darstellen als dies bei den Mittelwerten in den Einzelzellschichten der Fall ist. Letztere hängen doch sehr von
der zufälligen Gewebsstruktur und deren Regelmäßigkeit in den ausgewählten
Gesichtsfeldern ab, wie es die Schwankungen in den Abbn. 14 und 15 demon-

strieren. Trägt man z.B. die Zelldichten bzw. die Häufigkeit von Einflußzonen oder angeschnittenen Zellkernen in den von uns gewählten drei gleich großen Bereichen (unten, mitten, oben) (Abb. 12) auf, ergeben sich erwartungsgemäß Verläufe, wie sie dem Kehrwert der Funktionen in Abb. 14 entsprechen (Abb. 16). Große Einflußzonen entsprechen kleinen Zelldichten. Ob sich für eine Klassifikation von Dysplasiegraden besser das Merkmal der Steigung der Regressionsgeraden der Abb. 14 oder der dreispaltige Vektor nach Abb. 16 eignet, muß die Erfahrung zeigen.

Darüber hinaus könnte eine Kombination einander gegenläufiger Merkmale, wie z.B. der Einflußzonen und der Kernanschnittsflächen eine noch größere Ausprägung der Unterschiede in der Dysplasiegradierung und damit eine noch größere Stabilität gegenüber den Zufälligkeiten der Gewebsstruktur in den gewählten Bildausschnitten zeigen, als dies für jedes Einzelmerkmal der Fall ist. Trägt man ZOIAM1 gegen AM1 für die jeweils drei Bereiche eines typischen Epithelausschnittes der Gradierungen Normal, LDYS, MDYS, SDYS, CIS auf (Abb. 17), erkennt man in der Tat eine große Spreizung der Bereichswerte mit einem hohen Gradienten für Normalgewebe und eng beieinander liegende Werte mit geringen Gradienten für die SDYS und CIS-Befunde mit einer dazwischen liegenden Tendenz für LDYS und MDYS. Auch hier kann man im Prinzip die jeweils drei Meßwerte pro Bildfeld linear ausgleichen und die Steigung als neues Merkmal benutzen. Diese Steigung sollte im übrigen unabhängig vom gewählten Bildausschnitt sein, d.h. auch noch eine ausreichende Diskriminierung der verschiedenen Dysplasiegrade erlauben, wenn, wie z.B. bei den Messungen mit dem 50 x Objektiv, nicht immer die ganze Gewebsschicht von der Basalzellschicht bis zu den Superfizialzellschichten, erfaßt werden kann. Hierfür sind die Untersuchungen jedoch noch nicht abgeschlossen. Grundsätzlich ist zu hoffen, daß man durch geeignete Kombination von Objektmerkmalen mit Umgebungsmerkmalen eine quantitative Beschreibung der Gewebstopologie erhält, die ziemlich unabhängig sein sollte von den

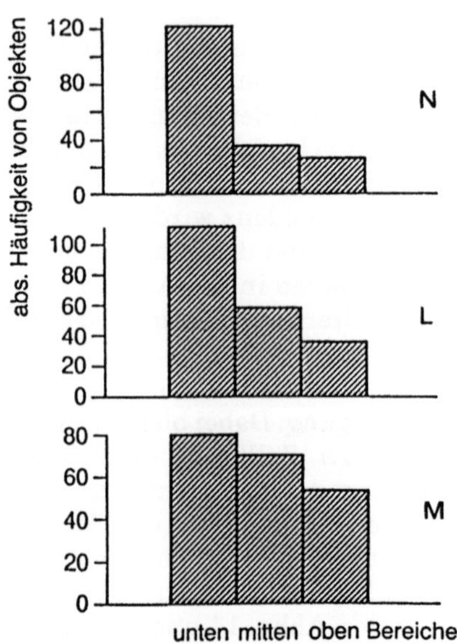

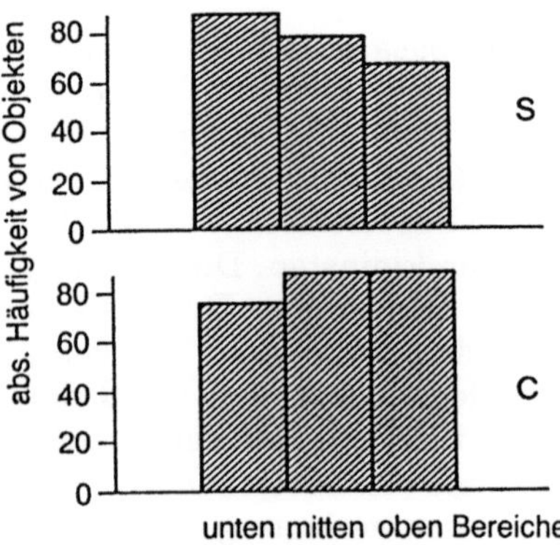

Abb. 16. Häufigkeit von Objekten in Bereichen.

Zufällen der Schnittführung und dem Treffen von Zellkernen im jeweiligen Schnitt.

Ein wichtiger Seiteneffekt dieser, bis auf die Markierung der Basalzellschicht, vollautomatischen Zerlegung ist die Möglichkeit, auf Objekteigentümlichkeiten in den verschiedenen Bereichen einzugehen, also beispielsweise auf das Auftreten von Mitosen in den verschiedenen Bereichen. Dies erfordert jedoch die Berechnung von mehr objektspezifischen Mermalen.

Diese Beispiele sollen mögliche Vorgehensweisen illustrieren, wie die Gewebstopologie in einer mehr quantitativen Betrachtungsweise verstanden werden kann. Wir denken, daß bei einem breiten Ansatz dieser Methoden in der Pathologie sich ganz neuartige Erkenntnisse bezüglich der Gewebstopoplogie ergeben.

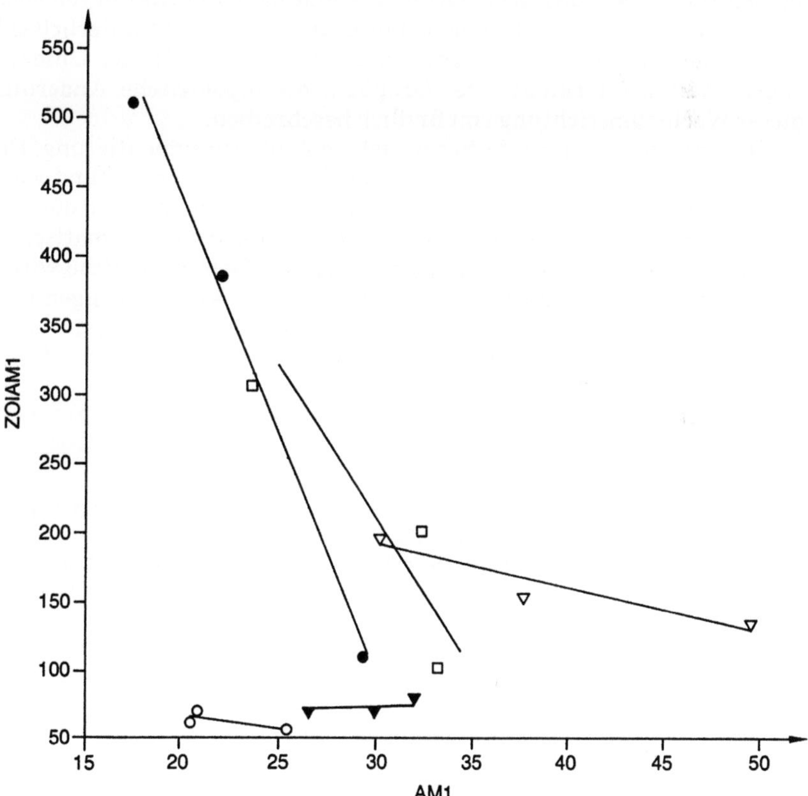

Abb. 17. Merkmal AM1 aufgetragen gegen das Merkmal ZOIAM1 von jeweils drei Bereichen pro Bildfeld mit Regressionsgeraden. (● = normal, □ = leichte, ▽ = mittlere, ○ = schwere Dysplasie, ▼ = Carcinoma in situ).

E. Zusammenfassung

Auf der Grundlage der Möglichkeiten der digitalen Bilderfassung und der in der Zytometrie gemachten Fortschritte in der Bildanalyse wird skizziert, wie man in der Histologie zu einer quantitativen Gewebsbeschreibung gelangen kann. Das wesentliche Werkzeug hierfür ist die Graphentheorie, die es erlaubt, die unterschiedlichsten Gewebewachstumsformen als Nachbarschaftsrelationen zwischen den Zellkernanschnitten darzustellen. Im einfachsten Fall werden dabei die Zellkernanschnitte durch Punkte und die gewählten Nachbarschaftsrelationen durch Verbindungslinien dargestellt. Diese geometrisch reduzierte Form der Gewebsarchitektur repräsentiert den Graphen.

Die Vorgehensweise bei der Generierung der verschiedensten Ausgangsgraphen und bei deren Transformation wird an Hand des Plattenepithels der Portio uteri demonstriert. Dieser Gewebstyp zeigt einfache Wachstumsstrukturen mit deutlichen Störungen der Ordnungsrelation bei Vorliegen von Dysplasien.

Ausgangspunkt der Graphengenerierung ist ein kontinuierliches Wachstumsmodell von der Basalzellschicht bis zur Gewebsoberfläche. Untersucht werden Eigenschaften (Merkmale) der Graphen, die topologische Änderungen entlang dieser Wachstumsrichtung empfindlich beschreiben.

Der erste bildanalytische Schritt ist die Zellkernsegmentierung. Dies gelingt in der Regel nicht vollautomatisch und muß interaktiv unterstützt werden. Ebenso interaktiv ist der zu messende Gewebsbereich zu umfahren und die Basalmembran zu markieren. Alle weiteren Auswertungen erfolgen vollautomatisch.

Anhand einer Reihe visuell diagnostizierter Gewebsbereiche wird beispielhaft gezeigt, daß Graphenmerkmale in der Lage sind, Veränderungen in der Gewebsarchitektur von normalen Geweben über eine leichte, mittelschwere und schwere Dysplasie bis zum Carcinoma in situ quantitativ empfindlich zu erfassen.

Literatur

1. Aho AV, Hopcroft JE, Ullmann JD (1974) The Design and Analysis of Computer Algorithms. Addison-Wesley, Reading, Mass, pp 172
2. Burger G, Oberholzer M, Rodenacker K, Jütting U (1987) Tissue section analysis of cervical intraepithelial neoplasias. In: Burger G, Ploem JS, Goerttler K (eds) Clinical Cytometry and Histometry. Academic Press, London, 531
3. Chaudhuri BB, Rodenacker K, Burger G (1987) Characterization and featuring of histological section images. Pattern Recognition Letters. (in press)
4. Eriksson O, Bengtsson E, Jarkrans T, Nordin B, Stenkvist B (1982) Tuning of an interactive software system for image analysis to quantitative microscopy. In: Proc Int Symp Medical Imaging and Image Interpretation (ISMII 82), Berlin.
5. ILIAD (1985) ILIAD User's Guide. IMTEC Technology, Uppsala, Schweden
6. ISPAHAN (1985) ISPAHAN User's Guide. Gelsema ES, Kanal LN, Dept. of Medical Informatics, Free University, Amsterdam
7. Jütting U, Gais P, Rodenacker K, Schenck U, Burger G (1983) Analyse von Objektagglomeraten. In: Kazmierczak H (ed) Mustererkennung. VDE-Verlag, Berlin, 137.
8. Kayser K, Höffgen H (1984) Pattern recognition in histopathology by orders of texture. Medical Inform 9: 55
9. Mandelbrot BB (1977) Fractals - Form,Chance and Dimension. Freeman, San Francisco.

10. Prewitt JMS, Wu SC (1978) An application of pattern recognition to epithelial tissues. In: Proc. 2nd Ann. Symp. on Comp. Applic. and Med. Care, IEEE Comp Soc, 15

11. Preston K (1981) Tissue section analysis: Feature selection and image processing. Pattern Recognition 13:17

12. Rodenacker K (1987) Featuring of cellular object. In: Burger G, Ploem JS, Goerttler K (eds). Clinical Cytometry and Histometry. Academic Press, London, 91

13. Rozenberg G, Salomaa A (1986) The Book of L. Springer, Berlin

14. Schefe P (1986) Künstliche Intelligenz - Überblick und Grundlagen. BI Wissenschaftsverlag, Mannheim

15. Schenck U (1986) Zytologie der Schilddrüse. Thieme, Stuttgart

16. Schuster HG (1984) Deterministic Chaos. Physik-Verlag, Weinheim

17. Serra J (1982) Image Analysis and Mathematical Morphology. Academic Press, London.

18. SPIDER (1983) Spider User's Manual. Joint System Development Corp, Minatoku, Tokyo.

19. Thompson D W (1966) On Growth and Form. University Press, Cambridge.

20. Klette R, Voss K, Hufnagl P (1985) Theoretische Grundlagen der digitalen Bildanalyse - II. Nachbarschaftsstrukturen. Bild und Ton 38 (11): 325

21. Klette R, Voss K, Hufnagl P (1986) Theoretische Grundlagen der digitalen Bildanalyse - III. Gebietsnachbarschaftsstrukturen. Bild und Ton 39 (2): 45

2.4 Bildanalytische Zytometrie

2.4.1 Anwendung der hochauflösenden Bildanalyse in der medizinischen Zytometrie

Georg Burger, Uta Jütting, Peter Gais, Karsten Rodenacker,
Ulrich Schenck

A. Einleitung

Schwerpunkt der klinischen Zytologie ist die Diagnostik von Neoplasien. Diese weisen hinsichtlich Proliferation und Differenzierung eine gestörte Zellfunktion auf. Der biologische Funktionszustand von Zellen spiegelt sich in der Zellmorphologie wider. Dies ist der klassische Ansatzpunkt der visuellen Zytologie. Geht man von der Vorstellung aus, daß jeglicher Funktionsänderung eine veränderte Genexpression zugrundeliegen muß, ist letzlich immer der Zellkern betroffen. Die Frage ist, wie sehr sich das auf seine lichtmikroskopisch erkennbaren Eigenschaften auswirkt. Dabei gibt es eine große Variationsbreite.

Im Extremfall kommt es zu massiven Veränderungen der Kernmorphologie und zu mehr oder minder deutlichen Verteilungen in Bezug auf Größe und Form, wie sie durch Begriffe wie "Pleomorphie" und "Anisokaryose" gekennzeichnet werden. Diese sind z.T. Ausdruck genetischer Störungen, die sich in unterschiedlich starken Abweichungen der Chromosomenmasse von normalen proliferierenden Zellen mit diploider Stammlinie äußern. Es ergeben sich dann aneuploide und hyperploide Zellkerne, deren DNS-Gehalt bei geeigneter Anfärbung photometrisch leicht gemessen werden kann. Visuell erkennt man in diesem Fall oft eine "Hyperchromasie" an den einzelnen Zellkernen.

Nicht weniger schwerwiegende Malignitätskriterien betreffen die Chromatinstruktur im Kern. So gilt gleichmäßig und fein verteiltes Chromatin im Interphasenkern als normal und grobkörniges oder unregelmäßig geklumptes und randständiges Chromatin sowie das Vorkommen prominenter und multipler Nukleolen in der Regel als pathologisch.

Alle diese Kernanomalien, die globale morphometrische oder photometrische Merkmale oder die Chromatinanordnung im Kern betreffen, letzteres oft als Textur bezeichnet, können in kontinuierlichen Veränderungen vorliegen. Ihre saubere Gradierung setzt eine Messung von Kernmerkmalen voraus.

Es sei an dieser Stelle erwähnt, daß gewisse Messungen nicht notwendig der hochauflösenden Bildanalyse bedürfen. So können einige der sogenannten globalen morphologischen Merkmale, wie besonders die Größe von Objekten oder ihr anteiliges Volumen, auch mit klassischen stereologischen Methoden (siehe Kapitel 1.1 und 1.2) bestimmt werden. Bereits einfache Formparameter einzelner Zellen oder Kerne fordern dagegen die vollständige Erfassung der Umrißlinie und damit eine punktweise Kontur- oder Bildauflösung.

---

* Diese Arbeit wurde z.T. aus Mitteln des Vorhabens Sche 264/1-1 der DFG gefördert.

Eine wichtige andere Methode der Zytometrie versucht, stoffliche Anteile der Zellen (DNS, RNS, Proteine, Enzyme), deren Menge sich bei veränderter funktionaler Aktivität ebenso verändern kann, durch spezifische Fluoreszenzfarbstoffe zu markieren und über eine Messung der angeregten Fluoreszenz quantitativ zu bestimmen. In besonders eleganter Weise können dabei die Zellen in Suspension gehalten und in einem dünnen, laminaren Flüssigkeitsfaden nacheinander aus der Suspension transportiert und in einer geeigneten Meßanordnung während des Durchflusses angeregt und gemessen werden. Diese sogenannte Durchfluß-Zytometrie stellt im wesentlichen eine globale zytochemische Meßmethode dar (20, 32, 54). Moderne Geräte können allerdings auch das Volumen der Zellen sowie über Streulichtmessungen indirekt Parameter der Chromatinverteilung bestimmen. Ja sogar die kurzzeitige echte optische Abbildung der vorbeifließenden Zelle auf einen Sensorarray mit nachfolgender Bildverarbeitung wird verschiedentlich erprobt. Hier verwischen sich also die Grenzen zwischen der Messung weniger globaler zytochemischer oder morphologischer Parameter ("niedrig auflösende Verfahren") und den Möglichkeiten der hochauflösenden Bildanalyse der Objekte.

Wichtig ist zusammenfassend, daß alle zytometrischen Methoden die Einzelzelle zum Gegenstand der Messung haben. Die klinisch relevante Information liegt in der Verteilung der Meßgrößen in einer repräsentativen Zellpopulation. Wären alle Zellen identisch, könnte man zytometrische Messungen in vielen Fällen durch integrale biochemische Analysen am Material einer Biopsie ersetzen. Ein Beispiel ist die Bestimmung des Rezeptorstatus von Tumorgewebe. Eine mittlere freie Steroidrezeptorkonzentration, gemessen im Zytosol, kann von einem niedrigen Zellanteil mit hoher Rezeptordichte oder von einem hohen Zellanteil mit niedriger Rezeptordichte stammen. Dies ist für die Beurteilung des Ansprechens auf eine Hormontherapie wahrscheinlich von großer Bedeutung. Die Verteilungen können nur durch Zytometrie der individuellen Einzelzellrezeptordichten, z.B. mit Hilfe eines immunzytochemischen Rezeptormarkers (ER-ICA), festgestellt werden (56).

Es soll zum Schluß noch darauf hingewiesen werden, daß es Anwendungsgebiete in der Diagnostik gibt, in der nicht Merkmalsverteilungen von Zellpopulationen untersucht werden, sondern die Häufigkeit des Vorkommens relativ seltener Zelltypen ("rare event detection"). Diese sind z.B. Ploidie-Ausreißer präkanzeröser oder kanzeröser Zellen (DNS-Gehalt > 5c). Diese Methode findet unter anderem Verwendung beim automatischen Prescreening gynäkologischer Ausstrichpräparate zur Früherkennung des Zervixkarzinoms und seiner Vorläufer (siehe Abschnitt E).

B. Material und Methoden

Bei der hochauflösenden Bildanalyse liegen die Zellen in der Regel auf einem Objektträger. Im einfachsten Fall handelt es sich bei dem Untersuchungsmaterial um zytologische Präparate aus der Routine, mit einer Vielfalt von Präparations- und Färbemöglichkeiten. Hier tritt bereits die erste große Schwierigkeit auf. Während die Erfahrung des Zytopathologen die wesentlichen diagnostischen Merkmale einer Zellpopulation auch noch erkennt, wenn Präparations- und Färbetechniken und sonstige Umstände der Probenahme mehr oder minder stark variieren, fordert eine reproduzierbare Messung eine reproduzierbare Vorlage.

Probenaufbereitung, Fixierung und Färbung sollten demnach weitgehend standardisiert sein (59). Gleiche Fixierung und Färbung vermindert die Streuung von Meßwerten zwischen den Präparaten. Bezüglich der Probenaufbereitung sind monodisperse Suspensionspräparate, die mittels Spinner oder Zytozentrifugen hergestellt werden, anderen Präparationstechniken vorzuziehen (siehe Kapitel 2.1.2). Sie vermeiden Unterschiede in den Zelldichten, im Anheften der Zellen auf dem Untergrund, dem Vorkommen von Schleim, Blutzellen, usw., wie sie bei den in der Routine üblichen Ausstrich-, Aspirat- oder Abklatsch-Präparaten das Erscheinungsbild der Zellen sehr beeinflussen können. Suspensionspräparation verringert daher entscheidend die Streuung von Meßwerten innerhalb eines Präparats. Eine solche Präparationstechnik setzt allerdings oft Methoden der Zelltrennung voraus. Diese erfolgt durch mechanische und enzymatische Bearbeitung des Biopsiematerials und erfordert besondere Sorgfalt, wenn die Zellen morphologisch gut erhalten bleiben sollen. Neuerdings gibt es sogar Verfahren, um Paraffinblockmaterial entsprechend aufzuarbeiten (23). Dies ermöglicht für viele Fragestellungen umfangreiche retrospektive Studien. Die übliche Formalinfixierung des Materials und die notwendigen Schritte zur vollständigen Paraffinentfernung und nachfolgender Zellvereinzelung scheinen zwar eine globale DNS-Histometrie z.B. nach Feulgen-Färbung noch zuzulassen, wirken sich jedoch auf Kernmorphologie und besonders die Chromatintextur sehr nachteilig aus. Es bleibt daher abzuwarten, ob sich für reine bildanalytisch-zytometrische Fragestellungen daraus neue Möglichkeiten ergeben.

Die nächstwichtigen Anforderungen sind an die Meßtechnik zu richten. Um ein möglichst sauberes Extinktionsbild eines Zellkerns zu erzielen, muß Scanning-mikrophotometrie (SMP) oder Laserscanningphotometrie betrieben werden. Dabei wird das Objekt nur mit einem mikroskopisch abzubildenden Lichtstrahl abgetastet. Streulichtflüsse sind minimiert und das Signal-zu-Rauschverhältnis optimiert. Der Aufwand für das Abtasten des Präparats ist in der Regel sehr hoch. Ein häufig angewendetes Verfahren dazu ist der mechanische Vorschub des Mikroskoptisches. Die schnellsten Tische haben Abtastfrequenzen von etwa 10 kHz. Beim bisher technologisch aufwendigsten Gerät geschieht die Abtastung durch Laserstrahlablenkung mittels luftgelagerten ultraschnell rotierenden Sektorspiegeln. Damit sind Abtastfrequenzen von 64 MHz möglich (siehe Kapitel 1.4).

Eine technologisch besonders einfache Methode ist es, das von einem Objekt in Durch- oder Auflicht, Phasenkontrast oder fluoroskopisch erzeugte Mikroskopbild okularseitig durch einen flächenhaften Detektor aufzunehmen. Ein solcher ist z.B. die Photokathode einer Fernsehkamera oder ein Diodenarray. Das digitalisierte Signal liefert dann eine Matrix von Bildpunkten, von denen jeder einzelne mit einem bestimmten Grauwertumfang von z.B. 256 Graustufen dargestellt werden kann. Der Nachteil des Verfahrens liegt in der gleichzeitigen Beleuchtung des gesamten Gesichtsfeldes, in dem das interessierende Objekt liegt, und damit in einer wesentlichen Verschlechterung des Signal-zu-Rauschverhältnisses wegen des unvermeidlichen Streulichtanteils. Ein weiterer Nachteil liegt zumindest bei der Fernsehtechnik in der nicht völlig konstanten lokalen Empfindlichkeit des Flächensensors, was zusammen mit Inhomogenitäten bei der Ausleuchtung zum sogenannten Bildfeldshading führt. Dieses muß vor der Bildauswertung korrigiert werden.

Ein wichtiger Punkt bei der bildanalytischen Messung liegt in der physikalischen und digitalen Auflösung. Die Grenzen dazu sind einerseits durch die Physik der optischen Abbildung und andererseits durch das Scanningtheorem gegeben. Ersteres besagt, daß jeder selbstleuchtende Gegenstandspunkt auf Grund der Beugungsphänomene im wesentlichen an der Objektivapertur des Mikroskops zu einem Beugungsscheibchen abgebildet wird. Sein Durchmesser beträgt

$$D = (1.22 \cdot \lambda) / A \; ,$$

wobei λ die Wellenlänge des Lichtes ist und A die numerische Apertur des Mikroskopobjektives. Mit üblichen Werten von $\lambda = 550$ nm und maximalen Aperturen von $A = 1.2 - 1.4$ ergibt sich $D \approx 0.5 - 0.6 \, \mu$m. Die maximale Auflösung a ist dann durch den halben Durchmesser gegeben, also $a \approx 0.25 - 0.30 \, \mu$m. Die tatsächliche Auflösung ist wegen optischer Fehlerquellen und begrenzter lokaler Sensorempfindlichkeit sicherlich geringer. Eine eindeutige Information darüber liefert nur die Messung der sogenannten Modulationsübertragungsfunktion (MÜF). Im Idealfall wird dabei eine örtlich sinusförmige Grauwertverteilung mit der Grauwertamplitude a_0 und der Frequenz f abgetastet, und die Amplitude a des Bildes bestimmt. Der Modulationsübertragungswert ist dann das Verhältnis $(a/a_0)_f$. Anstelle einer sinusförmigen Grauwertverteilung kann näherungsweise auch eine stufenförmige verwendet werden, d.h. ein Strichliniengitter mit unterschiedlicher Frequenz, angegeben in Linienpaaren pro mm. Ja es kann sogar nur eine einzige scharfe Kante abgetastet werden. Die mathematische Reduzierung des Problems auf das ideale "Sinusgitter" geschieht durch eine Fourieranalyse des Bildes, wobei man beim Strichliniengitter dann z.B. nur die Grundfrequenz betrachtet, bei der Kante selbstverständlich auch die höheren Frequenzen, um überhaupt eine MÜF zu erhalten. Abb. 1 zeigt die MÜF an unserem Fernsehmikroskop (Axiomat/Zeiss) für das 100x Objektiv (Öl) mit $A = 1{,}3$ für eine Kante und für ein Gitter mit drei Strichlinienfrequenzen aufgenommen. Die Abbildungen eines Strichlinienpaares können sicher getrennt erkannt werden, solange die MÜF deutlich über dem Rausch-zu-Signalverhältnis bei der Grundfrequenz liegt. Bereits bei einer Strichlinienbreite von $0.8 \, \mu$m beträgt die MÜF allerdings nur mehr 0.5 und die vorher erwähnte theoretische Auflösung für selbstleuchtende Objekte von $a = 0.25 \, \mu$m wird sicherlich um einen Faktor 3-4 überschritten.

Nun handelt es sich bei der Zytometrie aber nicht um ein Erkennungsproblem, sondern um die Messung möglichst kleiner Strukturen und deren quantitative Unterscheidung. Die Frage, welche lokale Auflösung des Bildes überhaupt nötig ist, kann eigentlich nur experimentell überprüft werden. Wird mit einem 100x Objektiv ein mikroskopisches Feld von $128 \, \mu$m Kantenlänge auf ein volles Fernsehbild abgebildet, d.h. eine Matrix von 512 x 512 Bildpunkten, dann beträgt der Bildpunktabstand $0.25 \, \mu$m. Nach dem Scanningtheorem würde dies gerade noch für eine Bildauflösung von $0.5 \, \mu$m ausreichen. Bei dieser Auflösung ist die MÜF nicht mehr einfach meßbar und auch nicht sinnvoll durch Extrapolation in Abb. 1 zu bestimmen. Um die Notwendigkeit dieser hohen digitalen Auflösung und damit indirekt die zytometrisch relevante optische Auflösung zu testen, kann die ursprüngliche digitale Auflösung von Zellen durch Zusammenfassen von Nachbarbildpunkten mit anschließender Glättung schrittweise verringert werden. Zur Beurteilung der Ergebnisse werden die Merkmale verglichen oder besser ein Klassifikationsversuch für zwei oder mehrere untersuchte Zellklassen als Funktion der Auflösung durchgeführt (12).

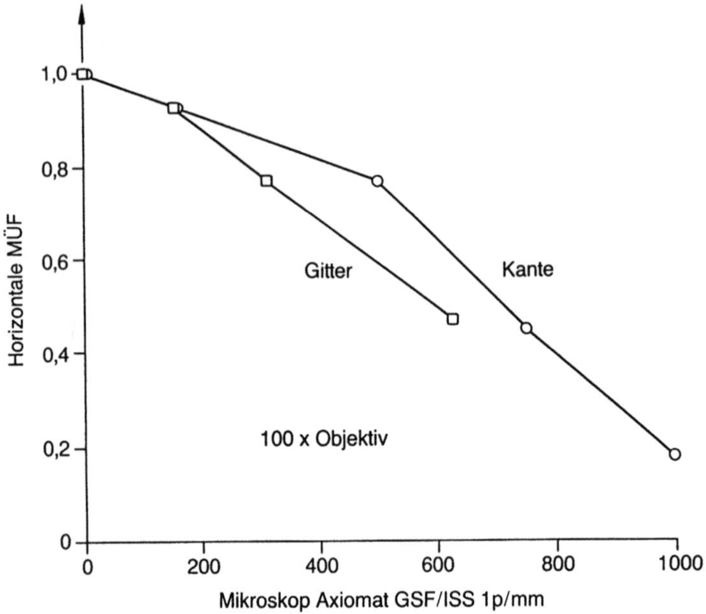

Abb. 1. Modulationsübertragungsfunktion (MÜF) für das TV-Mikroskop Axiomat an drei Strich-gittern mit unterschiedlichem Linienabstand [lp/mm] und an einer Kante berechnet.

Als Demonstrationsbeispiel haben wir elektronenmikroskopische Aufnahmen von Nasenepithelzellen abgetastet und in der vorher beschriebenen Weise digital gefiltert, so daß nominelle Auflösungen mit Bildpunktgrößen von a = 0,2; 0,4 und 0,8 μm erreicht wurden (Abb. 2 zeigt ein Beispiel). Wir haben die Zellen zunächst durch eine Clusteranalyse anhand weniger angebotener Chromatinmerkmale in zwei Klassen eingeteilt und sodann die F-Werte einer Reihe von Merkmalen für die Zweiklassendiskriminanzanalyse als Funktion der Auflösung bestimmt. Tabelle 1 zeigt das Ergebnis. Es demonstriert besonders anschaulich, wie wichtig es ist, bei der digitalisierten Zellbildverarbeitung an die Grenzen der optischen Auflösung heranzugehen, um Strukturmerkmale des Chromatingerüstes zu erfassen. Größere Abtastfrequenzen, als das Scanningtheorem mindestens fordert, von z.B. 0.1 μm Bildpunktabstand, sind selbstverständlich nicht falsch und erhöhen die Genauigkeit der Signalwiedergabe, bedeuten aber einen zuneh-menden Verarbeitungsaufwand.

Ein weiterer wichtiger Punkt ist die Bedeutung der Farbe, oder mit anderen Worten die spektrale Absorption der Farbstoffmoleküle. Dort, wo Farbstoffe im zytochemischen oder immunzytochemischen Sinn Marker für bestimmte Zell-substanzen darstellen oder an substanzspezifische Marker angebunden werden können, spielen die spektralen Eigenschaften der Farbstoffe selbstverständlich eine entscheidende Rolle. Sie ermöglichen die quantitative Bestimmung der verschiedenen zellulären Substanzmengen. Die Verwendung unterschiedlicher Spektralfilter ebenso wie z.B. einer Farbfernsehkamera und damit die zusätzliche Berücksichtigung von Farbmerkmalen, gewinnt daher zunehmend an Bedeutung (siehe Kapitel 2.4.2). Ein Beispiel ist die quantitative Bestimmung immunzyto-

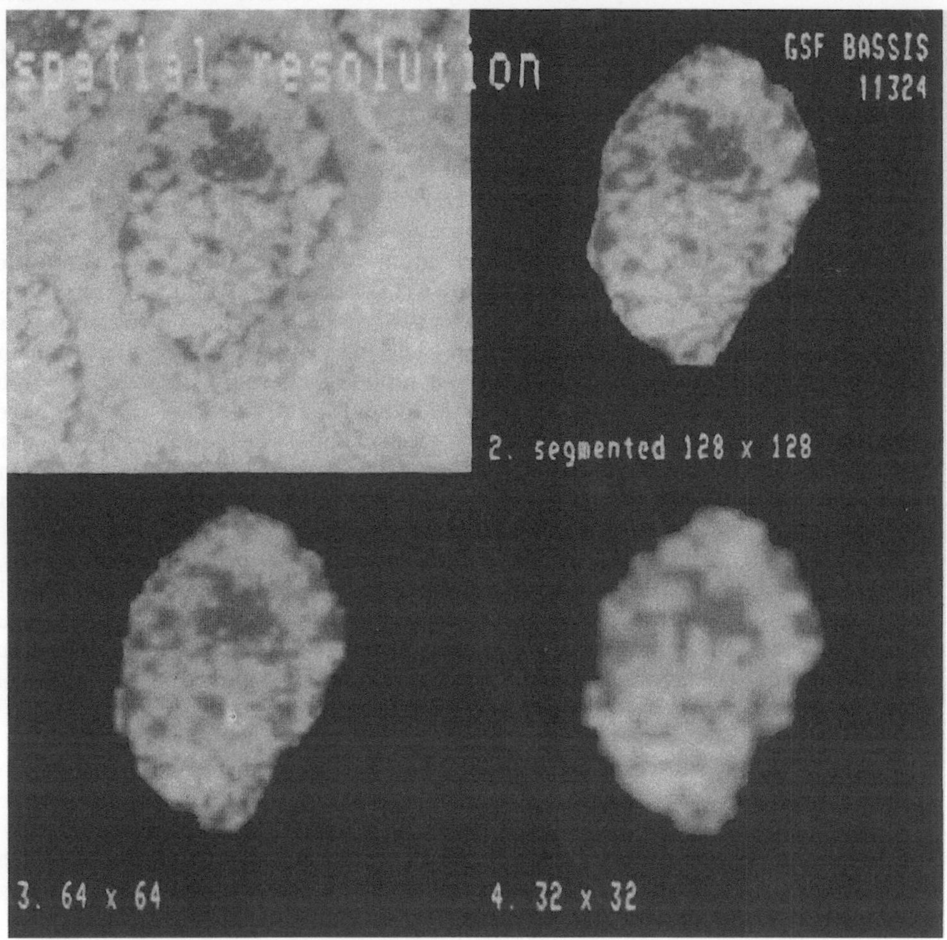

Abb. 2. Nasenepithelzelle bei einer nominellen Auflösung von a = 0,2; 0,4 und 0.8 μm/pixel.

Tabelle 1. Univariate F-Werte für Merkmale zur Unterscheidung von zwei Klassen für die Auflösungen a = 0,2; 0,4 und 0,8 μm/pixel.

	F-Werte		
	0,2 μm /pixel	0,4 μm /pixel	0,8 μm /pixel
Mittlerer Wert des Gradienten-gefilterten Kerns	161	156	32
Mittlerer Grauwert der hellen Körner im Kern	136	91	13
Mittlerer Grauwert der dunklen Körner im Kern	126	121	38
Grauwertstreuung der dunklen Körner im Kern	87	85	31
Grauwertstreuung der hellen Körner im Kern	10	6	2
Schiefe der Grauwertverteilung im Kern	6	3	2
Exzeß der Grauwertverteilung des Kernrandes	5	4	2

chemisch erzeugter Peroxydase-Färbung bei dem bereits erwähnten in situ Östrogen-Rezeptor-Assay (ER-ICA) an Einzelzellen.

Ein ganz großes Problem stellt das Aufsuchen (Sampling) der zu vermessenden Objekte dar. Hier gibt es grundsätzlich drei verschiedene Vorgehensweisen. Eine ist automatisch, zwei sind interaktiv und bedürfen der zytologischen Fachkraft. Die automatische Abtastung eines Präparats mit Messung aller Objekte, Rückweisung von Artefakten und unbrauchbarer Zellen und Auswertung der relevanten Zellen fordert eine ausreichend vollständige quantitative Beschreibung aller Objekte und damit einen hohen Rechenaufwand zur Objekterkennung. Ist die Beschreibung nicht ausreichend, muß der Mensch mit der Maschine zusammenarbeiten. Dabei kommt es auf die Art des primären Samplingkriteriums an. Ist dieses ein quantitatives (z.B. "hoher DNS-Gehalt"), wird die Maschine als ersten Schritt das Präparat abtasten und alle Objekte mit entsprechend hohem DNS-Gehalt lokalisieren und dem Menschen anbieten. Dieser entscheidet dann, ob es sich um Einzelzellen oder Artefakte handelt. Ist dagegen das primäre Samplingkriterium ein qualitatives (z.B. Zellen eines bestimmten Typs oder Atypiegrades), wird der Mensch am Beginn der Messung die geeigneten Zellen aussuchen und den diagnostisch relevanten Zellenpool damit generieren, der dann der Erzeugung der quantitativen Objektbeschreibung dient.

Alle drei Vorgehensweisen finden je nach Aufgabenstellung Verwendung (13, 14). Grundsätzlich gilt, daß eine vollautomatische Vorgehensweise in der Regel monodisperse Präparate voraussetzt. Konventionelle Präparate erfordern einen zu hohen Aufwand, um zunächst die gut erhaltenen, isoliert liegenden Zellen zu identifizieren. Die Ausnahme bilden selbstverständlich Aufgabenstellungen bei denen gerade Agglomerate Gegenstand der Messung sind.

C. Verfahren der Bildanalyse

Die Vorgehensweise bei der bildanalytischen Verarbeitung von Gesichtsfeldern mit beliebigen Objekten, d.h. mikroskopischen Szenen (Szenenanalyse), läßt sich schematisch in folgende Schritte einteilen:

- Bilddatenerfassung
- Bildsegmentierung
- Objekterkennung
- Objektvermessung
- Meßdatenanalyse.

Die Bilddatenerfassung wurde schon besprochen. Die Bildsegmentierung hat zum Ziel, die interessierenden Objekte in einer Szene vom Hintergrund abzutrennen. Sind die Objekte kontrastreich, d.h. alle Objektbildpunkte haben deutlich höhere Grauwerte als der Hintergrund, wird am einfachsten ein geeigneter Schwellwert verwendet, mit dessen Hilfe man binäre Masken der Objekte erzeugen kann.

Bildtransformationen unterstützen das Verfahren, wobei beispielsweise die Randpunkte hervorgehoben werden können. Die Binärbilder können schließlich durch Operationen der mathematischen Morphometrie verbessert werden (40, 50).

Objekterkennung tritt bei der automatischen Verarbeitung von Szenen vor der Vermessung der Einzelobjekte auf. Hierunter wird die Anwendung von Strategien verstanden, mittels einfacher bildanalytischer Operationen bestimmte Objektklassen zu detektieren. Das einfachste Beispiel wurde bereits bei der Bildsegmentierung erwähnt. Enthält eine Szene z.B. helle und dunkle Objekte, können die hellen durch Setzen eines Schwellwertes im Gesamtgrauwerthistogramm verworfen werden. Ähnlich können durch Closing- und Opening-Prozeduren der mathematischen Morphologie im Graubild bestimmte Größenklassen detektiert werden.

Sind auf diese Weise durch Verfahren der feld- und szenenbezogenen Bildverarbeitung die interessierenden Objekte vorausgewählt oder doch angereichert worden, können diese nacheinander vermessen werden. Vermessen heißt hier, die gesamte Information eines Objektes z.B. eines Zellkerns mit rund 10^3 Bildpunkten, die einschließlich der Grauwertcodierung 10^3 byte beträgt, durch geeignete Operationen auf wenige Maßzahlen zu reduzieren. Die Operationen definieren dabei die charakteristische Meßgröße oder das betrachtete Merkmal. So liefert die Vorschrift: "Zähle alle Bildpunkte innerhalb der Kernmaske" offensichtlich die Fläche des Kerns: $A = \Sigma_i N_i \cdot A'$ (A' ist die Fläche eines Bildpunkts). Dieses Verfahren der Datenreduktion entspricht einer Merkmalsextraktion (41).

Wegen ihrer zellbiologisch-medizinischen Bedeutung sei hier kurz auf Möglichkeiten eingegangen, die Chromatinstruktur im Zellkern durch geeignete Merkmale quantitativ zu analysieren, d.h. anhand geeigneter Operationen zu messen. Das unterlagerte Konzept der Merkmalsextraktion beinhaltet die Zerlegung der Meßvorschrift in eine Transformation und in eine Messung. Die Transformation hebt die zu messende Eigenschaft hervor und die Messung stellt die Quantifizierung dar. Wie schon erwähnt, nennt man die Feinstruktur des Kerns oft auch Textur. Textur setzt voraus, daß sich morphologische Elementarformen oder Bildpunktanordnungen in gewisser Weise wiederholen. Zu ihrer Beschreibung eignen sich daher Operationen, die nach räumlichen Korrelationen von Grauwerten oder Grauwertmustern suchen. Dazu dienen z.B. die sogenannten Grauwertübergangsmatrizen (co-ocurrence oder spatial gray level dependence matrices). Es handelt sich hier um quadratische Matrizen, deren Spalten (i) und Zeilen (j) gewählte Grauwertintervalle repräsentieren. Die Werte der Matrix-Elemente (p_{ij}) sind die relativen Häufigkeiten oder Wahrscheinlichkeiten für das Auftreten von Bildpunktpaaren mit den Grauwertkombinationen i, j. Anzugeben ist dabei noch die Geometrie der Paarung. Diese wird durch die Richtung und den Abstand angegeben. Es müssen nicht die nächsten Nachbarn sein und schließlich brauchen auch nicht einzelne Bildpunkte betrachtet zu werden, sondern irgendwelche Mittel- oder Medianwerte in definierten Bildfenstern wie im nächsten Absatz beschrieben. In jedem Fall erhält man eine Matrix von Werten, die eine Transformation des Bildes darstellt und die ihrerseits wieder auf eine oder wenige Merkmale oder Parameter zu reduzieren ist. Ein beliebtes Merkmal ist z.B. das Trägheitsmoment $C = \Sigma_i \Sigma_j (i-j)^2 \cdot p_{(ij)}$. Man kann sich leicht überlegen, daß dies ein Maß für den Kontrast im Bild darstellt, wenn nächste Nachbarpunkte betrachtet werden. Andere charakteristische Matrizenmerkmale sind Energie, Entropie, Autokorrelationsmaße, Varianzen usw. (1, 21, 38).

Eine andere Familie von Merkmalen bezieht sich auf Maße in Grauwertverteilungen von ungefilterten oder gefilterten Bildern. Bei den Filterprozeduren handelt es sich um die Verrechnung von Bildpunkten in einem definierten Bildpunktarray oder Bildfenster. Dieses beträgt z.B. 3 x 3 Bildpunkte und wird kontinuierlich über das Bild geschoben. Beliebte lineare Filter berechnen z.B.

arithmetische Mittelwerte oder mittels Gauß- oder Laplacefunktionen gewichtete Mittelwerte. Eines der bekanntesten nichtlinearen Filter bestimmt den Median-wert im Fenster. Die so bestimmten Fensterwerte sind neue Bildpunktwerte in transformierten Bildern.

Von den Grauwertverteilungen der interessierenden Bereiche kann man nun z.B. die ersten drei zentrierten Momente bilden (Mittelwert, Standardabweichung, Schiefe) und zur Texturbeschreibung heranziehen. Man nennt diese Merkmale "statistische Merkmale", da sie über die zugrunde liegende Textur höchstens indirekt über die verwendeten Filtergrößen Auskunft geben. Die Parameter der Grauwert-Übergangsmatrizen sind schon eher strukturbezogen, aber dennoch immer noch schwer zu interpretieren. Die anschaulichste Vorgehensweise ist daher die, die sichtbaren dunklen und hellen Chromatingebiete direkt zu segmen-tieren und ihre Anzahl und Größenverteilung sowie ihre Lage im Kern, z.B. im Hinblick auf Randständigkeit oder Nukleolennachbarschaft, unmittelbar zu bestimmen. Diese Analyse ist dann eine "echte" strukturelle. Um kondensierte Heterochromatininseln unabhängig vom absoluten Grauwert zu identifizieren, werden sie z.B. aus dem Differenzbild zwischen Original und geglättetem Bild bestimmt (Abb. 3). Andere Verfahren verwenden Operationen der mathema-tischen Morphologie, um die Skelettlinien des Heterochromatingerüstes zu erzeugen und deren Netzwerk zu vermessen (siehe Kapitel 2.4.2).

Die Literatur der letzten 10 Jahre zeigt eine nahezu beliebig große Anzahl von rechnerischen Operationen, die das Ziel haben, Bildinformation auf Merkmale zu reduzieren. Viele der daraus resultierenden Parameter sind anschaulich, viele sind es ganz und gar nicht.

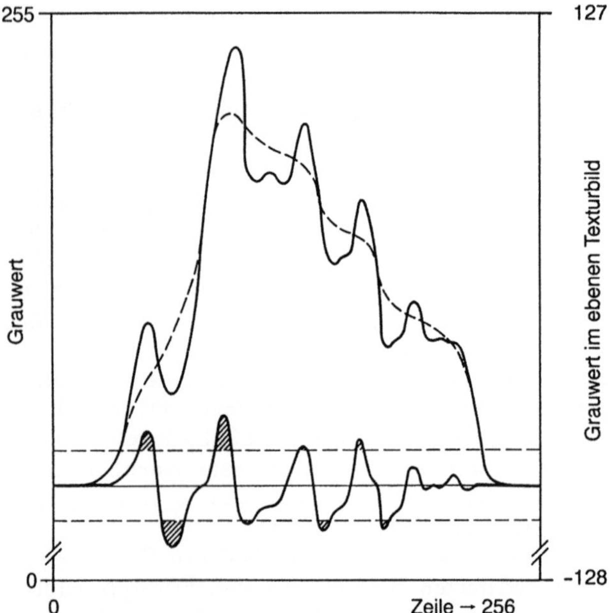

Abb. 3. Differenzbild zwischen Orginal und geglättetem Bild und Darstellung der dunklen und hellen Körner bei einer Grauwertschwelle im ebenen Texturbild.

Wichtig ist an dieser Stelle vor allem die Erkenntnis, daß unabhängig von der modellbasierten Anschaulichkeit eines Merkmals die Maßzahlen, die es erlauben Kerne voneinander zu unterscheiden und schließlich aufgrund von Kernpopulationen Präparate zu unterscheiden, oft nur so wenig verschieden sind, daß die zugrundeliegenden Merkmalsveränderungen nicht wahrnehmbar sind. Dies ist besonders dann der Fall, wenn andere für die Unterscheidung nicht relevante Merkmale visuell dominant sind und stark variieren. Ein einfaches Beispiel dafür sind Größenunterschiede zweier Populationen, die immer schwieriger zu erkennen sind, umso größer die Formvielfalt der Objekte ist. Ein anderes Beispiel sind abgeleitete Größen, wie die "totale Kernextinktion" bei großen Flächen und Dichtevarianzen der Kerne (siehe Einleitung). Als weiteres Beispiel sei aus einer großen Anzahl von proliferierenden Lymphozyten in Kultur eine Serie gezeigt, die nach dem Merkmal der Schiefe (3. Moment) der Grauwertverteilung aus dem gesamten dynamischen Bereich der Merkmalswerte ausgewählt und angeordnet ist (Abb. 4). Dieses Merkmal hat die höchste Trennkaft um ruhende G_0-Zellen von RNS-synthetisierenden G_1-Zellen zu unterscheiden (18). Eine solche Unterscheidung ist visuell kaum oder gar nicht möglich. Der Versuch das Merkmal mit einem "Kondensierungsmuster" des Chromatin in Verbindung zu bringen, ist damit nicht sehr hilfreich.

Am Schluß dieses Kapitels soll nur noch erwähnt werden, daß der gesamte Satz an gemessenen Merkmalen eines jeden Objektes, der weit über 100 Komponenten

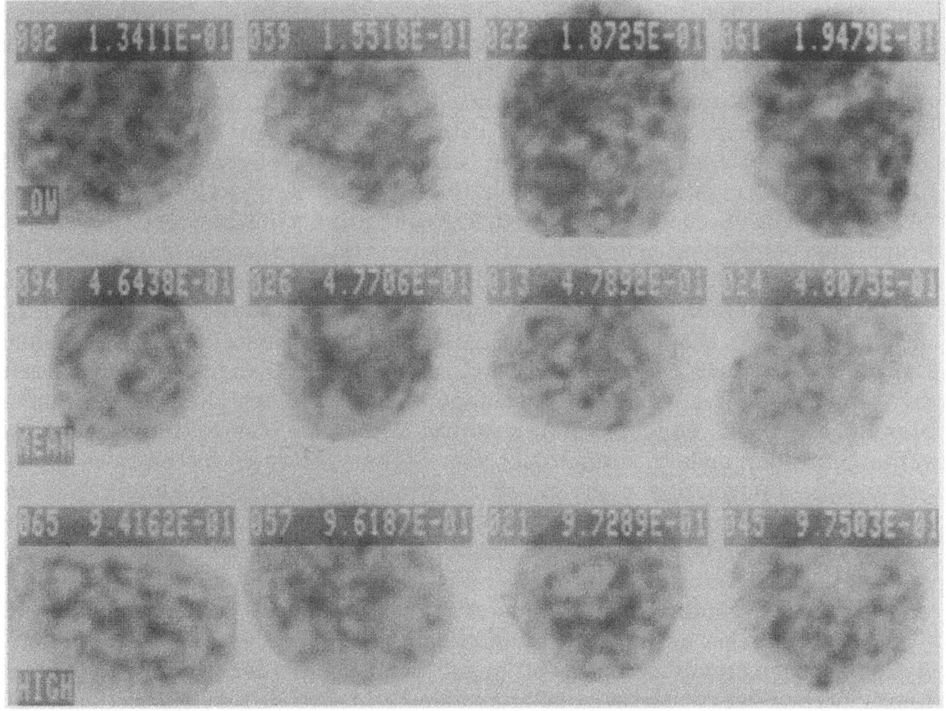

Abb. 4. Proliferierende Lymphozyten, angeordnet nach dem Merkmal der Schiefe (3. Moment) der Grauwertverteilung.

haben kann, als erstes wieder sinnvoll zu reduzieren ist, um damit arbeiten zu können. Der verbleibende Satz an Merkmalen spannt einen mehrdimensionalen Merkmalsraum auf, in dem jede einzelne Zelle einen Punkt darstellt. Es ist die Hoffnung der klinischen Zytometrie, daß die gemessenen Zellen unterschiedlich bewerteter Patienten sich in unterschiedlichen Bereichen (Cluster) häufen und damit für jeden neuen (unbekannten) Fall eine bevorzugte Zuordnung zu einer der Klassen erlaubt (9, 53). Die Methoden dazu sind in den Kapiteln 3.1 und 3.2 beschrieben.

D. Strategien der medizinischen Anwendung

In der klinischen und außerklinischen medizinischen Zytometrie kann man grob drei verschiedene Vorgehensweisen unterscheiden, wie sie bereits am Ende des Abschnitts B kurz angesprochen wurden. Eine davon ist die vollautomatische Zytometrie, die beiden anderen fordern eine Mensch-Maschine Interaktion.

Automatische Zytometrie

Die vollautomatische Zytometrie in ihrem Endausbau ist eine Labormethode. Präparations- und Färbeprozeduren sind standardisiert. Sie sind bezüglich der Maschinenauswertung optimiert ohne Rücksicht auf Gesichtspunkte der visuellen Beurteilbarkeit des Präparates. Die Präparate können in Magazinen deponiert und von der Maschine automatisch abgearbeitet werden. Der Befund wird aus den Meßwerten durch einen geeigneten fest einprogrammierten und anhand ausreichender Lerndaten trainierten Klassifikator erstellt und ggf. auch noch verbalisiert. Einen zytopathologisch geschulten Experten braucht man nicht mehr, oder höchstens beim Aufbau der Lerndatenbank. Allerdings sind selbst für diesen Schritt Vorgehensweisen vorstellbar, die auf die visuelle Identifizierung von Zellen in der Lerndatenbank verzichten und nur noch Signalverteilungen von Präparaten von Patienten mit bekanntem Befund im Lerndatensatz speichern. Die Vorgehensweise ist am besten anhand des direkten Vergleichs mit der Durchflußzytometrie verständlich. Auch dort werden ja einzelne signalerzeugende Objekte nicht identifiziert, sondern lediglich Signalverteilungen miteinander verglichen. Daß dabei nicht nur Einzelzellen und evtl. auch nicht nur Zellen des interessierenden Tumors gemessen werden, ist solange unerheblich, wie die entsprechenden Signale nicht die diagnostisch relevanten Merkmale der Signalverteilungen verdecken, oder anders ausgedrückt das Signal-zu-Rausch-Verhältnis für die gewünschte Information nicht zu sehr vermindern. Es ist abhängig von der Präparationstechnik sogar denkbar, daß die bei der Einzelzellbildanalyse so unerwünschten Artefakte, wie z.B. Zellagglomerate, zusätzliche diagnostische Informationen liefern.

Der für die Aufnahme von Signalverteilungen in die Lerndatenbank unerläßliche, bestmöglichst gesicherte Patientenbefund kann dabei anhand geeigneter Außenkriterien erstellt sein. Das oft angeführte Problem der fehlenden visuellen Bewertbarkeit des zur Messung gelangenden Zellmaterials hinsichtlich korrekter Probennahme und Präparation ist ein Scheinproblem. Eine visuelle Überprüfung der diagnostischen Wertigkeit stellt bereits den wesentlichen Schritt zur Diagnose dar und ist als Vorbedingung für die automatische Auswertung natürlich sinnlos. Die rein technische Brauchbarkeit eines Präparates kann auch ohne die Expertise des Zytopathologen beurteilt werden.

Ein wichtiger Einwand ist noch der nach der optimierten Auswahl der zu messenden zellulären Merkmale sowie der Erstellung von schnellen Erkennungs- und Rückweisungsalgorithmen für definitiv nicht interessierende Objekte. Beides ist ohne die zytopathologische Markierung von Lernobjekten zwar machbar, aber nicht ökonomisch. In bestimmten Fällen mag man sich auf Grund langer Erfahrung auf einfache Merkmale wie z.B. die Messung der totalen Kernextinktion als Maß für die DNS-Menge beschränken und Artefakte und uninteressante Objekte wie z.B. Leukozyten durch einfache Größenkriterien verwerfen. Dann ist es denkbar, in völliger Analogie zu den Durchflußsystemen schnelle Bildanalyseautomaten zur Durchmusterung von Präparaten unter völligem Verzicht auf jegliche zytopathologische Interaktion zu realisieren. Entsprechende Geräte sind in der Entwicklung bzw. Erprobung und werden in den nächsten Jahren sicher zunehmend eingesetzt. Sinnvolle Einsatzgebiete sind z.B. gegeben bei hohem Präparateanfall im Rahmen von Vorsorgeuntersuchungen. Die vollautomatische Zytometrie ist unbestritten, wenn die gewünschte quantitative Information ohnehin geringen Bezug zu wahrnehmbaren Präparateeigenschaften hat. Dies ist eben z.B. bei der Bestimmung der DNS-Verteilung von Zellpopulationen zur onkologischen Diagnostik und Prognostik der Fall. Hier wird man sich aber fragen müssen, ob nicht die hochauflösende Durchflußzytometrie die Methode der Wahl darstellt.

Interaktive Zytometrie

Zwei verschiedene Verfahren gehören zur interaktiven Zytometrie. In einem Fall dient das Gerät dazu, vollautomatisch Präparate durchzumustern und verdächtige Objekte dem Zytopathologen zur endgültigen Entscheidung vorzuspielen. Die Methode ist ersichtlich dann angebracht, wenn die diagnostisch relevanten Objekte selten vorkommen, die Suche nach ihnen den eigentlichen Aufwand bedeutet und eine Messung dieser Objekte nicht nötig ist, da ihre visuelle Beurteilbarkeit einfach und für die Diagnose ausreichend ist. Typische Beispiele dafür sind z.B. die Metaphasensuche in der Zytogenetik oder das automatische Prescreening gynäkologischer Ausstrichpräparate im Hinblick auf das Vorkommen von Krebs- oder Krebsvorläuferzellen. Hier bedeutet der Einsatz der Maschine nur eine Ökonomisierung der Vormusterung der Präparate. Die Diagnose selbst trifft der Experte. Man könnte die entsprechenden Verfahren solche einer maschinen- oder computergestützten Zytologie nennen.

Im Gegensatz dazu steht die am weitesten verbreitete Anwendung von Bildanalysegeräten in der interaktiven Zytometrie, bei der der Zytopathologe die Messung zur Unterstützung der visuellen konventionellen Diagnose einsetzt. Dies wird dabei für die Lösung der meisten an ihn gestellten Aufgaben nicht notwendig sein. Visuelle Wahrnehmung und globale erfahrungsgestützte Erkennung sind unschlagbar bei der qualitativen Diagnostik. Erst dort, wo diese nicht mehr ausreichen oder unsicher sind, wird die Messung an geeigneten Objekten durchgeführt, um ein zusätzliches quantitatives Kriterium zu erhalten. "Geeignet" kann dabei bedeuten, daß lediglich isoliert liegende, gut erhaltene Zellen des gewünschten Typs ausgesucht werden, es kann aber auch bedeuten, daß es sich um atypische Zellen handelt, die im Untersuchungsmaterial angereichert werden sollen. Die Art und Anzahl der ausgewählten Zellen kann dabei ggf. über eine weitergehende Interaktion mit der Maschine von dieser gesteuert werden, wenn diese mit einem wissensbasierten Expertensystem gekoppelt ist. Gerade im letzten Fall kann dann das Ergebnis der klassifizierten Messung mit sämtlichen weiteren eingegebenen Patientendaten und den zusätzlichen Hinweisen aus der visuellen Beurteilung des Experten zu einer integrierten und geeignet verbalisierten Befundung zusammengefaßt werden. Die Methode könnte damit am zutreffensten als "expertengestützte Zytometrie" bezeichnet werden.

Zusammenfassend läßt sich sagen, daß die automatische Zytometrie die Beherrschung der drei Schritte zu einer Präparatediagnose, nämlich die Objektsuche, Objektvermessung und Objektbewertung, voraussetzt. Die interaktiven Methoden überlassen aus diesen drei Schritten dem menschlichen Beobachter jeweils das, was er besser kann als die Maschine, nämlich je nach Problemstellung die schnelle Bewertung vorausgewählter Objekte in meist maschinengerechten Präparaten, oder die Objektsuche in komplizierten Szenen konventioneller Präparate.

E. Beispiele der medizinischen Zytometrie

Die medizinische Anwendung der hochauflösenden Zytometrie soll im Folgenden an einigen Beispielen demonstriert werden.

Krebsfährtensuche beim Zervixkarzinom

Um die gesundheitspolitische Bedeutung von Automaten zum Durchmustern monodisperser Papanicolaou-gefärbter Ausstrichpräparate gab es Ende der 70-er Jahre noch heftige Kontroversen. Mit zunehmender Erkenntnis, daß sich die damals geschürten Erwartungen nach schnellen und verläßlichen Geräten nicht vor den 90-er Jahren erfüllen würden, ist es um das Problem ruhig geworden. Der Zervixautomat, einst Flaggschiff der Zytometrie, scheint vergessen zu sein. Und dies, obwohl inzwischen mindestens drei europäische und ein japanisches Projekt einen Entwicklungsstand erreicht haben, der von den realisierten Zellerkennungsstrategien her das Problem als gelöst betrachten läßt (5, 7, 27, 37, 55). Technologisch am weitesten fortgeschritten ist das japanische CYBEST-Projekt (52). Mehrere umfangreiche Pilotstudien an den entsprechenden Automaten zeigen, daß die Falsch-Negativ-Rate (f_n) kleiner 2% gehalten werden kann (34), und damit in jedem Fall unter den bekannten konventionellen Falsch-Negativ-Raten der visuellen Zytologie liegt. Die Falsch-Positiv-Rate (f_p) liegt in der Größenordnung von 30% und wird deshalb gelegentlich als unökonomisch hoch beurteilt. Ob das so ist, hängt ausschließlich vom Preis für eine Maschinendiagnose ab, den niemand kennt. Die negative Beurteilung dieser Machinenleistung wird noch fragwürdiger, wenn man weiß, daß rund zwei Drittel der falschpositiven Entscheidungen aus dem Vorhandensein von benignen Erkrankungen wie z.B. entzündlichen Infektionen resultieren, deren Entdeckung auch im Rahmen einer Krebsvorsorgeuntersuchung sehr wohl erwünscht ist.

Ähnliche Zahlen dürften sich auch für die übrigen bisher bekannten Systeme ergeben, wenn sie erst einmal bezüglich der Gesamtkostenfunktion optimiert sind, d.h. die Kosten für die Maschinendiagnose und für die Folgen der falsch diagnostizierten Fälle in einheitlicher Weise berücksichtigen. So werden zwar für die deutsche FAZYTAN-Studie bis 1983 nur eine 13% Falsch-Positiv-Rate angegeben, aber gleichzeitig bis zu 30% falsch negative Entscheidungen für die PAP III$_D$-Klasse mit überwiegend leichten bis mäßigen Dysplasien (2). Vom LEYTAS-Projekt werden 16% falsch positive bei rund 14% falsch negativen aus dieser Klasse berichtet (16). Erniedrigt man hier die Falsch-Negativ-Rate durch Anwendung schärferer Zellerkennungsalgorithmen, erhöhen sich die Maschinenkosten und/oder die Falsch-Positiv-Rate.

Interessant ist dabei in unserem Zusammenhang, daß die verschiedenen Systeme unterschiedliche Strategien verfolgen. So gründen LEYTAS und CERVIFIP auf der rare-event-Strategie. Sie suchen im wesentlichen Zellen mit hohem DNS-Gehalt (z.B. > 5c). Deren Häufigkeit ist oft deutlich kleiner als 1% aller ausgestrichenen Objekte und die Präparatediagnose wird in der Nähe der Entscheidungsschwelle zu einem heiklen statistischen Problem (15, 57). CYBEST verwendet mehrere globale morphologische und photometrische Merkmale, sucht eine ausreichende Anzahl "verdächtiger" Zellen und beurteilt zur Präparatediagnose deren Atypieprofil. Selbstverständlich können Systeme der erstgenannten Art auch einfache Merkmale für eine größere Anzahl nach weniger strengen Kriterien ausgewählter Objekte speichern, so z.B. die totale Kernextinktion und ebenso versuchen, die resultierenden Merkmalsverteilungen zu beurteilen. Im Extremfall mißt man jedes identifizierte zelluläre Objekt im Präparat und beurteilt die Gesamtverteilungen, ähnlich wie im Falle der Durchflußsysteme. Die beste Vorgehensweise hängt davon ab, ob zu hoffen ist, bei der Abgrenzung normaler gesunder Patienten von solchen mit z.B. entzündlichen infektiösen Veränderungen und schließlich mit leichten und mäßigen Dysplasien statistisch signifikante Unterschiede eher in den rare events oder in den größeren Zellpopulationen zu finden.

Es hat sich gezeigt, daß zur Klärung dieser Frage die Messung der totalen Kernextinktion selbst bei quantitativer DNS-Anfärbung hier nicht weiterhilft. Leichte bis mäßige Dysplasien haben in aller Regel einen so prominenten diploiden Zellanteil, daß die wenigen aneuploiden Zellen im Signaluntergrund untergehen, oder selbst bei interaktiver Zellauswahl von z.B. 100 Zellen zu wenig häufig vorkommen und statistisch nicht relevant sind. Größere Unterschiede in den Zellpopulationen zeigen sich aber in anderen zellulären Merkmalen, wie sie von uns und einer Reihe anderer Autoren beschrieben wurden (3, 4, 8, 11, 17, 22, 29, 36, 39, 42, 58). Dabei wurden von uns zunächst nur visuell absolut unverdächtige Intermediärzellen betrachtet und zwar in Ausstrichpräparaten von unterschiedlich gradierten Patienten. In Anlehnung an früher beschriebene morphologische Besonderheiten von Epithelzellen aus Mundhöhlenausstrichen bzw. von weißen Blutzellen von Patienten mit manifesten Tumoren (26, 35) werden diese quantitativen, weitgehend subvisuellen Veränderungen auch als "malignancy associated changes" (MAC) bezeichnet. Als Beispiel seien Ergebnisse von zwei Studien gezeigt, die sich mit verschiedenen Aspekten der MAC's befassen. Einmal wurden sie an Gallozyanin-gefärbten monodispersen Präparaten studiert (24) und einmal an konventionellen Papanicolaou-gefärbten Ausstrichen von Patienten mit Papilloma Virusinfektion (6).

Im Rahmen der ersten Studie wurden insgesamt 36 Präparate untersucht und zwar 10 normale, 8 CIN I, 9 CIN II und 9 CIN III. Es wurden jeweils 100 guterhaltene, isolierte, visuell unverdächtige Intermediärzellkerne in jedem Präparat vermessen. Die Messung erfolgte mit dem 100 x Objektiv (Öl) unter Benutzung eines engen Bandfilters mit einer Wellenlänge von 550 nm. Die digitale Auflösung betrug 0.25 μm Bildpunktabstand. Anhand einer multivariaten linearen Diskriminanzanalyse für die Reklassifikation der Einzelzellen zu den gepoolten vier Diagnoseklassen, wurden für jedes Präparat APOP-Mittelwerte (a posteriori probability) bestimmt und damit die Präparate klassifiziert (siehe Kapitel 3.2). Das Ergebnis für die Einzelzellklassifikation ist in Tabelle 2 aufgeführt und für die Präparatereklassifikation in Tabelle 3. Man erkennt 2/26 falsch negative Präparatediagnosen und 1/10 falsch positive bei insgesamt 6 unklaren Entscheidungen. Davon sind aber 2 unklar innerhalb der CIN-Klassen, so daß für eine Prescreeningsituation nur 7/36 (19 %) unklare und falsche Entscheidungen bleiben. Dieses Ergebnis bestätigt in hervorragender Weise die Resultate unserer früheren Untersuchungen.

Im zweiten Experiment wurden aus Papanicolaou-gefärbten Ausstrichpräparaten der PAP-Klassen III$_D$ (9 Präp.) und IV$_a$ (10 Präp.) nicht nur unverdächtige benigne Zellen, sondern auch klar erkennbare, leicht dysplastische Zellen ausgesucht und zwar jeweils virusinfizierte und nicht infizierte und, zusätzlich von den infizierten, solche mit Koilozytose und solche ohne Koilozytose. Die Zellkerne wurden wieder in den beiden Diagnoseklassen gepoolt und mittels multivariater

Tabelle 2. Einzelzellklassifikation von unverdächtigen Intermediärzellen (4 Klassenfall).

	Normal	CIN I	CIN II	CIN III	Gesamt	% richtig
Normal	544	191	176	86	997	54.6
CIN I	179	369	159	93	791	46.7
CIN II	132	143	318	115	708	44.9
CIN III	118	122	107	217	564	38.5

Tabelle 3. Präparatereklassifikationsergebnis für den 4-Klassenfall anhand von Intermediärzellen mittels APOP-Mittelwerten.

	Normal	CIN I	CIN II	CIN III	Unklar	Gesamt
Normal	8	1	0	0	1	10
CIN I	1	4	0	0	3	8
CIN II	0	1	5	3	0	9
CIN III	1	1	0	5	2	9

Diskriminanzanalyse reklassifiziert. Die Ergebnisse sind in Tabelle 4 gezeigt. Sie demonstrieren unter anderem einmal die von Rosenthal (43) beschriebene Tatsache, daß sich entsprechende Populationsunterschiede zwischen III_D- und IV_a-Präparaten nicht nur auf die benignen Intermediärzellen beschränken, sondern für jeden gemeinsam vorkommenden Zelltyp gelten. Die leicht dysplastischen Zellen unterscheiden sich dabei etwas weniger voneinander als die benignen Zellen. Das Ergebnis ist in hervorragender Übereinstimmung mit dem früherer Experimente, bei denen wir 71 % Reklassifikationsraten für die benignen Intermediärzellen aus PAP III_D- und IV_a-Präparaten erzielt hatten (10, 11).

Das FAZYTAN-Projekt der Stuttgarter Gruppe verfolgt diese Strategien der Populationsanalyse und auch die Leiden-Gruppe (LEYTAS) untersucht z.Zt. die Wertigkeit der verschiedenen Vorgehensweisen. Die Zukunft gehört wahrscheinlich einer Strategie, die beide Verfahren vereint. In einem ersten Schritt werden durch schnelle Bildtransformationen ohne explizite Messung möglichst alle nicht interessierenden Objekte beseitigt. Dazu können neben den Artefakten und Zellagglomeraten sehr wohl Blutzellen und sogar ein großer Anteil der Epithelzellen gehören. Der verbleibende Rest wird nacheinander vermessen und klassifiziert und trägt zu einem Atypieindex des Präparates bei, dessen notwendige statistische Sicherheit die Fallzahl bestimmt, d.h. man mißt nur so viele Zellen wie nötig. Das früher oft benutzte Argument, man müsse in jedem Fall eine große Anzahl benigner Zellen messen und sicher erkennen, um sie verwerfen zu können, da es ja nur auf die oft sehr wenigen dyskariotischen Zellen ankommt, ist damit nicht mehr gültig.

Zusammenfassend ist festzustellen, daß mehrere ausreichend gute Automaten zur Vorauswahl von Präparaten im Rahmen von Vorsorgeuntersuchungen zur Früherkennung des Zervixkarzinoms z. Zt. in Erprobung sind und Mitte der 90er Jahre auf dem Markt sein dürften.

Malignitätsdiagnose und Tumortypisierung bei Tumoren der Schilddrüse

Seit rund 10 Jahren ist die Punktionszytologie der Schilddrüse die Methode der Wahl, um besonders in Kropfendemiegebieten mit einer hohen Zahl benigner Knoten eine früher obligatorisch empfohlende histologische Klärung zu vermeiden. Allein in Bayern ist mit rund 1 Million Knotenstrumen zu rechnen. Von 21 000 Untersuchungen im Institut für Klinische Zytologie der Technischen Universität München (Prof. Dr. H.-J. Soost) wurden innerhalb von 10 Jahren neben rund 82,5 % eindeutig negativen und weniger als 1 % positiven Befunden, 3,7 % als

Tabelle 4. Einzelzellklassifikationsraten zur Unterscheidung von CIN I- und CIN II-Präparaten an Hand von benignen Zellen (mit und ohne Virus) und von leicht dysplastischen Zellen (mit und ohne Koilozytose).

Benigne nicht infizierte Zellen	75 %
Benigne virusinfizierte Zellen	80 %
Leicht dysplastische Zellen ohne Koilozytose	77 %
Leicht dysplastische Zellen mit Koilozytose	69 %

verdächtig, 7,5 % als wiederholungsbedürftig und 5,3 % als technisch unbrauchbar klassifiziert, wobei häufig differentialdiagnostische Schwierigkeiten bei follikulären Tumoren auftraten. Das Problem wurde 1974 von Löwhagen und Sprenger (31) durch Prägung des Begriffs der "follikulären Neoplasie" beschrieben, was ausdrückt, daß eine zytologische Unterscheidung zwischen Adenomen und Karzinomen nicht gut möglich ist. Später wurde sogar der Begriff der "follikulären Proliferation" eingeführt, da das entsprechende Zellbild gelegentlich auch ohne das Vorliegen einer Neoplasie auftritt.

Neben diesem zytologischen Problem ist ein weiteres von großem Interesse, nämlich die Unterscheidung von papillären und follikulären Karzinomen, da beide eine deutlich unterschiedliche Prognose besitzen. Die Begriffe kennzeichnen Gewebsstrukturen, deren typische Zellverbände im Aspirat nicht immer deutlich vorhanden sind. Dazu kommt, daß die meisten der sogenannten papillären Tumoren ohnehin gleichzeitig follikuläre Strukturen aufweisen. Die Frage ist dabei, ob solche gemischt aufgebauten Tumoren tumorbiologisch zusammen mit den rein papillären Tumoren eine Einheit bilden, wie das die WHO-Definition vorsieht.

Beide Problemstellungen wurden von uns durch interaktive Auswahl von je 100 geeigneten Zellen (ohne Anwendung zytopathologischer Kriterien) und hochaufgelöste Vermessung und Reklassifikation anhand der APOP-Verteilungen der 100 Zellen bearbeitet. Die Präparate sind luftgetrocknete nach Pappenheim gefärbte Punktatausstriche aus der Routine. Vermessen wurden 27 follikuläre Adenome, 28 follikuläre Karzinome, (darunter 20 Primärtumoren von Patienten mit und ohne Metastasen und 8 Rezidive), 8 onkozytäre und 32 papilläre Karzinome (davon die Hälfte mit veränderten Präparationsbedingungen).

Bei der Unterscheidung der follikulären Adenome und follikulären Karzinome, wobei hier nur Primärtumoren betrachtet wurden, erhält man 68 % Trefferrate (Tabelle 5). Weitere Ergebnisse finden sich in (10, 46). Eine andere Vorgehensweise wird bei Anwendung eines Entscheidungsbaumes realisiert, wobei sich dieser noch auf weitere Startklassen beziehen kann (47, 48). So haben wir z.B. in einem solchen Entscheidungsbaum folgende Startklassen berücksichtigt: 13 negative und funktionelle Veränderungen, 33 Adenome (und zwar 27 follikuläre und 6 onkozytäre), 28 follikuläre Karzinome und Rezidive, 16 papilläre Karzinome und 8 onkozytäre Karzinome. Die zusammengefaßte Klassifikationsmatrix ist in Tabelle 6 dargestellt. Betrachtet man nur die Adenome und Karzinome, ergibt sich eine Trefferrate von 80 %, obwohl beide Klassen nicht homogen sind, ja sogar verschiedene Tumortypen enthalten. Weitere Teilergebnisse sowie nähere Einzelheiten zum Entscheidungsbaum sind im Kapitel 3.2 gezeigt.

Tabelle 5. Präparatereklassifikationsergebnis für die Unterscheidung von follikulären Adenomen und follikulären Karzinomen der Schilddrüse.

	Adenome	Karzinome	Unklar	Gesamt
Follikuläre Adenome	17	5	5	27
Follikuläre Karzinome	3	15	2	20

Tabelle 6. Präparatereklassifikationsergebnis für die Unterscheidung von negativen/funktionellen Veränderungen, Adenomen und Karzinomen der Schilddrüse mittels Entscheidungsbaum.

	Negativ	Adenome	Karzinome	Unklar	Gesamt
Negativ/funktionell verändert	10	2	1	-	13
Adenome	-	25	8	-	33
Karzinome	2	6	43	1	52

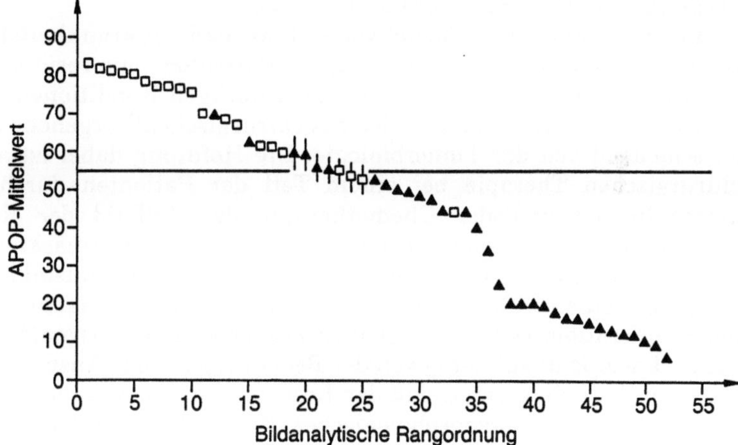

Abb. 5. Rangordnungsdiagramm für die Unterscheidung von papillären (▲) und follikulären (□) Karzinomen der Schilddrüse.

Tabelle 7. Präparatereklassifikationsergebnis für die Unterscheidung von follikulären und papillären Karzinomen der Schilddrüse.

	Follikulär	Papillär	Unklar	Gesamt
Follikuläre Karzinome	16	1	3	20
Papilläre Karzinome	2	26	4	32

Das Ergebnis der Tumortypisierung ist im Rangfolgediagramm der Abb. 5 und in Tabelle 7 gezeigt. Die Reklassifikation ergibt eine Trefferrate von 42/52 (81 %), 3 Präparate wurden falsch und 7 als unklar eingestuft. Die 15 Präparate mit den niedrigsten APOP-Werten gehören zu einer Serie mit veränderter Präparationstechnik. Das Ergebnis ist sehr ermutigend und bestätigt die WHO-Tumoreinteilung. Selbst gemischt aufgebaute Tumoren mit hohem follikulären Gewebeanteil zeigen offenbar in allen Zellkernen sowohl der papillären wie der follikulären

Verbände charakteristische Differenzierungsmerkmale des papillären Karzinomtyps.

Malignitätsdiagnose und prognostisches Grading bei Tumoren der Brust

An der Brust werden von uns Untersuchungen zur Malignitätsdiagnose, zur Existenz von lokalen MAC's und zur Prognostik von manifesten Karzinomfällen durchgeführt (19, 25, 44, 45, 49, 51). Nur zu letzterem Punkt sollen hier zwei Beispiele angeführt werden. Das erste betrifft die Korrelation zytometrischer Merkmale mit dem krankheitsfreien Intervall durch Zytometrie in Punktaten von lokoregionalen Rezidiven und Fernmetastasen, das zweite die Korrelation solcher Merkmale mit dem Hormonrezeptorstatus.

Im ersten Fall ist die Modellvorstellung, daß das krankheitsfreie Intervall wie im übrigen auch die Überlebenszeit der Patienten beim rezidivierenden Mammakarzinom nicht von mehr oder minder zufälligen Konditionen der präklinischen Invasivität oder Zellaussaat oder des chirurgischen Vorgehens abhängt, sondern entscheidend von der Tumorbiologie. Die Hoffnung dabei ist, daß die nach der chirurgischen Therapie bei einem Teil der Patienten durchgeführten Nachbestrahlungen und/oder Chemotherapie das Zellbild der Rezidive nicht so verändern, daß die gesuchten morphometrischen Marker maskiert werden.

Im zweiten Fall ist die Modellvorstellung, daß die Ausbildung von Hormonrezeptoren einen Differenzierungsvorgang des Gewebes darstellt, der mit steigender Proliferationsaktivität im Tumor immer weniger ausgeprägt ist (28, 33). Tatsächlich wurde unabhängig von der Bedeutung für das Ansprechen auf eine Anti-Östrogentherapie gezeigt, daß der Rezeptorstatus eine prognostische Bedeutung hat. Hat er ein zytomorphologisches Korrelat, kann letzteres als indirekter prognostischer Marker aufgefaßt werden.

Beim ersten Projekt wurden luftgetrocknete und nach Pappenheim gefärbte Aspirate von lokoregionalen Rezidiven und Fernmetastasen von 66 Patienten verwendet. Die Messungen erfolgten an 100 ausgesuchten Zellen wie bereits mehrfach beschrieben. Anhand der zytometrischen Ergebnisse wurden verschiedene Auswertungen vorgenommen mit dem Ziel, einen Zusammenhang zwischen Zytomorphologie und krankheitsfreiem Intervall zu zeigen.

Die erste Auswertung bestand in einer Zweiklassen-Diskriminanzanalyse von Patienten mit kurzem und langen krankheitsfreien Intervall. Dabei kann entweder eine willkürliche Zeitgrenze gezogen werden, oder um der besseren Signifikanz der Ergebnisse willen, ein Zeitintervall unberücksichtigt gelassen werden. Tabelle 8 zeigt die Ergebnisse der Präparatereklassifikation, wenn man

Tabelle 8. Präparatereklassifikation für Patienten mit einem krankheitsfreien Intervall ≤ 2 Jahre und ≥ 4 Jahre.

	≤ 2 Jahre	≥ 4 Jahre	Unklar	Gesamt
≤ 2 Jahre	19	5	9	33
≥ 4 Jahre	3	11	4	18

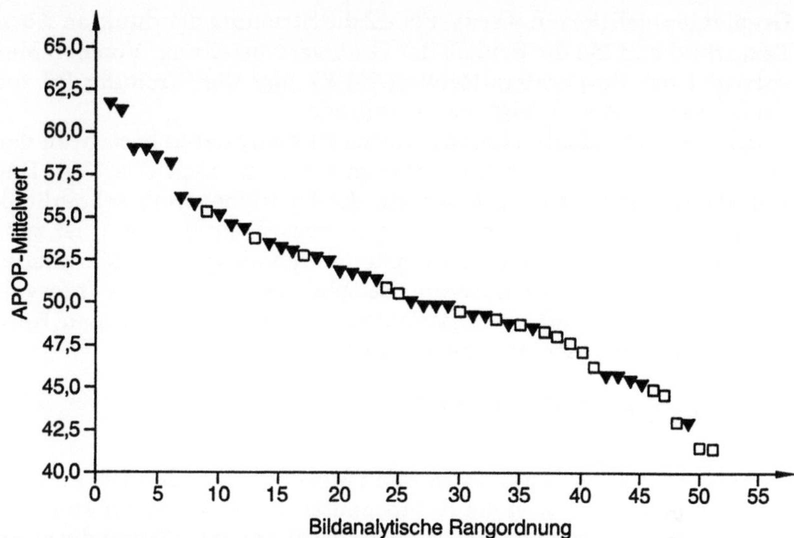

Abb. 6. Rangordnungsdiagramm für die Unterscheidung von Patienten mit einem krankheitsfreien Intervall von ≤ 2 Jahren (▼) und von ≥ 4 Jahren (□).

das kurze krankheitsfreie Intervall ≤ 2 Jahre und das lange ≥ 4 Jahre definiert, wobei 15 Fälle im dazwischenliegenden Intervall für den Datensatz entfallen. Das Rangordnungsdiagramm zeigt die Abb. 6.

Es ist nicht erstaunlich, daß die zytomorphologischen Merkmale der Chromatinverteilung für viele Patienten sehr ähnlich sind. Hier handelt es sich um eine äußerst inhomogene Population. Etwa die Hälfte der Patienten wurde nach der Operation in unterschiedlicher Weise behandelt. Hormontherapie, Chemotherapie, Strahlentherapie und manche Kombinationen davon wurden angewandt. Alter der Patienten, Tumorstaging und Grading sowie der histologische Typ des Tumors, Rezeptorstatus sowie der allgemeine Patientenstatus blieben bei dieser Auswertung völlig unberücksichtigt. Es ist gleichsam die von all diesen Kovariablen unabhängige inhärente "Aggressivität" des Tumors, die man im Zellbild zu erkennen hofft. Diese Erwartung kann nach den Ergebnissen als statistisch gesichert bestätigt werden.

Eine weitere mögliche Demonstration des Gesagten erhält man durch die multiple Korrelation des krankheitsfreien Intervalls (KI) mit Kernmerkmalen. Dazu werden für jedes Präparat aus den 100 vermessenen Zellkernen die Merkmalsmittelwerte und die Merkmalsstreuungen berechnet. Es wird nun diejenige lineare Merkmalskombination $\Sigma\, a_i \cdot m_i + a_0$ (a_i = Koeffizienten, $\underline{M}$ = Merkmalsvektor mit den Komponenten m_i, a_0 = Konstante) gesucht, die am besten mit dem Außenkriterium, also der unabhängigen Variablen korreliert. Die gefundene Kombination lautet:

$$KI = 82,8 \cdot LM1(\sigma) - 322,93\ PM3(\sigma) - 24,1 \cdot GM2(MW)$$
$$+ 197,5 \cdot FNM2(MW) - 137,9 \cdot M3(MW) + 128,4$$

LM1 ist der Mittelwert des Laplace-gefilterten Kerns, PM3 die Schiefe der Grauwertverteilung der hellen Körner, GM2 die Streuung der Verteilung des

Gradienten-gefilterten Kerns, FNM2 die Streuung der dunklen Körner im ebenen Texturbild und M3 die Schiefe der Grauwertverteilung. Von den Merkmalen wird entweder der Präparatemittelwert (MW) oder die Streuung (σ) zur Korrelation herangezogen. Abb. 7 zeigt die Korrelation.

Eine weitere Möglichkeit die Daten zu analysieren besteht in der Anwendung des proportionalen Hazard-Regressions-Modells nach Cox (30). Dabei geht man von der Annahme aus, daß das auf die Überlebenswahrscheinlichkeit bezogene Risiko zu irgendeiner Zeit zu sterben (hazard) proportional ist zur Exponentialfunktion einer Linearkombination der morphometrischen Merkmale. Anstelle der Überlebenszeit tritt in unserem Beispiel das rezidivfreie Intervall. Die Wahrscheinlichkeit $S_j(t, \underline{M})$ *eines* Patienten j mit einer bestimmten Kernmorphologie eine rezidivfreie Zeit t zu erleben, ist dann:

$$S_j(t, \underline{M}) = S_0(t)^{\exp(\Sigma\, a_i \cdot m_{ij})}$$

$\underline{M}$ ist der Vektor der ausgewählten Merkmale von den 100 ausgesuchten Zellen eines Patienten, m_{ij} sind die Komponenten des Merkmalsvektors $\underline{M}$ für Patient j, $S_0(t)$ ist eine unbekannte Funktion für die Werte $m_i = 0$ und die a_i sind die Regressionskoeffizienten für die verwendeten Merkmale. Das entsprechende Rechen-

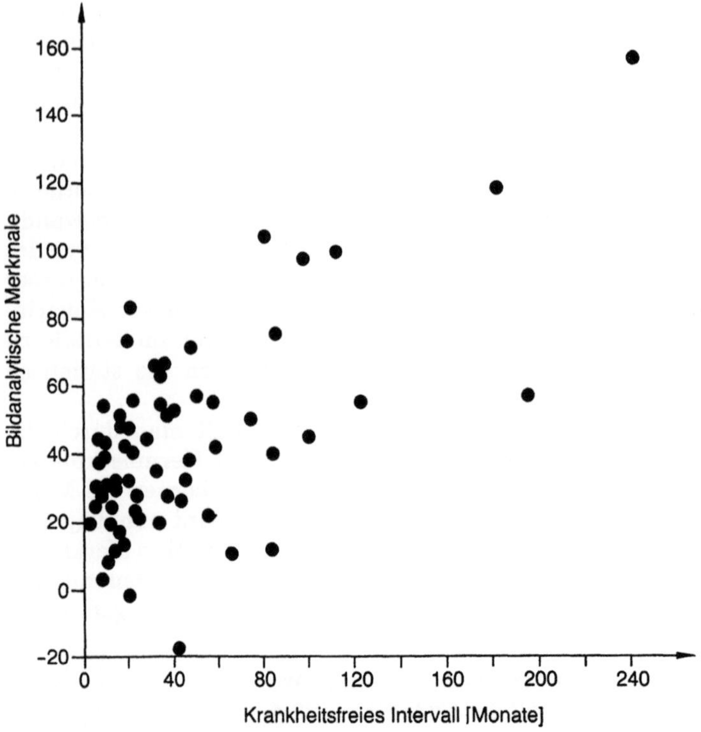

Abb. 7. Multiple Korrelation von krankheitsfreiem Intervall mit Kernmerkmalen für 66 Fälle von Rezidiven/Metastasen der Brust.

programm sucht sich die Grundfunktion $S_0(t)$ und die optimale Linearkombination $\Sigma\,a_i \cdot m_i$. Für unseren Datensatz lautet das Ergebnis:

$$\Sigma\,a_i \cdot m_i = 3{,}4 \cdot NM1(MW) + 1{,}5 \cdot GM4(MW)$$

NM1 ist der mittlere Grauwert der dunklen Körner im Kern und GM4 der Exzeß der Verteilung des Gradienten-gefilterten Kerns. Von beiden Merkmalen wird jeweils der Mittelwert der 100 Zellen eines Präparates verwendet. Die Signifikanz der Regressionskoeffizienten, d.h. des Einflusses der Kernmerkmale auf die rezidivfreie Zeit, wird durch eine globalen Chi^2-Test durchgeführt. Für den vorliegenden Fall ergibt sich mit $p = 0.022$ eine ausreichende Signifikanz. Interessant ist dabei allerdings, daß nur zwei Merkmale ausgesucht wurden, die einen merklichen Beitrag liefern.

Beim zweiten Projekt wurden Abklatschpräparate von Operationsbiopsien der primären Karzinome angefertigt, luftgetrocknet und nach Feulgen gefärbt. Die Messung erfolgte wieder an 100 ausgewählten Zellen. Das Außenkriterium ist der im Zytosol gemessene Hormonrezeptorgehalt. Gemessen wurden nach der DCC (dextran-coated charcoal)-Methode der Gehalt an freien Östrogen- und Progesteronrezeptoren sowie nach der ER-EIA (estrogen receptor enzyme immuno assay)-Methode der Östrogenrezeptor. Rezeptorwerte mit weniger als 10 fmol/mg Protein werden als negativ bezeichnet. Die Ergebnisse der Präparatereklassifikation nach multivariater Diskriminanzanalyse der gepoolten Zellklassen und Beurteilung der APOP-Mittelwerte der jeweiligen 100 Zellen pro Präparat für die drei Rezeptormethoden ist in Tabelle 9 gezeigt.

Das Ergebnis demonstriert, daß die Östrogenbestimmung nach der Immunmethode am besten mit der Kernmorphologie zu korrelieren scheint. Am schlechtesten ist dies für die Progesteronbestimmung nach der DCC-Methode der Fall. Interessant ist der unmittelbare Vergleich der Östrogenbestimmung nach der EIA- und der DCC-Methode und die Korrelation mit den Messungen. Dazu kann man z.B. die jeweiligen APOP-Mittelwerte für die Reklassifikation der Fälle gegeneinander auftragen. Die zugrundeliegende Vorstellung ist, daß durch die zytometrischen Messungen die Positionen der Präparate im Merkmalsraum

Tabelle 9. Präparatereklassifikation für drei verschiedene Rezeptorbestimmungen.

	Negativ	Positiv	Unklar	Gesamt
ER(DCC)⁻	19	5	7	31
ER(DCC)⁺	4	23	11	38
PR(DCC)⁻	28	11	8	47
PR(DCC)⁺	5	12	5	22
ER(EIA)⁻	16	3	3	22
ER(EIA)⁺	7	36	4	47

definiert sind. Der Klassifikator versucht nun anhand des gemessenen Rezeptorstatus der Präparate den Merkmalsraum so durch eine Hyperebene zu teilen, daß
die Reklassifikation optimiert wird. Es ist zu erwarten, daß die Hyperebene jeweils
durch die Mehrheit der hoffentlich in beiden Fällen mit dem richtigen Hormon-
rezeptorstatus versehenen Fälle ähnlich liegt und sich für die APOP-Werte der
Präparate eine sehr ähnliche Rangfolge ergibt, d.h. ein Präparat erhält unabhängig von der Qualität des Außenkriteriums den durch die zytometrischen
Merkmale aufgeprägten APOP-Rang und man erwartet daher bei der besprochenen Auftragung eine hohe Korrelation.

Die Abb. 8 zeigt das Ergebnis. Die erwartete Korrelation ist vorhanden, obwohl
für beide Experimente gänzlich verschiedene Merkmalsräume verwendet wurden.
Von den 52 Fällen mit übereinstimmendem Rezeptorstatus werden 41 Fälle
einheitlich richtig (1. und 3. Quadrant), 5 einheitlich falsch und lediglich 6 uneinheitlich (2. und 4. Quadrant) klassifiziert. Von den verbleibenden 17 Fällen mit
unterschiedlichem Außenkriterium erhalten 11 Fälle einheitlich die EIA-Dia-
gnose und nur 3 Fälle die DCC-Diagnose, 3 Fälle sind uneinheitlich klassifiziert.
Man kann daraus schließen, daß die Rezeptorbestimmung der EIA-Methode der
der DCC-Methode deutlich überlegen ist.

G. Zusammenfassung

Die hochauflösende bildanalytische Zytometrie ist in der Lage, globale photometrische und damit zytochemische Merkmale ebenso wie globale morphologische

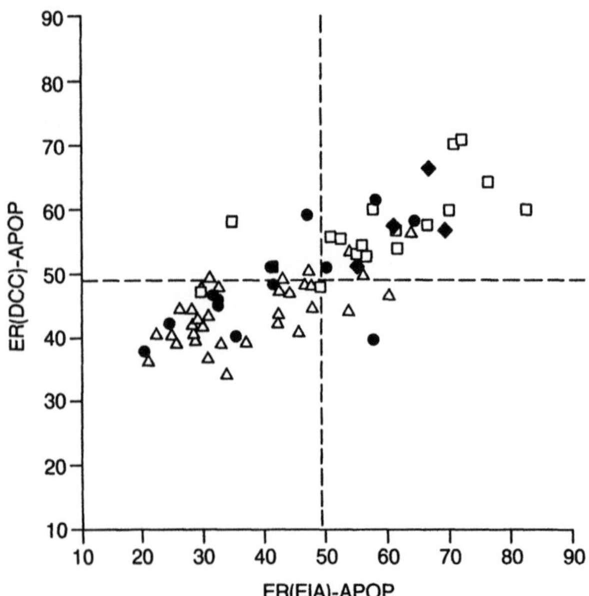

Abb 8. Korrelation der APOP-Werte für die ER(EIA)- und ER(DCC)-Bestimmung.
□ ER(EIA)⁻ und ER(DCC)⁻, (18 Fälle), △ ER(EIA)⁺ und ER(DCC)⁺, (34 Fälle),
● ER(EIA)⁺ und ER(DCC)⁻, (13 Fälle), ◆ ER(EIA)⁻ und ER(DCC)⁺, (4 Fälle).

Merkmale von Zellen oder Zellkernen zu messen. Darüber hinaus kann sie bis zu einer lichtmikroskopisch sinnvollen digitalen Auflösung von etwa 0.25 μm Bildpunktabstand Strukturelemente innerhalb der Zellen analysieren. Dazu gehören in erster Linie die durch geeignete Anfärbung sichtbar gemachten Strukturen des Chromatingerüstes und der Nukleolen im Kern, aber auch lokale Markerverteilungen, wie sie z.B. durch die immunzytochemische Markierung von Genproteinen oder DNS-Addukten im Kern oder beliebigen sonstigen Zellprodukten mit antigenen Eigenschaften erzeugt werden können. Dabei wird in Zukunft die Farbinformation sicher eine immer größere Rolle spielen.

Da die zur Messung vorliegenden Zellen im denaturierten Zustand sind und sämtliche gemessenen Strukturen eigentlich Artefakte der Präparations- und Färbetechnik darstellen, ist eine Grundvoraussetzung der medizinischen Zytometrie eine hohe Reproduzierbarkeit dieser "Artefakte". Besonders wenn absolute quantitative Messungen verlangt werden, wie z.B. bei der DNS-Bestimmung nach quantitativer Anfärbung, ist nicht nur ein hoher Standardisierungsgrad der Präparationsmethode anzustreben, sondern es ist auch stets ein interner Standard (Zellen eines bestimmten leicht erhältlichen und unveränderlichen Typs) zu verwenden.

Die Einsatzbreite der medizinischen Zytometrie erstreckt sich von der Verwendung sogenannter Zytoautomaten im Rahmen der Vorsorgemedizin bis hin zur interaktiven Verwendung von Geräten in zytopathologischen Expertensystemen. Der Vorteil einer rechnerunterstützten Diagnostik liegt nicht nur in der einfachen Möglichkeit visuell erstellbare Befunde zu quantifizieren und damit in der internen und externen Vergleichbarkeit von Befunden, sondern in der Möglichkeit zur Erstellung des Befundes diagnostisch relevante Merkmale jenseits der visuellen Wahrnehmbarkeit zu verwenden.

Die Vorgehensweise der interaktiven Zytometrie und ihre Ergebnisse werden gezeigt anhand von Beispielen aus dem Bereich der Früherkennung des Zervixkarzinoms, der Differentialdiagnose bei ausdifferenzierten Tumoren mit follikulärer Proliferation der Schilddrüse, der Typisierung von papillären und follikulären Karzinomen der Schilddrüse sowie des prognostischen Gradings von Karzinomen der Brustdrüse anhand von Punktatmaterial aus Rezidiven, Fernmetastasen und aus Primärknoten.

Die quantitative und analytische Zytometrie hat ihre Leistungsfähigkeit unter Beweis gestellt. Als nächstes muß die Industrie billigere und leistungsfähigere Geräte auf den Markt bringen, die Eingang finden können in die Kliniken und in die Labors der größeren außerklinischen zytodiagnostischen Leistungsträger.

Literatur

1. Ballard DH, Brown CM (1982) Computer Vision. Prentice Hall, Englewood Cliffs, New York
2. Beer AC, Ostheimer E (1984) Vorbereitende Untersuchungen zur Qualitätsprüfung von Zytoautomaten im Routinebetrieb. Report Nr B-SZ 1366/02 Industrieanlagen-Betriebsgesellschaft mbH
3. Bibbo M, Bartels PH, Sychra JJ, Wied GL (1981) Chromatin appearance in intermediate cells from patients with uterine cancer. Acta Cytol 25:23
4. Bibbo M, Bartels PH, Dytch HE, Wied GL (1985) Ploidy measurements by high-resolution cytometry. Analyt Quant Cytol 7:81

224

5. Bloss WH, Greiner W, Kringler W, Schlipf W, Schwarzmann P, Straub B (1987) FAZYTAN-IPS-prescreening system. In: Burger G, Ploem JS, Goerttler K (eds). Clinical Cytometry and Histometry. Academic Press, London, 18

6. Boon ME, Kok LP, Jütting U, Rodenacker K, Gais P (1987). Human papilloma virus changes and CIN-I; a quantitative study of differences in chromatin pattern. In: Burger G, Ploem JS, Goerttler K (eds). Clinical Cytometry and Histometry. Academic Press, London, 348

7. Brugal G (1987) Required facilities for image analysis at the microscope in biological and medical applications: the "SAMBA" image processor. In: Burger G, Ploem JS, Goerttler K (eds). Clinical Cytometry and Histometry. Academic Press, London, 3

8. Burger G, Jütting U, Rodenacker K (1981) Changes in benign cell populations in cases of cervical cancer and its precursors. Analyt Quant Cytol 3:261

9. Burger G, Jütting U (1985) Specimen classification in cytometry: an intercomparison of various means of decision making. In: Gelsema ES and Kanal LN (eds). Pattern Recognition in Practice II. North Holland Public., Amsterdam New York Oxford, 509

10. Burger G, Jütting U, Gais P, Rodenacker K, Schenck U, Giaretti W, Wittekind D (1986) The role of chromatin pattern in automated cancer cytopathology. In: Mary JY and Rigaut JP (eds). Quantitative Image Analysis in Cancer Cytology and Histology. Elsevier, Amsterdam New York Oxford, 91

11. Burger G, Jütting U, Soost H-J, Wittekind D (1986) Subvisuelle Tumormarker in unverdächtigen Plattenepithelzellen. In: Naujoks H (Hrsg.). Klinische Zytologie heute. Schattauer, Stuttgart New York, 51

12. Burger G, Rodenacker K, Jütting U, Gais P, Schenck U (1986) Morphological markers in cytology. Acta Stereol 4/2:243

13. Burger G (1987) Task, results and problems in clinical image cytometry. In: Burger G, Ploem JS, Goerttler K (eds). Clinical Cytometry and Histometry. Academic Press, London, 309

14. Burger G (1987) Klinische Relevanz der hochauflösenden Zytometrie. In: Eins S (Hrsg.). Quantitative und strukturelle Bildanalyse in der Medizin. GIT, Darmstadt, 29

15. Castleman KR, White BS (1981) The effect of abnormal cell proportion on specimen classifier performance. Cytometry 2:155

16. Driel-Kulker AMJ van (1986) Automated image analysis applied to the diagnosis of cervical cancer. Dissertation, Grenoble

17. Evans AS, Monaghan JM (1983) Nuclear DNA content of normal, neoplastic and 'wart-affected' cervical biopsies. Analyt Quant Cytol 5:112

18. Giaretti W, Abmayr W, Dörmer P, Santi L (1985) The G0-G1 transition of human lymphocytes as monitored by quantitative C14-uridine autoradiography and high resolution image analysis. Cytometry 6:219

19. Giaretti W, Jütting U, Bruno S, Burger G (1987) An image cytometric marker of proliferation for the prognosis of breast cancer. In: Burger G, Ploem JS, Goerttler K (eds). Clinical Cytometry and Histometry. Academic Press, London, 411

20. Goerttler K, Stöhr M (1982) Automated cytology. Arch Pathol Lab Med:106:657

21. Haralick RM, Shanmugam K, Dinstein I (1973) Textural features for image classification. IEEE Trans. System Man, Cybernetics, SMC3/6:610

22. Haroske G, Kunze KD (1985) Vergleichende histologische und zytologische bildanalytische Untersuchungen zum Problem der sogenannten MAC im Epithel der Cervix Uteri. Proc. 1. Int. Fachtagung: Automatische Bildverarbeitung, 17.-18.10. Berlin

23. Hedley DW, Friedlander ML, Taylor IW, Rugg CA, Musgrove EA (1983) Method for analysis for analysis of cellular DNA content of paraffin embedded pathological material using flow cytometry. J Histochem Cytochem 31:1333

24. Husain OAN, Watts KC, Jütting U, Pankau S, Burger G (1988) DNA-distribution and chromatin pattern of normal intermediate cells in cervical smears of normal and CIN-patients. (In Vorbereitung)

25. Jütting U, Burger G, Gais P, Rodenacker K, Schenck U, Schenck UB, Giaretti W, Nicolo G (1986) Cytomorphological investigations in breast aspirates and imprint specimens. In: Mary

JY and Rigaut JP (eds). Quantitative Image Analysis in Cancer Cytology and Histology. Elsevier, Amsterdam New York Oxford, 146

26. Klawe H, Rowinski J (1974) Malignancy associated changes (MAC) in cells of buccal smears detected by means of objective image analysis. Acta Cytol 18:30

27. Kunze KD, Hermann WR, Meyer W (1980) The ZYPAB image-processing system for cytologic prescreening for cervical cancer. Analyt Quant Cytol 2:252

28. Kute TE, Muss HB, Anderson D, Crumb K, Miller B, Burns D, Dube LA (1981) Relationship of steroid receptor, cell kinetics and clinical status in patients with breast cancer. Cancer Research 41:3524

29. Kwikkel HJ (1985) Diagnosis and treatment of cervical intraepithelial neoplasia (CIN). Dissertation, Univ. Amsterdam

30. Lee ET (1980) Statistical Methods for Survival Data Analysis. Life Learning Publ., Belmont, California

31. Löwhagen T, Sprenger E (1974) Cytologic presentation of thyroid tumors in aspiration biopsy smears. Acta Cytol 18:192

32. Melamed MR, MullaneyPF, Mendelsohn ML (1979) Flow Cytometry and Sorting. John Wiley & Sons, Inc. New York

33. Meyer JS, Rao BR, Stevens SC, White WL (1977) Low incidence of estrogen receptor in breast carcinomas with rapid rates of cellular replication. Cancer 40:2290

34. Mukawa A, Kamitsuma Y, Jisaka F, Tanaka N, Ikeda H, Ueno T, Tsunekawa S (1983) Progress report on experimental use of CYBEST model 2 for practical gynecologic mass screening. Alterations of the specimen rejection threshold and specimen preparation. Analyt Quant Cytol 5:31

35. Nieburgs HE, Herman BE, Reisman H (1961) Buccal cell changes in patients with malignant tumors. Lab Investigations 11/1:80

36. Pahlplatz MMM, Zahniser D, Oud P, Hermkens H, Voiijs G, Herman CJ (1982) Characterization of intermediate cells in normal and abnormal cervical smears. IEEE 4:288

37. Ploem JS, van Driel-Kulker AMJ, Verwoerd NP (1987) LEYTAS - a cytological screening system using the new modular image analysis computer (MIAC) from Leitz. In: Burger G, Ploem JS, Goerttler K (eds). Clinical Cytometry and Histometry. Academic Press, London, 24

38. Pressman NJ (1976) Markovian analysis of cervical cell images. J Histochem Cytochem 24:138

39. Reinhardt ER, Lenz R, Greiner W, Schenck U (1982) Diagnostic relevance of visually non suspect cells for cancer diagnosis. Analyt Quant Cytol 4:157

40. Rodenacker K, Gais P, Jütting U, Burger G (1983) Mathematical morphology in grey-images. Signal Processing II. EUSIPCO Erlangen (Ed.: HW Schüssler) Elsevier Science Publishers, North Holland, 31

41. Rodenacker K (1987) Featuring of cellular objects. In: Burger G, Ploem JS, Goerttler K (eds). Clinical Cytometry and Histometry. Academic Press, London, 91

42. Rosenthal DL, Missirlian N, McLatchie C, Suffin S, Castleman KR (1983) Predicting cervical epithelial desease status using subcategories of intermediate cells. Analyt Quant Cytol 5:217

43. Rosenthal D, Suffin S, Missirlian N, McLatchie C, Castleman K (1984) Cytomorphometric differences among individual moderate dysplasia cells derived from cervical intraepithelial neoplasia. Analyt Quant Cytol 6:189

44. Schenck U, Burger G, Jütting U, Eiermann W (1985) Zellbild und Hormonrezeptorstatus - visuelle und bildanalytische Untersuchungen an Mammakarzinomen. Verh. Dtsch. Ges. Path. 69:1

45. Schenck U, Burger G, Jütting U, Peters-Welte C, Eiermann W (1985) Punktionszytologie der Mamma: Korrelation visueller und bildanalytischer Untersuchungen mit dem Hormon-rezeptorstatus. Geburtshilfe und Frauenheilkunde 1:1

46. Schenck U, Burger G, Gais P, Jütting U, Rodenacker K (1986) Zytologie der Schilddrüse. Thieme, Stuttgart New York

47. Schenck U, Burger G, Jütting U (1986) Bildanalyse an Feinnadelpunktaten. In: Naujoks H (Hrsg.). Klinische Zytometrie heute. Schattauer, Stuttgart New York, 62

226

48. Schenck U, Burger G, Jütting U (1986) Bildanalytische Untersuchungen der Kerntextur an Pappenheim-gefärbten Schilddrüsen-Feinnadelpunktaten. In: Pfannenstiel P et al. (Hrsg.). Schilddrüse 85. Thieme, Stuttgart New York, 454

49. Schenck U, Eiermann W, Burger G, Gais P, Jütting U, Rodenacker K, Schenck UB (1987) Visual and cytometric grading of breast carcinoma specimens: correlations with the hormone receptor status. In: Burger G, Ploem JS, Goerttler K (eds). Clinical Cytometry and Histometry. Academic Press, London, 409

50. Serra J (1982) Image Analysis and Mathematical Morphology. Academic Press, London.

51. Sprenger E, Kowal S, Jütting U, Burger G, Rodenacker K (1987) Malignancy diagnosis of breast tumors by means of cytometry. In: Burger G, Ploem JS, Goerttler K (eds). Clinical Cytometry and Histometry. Academic Press, London, 399

52. Tanaka N, Ueno T, Ikeda H, Ishikawa A, Konoike K, Shimaoka Y, Yamauchi K, Hosoi S, Okamoto Y, Tsunekawa S (1982) CYBEST Model 3. Automated cytologic screening system for uterine cancer utilizing image analysis processing. Analyt Quant Cytol 4:279

53. Timmers T (1987) Pattern recognition of cytological specimens. Dissertation, Univ. Amsterdam

54. Traganos F (1984) Flow cytometry: Principles and applications. I. Cancer Invest 2:149

55. Tucker JH, Shippey G (1983) Basic performance tests on the CERVIFIP linear array prescreener. Analyt Quant Cytol 5: 129

56. Tucker JH, Schenck U, Eiermann W, Burger G (1987) Quantitative image analysis on immunocytochemically labelled cells. In: Burger G, Ploem JS, Goerttler K (eds). Clinical Cytometry and Histometry. Academic Press, London, 402

57. Weber JE, Baldessari BA, Bartels PH (1985) Test statistics for detecting aneuploidy and hyperploidy. Analyt Quant Cytol 7:131

58. Wied GL, Bartels PH, Bibbo M, Sychra JJ (1980) Cytomorphometric markers for uterine cancer in intermediate cells. Analyt Quant Cytol 2:257

59. Wittekind D (1987) Die Bedeutung der Standardisierung der Zell- und Gewebspräparation für bildanalytische Operationen. In: Eins S (Hrsg.). Quantitative und strukturelle Bildanalyse in der Medizin. GIT, Darmstadt, 5

2.4.2 Ein Verfahren zur Segmentierung und örtlich korrelierten Farb- und Texturanalyse von Blutzellen

Herbert Harms, Ulrich Gunzer, Hans M. Aus

A. Einleitung

Die Segmentierung gefärbter Schnitt- und Ausstrichpräparate stellt den ersten Schritt bei der morphologischen Beurteilung der Einzelzellen sowie deren Topologie dar (20). In den meisten Fällen kann die Segmentierung der Zellbilder nur durchgeführt werden, wenn eine präparative Zellvereinzelung vorangegangen ist. Eine Methode, die diese Voraussetzung nicht benötigt, wird vorgestellt und am Beispiel gefärbter Blutzellen demonstriert. In der neuesten Zeit wurde diese Methode von uns so erweitert, daß Schnittpräparate der Leber, Nervenfasern und Schnitte von Mammakarzinomen damit in mehreren Fokusebenen segmentiert und analysiert werden können (14).

Die Analysemethode, die erstmals eine Möglichkeit zur örtlich korrelierten Farb- und Texturanalyse darstellt, arbeitet nahezu analog zum menschlichen Auge und dem menschlichen Kontrastempfinden (12). Kleinste homogen gefärbte Flächeneinheiten, sogenannte "Textons" ergeben sich aus der Texturanalyse mit dem Konturlinienverfahren (22, 23) und sind die Grundlage für die örtlich kombinierte und korrelierte Farb- und Texturanalyse. Anhand mehrerer Beispiele wird die Aussagekraft des Verfahrens demonstriert.

B. Das Bildaufnahme- und Bildverarbeitungssystem

Die routinemäßig nach Pappenheim gefärbten Blutausstriche werden mit Hilfe eines Axiomat - Mikroskopes (Zeiss, Oberkochen), ausgerüstet mit einem Kondensor der Apertur 1,4 und einem Planapochromat Objektiv 100x, 1,3 vergrößert und mit einer 3 Röhren Farbfernsehkamera, Typ DXC 6000 (Sony, Japan) erfaßt. Als Beleuchtungsquelle dient eine 100V Halogenlampe. Die Fernsehsignale der Rot-Grün-Blau (R G B) Kamera werden mit einem 8 bit ADC bei einer Abtastrate von 12,4 MHz digitalisiert, welcher sich in dem EYECOM III System (Spatial Data, Goleta, California) befindet. Das EYECOM III System wird von einer LSI 11/23 (Digital Equipment Corporation) gesteuert und die Datenübertragung erfolgt mittels DMA-Transfer in den Verarbeitungsrechner VAX 750. An den Rechner ist ein Comtal Vision One/20 Bildverarbeitungssystem angeschlossen, auf dessen Echtfarbenbildschirm die Ergebnisse der Segmentierung und Analyse visuell überwachbar sind. Neben der hohen optischen Abtastdichte und mikroskopischen Vergrößerung, wie in (11, 13) detailiert begründet, spielt die reproduzierbare Farberfassung der Zellen eine entscheidene Rolle.

C. Die Methode zur Segmentierung von Zellbildern

Das Verfahren zur Segmentierung von Zell- und Zellbildnestern gliedert sich in zwei Schritte: a) Die Kernflächenbestimmung und b) die Zytoplasmabestimmung mit der Zuordnung der Kerne zu dem dazugehörigen Zytoplasma, so daß eine komplette Zelle extrahiert wird. Das Zellmodell besagt, daß der Kern der am stärksten angefärbte Teil der Zelle ist, und daß zwar mehrere Kernteile zu einer Zelle gehören können, aber nur ein Zytoplasma zu einem Kern zugeordnet werden darf. Ebenfalls beinhaltet das Zellmodell eine obere und untere Grenzen für die Größe, Form und Farbe der Zellkomponenten.

Kernflächenbestimmung

Die drei Eingangsbilder der RGB Kamerakanäle werden miteinander kombiniert. Die Grauwertbilder des Blau- und Rotkanals werden addiert und davon das doppelte des Grünkanals bildpunktweise subtrahiert. Das entstandene Differenzbild weist einen höheren Kontrast und homogenere Flächen für die Zellteile Kern und Zytoplasma auf als die drei Originalbilder einzeln und eignet sich daher zur Maskenerstellung. Aus dem Histogramm des resultierenden Differenzbildes werden Trennwerte zur ersten Kernbestimmung berechnet. Die genaue Berechnung der Trennwerte und deren Anwendung ist in (13) beschrieben. Alle Bildpunkte im Farbdifferenzbild oberhalb der Trennwerte werden als grobe Zellkernmaske definiert, und das so berechnete binäre Maskenbild wird mit einem Tiefpaßfilter bearbeitet, wodurch die Form geglättet und vereinzelte Bildpunkte unterdrückt werden. Die resultierende Bildmaske dieser Operation dient als Eingangsbild für die Höhenlinienberechnung nach dem Verfahren von (22), wobei als Höhenlinie der Abstand zum Kernrand eingetragen wird. Die Maxima dieser Höhenlinien sind die Mittelpunkte der Kern- oder Kernteilmasken. Ihr Wert entspricht dem Radius des größtmöglichen eingeschlossenen Kreises im Kernbild. Als Ausgangspunkte für die anschließenden geometrischen Verfahren dienen eben diese Mittelpunkte, deren Radius größer als ein experimentell gefundenes Minimum sein muß, um bei weiteren Bearbeitungen miteinbezogen zu werden. Die Grenze ist dabei abhängig von der Vergrößerung und der minimal zu erkennenden Partikelgröße zu wählen. Bei dem dargestellten Verfahren und der Abtastdichte von 12,5 Bildpunkten pro μm hat sich ein Wert von 10-12 als optimal erwiesen. Die Maxima, die weniger als 1/4 ihrer Radien voneinander entfernt liegen, werden mit der gleichen Kennzeichnung versehen, da sie höchst wahrscheinlich zum gleichen Kern gehören. Die restlichen Maxima werden jeweils als Mittelpunkt eines Kernteils betrachtet und dann gekoppelt, wenn sie die nachstehende Bedingung erfüllen:

$$(R1 + R2) \cdot K > AB$$

wobei K eine Funktion von R1, R2 darstellt und abhängig von der Größe der Kerne ist. K liegt bei den hier untersuchten Blutzellen zwischen 0,3 und 0,7. R1, R2 sind die Radien zweier benachbarter Kernteile und AB ist der Abstand zwischen den Mittelpunkten von R1 und R2.

    Die angenommenen K-Werte sind rein geometrisch bedingt und können bei nicht kreisförmigen Objekten anders gewählt werden. Erfüllen die Abstände bzw.

Maxima die vorher genannte Bedingung, so werden die entsprechenden Kennzeichnungen der Kernteile gleichgesetzt. Im anderen Fall bleiben die vorherigen Kennzeichnungen erhalten. Zur Verbesserung der Kernmasken muß jeder individuelle Kern getrennt bearbeitet werden. Auftretende Fehler in der Kern-Zytoplasmatrennung sind am Rand der gefundenen groben Zellkernmasken sehr viel wahrscheinlicher als in der Mitte der schon gefundenen Kernmasken. Es wird für jeden Kern oder Kernteil ein Histogramm des Farbdifferenzbildes erstellt und mit dem Histogramm des äußeren Ringes des Kernteils verglichen. Die Breite des äußeren Ringes jedes Kernteils kann mit Hilfe der Höhenlinienmaske variieren. Aus der Verschiebung der erstellten Farbdifferenzhistogramme lassen sich Korrekturtrennwerte für jeden Kernteil berechnen. Neben diesen individuellen Schwellen wird noch eine direkte Wahrscheinlichkeitsbewertung miteinbezogen. Wieder ausgehend von der Tatsache, daß ein Fehler meist am Kernrand und nicht in der Kernmitte auftritt, werden mit der Hilfe der vorhandenen Höhenlinienverteilung die Kernmitten sicherer zum Kern gezählt als die äußeren Randgebiete. Nach einer nochmaligen Filterung steht die gefundene Zellkernmaske zur Verfügung, die als Grundlage für die Erstellung der Zytoplasmamaske dient.

Zytoplasmabestimmung

Ausgehend vom Modell, daß jede normale Zelle Zytoplasma enthält, und daß der Zellkern von Zytoplasma umgeben ist, wird das Zytoplasma definiert. Im Gegensatz zum Kernerkennungsverfahren, wo es hauptsächlich gilt, Kerne und Zytoplasma zu trennen, besteht jetzt das Problem darin, das Zytoplasma, die Erythrozyten und den Hintergrund zu unterscheiden und jedem Zytoplasma einen Kernteil oder mehrere Kernteile zuzuweisen. Neben den drei Farbauszügen dient das Kernmaskenbild als Eingangsbild. Es werden als erstes aus dem Bereich direkt um den Kern charakteristische Zytoplasmafarbwerte ermittelt, da in diesem Bereich mit der höchsten Wahrscheinlichkeit Zytoplasma zu finden ist. Die gewonnenen individuellen Zytoplasmafarbdifferenzen werden auf die angrenzenden Gebiete angewendet, um damit größere Zytoplasmagebiete zu bestimmen. Alle Bildpunkte bis zu einem definierten Abstand zum Kern, die die gleiche oder zumindest ähnliche Farbe aufweisen, gehören zu dem jeweiligen Zytoplasma wie das direkt den Kernrand umgebende. Im restlichen Bild wird das Vorhandensein von Zytoplasma ebenfalls zugelassen, jedoch gelten strengere Grenzen für die Farbmerkmale. Die so entstandene erste Zytoplasmamaske wird gefiltert, um Einzelbildmaskenpunkte zu unterdrücken. Diese Zytoplasmamaske muß noch keine endgültige Zuordnung zu den Kernen oder Kernteilen enthalten und wird daher weiter vervollständigt.

Analog zur Kernmaskenerkennung wird ein Kopplungsprozeß durchgeführt, bei dem nahegelegene Gebiete als zum gleichen Zytoplasma gehörig betrachtet und daher auch gleich gekennzeichnet werden. Der einzige Unterschied zur Kernmaskenerkennung besteht im kleinsten zu berücksichtigenden Radius und im K-Wert, die beide größer gewählt werden können. Um sich überlappende oder sich berührende Zytoplasmen zu erkennen und zu unterscheiden, die zu verschiedenen benachbarten Zellen gehören, werden alle Zytoplasmamasken als Kreise angenommen. Die Radien der Kreise sind um 10 Bildpunkte kleiner gewählt als die resultierenden Maxima in der Höhenlinienbildberechnung aus der ersten

Zytoplasmabestimmung. An den Stellen, an denen sich die Kreise berühren oder überschneiden, werden unbestimmte Bereiche definiert. In diesen Bereichen wird nachgesehen, ob hier bereits eine Trennung aufgrund der Farbdifferenzen durchgeführt wurde. Wenn dieses nicht der Fall ist, wird eine Trennlinie nach geometrischen Gesichtspunkten eingeführt, die dem Minimum der Höhenlinien aus der bisherigen Zytoplasmamaske folgt. Eine erneute Zuordnung von Kernen und Zytoplasma sowie eine Überprüfung, ob die Grenzen des Zellmodells eingehalten wurden, schließt sich an. Wenn eine Unstimmigkeit erkannt wird, muß ein zweiter Durchlauf des Zytoplasmaerkennungsverfahrens durchgeführt werden. Dabei wird das betreffende Zytoplasma der jeweiligen Zelle erneut als Kreis gesetzt und nur nach geometrischen Gesichtspunkten getrennt. Nach Beendigung des zweiten Durchlaufs werden beide Masken verglichen und die Gebiete, die unterschiedliche Zuordnungen aufweisen, werden gelöscht. Wenn keine Unstimmigkeit mit dem Zellmodell entdeckt wird, gilt die erste Bildmaske als die endgültige, ansonsten die vorher beschriebene Kombination. Die so definierten Zellmasken sind die Grundlage und Grundvoraussetzung für die eigentliche Zellbildanalyse und deren Auswertung. Ausführlichere Angaben zur Zellbildsegmentierung sind in (6, 13) angegeben.

D. Das Verfahren zur örtlich korrelierten Textur- und Farbanalyse

Die Methode zur örtlich kombinierten und korrelierten Farb- und Texturanalyse läßt sich im wesentlichen in folgende Schritte aufteilen:

a) Berechnung der Texturlinienbilder
b) Erweiterung des Texturlinienbildes zu Textons
c) Berechnung der Farbwerte und der Kodierung
d) Kombination von Farbe und Textur.

Berechnung der Texturlinienbilder

Zur Texturlinienberechnung aus einem Farbauszug (meist Graubild des Grünkanals) wird eine Methode verwendet, wie in (9, 10, 12) gezeigt ist. Dabei wird das Graubild mit einem Gradientenfilter der Fenstergröße von 3 x 3 Bildpunkten bearbeitet, dem sich ein Konturfolgealgorithmus anschließt. Der Konturfolgealgorithmus läßt nur an den lokalen Maxima des Gradienten Linien entstehen. Diese sogenannten Kontur- oder Texturlinien bilden die Grundlage für die deterministische und statistische Analyse der Textur eines Bildes oder Bildsegmentes. Die berechneten Merkmale dieser Texturanalyse sind nahezu unabhängig von der äußeren Form einer Zelle oder eines Zellsegmentes, wodurch eine getrennte Aussage über die Textur und die äußere Form einer Zelle gegeben ist, was für die medizinische Diagnostik sehr wichtig ist. Im Gegensatz zu der hier benutzten Texturanalyse zeigt die anderweitig oft verwendete Texturberechnung nach Haralick (8) und Weszka (25) mit der Co-Occurrence- und Run Length Matrix einen untrennbaren Einfluß der äußeren Form des jeweiligen Objekts auf die Ergebnisse der Texturbewertung. Besonders die medizinisch wichtigen feinen Strukturen sind nicht vom Einfluß der Randzone des Bildausschnittes zu unterscheiden. So können z.B. zwei Bildausschnitte mit gleicher Textur und gleicher Größe, aber unterschiedlicher äußerer Form in der Texturbewertung um den Faktor 1:12 oder mehr schwanken. Selbst bei der Berechnung des "Kontrasts" nach Methoden wie sie bei Haralick et al. (1973) (8) oder Weszka et al. (1976) (25) angegeben sind, den formunabhängigsten Berechnungsmethoden, erweist sich, daß die Änderung nur eines Bildpunktes in der Form prozentual genauso eingeht, wie die Änderung eines Bildpunktes in der Textur. Dieser Sachverhalt wurde in (12) bewiesen.

Erweiterung des Texturlinienbildes zu Textons

Textons sind nach der Definition von Rosenfeld und Kak (1976) (22, 23) die kleinsten Flächen mit einheitlicher homogener Struktur und Farbe. Von den berechneten Texturlinien werden genau·solche Flächen eingeschlossen, so daß diese nur erkannt und ausgewertet werden müssen. Dabei wird wie folgt verfahren. Das Kern - Zytoplasmamaskenbild und das Texturlinienbild dienen als Eingangsbilder für den Algorithmus zur Erstellung eines Höhenlinienprofiles (22), wobei die Texturlinien den Rand bilden. Von den Maxima dieser Höhenlinien ausgehend werden die einzelnen Flächen (Textons) zwischen den Texturlinien gekennzeichnet. Die Kennzeichungen entsprechen den Radien (Maximalwerte der Höhenlinien) zwischen den begrenzenden Texturlinien. Die Texturlinien, sowie Kern- und Zytoplasmarand werden gleich 0 gesetzt. Das so gewonnene Bild von gekennzeichneten Textons ist die Vorstufe für die gekoppelte Farb- und Texturanalyse.

Berechnung der Farbwerte und der Kodierung

Als weitere Voraussetzung für das Verfahren muß die folgende Berechnung der Farbwerte und deren Kodierung ausgeführt werden. Die gemessenen 3 Farbauszüge (R, G, B) dienen als Ausgangsvektoren für die Bestimmung der Farbe in den Farborten x, y und die Helligkeit Y. Zusätzlich zum Abgleich auf den Schwarz- und Weißwert per Hardware wird eine Normierung auf die hellste Stelle im Präparat per Programm durchgeführt, um letzte Schwankungen im Dynamikbereich auszugleichen. Die Vorschrift für die Farbberechnung lautet (16):

$$RN = RH/R,$$
$$GN = GH/G,$$
$$BN = BH/B,$$

wobei RH, GH, BH die höchsten gemessenen Werte im Hintergrund und R, G, B die gemessenen Werte der Zelle darstellen,

wobei

$$X = RN \cdot 0{,}514 + GN \cdot 0{,}324 + BN \cdot 0{,}162$$
$$Y = RN \cdot 0{,}265 + GN \cdot 0{,}670 + BN \cdot 0{,}065$$
$$Z = RN \cdot 0{,}024 + GN \cdot 0{,}123 + BN \cdot 0{,}853$$

und

232

$$x = \frac{X}{X+Y+Z} \quad ; \qquad y = \frac{Y}{X+Y+Z}$$

sind.

Der Farbort x, y und die Helligkeit Y für jeden Bildpunkt der Kerne und Zytoplasmen stellen den Ausgangspunkt für die anschließende Analyse dar. Hieraus lassen sich für jedes Zellsegment (Kern und Zytoplasma) mittlere Farbmerkmale ableiten, die der normalen bekannten Farbanalyse des Kerns oder des Zytoplasmas entsprechen.

Zur Vereinfachung der Analyse, der besseren Übersicht und vor allem in Anpassung an die medizinische Nomenklatur wird der relevante Farbbereich quantifiziert und kodiert, wie in (12) dargestellt. Die nichtlineare Quantifizierung der Farbwerte wurde so gewählt, daß die medizinisch signifikanten Farben wie eosinophil, basophil und magenta im Farbort in definierte Teilbereiche des Farbdreiecks fallen. Die einzelnen Teilbereiche sind so kodiert, daß benachbarte ähnliche Farben sich in der Kodierung nur in einer Ziffer der zweistelligen Kodierung unterscheiden. Die Helligkeit wird in drei Bereiche eingeteilt, die sich experimentiell als nützlich herausgestellt haben. Die Unterteilung erfolgt:

Bereich 1 = 0   bis Y- S/2
Bereich 2 = Y- S/2   bis Y + S/2
Bereich 3 = Y + S/2 bis 1,

wobei Y die mittlere Helligkeit für das Zellsegment und S die Standardabweichung dessen beinhaltet. Mit der Farbanalyse und der Kodierung können Zellen, wie sie in der Abb. 3 (E und B) dargestellt sind, einfach unterschieden werden. Eine Differenzierung der Zellen 1 und 2 dagegen ist nicht möglich. Hierfür ist eine lokale Kombination von Farbe und Textur auf der Basis der Textons notwendig.

Kombination von Farbe und Textur

Wenn man von der Textur spricht, so ist damit meist die Topologie zumindest mehrerer Bildpunkte gemeint. In der Farbanalyse werden die Farben aber für einzelne Bildpunkte angegeben oder als Mittelwerte von Bildsegmenten ausgewertet. Einzelne Bildpunkte oder große Bildsegmente enthalten aber keine Information über die Textur. Die Farbe muß also für Texturelemente (Textons) berechnet werden. Die Textons sind mit dem Radius markiert und damit proportional der Texturbewertung und bilden gleichzeitig kleinste homogengefärbte Flächen. Die Textons sind die Grundlage für die lokale Koppelung der Farbe mit der Textur. Berechnet man die Farbwerte für jedes Texton, so besteht über die Kennzeichnung, die den Radius der jeweiligen Flächeneinheit beinhaltet, eine direkte örtliche Koppelung zwischen der Farbe und der Textur. Eine gezielte Ordnung nach Textongröße und dazu gehörigen Farben ist damit möglich. Der Tabelle 1 ist zu entnehmen, daß die Zellen 1 und 2 der Abb. 3 mit der kombinierten Farb- und Texturanalyse eindeutig unterschieden werden können. Trotz dieser Verarbeitungsmethode gibt es Fälle, in denen diese Methode noch nicht ausreicht, um spezielle Zellen zu unterscheiden, wenn z.B. Auerstäbchen vorhanden sind.

Tabelle 1. Für drei Helligkeitsbereiche sind die Werte der kombinierten Farb- und Texturanalyse der Zellen 1 und 2 dargestellt. Im Farbkode 23, 24 im Helligkeitsbereich 1 und im Farbkode 14 im Helligkeitsbereich 2 liegen die typischen Granulationen der Promyelozyten und unreifen Myelozyten. Sie sind mit Balken markiert. Die Zahl der Bildpunkte in diesen Farbbereichen und die mittleren Radien der Textons sind eingetragen.

Zelle		1		2	
Helligkeitsbereich 1		Bildpunkte (Radius)		Bildpunkte (Radius)	
Farbe	12	89	(1,86)	80	(2,02)
	13	1125	(2,35)	735	(3,07)
	14	281	(2,37)	375	(2,52)
	23	3	(1,00)	180	(2,23)
	24	70	(2,00)	240	(2,35)
Helligkeitsbereich 2					
Farbe	1	8	(1,00)	-	-
	11	16	(1,00)	6	(1,60)
	12	1001	(2,10)	371	(2,89)
	13	633	(2,00)	982	(3,06)
	14	-	-	60	(2,55)
Helligkeitsbereich 3					
Farbe	1	271	(1,79)	118	(1,99)
	2	364	(2,89)	144	(3,01)
	11	28	(2,00)	70	(2,00)
	12	1538	(2,02)	1687	(2,00)
	13	34	(2,00)	277	(2,01)
	14	-	-	2	(1,00)

Auerstäbchen im Zytoplasma sind farblich nicht von roten Granulationen zu unterscheiden, wohl aber aufgrund ihrer Form und Größe. Medizinisch gesehen sind Auerstäbchen ein sicherer Marker für eine akute Leukämie. Zusätzlich zu der bisherigen Analyse kann daher von den interessierenden Flächeneinheiten bestimmter Farbe und Größe die Form berechnet werden. Die Formbestimmung dieser Textons geschieht aus dem Verhältnis von zusammenhängender Fläche (Textongröße) zum Radius, wobei der Formfaktor gleich eins für ein absolut kreisförmiges Texton ist und größer als eins für eine vom Kreis abweichende Form.

E. Beispiele

An einem Beispiel wird die Fähigkeit des Segmentierungsverfahrens demonstriert. In Abb. 1 ist ein Ausschnitt eines Pappenheim gefärbten peripheren Blutzellausstriches dargestellt, der mehrere Zellen verschiedener Art enthält. Neben

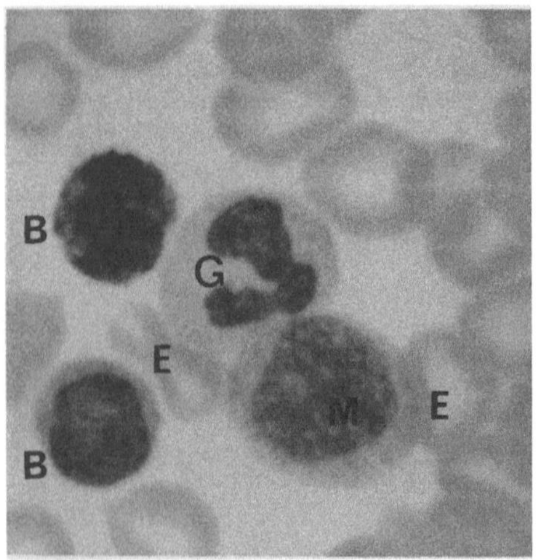

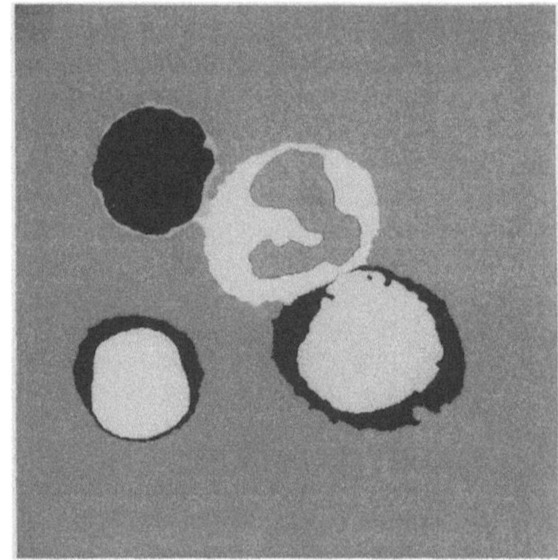

Abb. 1.   **Abb. 2.**

Abb. 1. Grauwertbild eines Blutausstriches. Dargestellt ist der Grünkanal der Farbkamera. Mit G, B, M sind die Leukozyten, mit E die Erythrozyten gekennzeichnet.

Abb. 2. Ergebnis des Zellbildsegmentierungsverfahrens an den Zellen aus Abb. 1.

einer Reihe von Erythrozyten sind vier Leukozyten sichtbar, die sich nicht nur durch die Größe, Form sowie Farbe der Kerne, sondern auch durch die Form und Farbe des Zytoplasmas unterscheiden. Zwei der Zellen haben differierende Granulationen im Zytoplasma, was sowohl die Farbe als auch die Partikelgröße betrifft. Der Granulozyt G unterscheidet sich farblich im Zytoplasma rein visuell kaum vom angrenzenden Erythrozyten E. Der Erythrozyt E darf aber nicht als zum Zytoplasma zugehörig markiert werden. Die sich berührenden Zellen G und M müssen im Zytoplasma getrennt werden, obwohl deren Zytoplasma sehr ähnlich ist. Das Ergebnis des Segmentierungsverfahrens ist in Abb. 2 gezeigt. Alle vier Leukozyten sind eindeutig von den Erythrozyten und dem Hintergrund unterschieden. Jedem Zellkern ist sein Zytoplasma zugewiesen, und auch die Zellen G und M sind getrennt. Der Erythrozyt E ist wie alle anderen Erythrozyten nicht zum Zytoplasma gezählt worden. Weitere und schwierigere Beispiele für die Segmentierung mit dieser Methode sind in (6, 13) demonstriert. In einem BMFT-Projekt wurden mit diesem Verfahren über 20 000 Leukozyten erfolgreich segmentiert, die in ihrer Anfärbung und Präparatqualität erheblich schwankten. Analysiert wurden die Zellen mit dem Texturlinienverfahren und der normalen Farbbewertung (2). Das vorher beschriebene Vorgehen bei der örtlich korrelierten Farb- und Texturanalyse stellt eine Erweiterung und Verfeinerung der verwendeten Analysetechnik dar. Die Analysefähigkeit dieser Verfeinerung soll hier an einigen Beispielen demonstriert werden. Die in Abb. 3a, b dargestellten sieben Leukozyten werden mittels der Merkmale Farbe, Textur und kombinierte Farb- und Texturanalyse unterschieden. Die Zellen, die mit E oder B in Abb. 3a, b markiert sind, sind relativ einfach mit den mittleren Farbwerten und den Formfaktoren der Kerne zu differenzieren. Die beiden Zellen 1 und 2 dagegen sind weder mit den mittleren Farbwerten für Kern und Zytoplasma noch mit deren Größe oder Texturmerkmalen

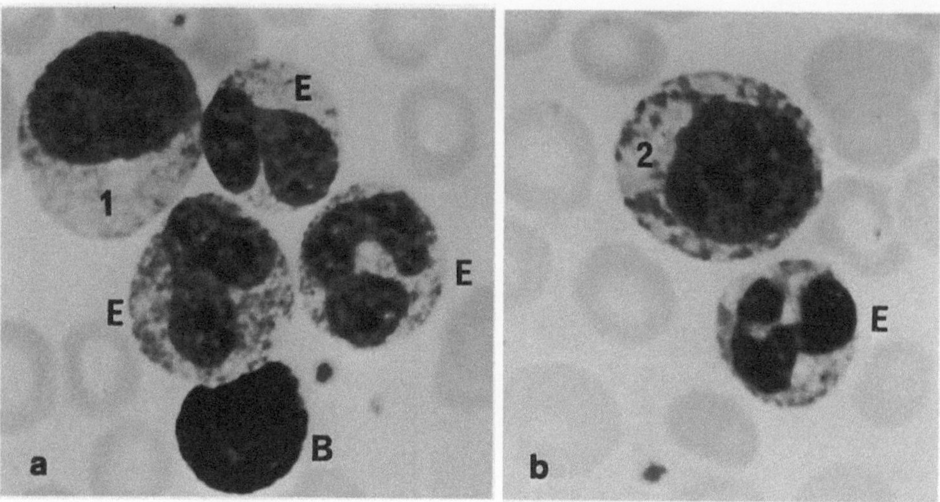

Abb. 3. Zwei nach Pappenheim gefärbte Blutausstriche photographiert vom Farbmonitor. (B) basophiler, (E) vier eosinophile und (1) atypischer Myelozyt sowie (2) Promyelozyt.

eindeutig unterscheidbar, obwohl sie in ihrem Reifegrad verschieden sind, was nur aufgrund der Granularstrukturen im Zytoplasma sichtbar wird. Mit den Ergebnissen der kombinierten Farb- und Texturanalyse hingegen sind die Zellen 1 und 2 eindeutig analytisch trennbar wie in Tabelle 1 aus den Resultaten zu ersehen ist. Die Zelle 2 weist im Farbkodebereich 23, 24 (Helligkeitsbereich 1) fünfmal mehr Bildpunkte auf als Zelle 1 und zudem sind die Granulationen größer. Die mittleren Radien betragen 2,23 und 2,35 für die Zelle 2 und 1,0 sowie 2,0 bei der Zelle 1. Weiterhin hat die Zelle 2 im Farbkodebereich 14 (Helligkeitsstufe 2) noch 60 Bildpunkte, der atypische Myelozyt (Zelle 1) dagegen beinhaltet keine. Die Daten in den Farbkodebereichen 23 und 24 sind ausschlaggebend für die Unterscheidung der Zellen in der Anfärbung und Größe der Granularstrukturen und damit zur Bestimmung des Reifegrades der Zellen. In Abb. 4a, b sind die gleichen Zellbildausschnitte dargestellt wie in Abb. 3a, b jedoch mit den schwarz überlagerten Texturlinien. Deutlich zu erkennen sind zwischen den Texturlinien homogene kleine Flächen, die vorher definierten Textons.

Ein weiteres Beispiel für die Trennschärfe der Methode läßt sich bei der Unterscheidung von roten Granulationen und Auerstäbchen im Zytoplasma der Zellen anführen. Auerstäbchen sind farblich nicht von roten Granulationen zu trennen, wohl aber in der Form und Größe. In Abb. 5 sind zwei Myeloblasten zu sehen, wie sie auf dem Bildschirm des Kontrollmonitors erscheinen. Die typischen Auerstäbchen sind mit Pfeilen markiert, ihre Farbkodewerte liegen im gleichen Bereich von 22, 23, wie die roten Granulationen der Zellen 1 und 2 in Abb. 3a, b. Der Formfaktor der Auerstäbchen-Textons liegt über 1,4, während jener der Granularstrukturen Werte unter 1,2 aufweist. Die Textonfläche der Auerstäbchen ist doppelt so groß wie die der Granulartextons. Mit den gezeigten Merkmalen ist eine Unterscheidung von Granulationen und Auerstäbchen und damit die eindeutige Erkennung der diagnostisch wichtigen Myeloblasten gegeben.

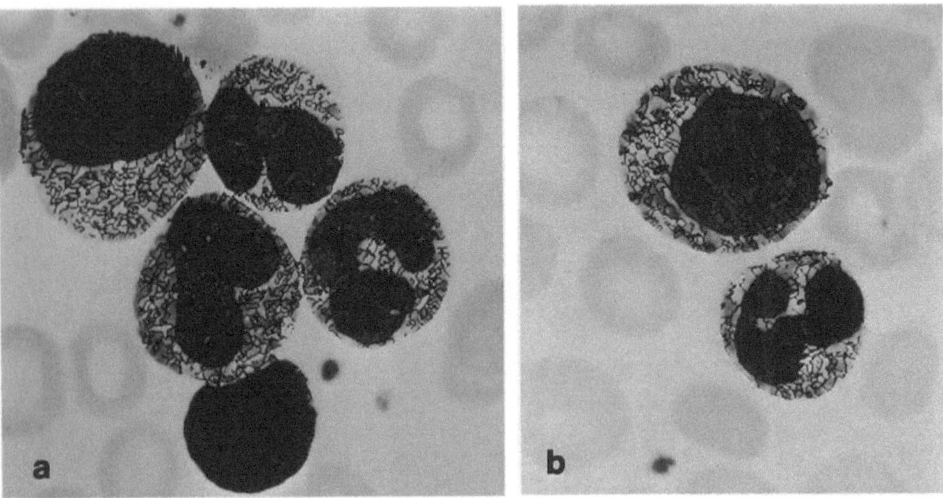

Abb. 4. Gleiche Szene wie in Abb. 3, jedoch mit schwarz überlagerten Texturlinien zur besseren visuellen Erkennung der Strukturen und Textons.

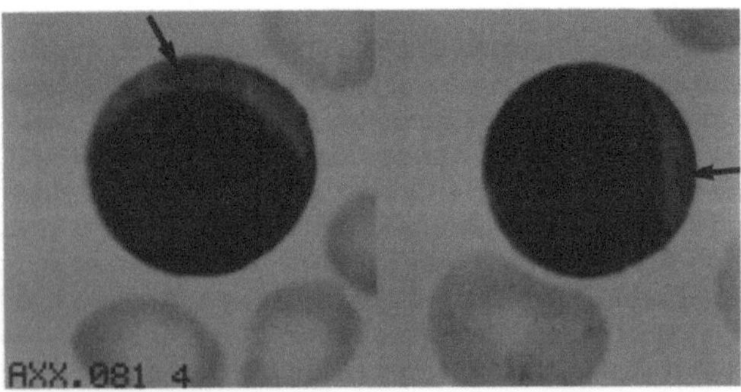

Abb. 5. Zwei nach Pappenheim gefärbte Myeloblasten. Die Pfeile markieren die Auerstäbchen im Zytoplasma der Zellen.

F. Diskussion

In der Literatur sind schon zahlreiche Segmentierungsmethoden für Bildszenen oder Teilbilder verwandten Inhalts oder ähnlicher Information beschrieben worden. Eine weitreichende Übersicht ist in (7) angegeben. Die meisten der gezeigten Methoden beschränken sich jedoch auf technisch oder künstlich erzeugte Bilder, in denen bestimmte geometrisch bekannte und vollkommen formelmäßig beschreibbare Modelle korreliert werden können. Die Art solcher fester und mathematisch genau definierter Modelle ist aber auf die Segmentierung biologischer Zellen, die noch dazu fixiert und gefärbt sind, kaum anwendbar. Das hier vorgestellte Verfahren zur Segmentierung gefärbter Blutzellen hat gegenüber den bisherigen automatisierten Methoden eine ganze Reihe von Vorteilen, die schon bei der Bildaufnahme beginnen. Eine weitere Neuerung liegt im Vorgehen bei der Segmentierung und deren Unterteilung in mehrere Schritte der Erkennung der Zellsegmente. Ausgehend von den am sichersten zu erkennenden Teilelementen im Bild, nämlich den Zellkernen, werden stufenweise die anderen Zellkomponenten bestimmt. Nach der Segmentierung der Zellkerne oder von Zellkernteilen wird das Zytoplasma mit charakteristischen Farbdifferenzen und geometrischen sowie wahrscheinlichkeitsbedingten Merkmalen markiert. Der Vergleich der so gewonnenen Zellmasken bezieht sich auf die Korrelation mit dem Zellmodell. Dadurch können Fehler und biologische Unmöglichkeiten in den Masken unterbunden werden.

Einige in der Literatur beschriebene Methoden zur Segmentierung wie diejenigen von (1, 3, 17, 18, 19, 24, 26) benutzen zwar die Farbe oder besser gesagt schmalbandige spektrale Auszüge des Bildes, um die Trennung der Objekte durchzuführen. Dabei können aber schon kleinste Änderungen der Anfärbung der Zellen große Fehler hervorrufen (24). Eine Methode, das menschliche Wissen über den Aufbau einer Zelle miteinzubeziehen, zeigte u.a. (18). Hier wurden Split- and Merge-Verfahren (15) benutzt, die sich rein am Grauwert der Bilder orientieren. Eine einfache Fehlererkennung oder Korrektur ist nicht möglich. Die hier gezeigte Methode der Zellbildsegmentierung wurde von uns in der Zwischenzeit auf Schnittpräparate der Leber, Lymphknoten und Nervenfasern übertragen sowie zur Bestimmung des Antikörpergehaltes von Mammakarzinomen herangezogen (14, 21). Zudem sind auch Tupfpräparate der Lymphknoten und Tonsillen erfolgreich segmentiert und analysiert worden (4). Die Analyse der örtlich kombinierten Farb- und Texturbewertung ist bisher nicht in der Form gezeigt worden. Der Zusammenhang zwischen Farbe und Textur wurde zwar schon von Garbay (5) als Merkmal bei der Zelldifferenzierung benutzt, aber nur als statistisch kombiniertes Merkmal, das keinerlei Aufschluß über den exakten Ort der Farbe ergibt, da eine Texturanalyse nach (8, 25) durchgeführt wurde. Eine echte lokale Zuordnung beider Merkmale ist nicht möglich. Erschwerend kommt hinzu, daß eine Farbanalyse verwendet wird, die mit der menschlichen Beurteilung der Farbe nicht direkt vergleichbar ist. Die direkte Kopplung zwischen der Farbe und der Textur, wie sie hier vorgestellt wird, kann dem Verfahren der Texturanalyse (9, 10) unmittelbar angeschlossen werden. Die Farbanalyse bleibt ebenso wie die Texturbewertung mit dem menschlichen Empfinden überprüfbar. Die errechneten Farben (Farbort und Helligkeit) können auf einem Bildschirm dargestellt und mit den Orten für x, y im Farbdreieck verglichen werden. Die Texturanalyse ist an verschiedenen biologischen Materialien erprobt (2, 12, 21) und kann zur Darstellung dem Originalbild überlagert werden, woraus sich eine Kontrastverstärkung für das menschliche Auge ergibt. Die Flächen zwischen den Texturlinien, die als Textons bezeichnet werden, sind in sich homogen. Dieses Phänomen ist bekannt und wird in der Farbfernsehtechnik ausgenutzt. Durch die Kombination von Farbwerten mit der Textur und speziellen Form- und Größenmerkmalen können Myelozyten und Promyelozyten sowie die Merkmale von Myeloblasten erstmals automatisch unterschieden werden. Es hat sich gezeigt, daß die örtliche Kombination der Farbe und Textur über Textons für die Differenzierung von Zellen überaus vorteilhaft sein kann.

G. Zusammenfassung

Am Beispiel der Segmentierung von nach Pappenheim gefärbten Blutzellausstrichen wird ein farb-, form- und wissensgesteuertes Segmentierungsverfahren vorgeführt. Bei der automatisierten Zellbildanalyse hochaufgelöster gefärbter Blut- sowie Knochenmarkausstriche ist die Segmentierung bisher unzureichend gelöst, vor allem wenn es um die Erkennung feinster Strukturen in der Analyse geht, wie das menschliche Auge sie benutzt. Hier wird eine Methode dargestellt, die nach mehreren Kriterien die Zellbildtrennung und Analyse ähnlich dem menschlichen Auge und dem Wissen des Beobachters durchführt. Es ist ein kombiniertes Verfahren, das sowohl die Farbunterschiede der Zellkomponenten als auch die Größe, Form, und wahrscheinlichkeitsbedingte Faktoren berücksichtigt. Der Ablauf des Verfahrens gliedert sich in zwei Hauptvorgänge. Die modellbezogene Segmentierung ist der erste Teil. Im zweiten Abschnitt schließt die Zellbildanalyse an, die aus einer Textur- und Farbanalyse sowie deren örtlicher Kombination besteht. Es wird eine Analysemethode vorgestellt, die eine Erweiterung einer bekannten Texturanalyse darstellt (9, 10) und eine örtliche Beziehung zwischen den Merkmalen Farbe und Textur zuläßt. Die Farbwerte werden nach dem DIN-CIE-Verfahren unter Berücksichtigung mehrerer Helligkeitsebenen für jede kleinste von Texturlinien umgebene Fläche berechnet. Mit dieser Methode bleibt der Vorgang für den menschlichen Beobachter transparent und vielfach mit der medizinischen Nomenklatur vergleichbar.

Literatur

1. Aus HM, Rüter A, ter Meulen V, Gunzer U, Nürnberger R (1977) Bone marrow cell scene segmentation by computer aided color cytophotometry. J Histochem Cytochem 125:662
2. Aus HM, Harms H, Haucke M, Beritova J, ter Meulen V, Gunzer U, Baumann I, Abmayr W (1986) Leukemia-related morphological features in blast cells. Cytometry 7:365
3. Bacus JW (1976) A whitening transform for two-color blood cell images. Pattern Recognition 8:53
4. Bergmann M, Heyn H, Müller-Hermelink HK, Harms H, Aus HM, ter Meulen V An expert system to analyze high grade malignant lymphoma. (Zur Veröffentlichung eingereicht)
5. Garbay C (1982) A color metric as a tool for cytologic image analysis. Proceedings ISM, Berlin 82:311
6. Gunzer U, Harms H, Haucke M, Gerlach B, Thieme S, Aus HM, ter Meulen V (1984) Computeranalysen in der Hämatologie: Ein Beitrag zur Früherkennung von bösartigen hämatologischen Systemerkrankungen. In: Automation der Zytologischen Diagnostik. DFVLR Köln : 115
7. Hall EL (1979) Computer image processing and recognition. Academic Press, New York, pp. 458-459
8. Haralick RM, Shanmugam K, Dinstein IH (1973) Textural features for image classification. IEEE Trans SMC 3 (6):610
9. Harms H, Gunzer U, Aus H, Rüter A, Haucke M, ter Meulen V (1979) Computer aided analysis of chromatin network and basophil color for differentiation of mononuclear peripheral blood cells. J Histochem Cytochem 27:204
10. Harms H (1982) Neue Verfahren in der Bildverarbeitung, insbesondere in der lichtmikroskopischen Zellbildklassifizierung. Dissertation, Bremen
11. Harms H, Aus HM (1984) Estimation of sampling error in a high resolution TV-microscope image processingy system. Cytometry 5:228

12. Harms H, Gunzer U, Aus HM (1986) Combined local color and texture analysis of stained cells. Computer Vision, Graphics and Image Processing (CVGIP) 33:364

13. Harms H, Aus HM, Haucke M, Gunzer U (1986) Segmentation of stained blood cell images measured at high scanning density with high magnification and high numerical aperture optics. Cytometry 7:522

14. Harms H, Aus HM (1986) Tissue image segmentation with multicolor, multifocal algorithms. In: Devijer PA, Kittler JK (eds) Nato advanced study institute on pattern recognition theory and applications. Springer

15. Horowitz SL, Pavlidis T (1974) Picture segmentation by a directed split and merge procedure. Proc 2 nd Int Joint Conf on Pattern Recognition, pp 424-433

16. Lang H (1978) Farbmetrik und Farbfernsehen. R.Oldenbourg, München, pp 175

17. Lemkin P, Lipkin L (1979) Use of the positive difference transform for RBC elimination in bone marrow smear images. Analyt Quant Cytol 1:67

18. Liedtke CE, Kappei F (1983) Wissensgesteuerte Segmentierung von Urothelzellbildern. VDE-Fachberichte 35:390

19. Noguchi Y (1982) A segmentation method for cell image based on two-dimensional histogram. Proc II '82, IEEE , Berlin, pp 134-139

20. Preston K (1980) Automation of the analysis of cell images. Analyt Quant Cytol 2:1

21. Romen V, Rüter A, Saito K, Harms H, Aus HM (1980) Relationship of ploidy and chromatin condensation in the rat liver. Moreover a comparison of the nuclear texture in sections and touch preparations. Histochemistry 67:249

22. Rosenfeld A, Kak AC (1976) Digital picture processing. Academic Press, New York, pp 352-361

23. Rosenfeld A, Kak AC (1976) Digital picture processing. Academic Press, New York, pp 194-201, 303-304

24. Wermser D, Haussmann G, Liedtke CE (1985) Segmentation of blood smears by hierarchical thresholding. Computer Vision, Graphics and Image Processing (CVGIP) 25:151

25. Weszka JS, Dyer ER, Rosenfeld A (1976) A comparative study of texture measures of terrain classification. IEEE Trans SMC 6:269

26. Young IT, Paskowitz IL (1975) Localisation of cellular structures. IEEE Trans on Biomed Eng 22:35

3 Statistische Analyseverfahren und technische Hilfsmittel

3.1 Statistische Versuchsplanung in der quantitativen Histopathologie

Peter H. Bartels [1]

A. Einleitung

Eine bildanalytische Bewertung klinischer Präparate aus der Zytologie oder Histologie ist vor allem dann von Interesse, wenn die pathologischen Veränderungen nicht eindeutig durch rein visuelle Begutachtung zu erkennen sind. Es mag sich dabei um atypische Veränderungen handeln, die so gering sind, daß sie erst durch Messsung und statistische Bewertung eindeutig nachweisbar werden. Es mag sich um Veränderungen handeln, die keine visuell erkennbare Grundlage haben, z.B. Änderungen der Textur des Chromatins im Kern oder in der Anordnung von Zellkernen im Gewebe.

Was immer auch der Grund für die Notwendigkeit, messende Methoden einzusetzen, sein möge, das Problem besteht darin, eine zuverlässige Erkennung geringer Unterschiede sicherzustellen, d.h. empfindliche Methoden zu entwickeln. Zusätzlich wird man im allgemeinen noch die Treffsicherheit der Methoden beurteilen, d.h. die Spezifizität der diagnostischen Bewertung. Für beide Zwecke ist eine genaue Kenntnis der beschreibenden multivariaten Abhängigkeiten und Korrelationen notwendig. Vor allem aber ist es unerläßlich, Ursache und Herkunft der verschiedenen beitragenden Variationseinflüsse genau festzustellen. Dies wird am besten erreicht durch eine angemessene statistische Versuchsplanung.

Es ist auffallend, wenn man die Literatur in der diagnostischen Morphometrie durchsieht, wie selten Autoren von den analytischen Möglichkeiten speziell angemessener Versuchsplanung Gebrauch machen. In vielen Fällen werden Meßresultate in ihren Mittelwerten und einem einfachen Streuungsmaß angegeben, wie z.B. der Standardabweichung oder dem Standardfehler. In manchen Fällen werden Vertrauensschranken angegeben, die von solchen Standardfehlern abhängig sind. Wenn die beobachteten Unterschiede klein sind, können auf diese Weise gelegentlich keine statistisch signifikanten Unterschiede nachgewiesen werden, auch in Fällen, wo man durch geeignete Versuchsplanung einen solchen Nachweis eindeutig hätte führen können. In vielen Arbeiten findet man, daß ein enormer Arbeitsaufwand geleistet worden ist, obwohl es klar ist, daß eine sehr viel kleinere Stichprobe und eine geeignete Versuchsplanung dasselbe Resultat hätten sehr viel wirkungsvoller erbringen können, und daß wertvolle Arbeitszeit zur Verfolgung weiterer Fragestellungen hätte verwendet werden können.

---

[1] Diese Arbeit wurde vom National Institute of Health, USA (grants CA 24466-07 und 1-P01 CA 38548-01), gefördert.

Es ist Ziel dieses Artikels, die Vorteile einer dem Problem angemessenen Versuchsplanung darzulegen. Es gibt heute kaum noch biologisch-medizinisch experimentell forschende Wissenschaftler, die nicht mit den grundlegenden statistischen Begriffen vertraut sind, wie dem Mittelwert, der Standardabweichung und dem Standardfehler. Vielleicht gerade weil diese Begriffe so wohlvertraut sind, wird selten über die Folgerungen nachgedacht, die ihr Gebrauch einschließt. Um diese Folgerungen klar zu machen, soll mit einem Rückblick gerade auf diese ganz einfachen Begriffe begonnen werden.

B. Vertrauensschranken

Wie stellen wir die statistische Signifikanz eines experimentell gefundenen Unterschiedes fest? Nehmen wir an, daß zwei Stichproben gemessen worden sind: die eine an Kontrollmaterial, die andere an Versuchsmaterial. Ferner sei angenommen, daß in den beiden Proben verschiedene Mittelwerte gefunden worden sind. Ist der Unterschied statistisch signifikant? Diese Frage hängt eindeutig davon ab, wie stark die gemessenen Einzelwerte in jeder der beiden Stichproben streuen. Die Streuung von Meßwerten wird durch die Standardabweichung s definiert. Die Standardabweichung gibt an, wie genau die Einzelmessung ist, wie weit im allgemeinen eine Einzelmessung vom Mittelwert abweichen wird. Die Standardabweichung ist also eine Angabe über die Güte des Meßverfahrens. Man wird natürlich versuchen, durch sorgfältige Festlegung aller experimentellen Größen die Genauigkeit der Meßmethode so weit wie möglich zu treiben. Aber nachdem alle experimentell kontrollierbaren Umstände sorgfältig festgelegt sind, bleibt immer noch eine experimentelle Streuung. Diese Streuung beschränkt die erreichbare Genauigkeit. Wir werden im folgenden sehen, daß man besser sagen sollte: "Die erreichbare Genauigkeit scheint durch diese Streuung beschränkt zu sein".

Doch zurück zur anfänglichen Fragestellung. Wie finden wir die statistische Signifikanz eines Unterschiedes von Mittelwerten? Diese Frage wird entschieden durch die sogenannten "Vertrauensschranken", und damit kommen wir zu dem wirklich zentralen Begriff in der Versuchsplanung.

Es ist nützlich, sich den Unterschied zwischen den bereits oben erwähnten Streuungsmaßen deutlich klar zu machen. Die Standardabweichung s mißt die erwartete Streuung der Einzelmessung. Wir wissen, daß etwa 68 % aller erwarteten Meßwerte innerhalb des durch die Standardabweichung gegebenen Intervalls um den Mittelwert liegen werden. Wir wissen, daß 95 % innerhalb eines entsprechenden, durch zwei Standardabweichungen gegebenen Intervalls liegen werden. Das ist in Abb. 1 oben gezeigt. (Die nachfolgenden Ausführungen gelten nur für die Normalverteilung).

Der Standardfehler s_E dagegen bezieht sich nicht auf die Einzelmessungen. Wenn man eine Stichprobe mißt, so erhält man einen Mittelwert. Die nächste Stichprobe vom selben Material dürfte einen etwas anderen Mittelwert erbringen, nicht viel anders, aber eben anders: die Mittelwerte streuen. Es gibt also eine Standardabweichung der Mittelwerte, und das ist der Standardfehler. Wir wissen also, daß 95 % aller Mittelwerte von Wiederholproben innerhalb von zwei Standardfehlern vom wahren Mittelwert liegen, wie es in Abb. 1 unten gezeigt ist. Der genaue Faktor ist nicht zwei, sondern 1,96. Die Zufallserwartung, daß der

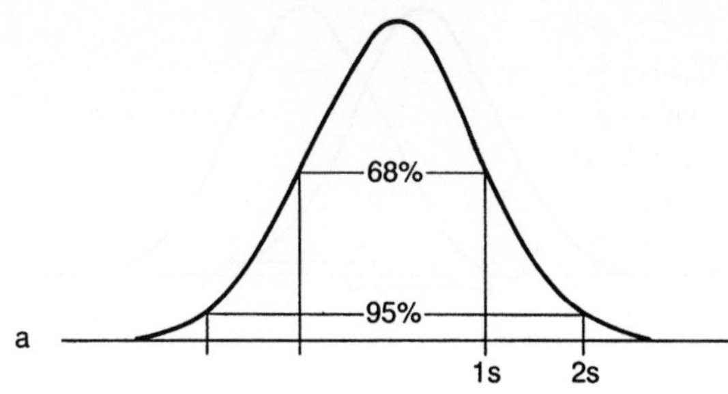

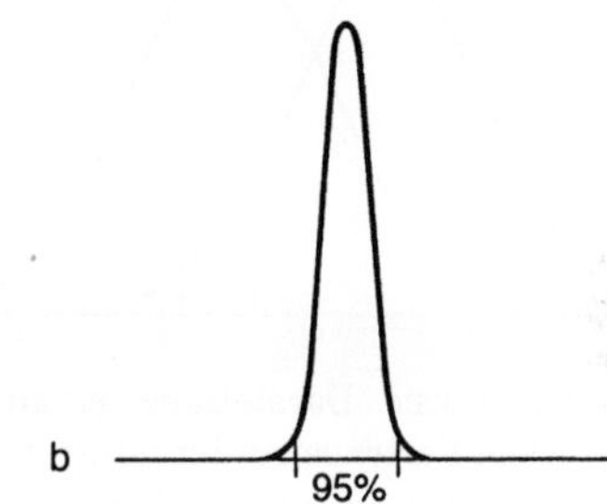

Abb. 1. Schematische Darstellung der Wahrscheinlichkeitsdichte von einzelnen Meßwerten (a) und von den Mittelwerten von wiederholten Stichproben (b) mit den einfachen und doppelten Standardabweichungen.

Mittelwert einer neuen Probe desselben Materials mehr als 1,96 s_E vom wahren Mittelwert abweicht, ist nur 5 %, oder eine Chance von 20:1. Wenn eine unbekannte neue Stichprobe einen Mittelwert erbringt, der mehr als 1,96 s_E vom erwarteten Kontrollmittelwert abweicht, dann ist die Chance gleich oder größer als 20:1, daß die neue Probe einen echten Unterschied aufweist. Wenn für eine Wette diese Chance besteht, gehen wir die Wette wahrscheinlich ein. Es besteht immer noch die Möglichkeit, daß man die Wette mit einer 5 %-igen Wahrscheinlichkeit verliert. Ist einem dieses Risiko zu groß, so kann man den geforderten Mindestabstand größer machen, etwa 3 s_E, für eine Chance von etwa 100:1. So setzt man also die Weite der Vertrauensschranken fest. Um auf das anfängliche Problem zurückzukommen: Wenn von den beiden Stichproben die Mittelwerte so unterschiedlich sind, daß sich ihre Vertrauensschranken nicht überschneiden, dann erkennen wir sie als "statistisch signifikant verschieden" an. Das ist in Abb. 2 gezeigt.

Der Standardfehler errechnet sich als $s_E = s / \sqrt{n}$ (n = Anzahl der Messungen). Die Meßgenauigkeit s geht also ein. Wenn für ein Experiment sich die Vertrauensschranken der beiden Gruppen, die miteinander verglichen werden, überschneiden, können wir nur die Unzulänglichkeit unserer Meßmethode verantwortlich machen. Wir haben dann die Grenze unseres Vermögens, einen Unterschied nachzuweisen, erreicht. Die Grenze ist durch die Weite der Vertrauensschranken gesetzt. Welche Möglichkeiten bieten sich denn nun, diese Grenze hinauszuschieben und die Vertrauensschranken enger zu machen, so daß zwei Meßgruppen

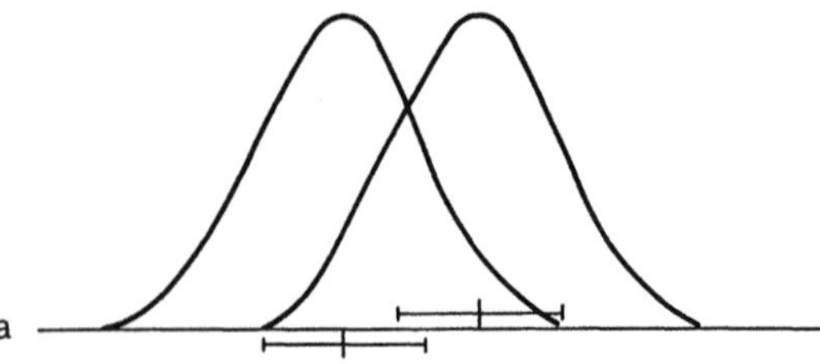

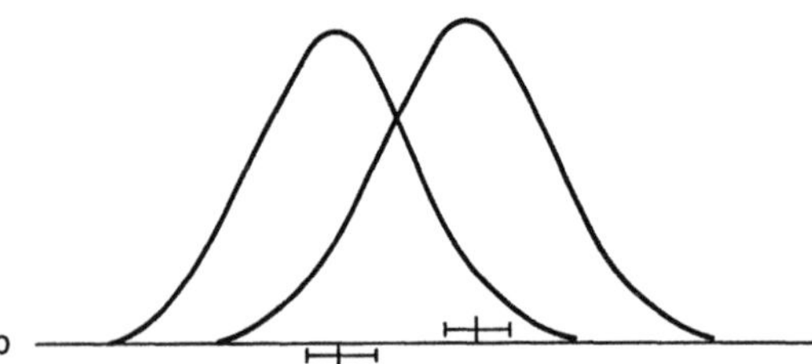

Abb. 2. Schematische Darstellung einander überlappender Wahrscheinlichkeitsdichten mit unterschiedlichen Vertrauensintervallen. Für die angenommenen Intervalle sind die Verteilungen in a) nicht signifikant, in b) signifikant unterschiedlich.

mit sehr nahen Mittelwerten sich noch als statistisch unterschiedlich erkennen lassen?

Drei Größen gehen in die Vertrauensschranken ein:

1. Die Standardabweichung: Angenommen, daß experimentell keine Verbesserung mehr möglich ist, scheint hier kein zusätzlicher Gewinn realisierbar zu sein.
2. Der Stichprobenumfang n. Wir könnten mehr Messungen vornehmen. Leider geht n nur unter dem Wurzelzeichen ein. Um die Vertrauensschranken auf einen Zehntel zu reduzieren, müßten wir 100 mal so viele Messungen vornehmen. Das ist keine sehr praktische Lösung.
3. Das Vertrauensniveau, d.h. der Faktor 1,96 für das Niveau von 95 % oder ein Risiko von 20 : 1: Man könnte ein größeres Risiko eingehen, und so engere Vertrauensschranken erhalten, etwa eine Chance nur von 10 : 1, daß ein gefundener Unterschied wirklich existiert. Das kann jedoch böse Folgen haben, die Zeit und Geld kosten können. Sogar dann hat man nur einen sehr bescheidenen Gewinn gemacht in der Fähigkeit, einen kleineren Unterschied zu erkennen, und dieser Gewinn ist mit einem sehr viel größeren Risiko erkauft.

Die einzige wirkliche Möglichkeit, feinere Unterschiede zu erkennen, liegt darin, die Standardabweichung zu verkleinern. Eine solche Möglichkeit besteht, auch wenn experimentell keine Verbesserungen mehr möglich sind. Die Möglichkeit besteht darin, daß streuungsbeitragende experimentelle Einflüsse unter statistische Kontrolle gebracht werden. Die Verfahren dazu sind als "statistische Versuchsplanung" bekannt.

Es besteht eine umfangreiche Literatur, die den Verfahren der Versuchsplanung gewidmet ist. Unter diesen Büchern sind als besonders gut lesbar die Bücher von Sokal und Rohlf (7) über Biometrie und das Buch von Ostle (6) zu empfehlen.

C. Hierarchische Versuchspläne

Aus der großen Anzahl möglicher Versuchsplanungen sind es vor allem zwei Gruppen, die von besonderem Interesse in der diagnostischen Bildauswertung sind. Dies sind

- die hierarchischen Versuchspläne und
- die faktoriellen Versuchspläne.

In beiden Gruppen ist es möglich, verschiedenen Modellen zu folgen, wie z.B. einem "festgelegten Modell", einem "gemischten Modell" oder einem "zufallsbestimmten Modell". Eine graphische Darstellung eines hierarchischen Versuchsplanes ist in Abb. 3 zu sehen. Der Versuchsplan hier enthält drei Stufen. In der obersten Stufe, a, sind in diesem Falle drei Gruppen angeordnet. Wenn es sich dabei um Gruppen handelt, die diskrete Unterschiede besitzen, also etwa um Patienten aus drei verschiedenen Diagnosegruppen, so hat man es mit einer "festgelegten" Stufe zu tun. Auf der zweiten Stufe, b, sind jeweils zwei Patienten durch Zufallswahl herausgesucht worden. In der dritten Stufe, c, sind jeweils zwei Präparate durch Zufallswahl bestimmt worden. In jedem Präparat sind r = 4 Wiederholungsmessungen vorgesehen.

Gerade die hierarchischen Versuchspläne eignen sich sehr gut für Untersuchungen klinischer Fragestellungen. Normalerweise hat man Material von verschiedenen Gruppen, z.B. Gesunden und Patienten mit bestimmten Diagnosen, und es ist von Interesse, festzustellen, ob die in diesen Gruppen gemessenen Unterschiede statistisch signifikant sind. Die erste Stufe in der Planung bezieht sich also auf die diagnostischen Gruppen. Es besteht ein diskreter, festgelegter Unterschied: "normal" oder "pathologisch".

Die Signifikanz eines Unterschiedes zwischen den diagnostischen Gruppen setzt voraus, daß die Gruppenunterschiede statistisch größer sind als die Unterschiede innerhalb der Gruppen. Die Patienten werden für jede Gruppe durch

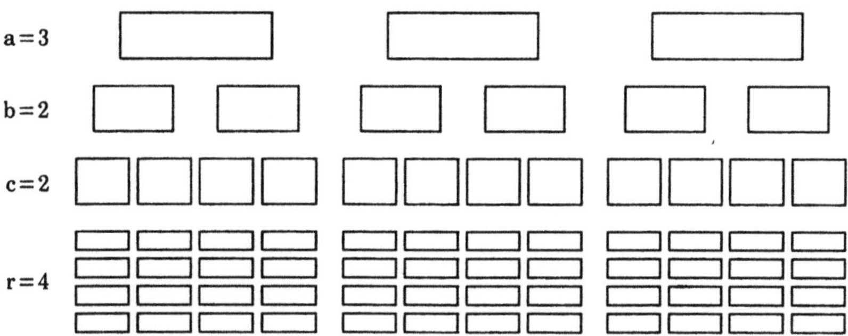

Abb. 3. Graphische Darstellung eines hierarchischen Versuchsplanes.

Zufallswahl bestimmt. Von jedem Patienten werden möglicherweise mehrere Gewebepräparate vermessen. Man erhält also die Möglichkeit, die Präparat-zu-Präparat-Variabilität abzuschätzen. In jedem Präparat werden unter Umständen mehrere Regionen oder Zellen mit zufallsbestimmter Auswahl analysiert, um die Zelle-zu-Zelle-Variabilität abzuschätzen. Schließlich wird man gelegentlich in manchen Versuchsplänen jede Zelle wiederholt auswerten, um eine Abschätzung des instrumentellen Meßfehlers zu erhalten.

Im allgemeinen haben wir es hier mit einem gemischten Modell zu tun. Meistens ist die oberste Stufe in der Hierarchie festgelegt, und alle folgenden Stufen enthalten durch Zufallswahl herausgesuchte Meßobjekte. Eine solche Varianzanalyse-Tabelle ist in Tabelle 1 dargestellt.

Die statistische Signifikanz der verschiedenen Variationsfaktoren wird in einem F-Test der mittleren Quadrate festgestellt. Bei einer hierarchischen Versuchsplanung, wie im Beispiel beschrieben, würde man die verschiedenen Stufen wie folgt auf Signifikanz T prüfen.

Zwischen den Gruppen (G):

$$F_{(G)} = A/B$$

A : Mittleres Quadrat der Abweichungen zwischen den Gruppen
B : Mittleres Quadrat der Abweichungen zwischen den Untergruppen

Zwischen den Untergruppen (UG):

$$F_{(UG)} = B/C$$

C : Mittleres Quadrat der Abweichungen zwischen den Untergruppen

Zwischen den Unteruntergruppen (UUG):

$$F_{(UUG)} = C/D$$

D : Mittleres Quadrat der Abweichungen zwischen den Unteruntergruppen

Diese Prüfung bleibt gleich für ein gemischtes Modell mit einem festgelegten Faktor in der obersten Stufe und zufallsgewählten Faktoren in den tieferen Stufen sowie in einem rein zufallsbestimmten Modell. Rein zufallsbestimmte Versuchspläne werden angewandt, wenn man nicht so sehr an dem Effekt einer experimentellen Behandlung interessiert ist, sondern in einem Versuchsablauf die Ursache der größten Variabilität finden möchte.

Die dargestellten Aspekte veranschaulichen einige praktisch wichtige Punkte. Der Signifikanztest hängt in seiner Empfindlichkeit direkt von der Größe der Varianzkomponente ab, die im Nenner steht. Dieses "mittlere Quadrat" wird entscheidend von der Anzahl der zugeordneten Freiheitsgrade bestimmt. Die Tabelle 1 zeigt deutlich, daß man in den niedrigeren Stufen der Versuchsplanung sehr schnell eine große Anzahl von Freiheitsgraden akkumuliert. Es ist leicht, die Signifikanz z.B. der Zelle-zu-Zelle-Variabilität im Hinblick auf die Meßgenauigkeit zu beweisen. Das aber ist häufig gar nicht die relevante Frage. Man will ja doch meistens die Signifikanz eines gemessenen diagnostischen Merkmales

Tabelle 1. Schema der Signifikanzprüfung bei einer hierarchischen Versuchsplanung.

Stufe		Freiheitsgrade	F-Test zur Signifikantsprüfung
Diagnostische Gruppe	a	a-1	A/B
Patienten (Untergruppen)	b	a(b-1)	B/C
Präparate (Unteruntergruppen)	c	ab(c-1)	C/D
Zellen (Unterunteruntergruppen)	d	abc(d-1)	D/E
Meßfehler (Wiederholungsmessungen)	e	abcd(e-1)	

zwischen diagnostischen Gruppen aufzeigen. Es ist also besser, mehr Patienten in jeder Gruppe zu haben und weniger Zellen zu messen. Die richtige Verteilung der Freiheitsgrade im Versuchsplan ist also eine wichtige Überlegung. Auch ist es erstrebenswert, einen symmetrischen Versuchsplan zu haben; und man sollte lieber zusätzliche Messungen vornehmen, als Datenlücken akzeptieren.

Hierarchische Versuchspläne entsprechen oft direkt der logischen Struktur einer Probenentnahme in der diagnostischen Morphometrie. Ein praktisches Beispiel zeigt das deutlich.

Beispiel: Eine Röntgenbestrahlung von Versuchstieren führt häufig zu Nieren-schäden, die erst nach längerer Zeit beobachtbar werden. Um günstige Bestrahlungsprotokolle bezüglich Dosierung und Fraktionierung festlegen zu können, sollte versucht werden, diese Schäden frühzeitig meßbar zu machen. Unter anderem führen Strahlenbelastungen dieser Art zu Veränderungen der Zellkern-größe in der Niere.

Ein Versuchsplan, der einer Studie von Jordan et al. (5) entnommen worden ist, sah sechs Strahlendosen vor und je vier bestrahlte Versuchstiere. Von jedem Tier wurden histologische Schnitte der Niere angefertigt und drei verschiedene Regionen für die weitere Analyse ausgewählt. In jeder Schnittregion wurden zwei Tubuli gewählt, und in jedem Tubulus wurden drei Zellkerne durch Zufallswahl bestimmt und gemessen. Es wurden also insgesamt nur 432 Zellkerne ausgemessen. Tabelle 2 faßt die Ergebnisse der Varianzanalyse zusammen. Man sieht, wie schnell die Zahl der Freiheitsgrade für die Wiederholungsmessungen an den Zellkernen anwächst. Die Unterschiede zwischen den Nierentubuli waren

Tabelle 2. Statistische Parameter und Fehler für alle Stufen eines hierarchischen Versuchs der Messung von Zellkernen in der Niere bestrahlter Mäuse.

		Freiheitsgrade	% mittlere Quadratsumme	alpha
Bestrahlung	a = 6	5	74.8	< 0.001
Versuchtiere	b = 4	18	9.3	< 0.10
Nierenregionen	c = 3	48	5.6	n.s.
Tubuli	d = 2	72	6.6	< 0.001
Zellen	r = 3	288	3.7	

250

signifikant, aber klein. Die gewählten Schnittregionen wurden für gleichwertig
befunden. Die Unterschiede zwischen den Versuchstieren sind geringfügig
signifikant, deutlich signifikant ist dagegen der Effekt verschiedener Strahlungs-
dosen. Die mittlere Quadratsumme ist eine Varianzkomponente. Man kann also
die Quadratwurzel ziehen und den erhaltenen Wert als Standardabweichung für
die Berechnung der Vertrauensschranken verwenden. Im dargestellten Beispiel
ist es die mittlere Quadratsumme der Versuchstier-zu-Versuchstier Stufe, gegen
welche die Signifikanz des Strahlendoseneinflusses geprüft werden muß. Abb. 4
zeigt, daß im Beispiel nur die Vertrauensschranken um den 1500 rad-Mittelwert
sich nicht mit denen der anderen Dosen überschneiden.

Hierarchische Versuchspläne lassen keine Prüfung auf Wechselwirkungen zu.
Wechselwirkungen sind häufig signifikant und fast immer aufschlußreich für das
Verstehen von Versuchsergebnissen. Die Signifikanz von Wechselwirkungen
kann in faktoriellen Versuchsplänen geprüft werden.

D. Faktorielle Versuchspläne

Bei einer großen Anzahl biologisch-medizinischer Fragestellungen ist es wichtig
festzustellen, ob Wechselwirkungen auftreten, d.h. ob bestimmte Zusammenstellungen experimenteller Parameter zu Wirkungen führen, die größer oder kleiner
sind, als es die Parameterwerte - jeder für sich allein genommen - erwarten lassen
würden. Solche Fragestellungen verlangen eine faktorielle Versuchsplanung.
Kennzeichnend für diese Versuchspläne ist, daß der experimentelle Einfluß oder
Faktor mehrfach und in verschiedenem Maße einwirkt.

Bei den faktoriellen Versuchsplänen beginnt man ebenfalls mit einer hierar-
chischen Struktur. Jeder Faktor wirkt aber auf das Experiment mehrfach in
verschiedener Stärke ein. Spielt die Zeit eine Rolle, die seit einer experimentellen
Maßnahme verstrichen ist, so kann der Faktor "Zeit" beispielsweise verschiedene
Werte annehmen: Beobachtung nach 24 Stunden, nach 48 Stunden, nach 120
Stunden. Spielt die Dosis eines Medikamentes eine Rolle, so können für den Faktor
"Medikamentdosis" verschiedene Mengen benutzt werden, z.B. 150 mg, 750 mg.
Beides sind Beispiele für eine festgelegte Abstufung innerhalb eines Faktors. Das

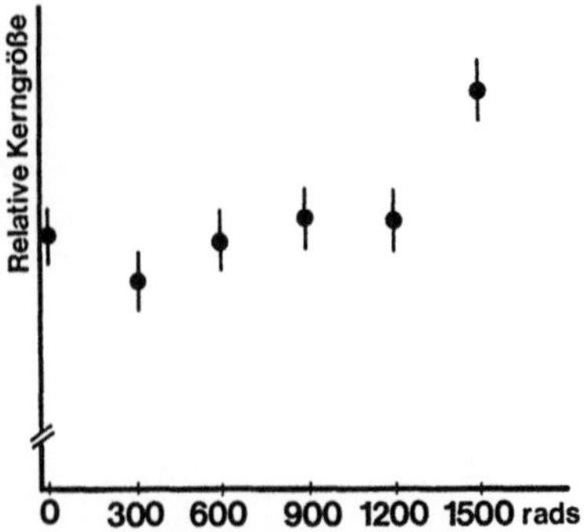

Abb. 4. Auftragung von gemessenen relativen Zellkerngrößen mit Versuchstierstreuung als
Funktion der den Versuchstieren verabreichten Strahlendosis.

Modell nimmt also an, daß die Stärke des Faktoreinflusses experimentell genau kontrolliert werden kann. Das gilt auch für eine binäre Abstufung eines Faktors, wie etwa "Bestrahlung mit einer bestimmten Dosis" und "keine Bestrahlung".

Bei der faktoriellen Anordnung der verschiedenen Versuchsbedingungen - was die korrektere Beschreibung ist - werden also Beobachtungen für jede Abstufung jedes Faktors, d.h. von jeder Kombination, vorgenommen. Ein solcher Versuchsplan ist schematisch für einen Zwei-Faktor-Plan in Abb. 5 gezeigt. Tabelle 3 zeigt die Zuordnung der Freiheitsgrade. Die Prüfung der mittleren Quadrate auf Signifikanz hängt streng vom gewählten Modell ab. Bei einem festgelegten Modell werden alle Faktoren und ihre Wechselwirkung gegen den Versuchsfehler geprüft (Tabelle 3). Bei einem Modell mit ausschließlich zufallsgewählten Faktoren A und B wird anders geprüft als beim festgelegten Modell (Tabelle 3). Bei gemischten Modellen schließlich sind zwei Fälle zu unterscheiden, je nachdem, ob Faktor A oder Faktor B festgelegt sind (Tabelle 4).

Bei Versuchsplänen mit mehr Faktoren und mehreren Wechselwirkungen sind ähnliche Prüfungsvorschriften zu beachten. Bei solchen Versuchsplänen sind gelegentlich festgelegte und zufallsbestimmte Faktoren anders auf die Stufen im Versuchsplan verteilt als es hier beschrieben ist. In solchen Situationen empfiehlt es sich, die Fachliteratur zu konsultieren. Eine ausgezeichnete Behandlung der richtigen Prüfungswahl ist bei Hicks (4) zu finden.

Faktorielle Versuchspläne haben mit den hierarchischen Versuchsplänen gemeinsam, daß jede Beobachtung viele Male berücksichtigt wird; es findet also eine sehr effektive Datennutzung statt. Faktorielle Versuchspläne sind in

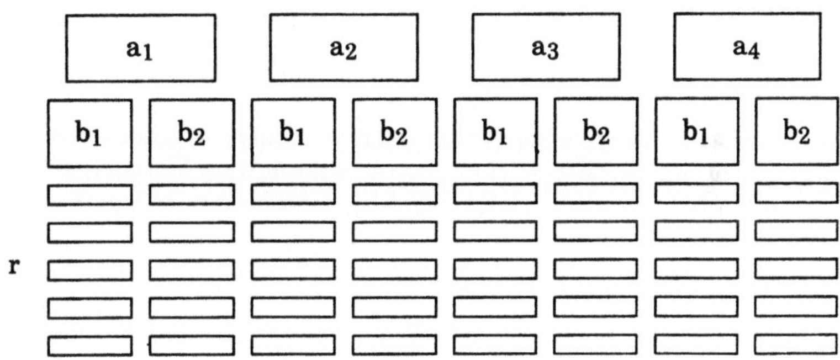

Abb. 5. Schematische Darstellung einer faktoriellen Versuchsplanung.

Tabelle 3. Freiheitsgrade bei der Versuchsplanung entsprechend Abb. 5.

	Freiheitsgrade	
Gesamtabstandsquadratsumme	abr - 1	39
Exp. Behandlung	ab - 1	7
Faktor A	a-1	3
Faktor B	b - 1	1
Wechselwirkung	(a - 1) (b - 1)	3
Versuchsfehler	ab (r - 1)	32

Tabelle 4. Schema der Signifikanzprüfung in Abhängigkeit der Modelle "Festgelegt" "rein zufallsgewählt" und "gemischt" (Detail siehe Text)

Modell	Signifikanzprüfung
Festgelegt	A/E
	B/E
	AB/E
Rein zufallsgewählt	A/AB
	B/AB
	AB/E
Gemischt	
Faktor A festgelegt und	A/AB
Faktor B zufallsgewählt:	B/E
	AB/E
Faktor A zufallsgewählt und	A/E
Faktor B festgelegt:	B/AB
	AB/E

gewisser Weise etwas beschränkter als hierarchische Pläne. Die Folge der Signifikanzprüfungen durch die Stufen der Hierarchie ist einfach und direkt. Auch macht es keine Schwierigkeiten einen vielstufigen hierarchischen Versuchsplan aufzustellen und die Resultate der einzelnen Signifikanzprüfungen zu interpretieren. Bei faktoriellen Versuchsplänen ist das nicht so einfach. Ein Drei-Faktor-Plan ist zwar noch einfach mit "Zwischentabellen" zu errechnen, aber die Interpretation der Wechselwirkungen wird bereits schwierig. Solch ein Plan hat immerhin vier Wechselwirkungsquadratsummen. Versuchspläne mit vier Faktoren sind schon ziemlich undurchsichtig, und man wird im allgemeinen versuchen, sie zu vermeiden.

E. Diskussion

Versuchspläne erlauben eine separate Abschätzung der Variationsbeiträge verschiedener Faktoren, die experimentell nicht unter Kontrolle zu halten sind. Nachdem die Beiträge dieser bekannten Faktoren abgezogen sind, verbleibt ein Versuchsfehler. Dieser Fehler ist als die echte Zufallsvariable anzusehen. Zumindest bei den festgelegten Versuchsplänen kann dieser Fehler zur Berechnung der Vertrauensschranken verwendet werden. In der praktischen Erfahrung sind Fälle nicht selten, bei denen die gesamte Abstandsquadratsumme, die ohne Versuchsplan zur Berechnung der Vertrauensschranken hätte verwendet werden müssen, sich schon mit einem einfachen Versuchsplan um einen Faktor von 20 verkleinern läßt. Der Wert eines Versuchsplans liegt also darin, daß er die genaue Abschätzung der verschiedenen Beiträge zur Gesamtvariation ermöglicht, daß Arbeitsaufwand und Material eingespart werden kann, daß er erlaubt, kleine experimentelle Unterschiede herauszuheben aus den überdeckenden Schwankungen anderer, experimentell nicht kontrollierbarer Effekte. Die graphische Darstellung in Abb. 6 veranschaulicht diese Tatsache am besten. Vertrauensschranken, die man ohne Versuchsplan auf die gesamte Abstandsquadratsumme beziehen müßte, darf man mit einem Versuchsplan auf den wahren und sehr viel kleineren Versuchsfehler beziehen.

Die Verteilung der Freiheitsgrade in einem Versuchsplan erlaubt es, den größten Arbeitsaufwand da einzusetzen, wo entweder die größte Variabilität zu erwarten ist, oder wo die experimentelle Fragestellung besonders kritisch ist. Schon eine nur oberflächliche Vertrautheit mit den Tabellen für den F-Test zeigt, daß mehr als 120 Freiheitsgrade keine Änderung im F-Wert bringen, also für den Zweck einer Signifikanzerstellung weitgehend verschwendete Mühe sind. Längst bevor 120 Freiheitsgrade erreicht sind, zeigen die Tabellen auch, daß schon bei einer sehr viel geringeren Anzahl von Freiheitsgraden unter Umständen schon das gewünschte Signifikanzniveau erreicht werden kann. Im allgemeinen ist man besser beraten, Freiheitsgrade und Arbeitsaufwand auf die oberen Stufen in einem Versuchsplan zu konzentrieren. Eine geschickte Versuchsplanung kann einem viele Monate Arbeit ersparen und doch statistisch besser gesicherte Resultate liefern. Das Schlimmste für einen Statistiker sind Daten, die gesammelt worden sind, bevor der Versuchsplan aufgestellt worden ist. Eine effektive Auswertung ist dann nur noch sehr selten möglich.

Die Bücher (7), (6), und (3) enthalten alle durchgerechnete Zahlenbeispiele. Die Ausdehnung der Versuchsplanung auf multivariate Daten ist in vielen Fällen in der quantitativen Histopathologie nicht nur nützlich, sondern erforderlich. Die Literatur zur multivariaten Varianzanalyse ist leider im allgemeinen dem Nicht-Statistiker nicht leicht zugänglich; die meisten Arbeiten behandeln das allgemeine lineare Modell. Es ist dann nicht mehr offensichtlich, wie die Berechnung einem hierarchischen oder einem faktoriellen Modell folgt. Eine Ausdehnung auf die multivariate Datenanalyse in strenger Analogie zu den univariaten Versuchs-

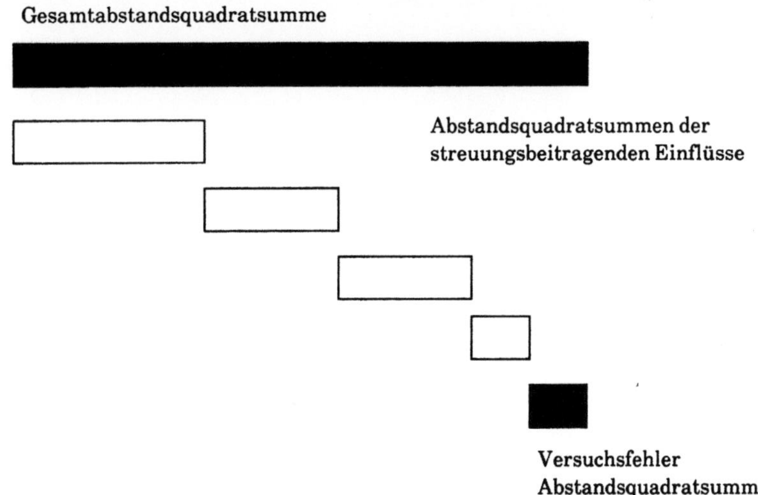

Abb. 6. Schematische Darstellung der verschiedenen Fehlerbeiträge bei einer faktoriellen Versuchsplanung

plänen ist vom Autor in zwei Artikeln mit vollständigen Rechenbeispielen veröffentlicht worden (1, 2).

Literatur

1. Bartels PH (1981) Numerical evaluation of cytologic data X. Introduction to multivariate analysis of variance. Analyt Quant Cytol 3:251
2. Bartels PH (1982) Numerical evaluation of cytologic data XI. Nested designs in multivariate analysis of variance. Analyt Quant Cytol 4:81
3. Bruning JL, Kintz BL (1968) Computational handbook of statistics. Scott, Foresman and Co., Glenview, Illinois
4. Hicks CR (1973) Fundamental concepts in the design of experiments, 2nd ed. Holt Rinehart Winston, New York
5. Jordan SW, Brayer JM, Bartels PH, Olson GB, Anderson RE (1984) Computer-assisted morphometric analysis of late renal radiation injury. Monographs Clin Cytol 9:117
6. Ostle B, Mensing R (1975) Statistics in research, 3rd ed. Iowa State University Press, Ames
7. Sokal RR, Rohlf FJ, (1969) Biometry. Freeman, San Francisco

3.2 Lineare Diskriminanzanalyse und Entscheidungsbaumstrategien zur Lösung von Klassifikationsproblemen in der Zytometrie

Uta Jütting, Georg Burger

A. Einleitung

Die Zytodiagnostik hat verschiedene Aufgaben. So ist es bei der Krebsfährtensuche mittels exfoliativer Zytologie das erste Ziel, Patienten mit Krebs oder manifesten Vorläuferstadien "empfindlich" zu entdecken, d.h. möglichst nicht zu übersehen. Um unnötige weitere Untersuchungen oder eingreifendere Interventionen zu vermeiden, ist es aber ebenso wichtig, die Krebserkennung so "spezifisch" wie möglich zu machen, d.h. möglichst alle gesunden Patienten und solche mit benignen Veränderungen klar zu erkennen, und so wenig wie möglich "falsch positive" Befunde zu haben. Als ein Gütekriterium der binären Entscheidung positiv-negativ, kann daher deren Validität herangezogen werden. Darunter versteht man die relative Häufigkeit der beidseitig falsch getroffenen Entscheidungen, d.h. der falsch positiven und der falsch negativen. Bereits hier werden zwei wesentliche Probleme erkennbar, auf die in dieser Arbeit nicht näher eingegangen werden kann, die aber wegen ihrer Bedeutung kurz angesprochen werden müssen, nämlich:

1. das Problem der "Richtigkeit" und
2. das Problem des "Kostenfaktors" bei jeder diagnostischen Entscheidung.

Die "Richtigkeit" einer Diagnose ist bestenfalls bei der Klasse der positiven zytologischen Entscheidungen durch die weiteren diagnostischen Maßnahmen oder den klinischen Befund gesichert; falsch negative Diagnosen können dagegen nur in höchst unsicherer Weise an Hand der Ergebnisse von Mehrfach- oder Nachuntersuchungen oder der Krankengeschichte voruntersuchter Patienten erkannt werden.

Noch problematischer ist der Kostenfaktor. So müßte man genau genommen das Produkt der falschen Entscheidungshäufigkeiten und den Folgekosten (z.B. weitere Untersuchungen, Therapie, Krankenhausaufenthalte) zur Validitätsberechnung heranziehen. In der Praxis wird das indirekt berücksichtigt, indem der Zytologe oft in seiner Entscheidungshaltung lieber konservativ als restriktiv ist, d.h. lieber falsch positive Entscheidungen zuläßt, als einen Krebspatienten übersehen möchte.

Leider kommt man in der zytologischen Diagnostik oft nicht mit binären Entscheidungen aus. So führt man bereits in der Dignitätsdiagnostik in der Regel noch eine dritte Klasse der unklaren oder leicht verdächtigen Befunde ein mit der Indikation zytologischer Folge- und Abklärungsuntersuchungen.

Neben der Dignitätsdiagnostik gibt es aber noch Aufgaben der Tumortypisierung oder des prognostischen Gradings wie z.B. bei der Punktionszytologie manifester Tumoren. Je nach Aufgabenstellung wird man dabei mehrere Befundklassen einführen wollen, was in der Regel die oben genannten Probleme vergrößert sowie die Bewertung der Diagnose erschwert. So ist es z.B. offenkundig, daß einem zytologischen Grading in vielen Fällen ein Prozeß kontinuierlicher zellulärer Veränderungen zugrunde liegt, unsere begrenzte visuelle Unterscheidungsfähigkeit jedoch eine grobe Klasseneinteilung erfordert. Spätestens wird dies jedoch im Hinblick auf die therapeutische Intervention notwendig, wo in der Regel nur noch zwischen Patienten unterschieden wird, die einer bestimmten Therapie zugeführt werden sollen, und solchen, bei denen keine weiteren Maßnahmen nötig sind.

Sämtliche genannten Probleme der Entscheidungsfindung, der Feststellung objektiver "Richtigkeiten", der Validität einer Entscheidung bzw. der Validisierung von Ergebnissen als Funktion der zur Verfügung stehenden Fallzahlen usw. bedürfen zu ihrer Behandlung statistischer Methoden. Deren Bedeutung wird in der Zytologie oft unterbewertet, d.h. sie werden häufig nicht angewandt oder können nicht angewandt werden, da es an den nötigen quantitativen Analysen und Maßzahlen fehlt. Für die Beurteilung der Resultate der automatischen Zytometrie sind sie jedoch ein wichtiger und unentbehrlicher Bestandteil.

B. Bayes'sche Entscheidungstheorie

In medizinischen Fragestellungen wird versucht, Klassifikationsprobleme überwiegend mit der von Bayes entwickelten Entscheidungstheorie zu lösen. Diese beruht auf folgendem Ansatz:

Man habe zwei Klassen A_1, A_2 von Objekten (z.B. Zellen), die durch ein Merkmal x (z.B. Größe) beschrieben werden. Man bestimmt die Wahrscheinlichkeits-Dichteverteilungen $p(x|A_1)$ und $p(x|A_2)$ der beiden Klassen A_1 und A_2 für das Merkmal x mit bereits vermessenen Zellen (Trainingsset). Diese Wahrscheinlichkeits-Dichteverteilungen sind einfach die normierten differentiellen Häufigkeitsverteilungen $df(x|A_j)/dx$ für die Zellgröße x, d.h. es gilt:

$$p(x|A_j) = \frac{\dfrac{df(x|A_j)}{dx}}{\displaystyle\int_0^\infty \dfrac{df(x|A_j)}{dx}\,dx} \qquad ; \qquad j = 1,2. \tag{1}$$

$p(x|A_j)$ dx ist die Wahrscheinlichkeit, mit der die unbekannte Zelle der Größe x in das Intervall zwischen x und x + dx der Klasse A_j fällt (Abb. 1a).

Es gilt

$$\int_0^\infty p(x|A_j)\,dx = 1 \qquad ; \qquad j = 1,2,$$

d.h. jede Klasse kommt gleich häufig vor, und die Wahrscheinlichkeit, daß die Zelle zu einer der beiden Klassen gehört, ist 1. Die Frage ist aber nun, welcher der beiden Klassen sie zuzuordnen ist. Zur Beantwortung dieser Frage ist es wichtig zu wissen, wie häufig die beiden Klassen tatsächlich vorkommen. Dies wird durch

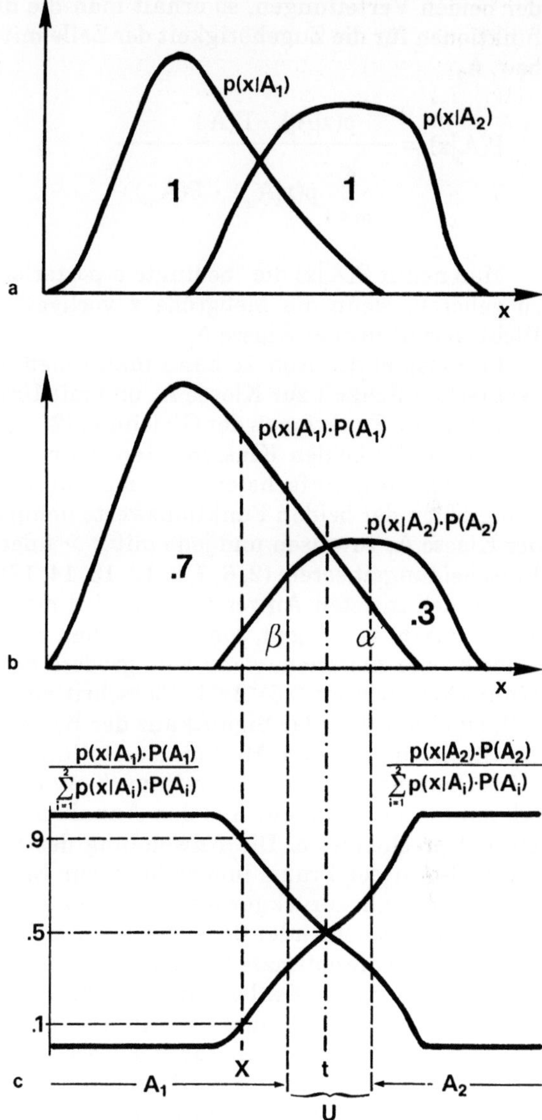

Abb. 1. Wahrscheinlichkeits-Dichteverteilungen für die Klassen A_1 und A_2.

    a) Mit gleichen a-priori Wahrscheinlichkeiten $P(A_1)$ und $P(A_2)$.

    b) Mit gewichteten a-priori Wahrscheinlichkeiten ($P(A_1) = 0.7$ und $P(A_2) = 0.3$).

    c) Bedingte a-posteriori Wahrscheinlichkeiten der Klassen A_1 und A_2 für alle Werte x der
       Wahrscheinlichkeits-Dichteverteilungen von b);
       U ist der definierte Bereich für die unklare Klasse.

die sogenannte a-priori Wahrscheinlichkeit $P(A_j)$ für jede Klasse beschrieben. In Abb. 1b haben wir dafür willkürlich die Werte $P(A_1) = 0.7$ und $P(A_2) = 0.3$ angenommen. Das Produkt der Dichteverteilung mit der a-priori Wahrscheinlichkeit ergibt die a-posteriori Dichteverteilung. Dividiert man diese durch die Summe der beiden Verteilungen, so erhält man die differentiellen Wahrscheinlichkeits-funktionen für die Zugehörigkeit der Zelle mit dem Merkmal x zu den Klassen A_1 bzw. A_2.

$$P(A_j|x) = \frac{p(x|A_j) \cdot P(A_j)}{\sum\limits_{m=1}^{k} p(x|A_m) \cdot P(A_m)} \qquad ; \qquad j = 1,2. \qquad (2)$$

Man nennt $P(A_j|x)$ die "bedingte a-posteriori Wahrscheinlichkeit zur Klasse A_j zu gehören, wenn die Meßgröße x vorliegt"; $p(x|A_j) \cdot P(A_j)$ ist die a-posteriori Dichteverteilung der Klasse A_j.

Im Beispiel der Abb. 1c kann man sehen, daß die Zelle der Größe x mit 90% Wahrscheinlichkeit zur Klasse A_1 und mit 10% Wahrscheinlichkeit zur Klasse A_2 gehört. Diese Funktionen der Gleichung (2) eignen sich sehr gut zur Trennung der Objekte in die beiden Klassen. Man nennt sie daher Diskriminanz- oder Trenn-funktionen. Am einfachsten wird man nun als Zugehörigkeitskriterium immer den größten der beiden Funktionswerte nehmen, d.h. alle Zellen mit Größen $x<t$ der Klasse A_1 zuweisen und jene mit $x > t$ der Klasse A_2. Dies ist das Bayes'sche Entscheidungstheorem (2, 6, 7, 8, 12, 13, 14, 17).

Bei den meisten Anwendungen wird man nicht die Schwelle bei $x = t$ und damit $P(A_j|x) = .5$ legen, sondern die neu zu klassifizierenden Objekte nur dann einer Klasse zuordnen, wenn eine größere Schwelle für die bedingte a-posteriori Wahrscheinlichkeit $0.5 < \delta < 1$ überschritten ist. Wo die Schwelle gelegt werden soll, ist eine Frage der Signifikanz der Klassifizierung. Sie hängt zusammen mit der Breite der beiden Merkmalsverteilungen. Sind diese breit, wird man das "Unsicherheitsintervall" U breit machen müssen, sind diese schmal, wird man es schmal machen können. Aus den Annahmen über U resultiert dann umgekehrt ein entsprechendes δ. Die Anwendung des Bayes'schen Entscheidungstheorems führt also in der Praxis immer auch zur Einführung einer weiteren Klasse der "unklaren", d.h. zurückgewiesenen Objekte (Abb. 1c). Dies ist für unsere Anwen-dung von entscheidender Bedeutung, wie sich später zeigen wird.

Man kann die optimale Wahl der Trennschwelle auch aus Fehlerbetrachtungen ableiten und für die Fehler unterschiedliche Gewichte einführen. Vernachlässigt man zunächst noch einmal die Einführung eines zusätzlichen Signifikanzkrite-riums und damit einer unklaren Klasse, stellt sich die Frage, ob die Wahl der Trennschwelle $x=t$ an der Stelle gleicher Wahrscheinlichkeitsdichten überhaupt sinnvoll ist. Um die Frage zu beantworten, betrachtet man am besten die Fehl-entscheidungen und deren Gewicht. Nehmen wir dazu an, daß in Abb. 1b nicht die Häufigkeit von Zellen einer bestimmten Größe, sondern von zytologischen Präpa-raten eines bestimmten meßbaren Malignitätsgrades aufgetragen sei. Die Klasse A_1 umfasse gesunde Patienten, die Klasse A_2 kranke. Der Anteil falsch positiver Entscheidungen ist mit α, derjenige falsch negativer mit β bezeichnet. Wir würden ein Verfahren zur Erkennung von kranken Patienten dann besonders empfindlich (sensitiv) nennen, wenn keine kranken Patienten übersehen werden, und dann besonders krankheits-spezifisch, wenn nicht zuviele gesunde Patienten fälsch-licherweise als krank beurteilt werden. Man nennt den Anteil oder die Rate richtig als gesund erkannter Patienten

$$1 - \alpha = 1 - \int_{A_2} p(x|A_1) \cdot P(A_1)\, dx \qquad\qquad (3)$$

die Spezifität eines Verfahrens und die falsch-positiv-Rate α den Fehler 1. Art. Andererseits nennt man die Rate der richtig als krank erkannten Patienten

$$1 - \beta = 1 - \int_{A_1} p(x|A_2) \cdot P(A_2)\, dx \qquad\qquad (4)$$

die Sensitivität eines Verfahrens und die falsch-negativ-Rate β den Fehler 2. Art (Abb. 1b).

Werden beide Fehler gleich gewichtet, ist die beste Trennschwelle ersichtlich definiert durch die Minimalisierung des Gesamtfehlers

$$\frac{d(\alpha + \beta)}{dx} = 0 . \qquad\qquad (5)$$

Die daraus resultierende Trennschwelle $t = x_0$ ist identisch mit der nach der Bayes'schen Regel ermittelten. In dem von uns gewählten Fall wäre das aber unverantwortlich. Das Ziel müßte sein, möglichst keinen kranken Patienten zu übersehen und dafür lieber einige gesunde Patienten zunächst als krank einzustufen. Weitere Abklärungsuntersuchungen und selbst eine unnötige Therapie sind meistens weniger folgenschwer als eine unterlassene Therapie.

Dieses Konzept realisiert man durch die Einführung einer Kostenfunktion $L(a_i, A_j)$ (z.B. Kosten einer unnötigen oder unterlassenen Therapie) für die fehlerhafte Zuordnung des Objekts a_i zur Klasse A_j. In unserem Beispiel wäre $L(a_2, A_1) > L(a_1, A_2)$, d.h. die Kosten der Zuordnung eines kranken Patienten zur Klasse der Gesunden (eine falsch negative Entscheidung also) werden größer angenommen als die Kosten für den umgekehrten Fall, der fehlerhaften Zuordnung eines gesunden Patienten zur Klasse der Kranken.

Man minimiert dann nicht mehr den Zuordnungsfehler, sondern die damit verbundenen Kosten

$$\frac{d}{dx} K(a_i) = \sum_{j=1}^{2} L(a_i, A_j) \cdot P(A_j|x) ; \qquad i = 1,2. \qquad\qquad (6)$$

Dies ist dasselbe, wie wenn man die beiden Wahrscheinlichkeits-Dichteverteilungen $p(x|A_1)$ und $p(x|A_2)$ mit unterschiedlichen Kostengewichten $K(a_i)$ multipliziert, diese also wie zusätzliche a-priori Wahrscheinlichkeiten einführt, entsprechend Gleichung (1) renormiert und die Fehlersumme wieder minimiert bzw. nach der Bayes'schen Regel vorgeht. Macht man dies mit willkürlichen Kostengewichten, erhält man Ergebnisse, die es erlauben, die beiden Fehler gegeneinander aufzutragen: $\alpha = \alpha(\beta)$. Man nennt eine solche Funktion Receiver-Operator Charakteristik (ROC) und benutzt sie zur Abschätzung der Trennbarkeit der beiden Verteilungen. In der folgenden Abb. 2 ist die beschriebene Klassifikationsstrategie schematisch dargestellt.

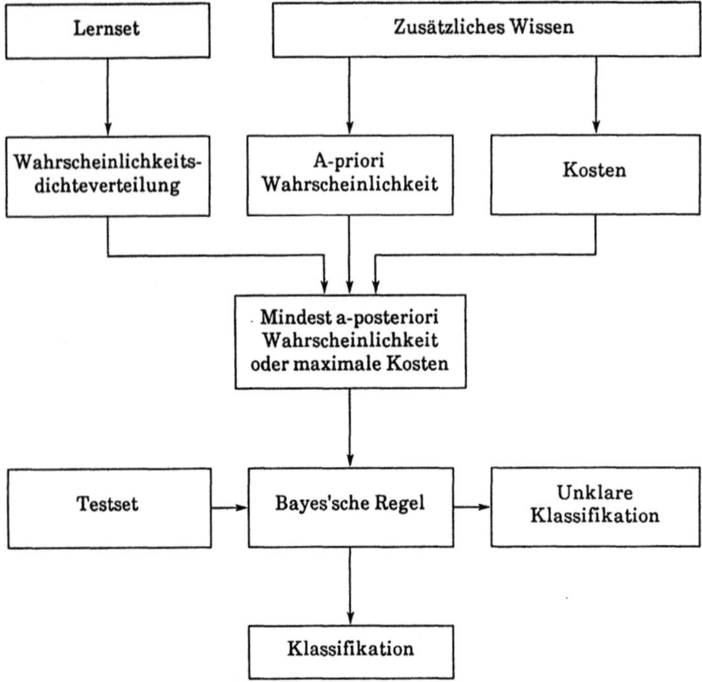

Abb. 2. Klassifikationsschema.

C. Lineare Diskriminanzanalyse

Grundlagen

Aufgabe der Diskriminanzanalyse ist es, ein unbekanntes Objekt aufgrund seiner Merkmale einer von mehreren Objektklassen zuzuordnen (1, 6).

Grundlage dazu ist das Bayes'sche Theorem. Es setzt keine bestimmten Wahrscheinlichkeits-Dichteverteilungen voraus. Insbesondere ist es auch auf beliebige gemessene, nichtparametrische Verteilungen anwendbar. Nähert man diese jedoch durch Normalverteilungen $p(x) \sim N(\mu, \sigma^2)$, so läßt sich zeigen, daß sich die Diskriminanzfunktionen besonders einfach darstellen lassen.

Die Normalverteilung lautet für den univarianten Fall, d.h. für eine einzige Variable x

$$p(x) = (2\sigma^2 \pi)^{-1/2} \exp\left[-1/2\left(\frac{x-\mu}{\sigma}\right)^2\right]$$

$$= (2\sigma^2 \pi)^{-1/2} \exp\left[-1/2(x-\mu)\sigma^{-2}(x-\mu)\right] \tag{7}$$

mit dem Mittelwert μ und der Standardabweichung σ, die als Parameter die Verteilung eindeutig bestimmen.

$(x-\mu)^2 / \sigma^2$ ist das varianznormierte Abstandsquadrat des Elementes mit der Variablen x vom Mittelwert μ der Verteilung. Wichtig ist nun für alle praktischen

Fälle der Übergang von einer Variablen (univariater Fall) zu mehreren Variablen (multivariater Fall). Erfahrungsgemäß macht dies für den mathematisch weniger Geübten erhebliche anschauliche Schwierigkeiten. Der Formalismus ist jedoch einfach und soll in seinen Grundzügen dargestellt werden. Für die multidimensionale Verteilung von Objekten mit dem Merkmalsvektor $\underline{x}$ in der Klasse A_i gilt:

$$p(\underline{x}|A_i) = (2\pi)^{d/2} \, |\Sigma_i|^{-1/2} \exp\left[-.1/2\,(\underline{x}-\underline{\mu}_i)^t\,\Sigma_i^{-1}\,(\underline{x}-\underline{\mu}_i)\right] \tag{8}$$

$\underline{\mu}$: Mittelwertsvektor der Klasse A_i
Σ_i : Kovarianzmatrix (d x d)
d : Dimensionalität (= Anzahl der Variablen)
$(\underline{x}-\underline{\mu}_i)^t$: Transponierter Abstandsvektor von $(\underline{x}-\underline{\mu}_i)$

Die entscheidende Bedeutung kommt dabei der sogenannten Kovarianzmatrix Σ_i zu. Ihre Diagonalelemente σ_{ii} sind die Varianzen der Komponenten x_i des Merkmalsvektors $\underline{x}$, die Nebenelemente σ_{ij} die Kovarianzen von x_i und x_j. Sie kommen dadurch zustande, daß die verschiedenen Merkmale in aller Regel nicht unabhängig voneinander sind. Je kleiner σ_{ij}, desto unabhängiger sind die Merkmale.

$(\underline{x}-\underline{\mu})^t\,\Sigma^{-1}\,(\underline{x}-\underline{\mu})$ ist dabei das kovarianz-normierte Abstandsquadrat des Elements vom Mittelpunkt im mehrdimensionalen Merkmalsraum. Man nennt die Wurzel daraus Mahalanobis-Abstand. Die geometrischen Orte gleicher Wahrscheinlichkeitsdichte für das Vorkommen von Objekten mit dem Vektor $\underline{x}$ in einer Klasse sind Hyperellipsoide. Die Richtung ihrer Hauptachsen ist durch die Eigenvektoren von Σ bestimmt, die Länge dieser Achsen durch die Eigenwerte der Matrix. Wie im Dreidimensionalen noch anschaulich, sind es die Form, Lage und gegenseitige Durchdringung der Hyperellipsoide, die die Trennbarkeit der Klassen im mehrdimensionalen Raum bestimmen.

Die analytische Form der Normalverteilung legt es nahe, an Stelle der Bayes'schen Diskriminanzfunktion $P(A_i|\underline{x})$ deren natürlichen Logarithmus zu verwenden. Dies ist jederzeit erlaubt, da ersichtlich jede monotone Transformation der Trennfunktion deren Eigenschaften erhält. Für die neue Diskriminanzfunktion gilt dann nach (Gleichung 2), wobei der Einfachheit halber der auf 1 normierende Nenner vernachlässigt wird:

$$d_i(\underline{x}) = \ln P(A_i|\underline{x}) \text{ oder} \tag{9}$$

$$d_i(\underline{x}) = \ln p(\underline{x}|A_i) + \ln P(A_i) \tag{10}$$

$$d_i(\underline{x}) = -1/2\,(\underline{x}-\underline{\mu}_i)^t\,\Sigma_i^{-1}\,(\underline{x}-\underline{\mu}_i) - d/2\,\ln 2\pi - 1/2\,\ln|\Sigma_i| + \ln P(A_i)\,. \tag{11}$$

Diese Funktionen lassen sich bei bestimmten Annahmen noch einfacher darstellen: Eine Voraussetzung der linearen Diskriminanzanalyse ist es, daß alle Kovarianzmatrizen gleich sind $\Sigma_i = \Sigma$, was durch Poolung der Klassen erreicht wird. Die gepoolte Kovarianzmatrix Σ berechnet sich aus den einzelnen Matrizen Σ_i der Klassen:

$$\Sigma = \frac{\displaystyle\sum_{i=1}^{k} (n_i - 1)\, \Sigma_i}{\displaystyle\sum_{i=1}^{k} n_i - k} \tag{12}$$

$\Sigma n_i = n$

n_i : Anzahl der Objekte in der Klasse i

k : Anzahl der Klassen

Damit vereinfacht sich Gleichung (11) zu:

$$d_i(\underline{x}) = -\,1/2\,(\underline{x} - \underline{\mu}_i)^t\, \Sigma^{-1}\, (\underline{x} - \underline{\mu}_i) + \ln P(A_i) + \text{Konstante} \tag{13}$$

Diese Gleichung hat im Eindimensionalen eine sehr anschauliche Deutung. Sie besagt nämlich, daß bei gleichen a-priori Wahrscheinlichkeiten und gleichen Normalverteilungen (gleichen Varianzen) die Wahrscheinlichkeitsdichten bis auf ein konstantes Glied gleich den varianznormierten Abstandsquadraten des zu klassifizierenden Objekts von den Klassenmittelpunkten sind. Die Verhältnisse sind in Abb. 3 schematisch dargestellt. Man erkennt bereits an diesem Beispiel, daß die Vorgehensweise der Poolung der Verteilungen zur Erzeugung der Normalverteilungen gleicher Varianz die Diskriminanzfunktionen ganz wesentlich verändern kann. Dies führt selbstverständlich dazu, daß die daraus gewonnenen Trennschwellen nicht mehr die optimalen für die realen Verteilungen darstellen. Man kann den Fehler wenigstens z.T. beheben, indem man willkürlich die a-priori Wahrscheinlichkeiten und damit die Lage der Trennschwellen verändert, bis für die realen Verteilungen wieder die Bedingung $(\alpha + \beta) \to$ Min erfüllt ist.

Für den durch die Gleichung (13) repräsentierten multivariaten Fall lautet bei gleichen a-priori Wahrscheinlichkeiten für jede Klasse die Zuordnungsregel:

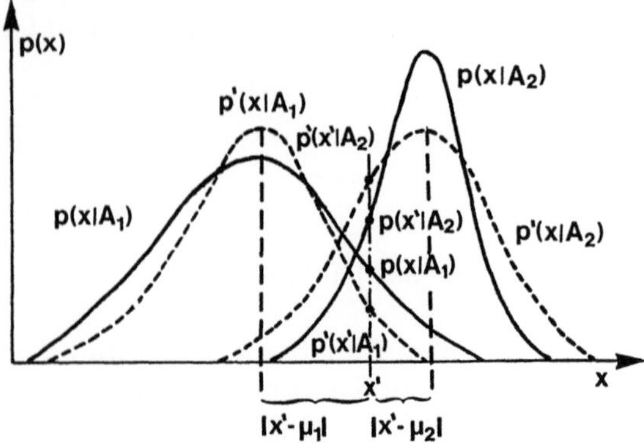

Abb. 3. Erzeugung von Normalverteilungen gleicher Varianz durch Poolung der Verteilungen mit unterschiedlicher Varianz. $p(x|A_1)$ und $p(x|A_2)$ seien die echten Wahrscheinlichkeitsdichten zweier Verteilungen, $p'(x|A_i)$, die der entsprechenden gepoolten Verteilungen gleicher Varianz, x' sei das Merkmal des zu klassifizierenden Objekts und $p(x'|A_1)$, $p(x'|A_2)$, $p'(x'|A_1)$ und $p'(x'|A_2)$ seien die zur Klassifikation herangezogenen Wahrscheinlichkeitsdichten.

Ordne den Merkmalsvektor $\underline{x}$ zu der Klasse mit dem kleinsten Mahalanobis-Abstand zu. Bei ungleichen a-priori Wahrscheinlichkeiten wird der Mahalanobis-Abstand mit ln $P(A_i)$ korrigiert. Die Entscheidungsgrenzen sind Hyperebenen, die durch die Schnittpunkte der Ellipsen gleicher Wahrscheinlichkeitsdichte und im Falle gleicher a-priori Wahrscheinlichkeiten auch durch die Mittelpunkte der Verbindungslinie zwischen je zwei Mittelpunkten gehen.

Anwendungsbeispiel

Im Mehrklassenfall müßte man einzeln die a-priori Wahrscheinlichkeiten jeder Klasse durchvariieren, bis man für alle Klassen wieder die Fehlersumme minimiert hat. Dies ist praktisch nicht möglich. Verzichtet man darauf, kommt es bei der Anwendung der Mehrklassen-Diskriminanzanalyse in einem Schritt in der Regel zu Ergebnissen für Einzelklassenfälle, die sehr von der Poolung der Klassen abhängen. Ein Beispiel soll dies verdeutlichen. Für die in einem Zervixausstrich vorkommenden wichtigen Zelltypen werden Lernsets erstellt. Sie enthalten typischerweise 10 - 12 Klassen, darunter 4 des unverdächtigen Epithels (Metaplasie-, Parabasal-, Intermediär-, Superfizialzellen), 5 des atypischen Epithels (leicht, mäßig, schwer dysplastische Zellen, Zellen aus einem Carcinoma in situ und des invasiven Karzinoms) sowie weitere nichtepitheliale Zelltypen wie z.B. Histiozyten. Stellt man sich nun als Aufgabe, die atypischen Zellklassen von allen übrigen zu trennen, kann man dies jeweils in einem Schritt als Zweiklassenfall (alle atypischen Klassen und alle unverdächtigen Zellklassen werden jeweils gepoolt) oder als Mehrklassenfall bis zu allen 12 Klassen getrennt durchführen. Führt man zunächst mehr als die beiden gewünschten Endklassen ein (was bei sehr unterschiedlichen Zelltypen zweckmäßig ist, z.B. beim Zusammenfassen von Intermediärzellen und Histiozyten), wird man nach der Klassifikation die Ergebnisse zusammenfassen (poolen). In aller Regel führen beide Vorgehensweisen nicht zu demselben Resultat - eine Folge der Abweichung der Merkmalsverteilungen von den angenommenen (gepoolten) Normalverteilungen. In der folgenden Tabelle 1 sind die Ergebnisse für 8 Zellklassen gezeigt. Hier ist die Gesamtfehlerrate bei beiden Verfahren zwar vergleichbar, die Trennschwellen werden jedoch unterschiedlich gesetzt, so daß die falsch-negativ-Rate bzw. die falsch-positiv-Rate nicht übereinstimmen.

Bei Fragestellungen mit mehr als 10 Klassen ist es oft notwendig, eine geeignete Zusammenfassung von Zellklassen durchzuführen, da viele Programmpakete höchstens einen 10-Klassenfall vorsehen.

Statistische Verfahren zur Merkmalsauswahl

Bei den meisten Aufgabenstellungen hat man das Problem, aus den vielen Meßdaten (Merkmalen) diejenige minimale Untermenge zu ermitteln, die eine optimale und stabile Klassifikation gestattet. Viele der Programme (Quadratische Diskriminanzanalyse, Clusteranalyse, parameterfreie Verfahren) sehen eine automatische Merkmalsauswahl nicht vor. Man muß dann diejenigen Merkmale auswählen, die für die Klassifikation herangezogen werden sollen.

Die lineare Diskriminanzanalyse verwendet das Verfahren des Variablenauf- und -abbaus mittels der F-Wert-Methode. Zunächst wird das Merkmal mit dem

Tabelle 1: Vergleich von Einzelzell-Klassifikationsergebnissen für je 100 vermessene Parabasal-(PAR) und Metaplasiezellen (MET), Zellen der leichten (LDY), mäßigen (MDY) und schweren Dysplasie (SDY), Carcinoma in situ-Zellen (CIS), Zellen des invasiven Karzinoms (PECA) und Histiozyten (HIS).

Multidimensionaler 8-Klassenfall:

	PAR	MET	LDY	MDY	SDY	CIS	PECA	HIS
PAR	61	28	0	0	10	1	0	0
MET	15	73	4	4	4	0	0	0
LDY	3	7	66	21	0	0	3	0
MDY	3	7	9	52	18	0	11	0
SDY	5	4	0	12	51	15	8	5
CIS	2	0	0	7	18	49	13	11
PECA	4	1	2	6	5	15	66	1
HIS	2	2	0	0	6	7	0	83

Durch Zusammenfassen der negativen und der positiven Ergebnisse in der dargestellten Matrix erhält man für den Zweiklassenfall:

	BEN	MAL	
BEN	264	36	
MAL	53	447	88.9% richtige Gesamtklassifikation.

Poolt man zuerst die Zellen in die zwei Klassen und führt dann die Diskriminanzanalyse durch erhält man für den 2-Klassenfall:

	BEN	MAL	
BEN	287	13	
MAL	79	421	88.5% richtige Gesamtklassifikation.

größten F-Wert gesucht, d.h. der größten Trennfähigkeit der Verteilungen, danach das Merkmal, das gemeinsam mit dem ersten Merkmal die beste Trennung erzielt usw. Das Verfahren bricht ab, wenn der F-Wert des hinzugenommenen Merkmals unter die Signifikanzschwelle sinkt. Die Merkmalskombination nach diesem Verfahren muß nicht die beste sein. Der Rechenaufwand für eine Berechnung aller Kombinationsmöglichkeiten wäre viel zu groß. Ein Merkmal wird während des Verfahrens auch aus der Klassifikationsfunktion entfernt, wenn es keinen Beitrag mehr zur Verbesserung des Ergebnisses liefert. Für die Bestimmung der Diskriminanzfunktion wird die Inverse der gepoolten Kovarianzmatrix berechnet (Gleichung 11). Wenn Merkmale linear abhängig sind, wird die Determinante $|\Sigma| = 0$ und die inverse Matrix kann nur noch geschätzt werden. Deshalb werden bei einigen Programmen korrelierte Merkmale nicht zur Klassifikation zugelassen, obwohl damit bessere Ergebnisse erzielt werden können, wenn die Mittelpunkte dieser Merkmale nicht auf der gemeinsamen Regressionsgeraden liegen. Die Anzahl der Merkmale, die für die Klassifikation verwendet wird, soll nicht größer sein als ein Fünftel des minimalen Stichprobenumfangs einer Klasse. Schiefe Verteilungen einzelner Merkmale kann man z.B. durch logarithmische Transformation normalisieren. Ein Verfahren, das aufgrund der Schiefe und des Exzesses automatisch die Transformation durchführt, ist in der Literatur nicht angegeben.

Von der Einzelzell- zur Präparateklassifikation

In der Zytodiagnostik kommt es nicht darauf an, eine Einzelzelle eindeutig einer Zellklasse zuzuordnen, sondern ein Präparat zu klassifizieren. Ein Präparat ist aber bezüglich seiner "Lage" im Merkmalsraum, und damit der Möglichkeit es erlernten Unterräumen zuzuordnen, bestimmt durch die Lage aller gemessenen Zellen des Präparats im Merkmalsraum. Eine einfache Möglichkeit besteht in der Bestimmung des Mittelwertsvektors der Merkmalsverteilungen der Zellen. Das Präparat schrumpft gleichsam zu einem Objekt im Merkmalsraum, dessen Dimension, wie schon erwähnt, in einem vernünftigen Verhältnis zur Zahl der Präparate in den einzelnen Lernklassen stehen soll. Dies reduziert für viele Pilotuntersuchungen mit leider oft nur wenigen Präparaten (siehe zu dieser Problematik besonders das vorausgehende Kapitel 3.1) den verwendeten Merkmalssatz von vorneherein auf wenige Merkmale.

Eine andere Möglichkeit besteht darin, alle Zellen aus den Präparaten einer Klasse zu poolen und anhand der so generierten großen Zellklassen zunächst eine Einzelzellklassifikation durchzuführen. Dabei können in der Regel sehr viel mehr Merkmale verwendet werden. Als Ergebnis erhält man die Verteilung der a-posteriori Wahrscheinlichkeiten aller Zellen eines Präparats. Mit varianzanalytischen Tests (parametrisch und/oder parameterfrei) kann man nun prüfen, zu welcher der gepoolten Grundgesamtheiten der Trainingszellen die Zellen des zu testenden Präparats am ehesten gehören (3, 9, 15, 18). Im Folgenden soll an einem Beispiel der Zugehörigkeitstest erläutert werden (Abb. 4).

Im ersten Fall wird das neue Präparat a eindeutig der Präparateklasse der gepoolten Einzelzellverteilung A zugewiesen, ebenso eindeutig wird das Präparat γ in die Gruppe B klassifiziert. Präparat β wird als unklar zurückgewiesen, δ wäre

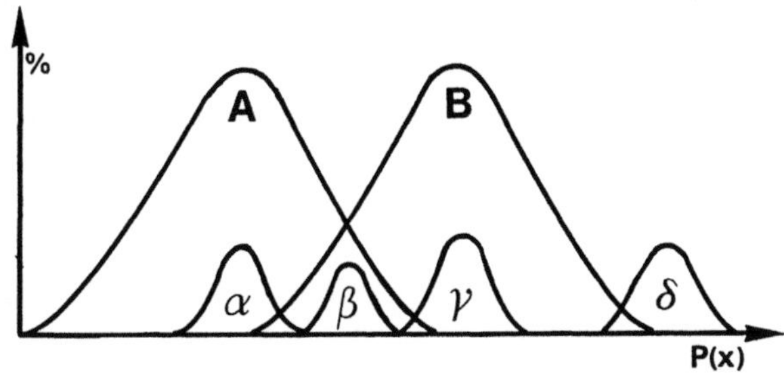

Abb. 4. Verteilungen der a-posteriori Wahrscheinlichkeiten für zwei Referenzpräparate und vier neu zu klassifizierende Präparate.

von der Lage her eher eindeutig B als A zugehörig, doch ist der Abstand der Verteilung δ zur Gesamtverteilung B zu groß und das Präparat wird deshalb als unklar zurückgewiesen. Der Weg von der Einzelzellklassifikation zur Präparateklassifikation ist keineswegs so ausgearbeitet, wie das in der Zytometrie wünschenswert ist. Eine besondere Schwierigkeit liegt darin, daß die vermessenen Zellpopulationen in einem Präparat oft sehr inhomogen sind, was nicht einfach durch eine große Varianz der Merkmalsverteilungen in parametrischen Analyseansätzen , wie dem vorher beispielhaft gezeigten, berücksichtigt werden kann. Hier sind nichtparametrische Verfahren, z.B. zur Klassifizierung der Verteilungen der a-posteriori-Wahrscheinlichkeiten der Zellen eines Präparats, sicher von Nutzen. Ansätze zu solchen Verfahren finden sich bei Timmers (20) und Weber et. al. (21).

D. Hierarchischer Klassifizierer

Strukturschemata

Wie bereits erwähnt, kann es in vielen Fällen zweckmäßig sein, den Merkmalsraum nicht in einem Zug in alle gewünschten Unterräume zu partitionieren, sondern dies schrittweise zu tun. Man sortiert gleichsam nacheinander einzelne Unterklassen aus dem gesamten Objektpool heraus. Man nennt eine solche Vorgehensweise eine hierarchische Klassifikation. Die folgenden Beispiele zeigen mögliche Vorgehensweisen für eine endgültige Klassifikation von k-Klassen.

1. Es werden in einem Schritt alle Klassen im n-dimensionalen Merkmalsraum (multivariat) voneinander getrennt.
Bsp.: k = 4

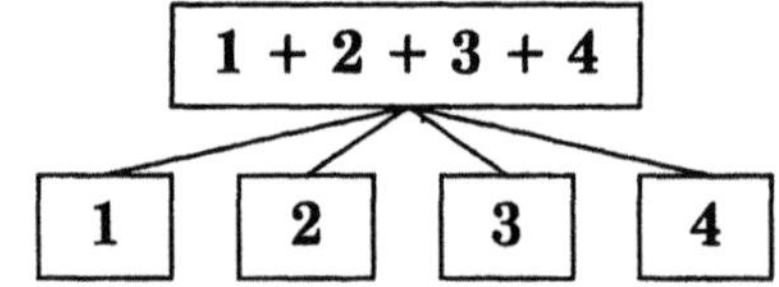

2. Es werden nacheinander in 2-Klassenfällen einzelne Klassen von den übrigen getrennt. Man erhält damit k-1 Knotenpunkte. Die ausgewählten Merkmale sind im allgemeinen an jedem Knotenpunkt verschieden, aber es wird multivariat diskriminiert.
Bsp.: k = 4

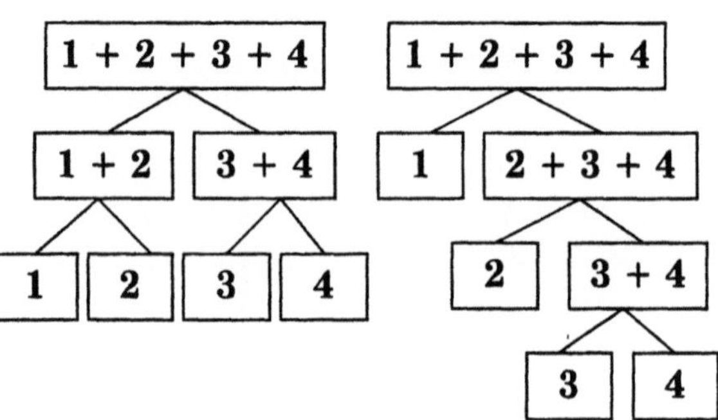

3. An jedem Knotenpunkt wird für die Klassifikation nur ein Merkmal (univariat) herangezogen. Man erhält damit eine mehrastige Baumstruktur, wobei an den Knotenpunkten einfache binäre Entscheidungen getroffen werden. Die Anzahl der Endknoten ist hier im allgemeinen größer als die Anzahl der Klassen.

Bsp.: k = 3

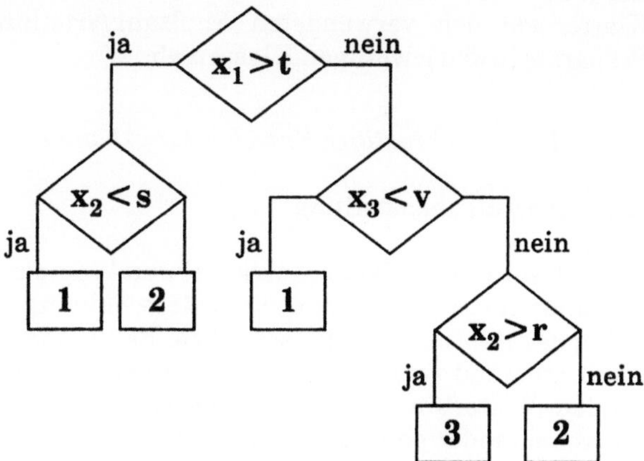

4. Eine weitere Modifikation erhält man dadurch, daß man an einem Knotenpunkt eine binäre Entscheidung trifft und die restlichen Klassen über die berechnete Funktion fremdklassifiziert.

5. Man kann die Vorgehensweisen 1-4 variieren und erhält damit unterschiedliche hierarchische Strukturen.

Die Vorteile eines Entscheidungsbaumes sind:

- An jedem Knotenpunkt werden die besttrennenden Merkmale verwendet, meist in einem niedriger dimensionierten Merkmalsraum, d.h. unter Verwendung viel weniger Merkmale als im Mehrklassenfall.
- Durch die Verwendung von billigen, d.h. schnell zu berechnenden Merkmalen an den ersten Knotenpunkten kann man die Berechnungszeit, damit die Kosten verringern.
- Durch eine geeignete Zusammenfassung einzelner Klassen an den Knotenpunkten kann man den Fehler verringern, der entsteht, wenn unterschiedliche Kovarianzmatrizen gepoolt werden.

Die Nachteile eines Entscheidungsbaumes sind:

- Die Möglichkeiten, einen optimalen Entscheidungsbaum zu konstruieren, sind sehr groß. Z.B. können bei Vorgabe von 15 Klassen und binären Entscheidungen an jedem Knoten über 16 000 verschiedene Bäume entwickelt werden, bei 10 Klassen sind dies über 500.
- Eine Veränderung der Trennschwelle an einem Knotenpunkt beeinflußt alle weiteren Knotenpunkte.

Eine Gefahr hierarchischer Klassifizierer ist, daß die Anzahl der Objekte in manchen Ästen sehr klein wird und damit die Trennfunktionen schlecht definiert sind. Dies kann dazu führen, daß der Fehler bei Fremdklassifikationen zu groß wird. Letzteres ist natürlich nicht eigentlich ein Problem nur der hierarchischen Klassifizierer, sondern grundsätzlich ein Problem der Einteilung in zu viele, bzw. zu spezifische Klassen, wie am folgenden Beispiel auch demonstriert werden wird.

Bei jeder Klassifikation hängt die Validität der Entscheidung für jede einzelne Klasse von den verwendeten Maßzahlverteilungen und den Fallzahlen der Präparate in den jeweiligen Klassen ab.

Beispiel eines mehrastigen Entscheidungsbaumes

Klinische Aufgabenstellung

Gezeigt wird ein Beispiel unter Verwendung der linearen Diskriminanzanalyse mit binären Knotenpunkten zur Unterscheidung von Schilddrüsenpräparaten. Es sollen negativ/funktionell veränderte Fälle, Adenome und Karzinome der Schilddrüse an Hand von Feinnadelaspirationspräparaten voneinander unterschieden werden. Weiterhin sollen zur Tumortypisierung die einzelnen Karzinomzellklassen voneinander getrennt werden, da sie eine unterschiedliche Prognose haben. Die Adenome werden hier als eine Klasse geführt.

Untersucht werden 98 Aspirationspräparate aus 8 Klassen: 14 follikuläre Adenome, 13 proliferierende Adenome, und 6 onkozytäre Adenome; 28 follikuläre, 8 onkozytäre follikuläre und 16 papilläre Karzinome; 8 negative und 5 funktionell veränderte Schilddrüsen. Aus jedem Präparat werden 100 Zellkerne hochauflösend vermessen. Neben den rein planimetrischen und photometrischen Merkmalen wie z.B. Kernfläche, Kernrandlänge, Kernform, mittlerer Grauwert des Kerns und totale Kernextinktion werden auch Chromatinmerkmale des Kerns wie Grauwert der dunklen bzw. hellen Körner im Kern und deren Anzahl und Merkmale, die aus gefilterten Bildern gewonnen werden (Kapitel 1.2), berechnet. Für die Unterscheidung der negativen Fälle von den Adenomen und Karzinomen sind überwiegend die planimetrischen Merkmale ausreichend, für die Trennung von Adenomen und Karzinomen und den Karzinomtypen untereinander sind nur die Chromatinmerkmale trennkräftig.

Zur Lösung der Fragestellung wurde ein mehrastiger Entscheidungsbaum entwickelt (Abb. 5), der auf der linearen Diskriminanzanalyse mit binären Knotenpunkten (siehe "Hierarchischer Klassifizierer", Variante 4 in diesem Kapitel) basiert. Anhand der Einzelzellen jedes Präparates soll mittels eines hierarchischen Klassifizierers versucht werden, das Präparat einer Diagnosegruppe zuzuordnen. Wichtig ist bei diesem Ansatz, daß nicht alle Zellen richtig klassifiziert werden müssen, sondern, daß mittels des Verteilungsmusters aller Zellen eines Präparates die Klassifikation durchgeführt wird.

Es werden jeweils alle Zellen der beiden zu trennenden Klassen zusammengefaßt und die Diskriminanzfunktion mit den trennkräftigsten Merkmalen berechnet. An jedem Knotenpunkt wird die Trennschwelle nach Begutachtung des Ergebnisses anhand der ROC-Kurve interaktiv so gelegt, daß immer eine Klasse bestmöglichst abgetrennt wird.

Beschreibung des Entscheidungsbaums:

Zunächst werden alle Zellen aus den negativen/funktionell veränderten Präparaten und den Präparaten mit einem Karzinom jeweils zusammengefaßt und mittels linearer Diskriminanzanalyse getrennt. Die Adenome werden fremdklassifiziert.

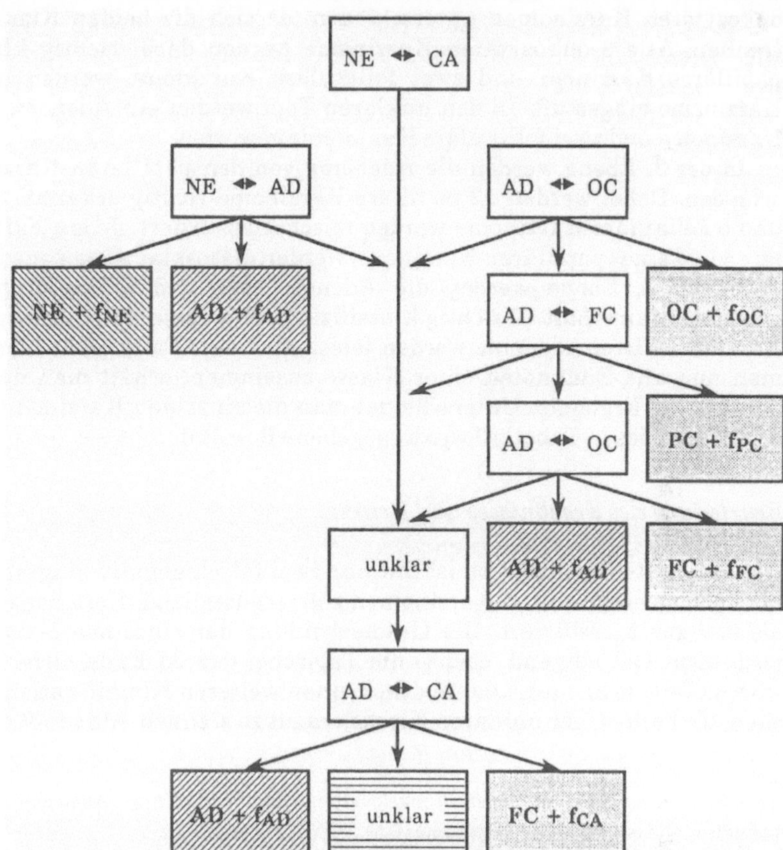

Abb. 5. Entscheidungsbaum in der Schilddrüsendiagnostik. NE: negative Fälle, AD: Adenome, CA: Karzinome, FC: follikuläre Karzinome, OC: onkozytäre follikuläre Karzinome, PC: papilläre Karzinome, f: falsche Entscheidungen.

Mit den Mittelwerten der a-posteriori Wahrscheinlichkeiten, zu der negativen bzw. Karzinomgruppe zu gehören, werden nun alle Präparate klassifiziert. In dem vorliegenden Fall werden 12 negative Fälle, 9 Adenome und 7 Karzinome in den ersten Topf und 18 Adenome und 42 Karzinome in den zweiten Topf geworfen. Ein negativer Fall, 7 Adenome und 4 Karzinome werden als nicht klassifizierbar zurückgewiesen.

In der zweiten Ebene des Entscheidungsbaumes hat man nun zwei Knotenpunkte: im ersten werden die Adenome von den negativen Fällen getrennt. Von den negativen Fällen werden 10, von den Adenomen 8 richtig klassifiziert, in beiden Gruppen kann ein Fall nicht klassifiziert werden. Von den 7 in diesem Ast klassifizierten Karzinomen fallen zwei in den negativen Topf, drei werden als Adenome und zwei als unklar eingestuft. In einem weiteren Schritt wäre es möglich, die Adenome noch von den Karzinomen zu trennen, jedoch ist die Präparateanzahl dafür nicht mehr ausreichend.

Im zweiten Knotenpunkt der 2. Ebene werden nun die Adenome von den onkozytären Karzinomen unterschieden, da sich die beiden Klassen am besten trennen. Alle 8 onkozytären Karzinome werden dabei richtig klassifiziert, ein papilläres Karzinom und zwei follikuläre Karzinome werden als onkozytäre Karzinome eingestuft. In den unklaren Topf werden ein Adenom, zwei papilläre Karzinome und zwei follikuläre Karzinome geworfen.

In der 3. Ebene werden die Adenome von den papillären Karzinomen unterschieden. Dabei werden 12 papilläre Karzinome richtig erkannt. Zwei Adenome und 6 follikuläre Karzinome werden falsch klassifiziert. Je ein Fall eines follikulären und eines papillären Karzinoms werden als unklar zurückgewiesen.

In der 4. Ebene werden die Adenome von den follikulären Karzinomen getrennt. Man erhält 10 richtig klassifizierte Adenome und 6 richtig klassifizierte Karzinome. Drei Adenome werden falsch und zwei Fälle nicht klassifiziert. Faßt man nun alle Endknoten einer Klasse zusammen, erhält man das in Tabelle 2 dargestellte Ergebnis. Unterscheidet man die einzelnen Karzinomtypen nicht, so erhält man das in Tabelle 3 wiedergegebene Resultat.

Beurteilung des Ergebnisses und Kritik:

Die Präparateklassifikation ist mit nur zwei falsch negativ eingestuften und drei als Adenom eingestuften Karzinomen zufriedenstellend. Kein negativer Fall wird als maligne klassifiziert. Die Unterscheidung der einzelnen Karzinomtypen ist noch nicht befriedigend, ebenso die Tatsache, daß 23 Fälle nicht klassifizierbar waren (Tabelle 3). Man könnte durch einen weiteren Klassifikationsschritt versuchen, die Fälle in der unklaren Klasse erneut zu trennen. Man faßt also alle Zellen

Tabelle 2. Klassifikation negativ/funktioneller Fälle, follikulärer Adenome (AD), follikulärer, papillärer und onkozytärer Karzinome (CA).

	negativ/ funktionell	Follikuläre AD	Follikulläre CA	Papilläre CA	Onkozytäre CA	unklar	gesamt
negativ	10	2	-	-	-	1	13
Follikuläre AD	-	18	3	2	-	10	33
Follikuläre CA	2	3	6	6	2	9	28
Papilläre CA	-	-	-	12	1	3	16
Onkozytäre CA	-	-	-	-	8	-	8

Tabelle 3. Klassifikation von negativen Fällen, Adenomen (AD) und Karzinomen (CA) (Siehe Text).

	negativ	AD	CA	unklar	gesamt
negativ	10	2	-	1	13
AD	-	18	5	10	33
CA '	2	3	35	12	52

Tabelle 4. Klassifikation von negativen Fällen, Adenomen (AD) und Karzinomen (CA) (Siehe Text).

	negativ	AD	CA	unklar	gesamt
negativ	10	2	1	-	13
AD	-	25	8	1	33
CA	2	6	43	1	52

dieser Präparate zusammen und trennt im vorliegenden Fall die Adenome und die Karzinome. Führt man dies durch, so werden 7 Adenome und 8 Karzinome richtig erkannt. Je drei Adenome und Karzinome werden falsch klassifiziert, ein Karzinom wird weiterhin nicht eingestuft. Das negative Präparat wird als Karzinom klassifiziert. Damit erhält man das in Tabelle 4 dargestellte Endergebnis.

Nur ein negatives Präparat wird als maligne eingestuft, 75% der Adenome richtig klassifiziert. Die falsch-negativ-Rate ist mit ca. 4%, die für die gutartigen Veränderungen mit 12% für die praktische Anwendung des Klassifikators noch zu hoch.

Zum Test der Stabilität eines Klassifizierers sollte man den Lerndatensatz in einen Lern- und Testdatensatz teilen und mit letzterem echte Fremdklassifikationen durchführen. Dies ist im vorliegenden Fall nicht möglich, da die Präparateanzahl dafür zu gering ist. Es kann auch nicht die eine Hälfte der Zellen eines Präparates zum Lernen und die andere Hälfte zum Testen verwendet werden, da gezeigt werden konnte, daß der Mittelwert der Wahrscheinlichkeiten erst bei Verwendung von über 60 Zellen stabil wird. Außerdem ist dieses Aufteilen der Einzelklassen völlig irrelevant, da die Präparateklassifizierung von der Varianz zwischen den Präparaten abhängt und die Güte des Klassifizierers damit von der Anzahl der Präparate im Lerndatensatz (siehe Kapitel 3.1). Die Anzahl der negativen Fälle ist dabei in unserem Beispiel für eine sichere Klassifikation sicher noch zu gering.

Zur Einführung in die Routinediagnostik wird man andere Klassifikationsstrategien entwickeln müssen, da zytologisch eindeutig klassifizierbare Fälle, wie es die meisten negativen Präparate sind, nicht zur bildanalytischen Auswertung kommen müssen. Hauptaugenmerk wird auf die Trennung von follikulären Adenomen und Karzinomen gelegt werden, deren visuelle Unterscheidung oft Schwierigkeiten bietet.

E. Kommerzielle Softwarepakete

Die sogenannte lineare Diskriminanzanalyse ist in kommerziellen Statistik-Softwarepaketen realisiert, wie z.B. im bekannten BMDP-Paket aus Los Angeles (5), in den Software-Paketen SAS (16) oder SPSS (19). Sie ist damit leicht anwendbar und schnell. In Kombination mit Variablenauf- und -abbau und Variation der a-priori Wahrscheinlichkeiten der Klassen erlaubt sie die Bestimmung realistischer Trennschwellen bei ökonomischer Merkmalsauswahl auch noch dann, wenn die tatsächlichen Merkmalsverteilungen große Abweichungen von der (gepoolten) Normalverteilung zeigen. Die quadratische Diskriminanzanalyse verwendet keine gepoolte Kovarianzmatrix, setzt aber ebenso Normalverteilungen der Merkmale voraus (4, 11). Will man auf diese Einschränkungen verzichten, muß man nicht-parametrische Verfahren anwenden, wie z.B. im Software-Paket ALLOC-80 (10) realisiert. Nach unserer Erfahrung sind aber solche Verfahren in der Regel wesentlich rechenintensiver, komplizierter in der Anwendung und in der Ergebnisanalyse und führen nicht zu entscheidenden Verbesserungen in der Präparateklassifikation.

F. Zusammenfassung

Die Zytometrie oder Histometrie erlaubt als quantitative Methode Präparateklassifizierungen mit Hilfe statistischer Methoden. Dabei ist die Vorgehensweise in der Zytometrie zweistufig: zuerst sind die Einzelzellen zu erkennen und zu klassifizieren und danach das Präparat. Zur Klassifikation gibt es zwei Methoden: jene mit Lerndatensätzen und jene ohne Lerndatensätze. Auf letztere wird hier nicht eingegangen. Bei der ersten werden Lerndatensätze der zur Zuweisung herangezogenen Merkmale (bzw. genauer deren Maßzahlen) von bekannten Zelltypen aus Präparaten mit bekannten Krankheitsbildern von Patienten erstellt und die Merkmale neuer Zellen in unbekannten Präparaten damit verglichen. Statistische Methoden werden notwendig, wenn sich die Merkmalsverteilungen von zu unterscheidenden Zellklassen überlappen und damit Fehlentscheidungen unvermeidlich sind. Die statistische Grundlage für Zuordnungen im Zweiklassenfall bildet das Bayes'sche Theorem. Es führt eine Diskriminanzfunktion ein auf der Grundlage der bedingten Wahrscheinlichkeit eines Objekts, zu einer Klasse zu gehören, wenn bestimmte Merkmalswerte (Variablen) vorliegen. Für diese Diskriminanzfunktion lassen sich dann Schwellen einführen und damit Objekte klassifizieren. Eine wesentliche Vereinfachung erfährt das Verfahren im Falle parametrischer Verteilungen, insbesondere bei Normalverteilungen mit gleichen Varianzen. Dann können die Diskriminanzfunktionen im multivariaten Fall als einfache Funktionen der kovarianznormierten Abstandsquadrate der Abstände der Objekte zu den Klassenmittelpunkten im Merkmalsraum (Mahalanobis-Abstände) eingeführt werden. Sie sind dann linear in den Variablen und damit leicht berechenbar.

Das Endziel in der Zytometrie ist eine zytologische Präparatediagnose. In den seltensten Fällen gelingt dies auf der Grundlage des Vorkommens oder Nichtvorkommens bestimmter seltener Objekte (z.B. Krebszellen). In aller Regel liegen Merkmalsverteilungen geeigneter vorklassifizierter Zellpopulationen eines Präparates vor, die mit entsprechenden Populationen von Lernpräparaten verglichen werden müssen. Hier gibt es zwei Vorgehensweisen. Im ersten Fall werden die Merkmalsverteilungen der gemessenen Zellen in einem Präparat auf einen einfachen Merkmalsvektor reduziert, z.B. durch Bildung der statistischen Momente der Verteilungen (wie Mittelwert, Streuung, Schiefe, Exzeß). Jedes Präparat wird damit ein Objekt im Merkmalsraum. Damit kann wieder eine lineare Diskriminanzanalyse durchgeführt werden.

Im zweiten Fall werden die ausgewählten Zellpopulationen klassifizierter Lernpräparate gepoolt und die Merkmalsverteilungen der Zellen neuer Präparate mittels geeigneter statistischer Testverfahren auf Zugehörigkeit zu den jeweiligen gepoolten Gesamtverteilungen untersucht. Hat man einen Mehrklassenfall, wird man aus Gründen der geeigneten Poolung von Verteilungen eine schrittweise Diskriminanzanalyse mittels eines Entscheidungsbaumes einer Mehrklassen-Diskriminanzanalyse in einem Schritt vorziehen. Die Optimierung eines Entscheidungsbaumes ist analytisch gesehen nicht möglich. Die lineare Diskriminanzanalyse liefert jedoch auch hier die schnellste und bequemste Möglichkeit, Knoten um Knoten mit den jeweils dafür günstigsten und ökonomischsten Merkmalen zu optimieren.

Literatur

1. Afifi AA, Azen SP (1979) Statistical Analysis, A Computer Oriented Approach. Academic Press, New York San Francisco London
2. Anderson TW (1958) Introduction to Multivariate Statistical Analysis. J Wiley New York
3. Bartels P (1979) Numerical Evaluation of Cytologic Data Part I - XIII. Analyt Quant Cytol 1979 - 1983
4. Burger G, Jütting U (1986) Specimen classification in cytometry: An intercomparison of various means of decision making. In: Gelsema ES and Kanal LN (eds). Pattern Recognition in Practive II. Elsevier Science Publisher B.V. (North-Holland) :509
5. Dixon WJ (ed) (1981) BMDP Statistical Software. Department of Biomathematics. University of California Press, Berkeley-Los Angeles
6. Duda RO, Hart EH (1973) Pattern Classification and Scene Analysis. John Wiley & Sons, Inc
7. Fahrmeir L, Hamerle A (1984) Multivariate statistische Verfahren, Gruyter Verlag, Berlin New York
8. Fukanaga K (1972) Introduction to Statistical Pattern Recognition. Academic Press, New York London
9. Hartung J, Elpelt B (1984) Multivariate Statistik. Oldenbourg Verlag München Wien
10. Hermans J, Habbema JDF (1982) Manual for the ALLOC-80 Discriminant Analysis Program. University Leiden
11. Höbel W, Abmayr W, Pöppl SJ, Giaretti W, Dörmer W (1982) Linear and non-linear feature extraction methods applied to automatic classification of proliferating cells. IEEE:343
12. Krishnaiah PR (1980) Handbook of Statistics, Vol. 1: Analysis of Variance. North Holland, Amsterdam
13. Krishnaiah PR, Kanal LN (1982) Handbook of Statistics, Vol. 2: Classification Pattern Recognition and Reduction of Dimensionality. North Holland, Amsterdam
14. Lusted LB (1968) Introduction to Medical Decision Making. Charles C. Thomas, Springfield-Illinois
15. Sachs L (1976) Angewandte Statistik, Statistische Methoden und ihre Anwendungen. Springer-Verlag Berlin Heidelberg New York
16. SAS User's Guide (1985) SAS Institut Inc. Box 8000, Cary, North Carolina
17. Schmetterer L (1966) Einführung in die mathematische Statistik. Springer-Verlag New York Wien
18. Sokal RR, Rohlf FJ (1969) Biometry. WH Freeman and Comp., San Francisco
19. SPSS (1983) Statistik-Programmsystem für Sozialwissenschaften, (nach N.H. Nie und C.H. Hull). Gustav Fischer Verlag Stuttgart New York
20. Timmers T (1987) Pattern recognition of cytological specimens. Dissertation, Univ. Amsterdam
21. Weber JE, Baldessari BA, Bartels PH (1985) Test statistics for detecting aneuploidy and hyperploidy. Analyt Quant Cytol 7:131

3.3 Personal Computer

Martin Oberholzer, Heinz Christen, Heinz Meyer, Hans Kuhn,
Siegfried Eins, Philipp U. Heitz

A. Allgemeine Bedeutung elektronischer Hilfsmittel in der Morphometrie

Parallel zum Interesse an der Morphometrie, das in den letzten Jahren stark
zugenommen hat, ist das Interesse an Hilfsgeräten zur elektronischen Erfassung
und Verarbeitung morphometrischer Daten gestiegen. Grund dazu ist der Arbeits-
und Zeitaufwand, den morphometrische Untersuchungen ohne Hilfsmittel
erfordern. Wenn morphometrische Resultate in Zukunft teilweise auch Bestandteile pathologisch-anatomischer Diagnosen werden sollen, sind semiautomatische
oder automatische Meßgeräte unabdingbare Voraussetzung.

Die digitale Bildanalyse sowie die Berechnung komplizierter geometrischer
Parameter wie z.B. der verschiedenen Formfaktoren (3) erforderte bis anhin den
Einsatz von Minicomputern. In letzter Zeit zeichnet sich auch die Möglichkeit ab,
dazu Microcomputer (z. B. APPLE II e) verwenden zu können (1, 7, 9). Auch wenn
Gundersen et al (1981) (5) zeigten, daß die Berechnung der wichtigsten stereologischen Parameter mit Hilfe der Zählung von Treffer- und Durchstoßpunkten
sowie Strukturanschnitten semiautomatischen, opto-manuellen Verfahren gleichwertig ist, so trifft dies für Messungen verschiedener Parameter wie z.B. von
Formfaktoren, mittleren Wandbreiten von Blutgefäßen, "Nächsten Nachbarn"
oder Charakteristika von Verteilungen (siehe Kapitel 1.1) nicht mehr zu.

Zugunsten semiautomatischer oder automatischer elektronischer Hilfsmittel
in der Morphometrie sprechen folgende Argumente:

1. Simultane quantitative Erfassung mehrerer morphologischer Parameter;
2. direkter Miteinbezug von funktionellen Parametern in die Matrix der morphometrischen Daten;
3. on-line Berechnung sämtlicher stereologischer Parameter (Sekundärparameter) aus den primären Meßgrößen (Primärparameter) und anderer morphometrischer Parameter
4. Meßgenauigkeit;
5. Portabilität von Programmen und Daten zwischen interessierten Laboratorien;
6. Wiederholbarkeit und Reproduzierbarkeit der Messungen.

Die Portabilität von Programmen und Daten hat sich als problematisch herausgestellt. Die Verwendung unterschiedlicher Datenformate, Programmiersprachen
und Computer-Systeme führte zwangsläufig zu ähnlichen Entwicklungsarbeiten
an verschiedenen Instituten und behinderte den gegenseitigen Daten- und Infor-
mations-Austausch. Die Internationale Stereologische Gesellschaft (ISS) hat sich
dieser Problematik angenommen und einen Bericht vorgelegt (6), der in einer
ersten Fassung 57 Programme beschreibt sowie Angaben zur Software, Hardware

und Dokumentation macht. Neben Programmen für klassische Punktezähl-verfahren (wozu auch die vorliegende Arbeit einen Beitrag liefert) und spezielle Applikationen enthält diese Übersicht Programme zu den Themen, die in letzter Zeit sehr an Bedeutung gewonnen haben und sehr rechenintensiv sind, wie z.B. Analyse von Größenverteilung, dreidimensionale Rekonstruktion und Statistik. Für Einsteiger und für die studentische Ausbildung können die stereologischen Lernprogramme hilfreich sein. In diesem Zusammenhang sei auch auf die regelmäßig mit Unterstützung der ISS durchgeführten Grundlagenkurse für Morphometrie hingewiesen (2).

Semiautomatische oder/und automatische Geräte werden von verschiedenen spezialisierten Firmen angeboten. Sie können aber nicht generell als Personal Computer eingesetzt werden, da sie primär als Bildanalysegeräte gebaut sind, und deshalb die notwendige Software für direkte Zugriffe auf die Datenfiles sehr oft fehlt.

B. Semiautomatisches Bildverarbeitungssystem (BIVAS)

Am Institut für Patholgie der Universität Basel entwickelten wir ein eigenes semi-automatisches Bildverarbeitungssystem (BIVAS) 1) zur Erfassung und auto-matisierten Auswertung solcher morphometrischer und anderer Messparameter, deren Messung auf konventionelle, manuelle Art und Weise aus Gründen des Zeit- und Arbeitsaufwandes praktisch unmöglich ist, und 2) zur automatisierten Auswertung von Meßdaten, die von Hand erhoben wurden.

Das System basiert auf einem APPLE II/IIe-Personalcomputer und ist auf folgende vier Ziele ausgerichtet:

1. Erfassung und Auswertung morphometrischer Parameter sowie stereologi-scher Primär- und Sekundärparameter in Einzelschritten – entweder direkt manuell oder semiautomatisch (Dateneingabe über Tastatur oder Graphic Tablet);
2. Vielseitige Lösungsmöglichkeiten für verschiedene Auswertungsprobleme (morphometrische, aber auch epidemiologische oder kasuistische Studien mit 2- oder 3-dimensionalen Datenmatrizen);
3. Direkter Anschluß (on-line Datentransfer) des Systems an andere Computer zur optimalen Ausschöpfung statistischer Analyseprogramme und graphischer Programme;
4. Optimales Kosten-Nutzenverhältnis durch vielfältige Verwendbarkeit der ein-zelnen Hard- und Softwareelemente und schrittweisen Auf- und Ausbau des Systems (Baukasten-System).

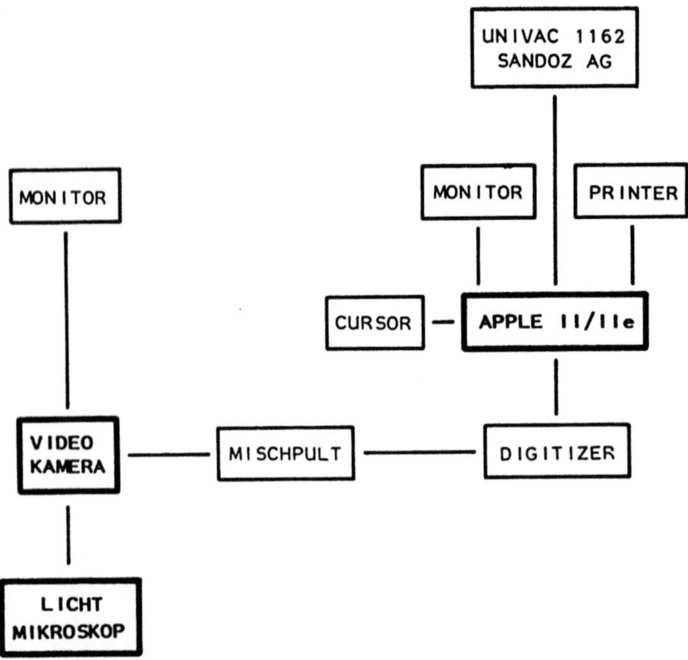

Abb. 1a. Hardware-Konfiguration des Bildverarbeitungssystems BIVAS am Institut für Pathologie der Universität Basel.

Die Hardware-Konfiguration ist aus Abb. 1a ersichtlich. Sie besteht aus:

2 Monitoren:	SANYO DM 5912 CX, JVC TM-90 PSN
Printer	EPSON MX-80 III f/T
Digitizer-Tablet	APPLE Graphic Tablet
Cursor	4-Kanal-Lichtcursor der Firma KONTRON AG, Zürich (wurde elektronisch angepaßt)
Cursor-Stift	APPLE
Videokamera	JVC Color Videocamera
Mischpult	JVC KM-1500 Mark-II
Lichtmikroskop	ZEISS (mit ZEISS Kamera-Aufsatz)

Testfelder histologischer Schnitte werden vom Mikroskop über die Video-Kamera direkt auf den Bildschirm projiziert; das Cursorsignal oder auch Datenanzeigen des Datenerfassungs- oder -auswertungsprogrammes können mit dem Mischpult dem Bild im Monitor überlagert werden. Die Video-Kamera kann wie das Mikroskop anderweitig eingesetzt werden. Der APPLE II Computer ist über einen LA-120 Schreibterminal der Firma DIGITAL EQUIPMENT CORPORATION an einen UNIVAC 1162 Computer der Firma SPERRY angeschlossen (Standort: SANDOZ AG, Basel). Er kann ebenfalls mit einem APPLE MACINTOSH Computer verknüpft werden.

Einen Überblick über die Software-Konfiguration gibt Abb. 1b. Das BIVAS-Programm besteht aus 4 Teilprogrammen:

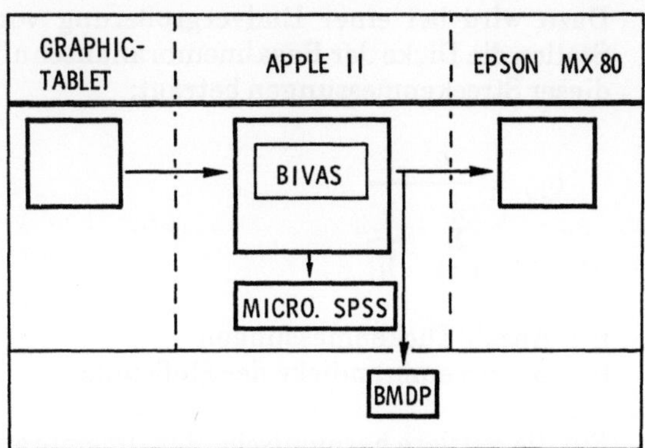

Abb. 1b. Software-Konfiguration des Bildverarbeitungssystems BIVAS.

1. Programm zur Definition und Änderung von Dateimerkmalen (Variablenna-
   men, Dimension für die Darstellung der Resultate, d.h. Festlegung der Anzahl
   Nachkomma-Stellen; Erfassungsmodus, d.h. Wahl, ob der Dateninput über das
   Keybord oder das Graphic Tablet erfolgt);
2. Programm zur Datenerfassung (über Tastatur oder Graphic Tablet) und zur
   Datenausgabe;
3. Programm für "Transformationen" (Auswertungen und Berechnung neuer Parameter aus den "Rohdaten");
4. Programm für deskriptive und vergleichende Statistik.

Die einzelnen Dateien (Datenfiles) können maximal 50 Variablen umfassen;
die Anzahl Beobachtungen (z. B. Patienten) hängt vom verfügbaren Speicherplatz
auf der Diskette ab. Bei der Eröffnung jeder neuen Datei wird der auf der Diskette
noch vorhandene Speicherplatz angezeigt. Aus jeder Datei können beliebige
Bereiche zur Datenein- und -ausgabe, zur Datentransformation und zum Datentransfer in eine neue Datei ausgewählt werden. Jede Datei kann in eine
standardisierte Textdatei umgewandelt und so zur Weiterverarbeitung mit
anderer Software auch an anderen Computern (z.B. APPLE MACINTOSH) bereit-
gestellt werden. Über das Graphic-Tablet können erfaßt werden: Anzahl Trefferpunkte, Anzahl Durchstoßpunkte, Anzahl Objektanschnitte, Längen, Flächen,
Umfänge, Distanz zwischen zwei Punkten, Orientierung einer Strecke und Koordinaten von Meßpunkten. Die Meßgenauigkeit des Tablets beträgt 0.05 mm.

Die Berechnung morphometrischer Parameter beliebiger Forschungs- oder
Untersuchungsprojekte kann in einfachen, durch den Benützer beliebig zusam-
menstellbaren Auswertungsprogrammen (sog. Transformations-Schematas oder
Job Protokolle) festgelegt werden.

C. Beispiel: Messung und Berechnung der mittleren Dicke glomerulärer Basalmembranen

Die mittlere Dicke der glomerulären Basalmembran von 5 Patienten mit Diabetes
mellitus wird nach dem Verfahren von Gundersen und Østerby (4) berechnet.

278

Dazu wird bei einer Endvergrößerung von 25 375 x an zufällig ausgewählten Stellen die Dicke der Basalmembrananschnitte gemessen. Das harmonische Mittel dieser Streckenmessungen beträgt:

$$l_{(h)} = \frac{n}{\sum\limits_{i=1}^{n} \dfrac{1}{l_i}} \qquad (\mu m) \qquad (1)$$

n : Anzahl Dickenmessungen
l_i : Basalmembrandicke der Meßstelle i

Für die mittlere harmonische Basalmembrandicke gilt:

$$t_{(h)} = 0.849 \cdot l_{(h)} \qquad (\mu m)$$

und für die mittlere arithmetische Basalmembrandicke:

$$t_{(a)} = 0.785 \cdot l_{(a)} \qquad (\mu m)$$

Die direkt am Graphic Tablet gemessenen Membrandicken L(MESS) [$=l_i$] werden pro Patient in einer Datei (z.B. "Patient A") als Variable 1 abgelegt (Abb. 2). Für alle Messungen der 5 Patienten werden die Parameter L = L (MESS)/m (m: lineare Vergrößerung) und L(REZ) ($=1/l_i$) berechnet und als Variable 2 und 3 in den jeweiligen Patientendateien gespeichert. Die Befehle für diese Berechnungen sind in den Zeilen 002 und 003 des Transformations-Schemas oder Auswertungsprogramms "Basalmembranen" (Abb. 3) festgehalten. Die Werte der Parameter L(HARM) [$=l_{(h)}$], T(HARM) [$=t_{(h)}$], L(REZ), SD[L(REZ)] [Standardabweichung des reziproken Mittelwertes], L(ARITH) [$=l_{(a)}$],

```
1 = L(MESS)          2 = L              3 = L(REZ)


BEOB                  1                  2                  3
----------------------------------------------------------------------------
0001               20.0000             .7882             1.2688
0002               22.0000             .8670             1.1534
0003               18.0000             .7094             1.4097
0004               16.0000             .6305             1.5859
0005               17.0000             .6700             1.4926
0006               21.0000             .8276             1.2083
0007               20.0000             .7882             1.2688
0008               21.0000             .8276             1.2083
0009               24.0000             .9458             1.0573
0010               20.0000             .7882             1.2688

0011               22.0000             .8670             1.1534
0012               25.0000             .9852             1.0150
0013               21.0000             .8276             1.2083
0014               18.0000             .7094             1.4097
0015               29.0000            1.1429              .8750
```

Abb. 2. Software des Bildverarbeitungssystems BIVAS: Ausgangsdatei "Patient A" (für Details siehe Text).

SD[L(ARITH)], T(ARITH) [= $t_{(a)}$] sowie N (Anzahl Messungen) pro Patient werden fortlaufend in der Datei "Resultate Basalmembranen" aufbewahrt (Abb. 4). Die Befehle dazu sind in den Zeilen 007 bis 015 des Transformations-Schemas (Abb. 3) festgehalten.

Das Programm ist so konzipiert, daß in einem einzigen Ablauf die automatische Auswertung von 50 Ausgangsdateien (z.B. "Patient A", "Patient B" usw.) mit je maximal 50 Variablen möglich ist. Die Resultate (Sekundärparameter) können in die einzelnen Dateien, welche die Ausgangswerte (Primärparameter) enthalten (z.B. "Patient A"), in neue Dateien (z. B. "Resultate Basalmembranen") oder auf temporäre Vektoren TA bis TD (z.B. in den Zeilen 004 bis 005 des Transformations-Schemas in Abb. 3) abgelegt werden.

Vor jeder automatischen Auswertung werden vom Computer die Namen der Ausgangsdateien, die bearbeitet werden sollen, verlangt (definiert durch den Parameter "P1" in Zeile 001 (Abb. 3)). Die Reihenfolge der Resultate in der Resultatdatei entspricht der Reihenfolge, in der die Ausgangsdateien bearbeitet

```
001:  DNE,P1
002:  OP,O1/25.375,1,ED/V1;0/B1;L,ED/V2;0/B1;L
003:  OP,1/O1,1,ED/V2;0/B1;L,ED/V3;0/B1;L
004:  PROC.SUMMEN,2,ED/V3;3/B1;L,TA/B1;1
005:  PROC.MITTELW./STAT.,3,ED/V3;0/B1;L,TB/B1;5
006:  PROC.MITTELW./STAT.,3,ED/V2;0/B1;L,TC/B1;5
007:  DNE,.RESULTATE BASALMEMBRANEN
008:  OP,O1/O2,2,TB/B1;1,TA/B1;1,ED/V1;0/BN;N
009:  OP,O1*0.849,1,ED/V1;0/BL;L,ED/V2;0/BN-1;N-1
010:  OP,O1,1,TB/B2;2,ED/V3;0/BN-1;N-1
011:  OP,O1,1,TB/B3;3,ED/V4;0/BN-1;N-1
012:  OP,O1,1,TC/B2;2,ED/V5;0/BN-1;N-1
013:  OP,O1,1,TC/B3;3,ED/V6;0/BN-1;N-1
014:  OP,O1*0.785,1,ED/V5;0/BL;L,ED/V7;0/BN-1;N-1
015:  OP,O1,1,TB/B1;1,ED/V8;0/BN-1;N-1


PARAMETER :

P1: PATIENTENDATEI,ALPHA,
```

Abb. 3. Software des Bildverarbeitungssystems BIVAS: Transformations-Schema "Basalmembranen" (für Details siehe Text).

```
1 = L(HARM)        2 = T(HARM)        3 = L(REZ)
4 = SD(L(REZ))     5 = L(ARITH)       6 = SD(L(ARITH))
7 = T(ARITH)       8 = N
```

BEOB	1	2	3	4	5	6	7	8
0001	.807	.685	1.239	.185	.825	.130	.648	15
0002	.897	.761	1.115	.191	.927	.196	.728	15
0003	1.078	.915	.928	.166	1.109	.188	.870	15
0004	.910	.773	1.099	.457	1.061	.417	.833	12
0005	1.266	1.074	.790	.142	1.311	.274	1.029	18

Abb. 4. Software des Bildverarbeitungssystems BIVAS: Resultatedatei "Resultate Basalmembranen" (für Details siehe Text).

werden. Die Resultatdateien können fest vorgegeben (wie im Beispiel) oder ebenfalls im Dialog gewählt und zugeordnet werden. Dabei wird die Datei im Schema durch einen Parameter definiert, für den z.B. die Namen der Ausgangsdateien eingetippt werden müssen (Zeile 001 in Abb. 3). In sämtliche Dateien können über die Tastatur oder das Graphic Tablet weitere Variablenwerte eingelesen werden. Ebenfalls ist die Möglichkeit zu einem Transfer sämtlicher Dateien on-line an einen anderen Computer (z. B. SPERRY UNIVAC 1162) gegeben.

Der Benutzer ist in der Anwendung mathematischer Formeln für die Berechnung von Parametern völlig frei. Diese Flexibilität des Systems erlaubt neben der Berechnung stereologischer Parameter, der wichtigsten statistischen Lokalisations- und Streuungsmaße z. B. auch die individuelle Programmierung statistischer Tests und beliebige Umstrukturierungen von Datenmatrizen.

D. Allgemeine Bedingungen für den Einsatz von Personal Computern

Bildauswertungssysteme, die auf Personal Computern basieren, können sehr wertvolle und sehr preisgünstige Hilfsmittel für morphometrische und stereologische Untersuchungen sein (8). Sie haben den Vorteil, daß sie schrittweise (im Baukastensystem) realisiert werden können und die ursprünglichen Einsatzbereiche der Einzelelemente (Mikrocomputer, Mikroskop, Fernsehkamera usw.) erhalten bleiben. Dadurch ist eine optimale Austauschbarkeit und Kompatibilität der Hardwareelemente gegeben. Eine möglichst weitreichende Kompatibilität sollte auch für die Software angestrebt werden. Dies ist für einen on- oder off-line Datentransfer an verschiedene Systeme Voraussetzung. Ein solcher Datentransfer wird dann problemlos durchführbar, wenn die Daten in einfach strukturierte, zweidimensionale Dateien abgelegt werden können, und wenn die Struktur der Dateien bekannt ist. Bei den meisten handelsüblichen Geräten fehlen derartige Informationen über die vom System generierten Datei-Strukturen. Dadurch ist ein direkter Zugriff auf die Daten und ein Datentransfer an andere Systeme ohne großen Aufwand meist nicht zu verwirklichen. Auch wenn viele Bildanalyse-Geräte über Programme für die übliche deskriptive und Prüfstatistik verfügen, ist eine "Verknüpfbarkeit" solcher Systeme mit anderen erstrebenswert. Gerade bei Vergleichen zwischen funktionellen und morphometrischen Befunden sind oft multivariate Testverfahren notwendig, die bisher nur an größeren Rechnern durchgeführt werden können und einen Datentransfer vom Erfassungssystem an einen anderen Computer erfordern. Ein solcher Datentransfer von Personal Computern an andere Rechner kann erfahrungsgemäß mühelos und an individuelle Vorgaben angepaßt durchgeführt werden.

Diesen Vorteilen der Verwendung von Personal Computern in der Morphometrie steht der Nachteil eines bei diesen Geräten größeren Aufwandes zur Datenverwaltung und einer limitierten Kapazität gegenüber. Reichliche eigene Beobachtungen haben aber gezeigt, daß die Vorteile von Baukastensystemen mit Personal Computern gegenüber ihren Nachteilen im Vergleich zu geschlossenen, automatisierten Bildauswertesystemen in sehr vieler Hinsicht (Kosten, Flexibilität, Kompatibilität) deutlich überwiegen.

Literatur

1. Barrows GH, Sisken JE, Allegro JC, Grasch SD (1984) Measurement of fluorescence using digital integration of video images. J Histochem Cytochem 32:741
2. Collan J (1983) Stereology and morphometry in pathology. Acta Stereol 2: 203
3. Gschwind R, Umbricht CB, Torhorst J, Oberholzer M (1986) Evaluation of shape descriptors for the morphometric analysis of cell nuclei. Path Res Pract 181:213
4. Gundersen HJG, Østerby R (1981) Optimizing sampling efficiency of stereological studies in biology or 'Do more less well'. J Microsc 121:65
5. Gundersen HJG, Boysen M, Reith A (1981) Comparison of semiautomatic digitizer-tablet and simple point counting performance in morphometry. Virchows Arch Cell Path 37:317
6. Howard V, Eins S (1985) Software solutions to problems in stereology. Acta Stereol 3:139
7. Pesce Delfino V, Ricco R (1983) Remarks on analytic morphometry in biology: Procedure and software illustration. Acta Stereol 2:458
8. Round JM, Jones DA, Edwards RHT (1982) A flexible microprocessor system for the measurement of cell size. J Clin Pathol 35:620
9. Silage DA, Gil J (1984) Methods in laboratory investigation. Digital reversal and embarassement of negatives in video-based interactive morphometry. Lab Invest 51:112

3.4 Geräte zur quantitativen Mikroskopie

Peter Gais, Georg Burger

A. Einleitung

Die Bezeichnung quantitative Mikroskopie schließt verschiedene Techniken und Methoden ein, mit denen man messen kann. Im Bereich der Medizin wurden schon früh Formen und Strukturen beschrieben und mittels morphometrischer und stereologischer Methoden quantitativ gemessen (16). Zählmethoden sind seit langem in der Hämatologie Standard zur quantitativen Analyse des Blutbildes. Casperson (4) setzte photometrische Methoden zur DNS-Messung ein, um Tumoren quantitativ zu charakterisieren. Mit Hilfe der Bildverarbeitung wird versucht, die verschiedenen Methoden komprimiert zur quantitativen Analyse von mikroskopischen Bildern in der Zytologie und Histologie einzusetzen.

Die Palette der in der quantitativen Mikroskopie eingesetzten Meßgeräte reicht von einfachen mechanischen Systemen bis zu vollautomatischen Bildanalysegeräten. In Tabelle 1 sind die Meßkonzepte mit den Vor-und Nachteilen in Richtung steigender Automatisierung dargestellt (siehe hierzu auch Kapitel 1.2). In der Tabelle 2 sind einige Bildanalysegeräte aufgelistet. Diese Aufstellung ist keineswegs vollständig und sicher wegen der rasanten Entwicklung auf dem Gebiet nur kurzlebig. Sie stellt also keine Marktanalyse dar, sondern soll lediglich Hinweise auf verschiedene Mitte der 80-er Jahre kommerziell vorhandene Systeme geben.

Tabelle 1. Vor- und Nachteile verschiedener Geräte zur quantitativen Bildanalyse

Geräte	Methode	Vorteil	Nachteil
1. Manuelle			
- Meßokular im Mikroskop	Punktezählen	Billig	Langsam
- Projektionsmikroskop	Punktezählen	Billig	Langsam
2. Halbautomatische			
- Digitalisiertablett	Planimetrie	Objektmessung	Langsam
- Mikroskopphotometer	Photometrie	Genau	Langsam
3. Automatische			
- Elektronische Bildanalysegeräte	Elektronik	Schnell	Artefakte

Tabelle 2. Im Handel erhältliche Meßgeräte

Halbautomatische Geräte

Gerät	Firma	Adresse
A.S.M.	Leitz	D-6330 Wetzlar
C.B.A.	Jung	D-6907 Nußloch
INTELLECT	Stemmer	D-8031 Puchheim
IMPACS	Signal Computer	D-6140 Bensheim
IMAGO	Compulog	D-7030 Böblingen
MORPHOMAT	Zeiss	D-7082 Oberkochen
PICTURECOM	VTE	D-8036 Herrsching
VIDDS	AI Tektron	D-4005 Meerbusch
VIDEOGRAPH	Control Graphic	D-5450 Neuwied
VIDEOPLAN	Kontron	D-8057 Eching

Vollautomatische Geräte

Gerät	Firma	Adresse
GENESIS 2000	Machine Vision	Ann Arbour,Michigan, U.S.A.
GOP	Context Vision	S-Linköping, Schweden
IBAS	Kontron	D-8057 Eching
MAGISCAN	Joyce Loebl	D-4000 Düsseldorf
QUANTIMET	Cambridge Instruments	D-4600 Dortmund
SAMBA	TITN	F-Grenoble, Frankreich
SIGNUM	Signum	D-8000 München
TAS	Leitz	D-6330 Wetzlar
VICOM	IRTV	D-2000 Hamburg
VISIAC	Feinwerktechnik	D-8000 München

B. Manuelle Geräte

Die rein manuelle Meßmethode wird in der Regel mit Zähltechniken der klassischen Stereologie verknüpft (15) (siehe Kapitel 1.1 und 1.2). Durch ein Punkt- oder Strichlinienraster werden als einfachste Meßgrößen Flächen- oder Anzahldichten von Objekten oder segmentierten Bildfeldarealen bestimmt. Die Raster können dabei in das Mikroskopokular eingesetzt werden und der Zählvorgang erfolgt direkt durch das Mikroskop. Unter Verwendung eines Projektionsmikroskopes erreicht man etwas mehr Beweglichkeit. Zusätzlich zur Einstellung des interessierenden Gesichtfeldes können dabei die meist in Form von transparenten Folien verwendeten Raster auf dem projizierten Bildfeld positioniert werden. Das Zählen der übereinstimmenden Meßflächen muß nicht mehr über das mikroskopische Bild erfolgen und ist damit weniger anstrengend für das Auge.

Densiometrische Messungen, wie DNS-Messungen, sind mit diesen Geräten nicht möglich.

C. Halbautomatische Geräte

Oft ist es notwendig, die Form, Fläche, Randlänge oder ähnliche geometrische Merkmale von Zellen oder Zellverbänden zu vermessen und das bei Objekten, deren Berandung für das menschliche Auge erkennbar ist, bei denen vollautomatische Geräte aber bei der Grenzfindung versagen. Hier ist der Einsatz halbautomatischer Geräte angebracht.

Digitalisiertablett

Beim Einsatz eines Digitalisiertablettes heißt halbautomatisch das interaktive Umfahren des zu vermessenden Objektes mit einem Griffel oder einer Fadenkreuzlupe. Das mikroskopische Objekt kann dabei über das Projektionsmikroskop auf einem Tablett vorliegen oder über eine TV-Kamera auf einem Monitor abgebildet sein. Der bei der Umfahrung zurückgelegte Weg wird durch das Digitalisiertablett in eine Folge von Koordinaten zerlegt, die in einem Microcomputer abgespeichert und zur Berechnung der gesuchten Merkmale verwendet wird. Bei der Darstellung des Objektes am TV-Monitor wird der dabei zurückgelegte Weg direkt ins Bild eingeblendet und kann so visuell gut verfolgt und korrigiert werden. Diese Methode erlaubt eine recht genaue Vermessung einzelner Objekte, eignet sich jedoch aus Aufwandsgründen nicht für größere Objektzahlen.

Ein typischer Vertreter für diese Sorte von Geräten ist das Bildanalysesystem Videoplan der Firma Kontron. Es ist standardmäßig ausgerüstet mit einem 1-4 Mbyte-Rechner, 1,2 Mbyte floppy- und 42 Mbyte harddisc-Speicher und einem Digitalisiertablett der Größe 297 x 297 mm mit 0,1 mm Ortsauflösung. Die Bildverarbeitungsprogramme werden über Menüfelder angesteuert. Über 20 planimetrische Merkmale können gemessen werden und on- und offline miteinander verechnet werden. Für die statistische Analyse werden eine Reihe von Testprozeduren angeboten. Typische Merkmale sind neben der Fläche und dem Umfang von Objekten der Durchmesser des Kreises gleicher Fläche oder die Fläche und die Hauptachsen von ein- oder umschriebenen Ellipsen, maximale Durchmesser oder die projizierten Abmessungen auf den x- und y-Achsen. Mit diesen Größen können bereits recht brauchbare Formparameter angegeben werden.

Grundsätzlich kann man feststellen, daß sich diese halbautomatischen Geräte für die Zytometrie nicht, für die Histometrie dagegen ganz hervorragend eignen. Sie überlassen nämlich den schwierigsten Schritt zur Bildanalyse, die Objektsegmentierung, dem menschlichen Beobachter. Es ist dabei unmittelbar einleuchtend, daß die Szenensegmentierung zur Vermessung von Gewebsbestandteilen, bei dem ungeheuer großen Formenreichtum in der Histologie gar nicht anders gelöst werden kann.

Neben dem graphischen Tablett gibt es noch die Möglichkeit Meßpunkte direkt auf dem Bildschirm zu markieren. Dies geschieht mittels Lichtgriffel oder durch druckempfindliche Bildschirme. Letztere stellen im Prinzip ein transparentes graphisches Tablett dar, das der Bildschirmwiedergabe angepaßt ist und davor gelegt wird (11). Beide Verfahren haben naturgemäß neben Problemen der parallaxefreien Punktmarkierung ein sehr begrenztes Auflösungsvermögen und werden heutzutage höchstens noch zur Objektmarkierung oder Menüauswahl verwendet. Gute Zusammenstellungen zu entsprechenden Anwendungen für die manuelle oder halbautomatische morphometrische Vorgehensweise in der Pathologie finden sich in Baak und Oort (1) und Oberholzer (8).

Mikroskopphotometer

Stoffmengen in einer Zelle wie z.B. die DNS können bei geeigneter stöchiometrischer Färbung durch Messung der Lichtextinktion quantitativ nachgewiesen werden. Als Meßgerät wurde dazu schon früh das Mikroskopphotometer eingesetzt. Mit einer Meßblende wird aus dem mikroskopischen Bild des Zellkerns ein kleiner Bereich eingegrenzt und das transmittierte Licht, z.B. mittels eines Photomultipiers, gemessen. Der Durchmesser der Meßblende darf dabei nicht größer als die lokale Ausdehnung der zu erwartenden Dichteinhomogenitäten gewählt werden.

Nach dem Extinktionsgesetz ist nämlich die Extinktion, d.h. der Logarithmus der Transmission proportional zur Menge des absorbierenden Markers. Da die Summe des Logarithmus mehrerer lokaler Meßsignale nicht gleich dem Logarithmus der Summe dieser Signale ist, muß also das Objekt in jedem Fall bildpunktweise abgetastet werden. Die Signalwerte innerhalb einer größeren, das Objekt umschließenden Bildfeldblende, können dabei in einem Zählregister aufsummiert werden. Das Verfahren erfordert ein Zentrieren der Zelle unter der Bildfeldblende und ein zellabhängiges Einstellen der Blendengröße. Man spricht auch hier von einem halbautomatischen Verfahren zum Messen von densitometrischen Merkmalen.

D. Automatische Geräte

Diese Geräte werden so genannt, da sie den vorher beschriebenen Schritt von der Bildverarbeitung zur Objektvermessung, nämlich die Objektsegmentierung selbsttätig vornehmen. Daß dabei die Szenenauswahl, ja sogar die Auswahl einzelner zellulärer Objekte durch Gesichtsfeldpositionierung oder Objektmarkierung in einer Szene durchaus interaktiv erfolgen kann, soll keine Widerspruch zur Begriffswahl darstellen. Gelegentlich nennt man Geräte, die sogar die Objektauswahl selbst vornehmen, ein Präparat also z.B. selbsttätig durchmustern und ausgesuchte Objektpopulationen vermessen um darauf eine Präparate- oder Falldiagnose zu gründen oder um damit wenigstens Präparate nach bestimmten Kriterien für die visuelle Untersuchung vorzusortieren, auch vollautomatische Geräte (3, 13, 14).

In jedem Fall gründen diese Geräte auf der digitalen Mikroskopie, d.h. der Verarbeitung und Analyse von Bildern. Diese können grundsätzlich auf zwei Arten generiert werden

- durch Scanningphotometrie mit punktweiser Signalspeicherung
- durch Bildfeldsensoren.

In jedem Fall existiert ein digitales Bild des abgetasteten mikroskopischen Gesichtsfeldes, das in einem Bildspeicher abgelegt ist und durch eine geeignete Hard- und/oder Software bearbeitet und vermessen wird.

Notwendig sind also bei solchen Systemen Bausteine zur

- Bilderfassung
- Bildspeicherung
- Bildbearbeitung
- Bildvermessung.

Eine gute Bilderfassung erfordert, eine automatische Fokussiereinrichtung, eine Shadingkorrektur gegen Ausleuchtungsfehler und oft eine Meßmöglichkeit bei verschiedenen Wellenlängen und/oder Vergrößerungen. Dies setzt ein automatisiertes Mikroskop (9) mit einem angepaßten Photodetektor, schnelle Prozessoren und eine problemspezifisch anpaßbare Software voraus.

Photodetektor

Typische Scanningmikroskopphotometer existieren z.B. von Leitz (MVP) und Zeiss (SMP). Der Photodetektor mißt hier die Signalintensität hinter einer kleinen Meßblende von z.B. $0.25\,\mu m \times 0.25\,\mu m$, wobei ein motorgetriebener Tisch das Objekt in einem vorgegebenen Raster an der Meßfläche vorbeiführt. Die Meßmethode erfordert einen Microcomputer, der den analogen Photodetektorwert in einen digitalen Meßwert wandelt und ausreichend Speicherplatz für das digitale Bild. Die Bildarraygrößen für die Zellvermessung sind typischerweise 128 x 128 Bildpunkte mit einer Auflösung von 256 Graustufen. Damit ergibt sich ein Speicherbedarf von 16 Kbyte pro Zellbild. Die Meßzeiten liegen bei ca. 30 Sekunden pro Zelle.

Das Signal-Rauschverhältnis und damit die Grauauflösung kann in der Scanningphotometrie durch den Einsatz von Laserlicht verbessert werden. Auf Grund der höheren Lichtintensität kann damit auch schneller abgetastet werden. Zum schnellen Abtasten und Erzeugen des Scanningrasters verwendet man statt der Tischbewegung die Ablenkung des Laserstrahles mittels Drehspiegel (2). Die Meßzeiten liegen hier bei Sekunden für ein Feld mit 128 x 128 Bildpunkten. Der Laserscanner ist wegen seiner hohen Lichtintensität auch sehr gut für Fluoreszenzmessungen geeignet. Eine weitere Besonderheit bei dem Laserscanningmikroskop ist die sogenannte konfokale Abbildungstechnik mit einer erheblichen Verbesserung der lokalen und Grauwertauflösung. Dabei werden die durchstrahlten Objekte nur in dünnen Schnittebenen abgebildet, also gleichsam optisch tomographiert (17).

In vielen vollautomatischen Geräten findet man als Bildwandler Standard-TV-Kameras. Verwendung finden Kameras mit Vidikon-, Plumbikon- oder Chalnikon-Röhren, die direkt auf das Mikroskop aufgesetzt sind. Die Bilderzeugung ist wesentlich schneller (40 ms) als in der Scanningphotometrie, die Grauauflösung mit etwa 60 echten Graustufen aber geringer. Das typische Bildformat ist 512 x 512 Bildpunkte. Die Speicherung der Bilder erfolgt in einem digitalen Bildspeicher der an den verarbeitenden Computer angeschlossen ist.

Neben der TV-Technik und dem Laserscanner finden heute immer mehr Photodiodenarrays und da vor allem Charge-Coupled-Devices (CCD) als Bildsensoren Verwendung. CCD-Bildsensoren gibt es als eindimensionale Zeilenarrays (10) mit bis zu 2048 Elementen sowie als zweidimensionale Arrays mit 512 x 512 Bildpunkten Arraygröße. Bei der Verwendung von Linienarrays erfolgt der Vorschub quer zum Linienarray mit Hilfe eines mechanischen Tisches. Die CCD's bestehen aus einem Array aus lichtempfindlichen Elementen. Hohe geometrische Genauigkeit und das hohe Signal-zu-Rauschverhältnis sind die Hauptvorteile der CCD-Technik. Der enge Temperaturbereich ($< 30°C$) wegen des thermischen Dunkelstromes ist der Hauptnachteil.

Prozessoren

Bei der vollautomatischen Mikroskopbildanalyse wird das gesamte zu messende Bildfeld in digitaler Form im Speicher eines Rechners abgelegt. Dies erfordert eine hohe Speicher- und vor allem Rechenkapazität zur schnellen Verarbeitung der Bilder. Die hohe Rechenkapazität erreicht man mit Prozessoren die quasi-parallel (Pipeline) oder parallel ein Bildarray abarbeiten können. In den meisten der automatischen Bildanalysesysteme werden dazu Arrayprozessoren verwendet (SAMBA, GOP, IPS ...), wobei sich das Wort "Array" meistens auf die schnelle Abarbeitung von Bildfeldern bezieht, nicht auf das Vorhandensein eines Arrays von Rechenwerken. Der schnelle Fortschritt im Bereich der integrierten Schaltkreise ermöglichte die Entwicklung von echten Prozessorarrays (5) und damit echte Parallelverarbeitung der Bilder.

Software

Softwareentwicklung ist sehr kostenintensiv. Eines der Hauptprobleme liegt in der Uneinheitlichkeit der Sprachen und Betriebssysteme. Die Software vieler Bildanalysegeräte deckt oft einen Grundbedarf ab, läßt aber noch viele Wünsche von Seiten der Anwender offen. Die Grundkommandos zur Bildverarbeitung sind meist in Assemblersprache (Maschinensprache) geschrieben, um möglichst effektiv zu arbeiten. Es ist daher für den programmierenden Anwender von großem Vorteil, wenn er in einer höheren Programmiersprache (Fortran, Pascal, C, ...) diese Grundkommandos in seinem eigenen Programm aufrufen kann.

Inzwischen gibt es Unterprogrammbibliotheken zur Bildverarbeitung mit Subroutinen für Bildverbesserung, Kanten- und Linienverfolgung, Texturanalyse, Segmentation und aller Basisoperationen in Fortran (Spider (12), ...). Andere Ansätze liegen in der Entwicklung von Expertensystemen mit den Sprachen, wie sie im Bereich der künstlichen Intelligenz verwendet werden.

In unserem Labor benützen wir zwei Programme zur Bildanalyse. Eine Eigenentwicklung BIP (Biomedical Image Analysis) (7) mit Kommandointerpreter und der Möglichkeit, Kommandos zu schreiben. Als zweites das in der Universität von Uppsala, Schweden, entwickelte Programm ILIAD (Interactive Language for Image Analysis and Display) (6), das eine pascalähnliche Sprache für Anwender besitzt und für den geübten Anwender das ganze Spektrum einer strukturierten Programmsprache besitzt.

E. Modulare Gerätekonfigurationen

Bildanalysesysteme können als kompakte Geräte beschafft oder auch aus den wesentlichen elektronischen Einheiten selbst zusammengestellt werden. Diese betreffen wie im vorangehenden Abschnitt bereits erwähnt, die Bildaufnahme durch geeignete Sensoren, die Analog-Digital-Wandlung des Bildsignals, die Bildspeicherung, die Bildverarbeitung mittels geeigneter Rechner mit der Möglichkeit auch die Ergebnisse wieder zu speichern und schließlich die Bildwiedergabe aus dem Speichermedium, d.h. die Digital-Analog-Wandlung des Signals und Darstellung auf einem TV-Monitor. Dazu kommt immer noch ein sogenannter Hostrechner, der das ganze System kontrolliert und steuert.

Dabei wird die Bildwiedergabe in der Zyto- und Histometrie im wesentlichen zur Entwicklung und Kontrolle der Bildverarbeitungsschritte eingesetzt, insbesondere, wenn sie mit der Möglichkeit der interaktiven Bildmanipulation verbunden ist. Das Endziel ist ja eine Bildvermessung mit anschließender Datenanalyse und, wenn möglich, die graphische Darstellung der Ergebnisse.

Zu jeder Funktionseinheit gibt es auf dem Markt eine Vielzahl von Angeboten. Dies führt dazu, daß im Forschungsbereich mit ausreichenden Kenntnissen der Datenverarbeitung Bildverarbeitungssysteme in der Regel modular zusammengestellt werden, wobei der Funktionsumfang und die Leistungsfähigkeit der einzelnen Module dem jeweiligen Bedarf angepaßt werden können (siehe Abschnitt F).

Folgende Gesichtspunkte sind dabei zu berücksichtigen:

- Wird das System hauptsächlich in der Entwicklung eingesetzt oder bevorzugt für Routinemessungen?
- Wird bevorzugt interaktiv/halbautomatisch vermessen oder erlaubt bzw. verlangt die Aufgabenstellung ein vollautomatisches Vorgehen?
- Wie groß ist der Arbeitsanfall und wie erfolgt die Weiterverarbeitung der Meßdaten?
- Welche Parameter sollen gemessen werden und wie erfolgt die Weiterverarbeitung der Meßdaten?
- Wie soll die Bedienung und die Erzeugung von Meßprozeduren vor sich gehen: über Funktionstasten, Menüfeld, Interpreter, oder kann bzw. muß das System frei programmierbar sein?

Um die unterschiedlichen Gesichtspunkte je nach Bedarf berücksichtigen zu können, wäre ein Gerätekonzept wünschenswert, das hardwaremäßig modular und softwaremäßig flexibel ist, aber von einem Hersteller stammt. Damit können die Probleme der Kompatibilität und optimalen Gerätezusammenstellung und ggf. schrittweisen Erweiterung des Systems bei steigendem Bedarf leichter gelöst werden. Die Firma KONTRON hat z.B. mit seiner Produktlinie VIDEOPLAN (interaktives Meßsystem), VIDAS (automatische Bildanalyse), IBAS (vollautomatisches Hochleistungsbildverarbeitungssystem) diese Idee weitgehend realisiert.

Die Vorteile eines solchen Konzepts sind im wesentlichen:

- Die Sub-Systeme sind hard- und softwaremäßig kompatibel.
- Bedienung, Meßparameter und Datenstruktur sind einheitlich.

Tabelle 3. Leistungsmerkmale unterschiedlich ausgebauter modularer Bildanalysesysteme am Beispiel von drei Systemen der Firma KONTRON.

	VIDEOPLAN	VIDAS	IBAS
Interaktive/halbautomatische Messung	x	x	x
Automatische Messung		x	x
Schnelle vollautomatische Messung			x
Bildspeicher		3 MByte	8-256 MByte
Graubildverarbeitung		x	Arrayprozessor
Farbbildverarbeitung		x	x
Geometrische Merkmalsberechnung	x	x	x
Densiometrische Merkmalsberechnung		x	x
Menübedienung	x	x	x
Interpreter/freie Programmierbarkeit			x
TV	Overlay	x	x
Slow scan + high resolution TV			x
Bilddatenbank			x
Scanningtischsteuerung		x	x
Autofocus		x	2 Systeme

- Ein flexibles Softwarekonzept erlaubt eine Adaption der Meßalgorithmen an beliebige Applikationen, d.h. bei einer Änderung der Anwendung muß kein neues System angeschafft werden.
- Bei steigenden Anforderungen können die Systeme modular erweitert werden. Aus dem VIDEOPLAN wird durch Einsetzen des "frame grabbers" das VIDAS, durch Anschluß der Bildverarbeitungseinheit das IBAS-System.
- Vom Benutzer erstellte Programme können in allen Ausbaustufen weiterverwendet werden.

In der Tabelle 3 ist eine kurze Übersicht über die Leistungsmerkmale der einzelnen Systeme unter Berücksichtigung der speziellen Anforderungen im zytologischen/histologischen Bereich zusammengestellt. In Abb. 1 ist die komplette Ausbaustufe des IBAS-Systems mit möglichen Peripheriegeräten dargestellt wie er etwa dem Mehrzweckmeßplatz rechts unten in Abb. 2 entspricht. In Abb. 3 ist zur Demonstration der Größenordnung dieser Meßplatz abgebildet.

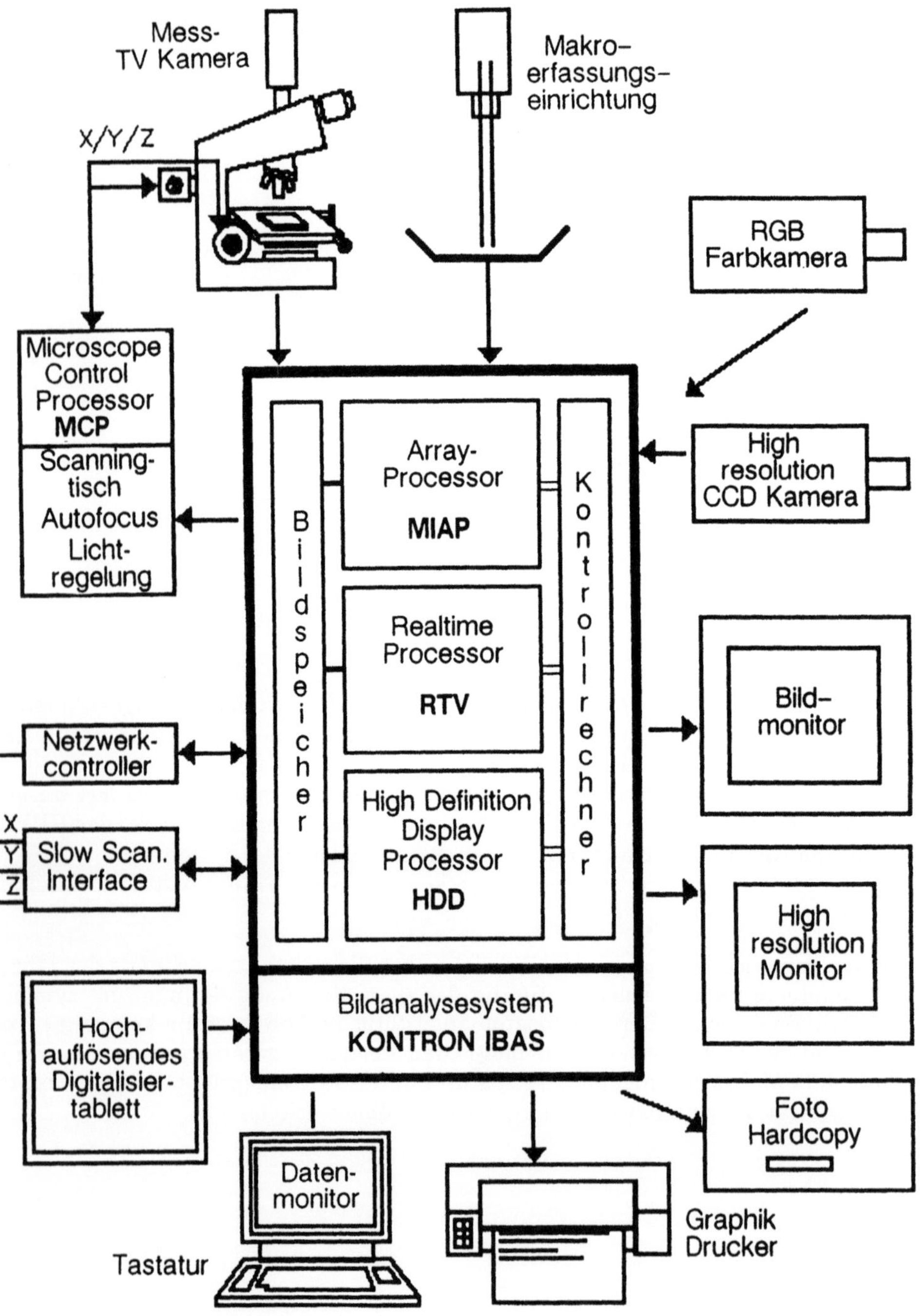

Abb. 1. Komplette Ausbaustufe mit möglichen Peripheriegeräten des IBAS-Systems der Firma KONTRON.

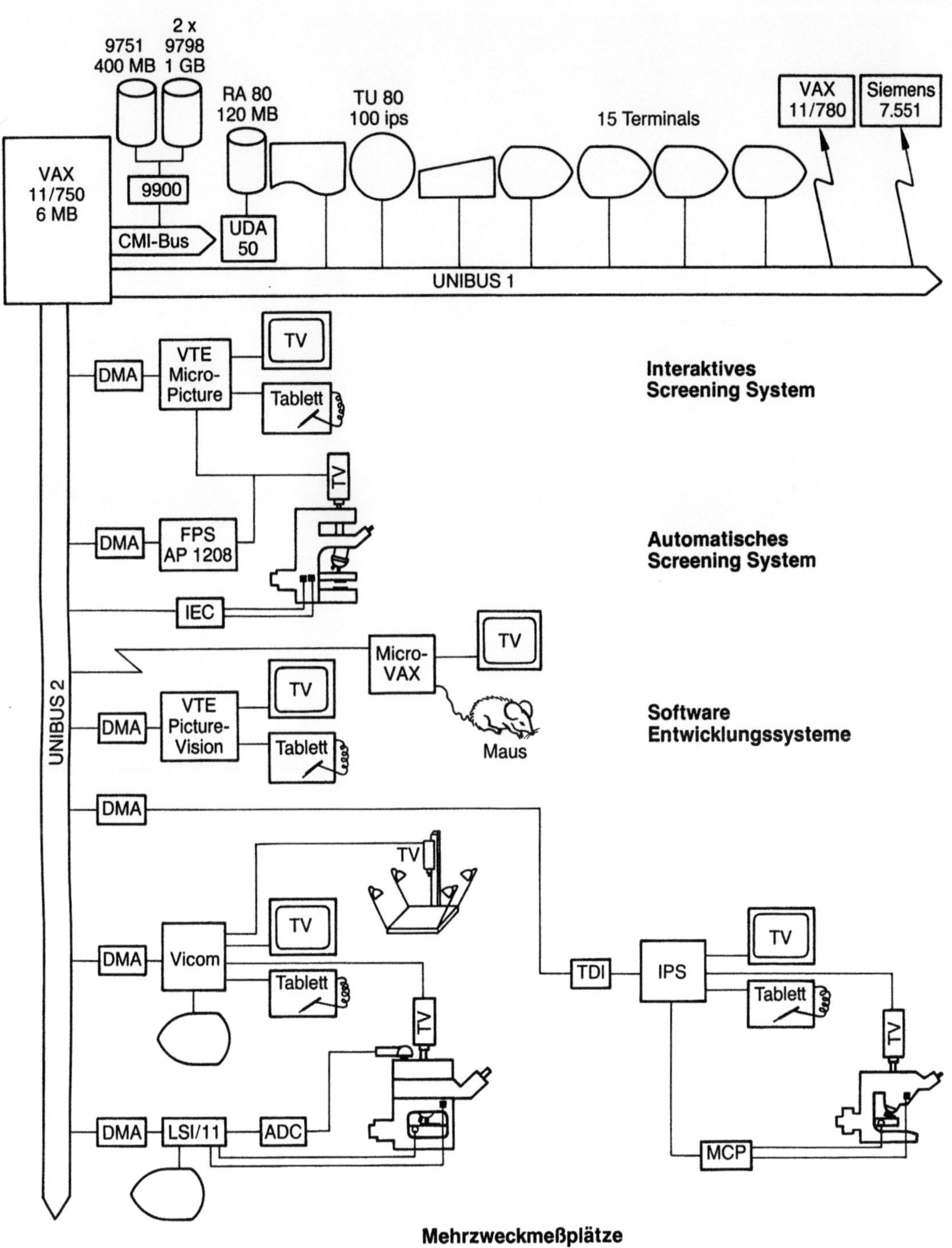

Abb. 2. Ausstattung des Labors für biomedizinische Bildanalyse der GSF.

Abb. 3. Vollautomatisches Bildanalysesystem IBAS mit Durchlichtmikroskop AXIOPLAN, Scanningtisch und Hamamatsu-Meßkamera.

F. Ausrüstung im Labor für biomedizinische Bildanalyse

Im eigenen Labor sind 5 verschiedene Arbeitsplätze (Abb. 2) realisiert, die alle an einem DEC VAX 11/750-Rechner (Digital Equipment Corporation) mit schnellen Kopplungen (DMA) angeschlossen sind. Es ist somit möglich, alle Geräte kombiniert zu verwenden.

Interaktiver Meßplatz

Der interaktive Meßplatz dient zum Erfassen von Einzelzellen oder Zellverbänden unter visueller Auswahl und Kontrolle. Die mikroskopischen Bilder werden mittels TV-Kamera (Bosch Meßkamera T1VK9B1) im Bildspeicher (Micropicture von VTE) digital abgelegt und im Rechner VAX 11/750 ausgewertet. Bei der Auswertung werden bis zu 160 Merkmale berechnet (siehe Kapitel 1.2).

Automatischer Meßplatz

Der automatische Meßplatz wird zur vollautomatischen Analyse zytopathologischer Präparate eingesetzt. Die Bilder werden mit einer auf das Mikroskop aufgesetzten TV-Kamera (Bosch Meßkamera) aufgenommen, fokussiert, shadingkorrigiert und in dem Arrayprozessor (FPS AP 120B) verarbeitet. Tischsteuerung und Autofocus (Zeiss) erfolgen über den Rechner VAX 11/750.

Softwareentwicklungsplatz

Der Softwareentwicklungsplatz ist zum Testen von Prozeduren und deren Wirkung auf das Bild eingerichtet. Zum interaktiven Beeinflussen dient ein graphisches Tablett mit Fadenkreuz oder Lichtgriffel, dessen Cursormarke auf dem Bildschirm mitgeführt wird. Das Bilddisplaysystem (VTE Picturevision) stellt Bilder der Größe 1024 x 1024 Bildpunkte schwarz/weiß und farbig dar, wobei mittels Overlayspeicher noch Grauwerthistogramme und Masken eingeblendet werden können.

Mehrzweckmeßplätze

Die Mehrzweckmeßplätze dienen für die Durchführung von Projekten und Pilotstudien. Ein VICOM und ein IPS-Bildanalysesystem als zentrale Geräte erlauben dem Benutzer direkten Zugang zur Bildverarbeitung. Die Systeme sind mit 2 bzw. 16 Megabyte Speicherplatz ausgebaut, besitzen einen eigenen Arrayprozessor und ein eigenes Rechnersystem und sind über Kommandos oder Menüs direkt oder vom Rechner VAX 11/750 bedienbar. Die Scanningmikrophotometrie, Autofocus und Tischsteuerung werden von einem LSI/11 Rechner betrieben. Der interaktive Teil ist auch an diesen Meßplätzen mit einem graphischen Tablett mit Fadenkreuz gelöst, dessen Cursormarke am TV-Monitor mitgeführt wird.

Literatur

1. Baak JPA, OOrt J (1983) A Manual of Morphometry in Diagnostic Pathology. Springer, Berlin Heidelberg New York Tokyo.
2. Bartels HP, Buchroeder RA, Hillmann DW, Jonas JA, Kessler D, Shoemaker RM, Shack RV, Towner D, Vukobratovich MS (1981) Ultrafast scanner microscope. Analyt Quant Cytol 3/1:55
3. Brugal G, Quirion C, Vassilakos P (1986) Detection of bladder cancers using a SAMBA 200 cell image processor. Analyt Quant Cytol 8/3:187
4. Casperson TO (1987) History of the developement of cytophotometry from the present. Analyt Quant Cytol 9/1:2
5. Fountain TJ, Postranecky M, Shaw GK (1987) The clip 4S system. Pattern Recognition Letters 5/71
6. ILIAD (1985) "ILIAD User's Guide", IMTEC Technology, Uppsala, Schweden
7. Mannweiler E, Rappl W, Abmayr W (1982) Software for Interactive Biomedical Image Processing - BIP, Proc. 6th Intern. Conf. on Pattern Recognition IEEE Comp. Society Press: 1213

8. Oberholzer M (1983) Morphometrie in der klinischen Pathologie. Springer, Berlin Heidelberg New York Tokyo

9. Ploem JS, Verwoerd N, Bonnet J and Koper G (1979) An automated microscope for quantitative cytology combining television image analysis and stage scanning microphotometry. J Histochem Cytochem 27:136

10. Shippey GA, Bayley RJH, Farrow ASJ, Lutz R and Tucker J H (1982) Application of linear sensors to highspeed image analysis. Analyt Quant Cytol 4/2:159

11. Silage DA, Gil J (1984) Use of a touch sensitive screen in interactive morphometry. J Microsc 134:315

12. Spider, Subroutine Package for Image Data Enhancement and Recognition, User's Manual (1984) Joint System Development Corp. Tokyo

13. Tanaka N, Ishikawa A, Konoike K, Shimoaka Y, Yamaguchi K, Bunekawa S, Okamoto Y and Hosoi S (1982) CYBEST model 3: mechanism and field-test data on CDMS prepared specimens. Analyt Quant Cytol 4/2:160

14. Tucker JH, Shippey G (1983) Basic performance test on the cervifip linear array prescreener. Analyt Quant Cytol.5/2:129

15. Underwood EE (1970) Quantitative Stereology Addison-Wesley Pub, Reading, Massachusetts

16. Weibel ER (1979) Stereological Methods. Vol.1 Practical Methods for Biological Morphometry. Academic Press, London

17. Wilson T, Sheppard C (1984) Theory and Practice of Scanning Optical Microscopy. Academic Press, London